コロイド科学

—基礎と応用—

Terence Cosgrove 編

大 島 広 行 訳

東京化学同人

Colloid Science
Principles, Methods and Applications

Second Edition

Edited by
Terence Cosgrove
School of Chemistry, University of Bristol, Bristol, UK

コロイド科学を目指す幅広い世代の人々を励まし続けた
Douglas Everett 教授 と Ron Ottewill 教授 の思い出に
本書を捧げる.

まえがき

本書の誕生の契機はコロイド科学スプリングスクールである．このスプリングスクールは1972年以来毎年イースター休暇中にブリストル大学化学科で開催される1週間のコースである．この“コースの教科書”が本書であり，その内容は講義中に配布される資料に基づいている．本書はコロイドおよび界面科学への基礎的な入門書として，初等的な化学，物理学あるいは関連分野(たとえば薬学や生化学)の知識をもつ学生や，産業界，政府機関，大学の研究・開発部門の技術者，さらに，コロイドおよび界面科学の基礎を学ぶ必要のある研究者が対象である．残念なことに，この分野が大学の課程で選択される割合はいまだに低いが，医薬品，農薬，食品の安全性，パーソナルケア用品や家庭用品，表面塗装，石油・鉱物の回収・精製を含む広範囲な化学技術に深く関連している．さらに，これらの伝統的な工業技術に加えて，センサー，ITチップ，ディスプレイ，光通信工学，マイクロリアクターのような新しいいわゆる“ナノテクノロジー”の多くがコロイドおよび界面科学に基礎をおいている．

本書の各章の著者はブリストル大学コロイドグループの現メンバーおよび旧メンバーであり，それぞれの分野の専門家として知られている．本書の第1章はコロイドとは何かおよびコロイドの重要な性質は何かに関する序章である．第2章では水系コロイド分散系の安定性を決める表面電荷の起源について詳しく述べる．第3章では，粒子間の静電相互作用および分散相互作用の両方を考慮に入れたコロイドの安定性の問題を扱う．このテーマは第9章と第16章でさらに深く述べる．第4章と第5章では，コロイド系の二つの重要な例である界面活性剤とマイクロエマルションについて述べる．第6章ではエマルションに焦点を当てるが，これは日常生活に登場する有用でかつ挑戦しがいのある系である．高分子もまた重要であり第7章と第8章でその役割について詳しく扱うが，高分子自身が集合体を形成するだけでなく，安定性を促進または低下させるためにも分散系で広く用いられる．第10章はコロイド科学の別の側面である界面の ぬれ に焦点を当てる．第11章では界面の ぬれ のアイデアを発展させてエアロゾルと泡の研究に適用するが，これらもコロイド系の例である．続く三つの章は実験技術に焦点を当てる．第12章はコロイド科学者にとっておそらく最も基本的な手段であるレオロジーを扱う．第13, 14, 15章ではコロイド分散系の詳細な評価法である散乱法と画像法について述べる．最後に第16章では，表面力の詳しい説明とその測定法について述べる．

本書はブリストル大学における講義に基づいているが，同時にコロイドおよび界面科学という重要な分野への入門書であり，理論的な面だけでなく実用面への応用も十分考慮して書かれている．

2010年1月

Terence Cosgrove, Brian Vincent

はじめに

ブリストル大学におけるコロイド科学とブリストル・スプリングスクール

ブリストル大学におけるコロイド科学の歴史は長く，1907 年に J. W. McBain が化学科に着任した 20 世紀初めにさかのぼる．彼はおもにセッケン液中の分子集合体(後に Hartley が“ミセル”と名付けたもの)に関する先駆的な研究を行った．McBain はこの業績により 1919 年に物理化学の最初の Leverhulme 教授職に就任した．Leverhulme 卿がこの分野に強い関心をもっていたことはよく知られている．1926 年に McBain は米国スタンフォード大学に移ったが，その後，不均一触媒作用を専門とする W. E. Garner が Leverhulme 教授職に就任した．さらに，界面とコロイドの熱力学を専門とする D. H. Everett(1954)，コロイド科学全般に広く関心をもつ R. H. Ottewill(1982)，コロイド科学の学術的な面と実用面の両方に広く関心をもつ B. Vincent(1992)，そして 2007 年には T. Cosgrove が Leverhulme 教授職を継いだ．

第 1 回スプリングスクールは Ron Ottewill のアイデアによる．彼は Douglas Everett の招きで 1964 年にケンブリッジ大学からブリストル大学へ移ったが，コロイドおよび界面科学における上級教育研究修士課程の設立がおもな目的であった．このコースは大きな成功を収め，その後 30 年余り続いたが，英国が 4 年間で授与する科学の学部修士制度を導入したときに，このコースが 1 年間の大学院課程であったために，その意義が薄れ，終了した．ブリストル大学にはこれまでにコロイド・界面科学分野における多くの優れた技術者や研究者が博士課程や修士課程の学生あるいはスプリングスクールの受講生(現在までに約 1000 名)として在籍してきた．1972 年の最初のコースでは，Ron Ottewill のほかに Aitken Couper，Jim Goodwin，Dudley Thompson，Brian Vincent が指導にあたった．このコースは，はじめ大学の学外研究課(当時)によって運営され，そこで多くの人々から支援を受けた．特に David Wilde と Sue Pringle の名を挙げたい．

1990 年代の半ば以降，ブリストル・コロイドセンター(BCC)がコースの管理を引き継ぎ，BCC が毎年開催するコースの一つになっている．BCC はスプリングスクールだけでなく，たとえば技術面でもっと基本的なコースや科学分野の基礎知識の十分でない人々に対してもコースを提供している．BCC は 1994 年に Brian Vincent と Jim Goodwin によって創設され，1996 年に Jim Goodwin が副センター長を引退した後は Terry Cosgrove が引き継いでいる．Cheryl Flynn が最初の職員であり，Paul Reynolds がマネージャー職を引き継いだ．職員の数は現在 11 名である．Roy Hughes が運営にあたり，Paul Reynolds が新ベンチャー事業に責任をもつ立場にある．

BCC の目的は英国および海外の産業界に対して広く研究・教育の支援を行い，製造・加工においてコロイドおよび界面科学と技術の基礎を与えることである．BCC の職員と学術的なコロイドグループは緊密な関係のもとに活動している．2001 年に DTI（Department of Trade and Industry 英国貿易産業省）と EPSRC（Engineering and Physical Sciences Research Council 英国工学・物理・科学研究会議）の援助を受けた IMPACT（Innovative Manufacturing and Processing using Applied Colloid Technology）ファラデー・パートナーシップが BCC から生まれた．IMPACT に続いて ACORN（Applied Colloid Research Network）と DTI のリンクプログラムが実現した．BCC と IMPACT は互いに緊密に協力して，コロイド科学と技術に関するインターネットを用いた講義を設置した．また，RSC（Royal Society of Chemistry 英国王立化学会）と共同で研究室ベースの設計コースを開講し，IMPACT は遠隔教育モジュールを供給した．スプリングスクールのコースはこれらと相補う関係にある．特に，スプリングスクールでは受講生が講義だけでなく，さまざまな基礎的な実験技術に接することを重視し，この教科書ができ上ったのもこのコースがあったからである．

スプリングスクールは創設以来，主として産業界の技術者を対象としてきたが，目的は常に産業界における基本原理の多くの応用例に基づいてコロイド科学の基礎を教えることである．もちろん，コロイド科学の基本は長い間変化していないが，新しいアイデアは必ず生まれ発展するものであり，コースはこれらを提供するために常に更新されている．

2010 年 1 月

ブリストルにて　Brian Vincent

謝　辞

本書の出版で支援頂いた次の人々に感謝したい.

Anita Espidel の作成した初版の図と新しく作成した原図を仕上げた Yan Zhang, 原稿草案作成に尽力した Pam Byrt, 本書の出版計画を支援してくれたブリストル大学ブリストル・コロイドセンターの全職員の皆さん. また, 原稿の校正刷りを読み, 句読点に関する多くの誤りを正し, 不明瞭な表現を指摘してくださった Edward Elsey に感謝する. さらに, 長期間忍耐強くわれわれを支援してくれた各著者の配偶者に特に感謝したい. 実際, その支援なしでは本書の出版は実現しなかった. 最後になったが, 編者は妻 Maggie に感謝したい. 第 2 版に関する編集作業はほとんど 2009 年夏にフロリダで行ったが, この時期における彼女の激励と忍耐に感謝する.

執　筆　者

Paul Bartlett　ブリストル大学 化学科

Wuge Briscoe　ブリストル大学 化学科

Terence Cosgrove　ブリストル大学 化学科

Sean Davis　ブリストル大学 化学科

John Eastman　ラーニングサイエンス Ltd., ブリストル

Julian Eastoe　ブリストル大学 化学科

David Fermin　ブリストル大学 化学科

Roy Hughes　ブリストル大学 ブリストル・コロイドセンター

Nana-Owusua A. Kwamena　ブリストル大学 化学科

Jonathan P. Reid　ブリストル大学 化学科

Paul Reynolds　ブリストル大学 ブリストル・コロイドセンター

Robert Richardson　ブリストル大学 物理学科

Jason Riley　インペリアル・カレッジ・ロンドン 物質学科

Jeroen van Duijneveldt　ブリストル大学 化学科

Brian Vincent　ブリストル大学 化学科

訳 者 序

本書はTerence Cosgrove編, “Colloid Science: Principles, Methods and Applications”, Second Edition (John Wiley & Sons Ltd., 2010)の全訳である．コロイド(colloid)という概念は今から約150年前にイギリス・スコットランドのThomas Grahamが導入した．コロイドとは膠(にかわ)を意味するギリシャ語のκόλλα (kolla)に由来する．このkollaに相当するcollの末尾にlike(“のようなもの”)を意味するoidを付けてできた用語がcolloidである．したがって，コロイドの文字通りの意味は“膠のようなもの”である(コラーゲンも同様にκόλλαを語源とし，“膠を作る素”を意味する)．

Grahamはコロイドを膠，デンプン，タンパク質のような水中で拡散速度が遅く硫酸紙などを透過しない物質と考えた．しかし，現在ではコロイドとは物質の種類ではなく状態と考えられている．すなわち，1 nm～0.1 μm程度の直径の微粒子(固体粒子または液滴)が媒質中に分散している状態，すなわち微粒子分散状態を指す(本書第1章)．このようにコロイドは微粒子の相(分散相)と分散媒の相の2相から成るので(異なる微粒子が共存すれば2相より相の数はさらに多くなる)，相間に界面が存在する．したがって，コロイド化学は界面化学と密接な関係があり，これら二つの分野は“コロイド・界面化学”のように一つの分野として扱われることも多い．さらに，そこで扱われる対象は化学にとどまらず，物理学，工学，医学，薬学など広範囲に及ぶので，“化学”ではなく“科学”を用いてコロイド科学あるいはコロイド・界面科学の名でよばれることも多い．

コロイド化学(科学)は本来，物理化学の一分野であるが，1896年創刊の物理化学の代表的な国際誌である*Journal of Physical Chemistry* (アメリカ化学会発行)は1947年から1950年の間は*Journal of Physical and Colloid Chemistry*と称した．コロイド化学(科学)が物理化学の一分野から飛躍して，コロイド化学(科学)と物理化学が互いに肩を並べた時代である．実は，この時代はコロイドの安定性の理論として有名なDLVO(Derjaguin-Landau-Verwey-Overbeek)理論(本書第3章)がロシアとオランダで誕生し完成した時期に重なる．コロイド科学のその後の発展を支える大きな原理をコロイド科学が獲得した時代である．さらに時代が 20 世紀から 21 世紀に入ると，伝統的な物理化学の一分野であるコロイド科学はナノサイエンス，ナノテクノロジーとして大きな変貌を遂げ，その重要性は飛躍的に増加しつつある．

DLVO 理論がロシアとオランダで誕生したことが示すように，コロイド界面科学はヨーロッパで特に盛んである．なかでもイギリスのブリストル大学は特に大きなグループの一つである．本書はこのブリストル大学のコロイド科学に関するブリストル・スプリングスクールの教科書がその元になっている．ブリストル・スプリングスクールは 1972 年にブリストル大学の Ottewill 教授のアイデアで始まったが，Ottewill 教授は日本でも広く知られている．日本のコロイド・界面科学の先達の一人で，水銀滴合一で有名な故 渡辺 昌 京都工芸繊維大学 教授 もケンブリッジ大学時代 Ottewill 教授のもとで研究生活を送り，1960 年代にはコロイド粒子の凝集速度に関する優れた研究成果を発表している．

本書の編者である Cosgrove 教授はコロイド・界面科学の第一人者の一人である．特に界面における高分子吸着に関する優れた業績で知られ，本書でも第 7 章と第 8 章を執筆している．本書の執筆者はブリストル・コロイドセンターの新旧のメンバーを中心に 15 名からなる．本書はコロイド科学の重要な分野を基礎から最新の応用まで余すところなく網羅している．本書の初版は 2005 年に出版されたが，第 2 版では第 6 章「エマルション」と第 16 章「表面力」が新たに加えられた．また，第 9 章ではコロイド分散系に対する高分子の枯渇効果に関する朝倉–大沢モデルが詳しく解説されている．これは日本におけるコロイド科学の水準の高さとコロイド科学の発展に対する日本の重要な貢献を示している．

翻訳にあたって心がけたこととして，できるだけ平易な表現を用い，かつ初学者にとってわかりにくいところは訳注で補った．この訳書がコロイド科学を学ぶ読者諸君の要望にこたえ，日本のコロイド・界面科学の研究と教育の発展に寄与できるならば誠に幸いである．なお，本書の出版にあたり御尽力いただいた東京化学同人の企画および編集担当の方々，特に編集部の住田六連氏，仁科由香利さんに感謝の意を表する．

2014 年 2 月

訳　者

目　　次

1. コロイド入門 …… **Roy Hughes** … 1
1・1　はじめに …… 1
1・2　基本的な定義 …… 6
1・2・1　濃　度 …… 6
1・2・2　界面の面積 …… 10
1・2・3　実効濃度 …… 11
1・2・4　平均粒子間距離 …… 13
1・3　安 定 性 …… 15
1・3・1　外力がはたらいていない系 …… 16
1・3・2　沈降と浮上(クリーミング) …… 17
1・3・3　せん断流 …… 18
1・3・4　その他の不安定性 …… 18
1・4　コロイド科学の展望 …… 19
文　献 …… 22

2. コロイド系の電荷 …… **David Fermin, Jason Riley** … 23
2・1　はじめに …… 23
2・2　表面電荷の起源 …… 24
2・2・1　表面基のイオン化 …… 24
2・2・2　イオン吸着 …… 25
2・2・3　イオン性固体の解離 …… 25
2・2・4　同形イオン置換 …… 25
2・2・5　電位決定イオン …… 25

2・3　電気二重層……26
2・3・1　電気二重層に対する シュテルン–グイ–チャップマンモデル……26
2・3・2　水銀/電解質 界面における二重層……31
2・3・3　特異吸着……34
2・3・4　粒子間力……36
2・4　界面動電特性……36
2・4・1　電解質溶液の流れ……37
2・4・2　流動電位の測定……38
2・4・3　電気浸透……39
2・4・4　電気泳動……39
2・4・5　電気音響法……42
文　献……42

3. 電荷によるコロイドの安定化……John Eastman…44
3・1　はじめに……44
3・2　コロイド粒子間の対ポテンシャル……44
3・2・1　引　力……45
3・2・2　静電斥力……46
3・2・3　粒子濃度の影響……48
3・2・4　全ポテンシャル……49
3・3　安定性の基準……50
3・3・1　塩 濃 度……51
3・3・2　対イオンの価数……52
3・3・3　ゼータ電位……53
3・3・4　粒　径……54
3・4　凝集(コアギュレーション)の速度論……54
3・4・1　拡散律速による急速凝集……55
3・4・2　相互作用が律速になる凝集……56
3・4・3　臨界凝集濃度の実験的測定……57
3・5　ま と め……58
文　献……58

4. 界面活性剤の集合および界面における吸着……Julian Eastoe…59
4・1　はじめに……59

4・2　界面活性剤の特性……59
4・3　界面活性剤の分類と応用……60
　4・3・1　界面活性剤の型……60
　4・3・2　界面活性剤の用途と開発……64
4・4　界面における界面活性剤の吸着……65
　4・4・1　表面張力と表面活性……65
　4・4・2　表面過剰量と吸着の熱力学……66
　4・4・3　界面活性剤の吸着の効率と有効性……71
4・5　界面活性剤の溶解度……73
　4・5・1　クラフト温度……73
　4・5・2　曇 り 点……74
4・6　ミセル化……75
　4・6・1　ミセル化の熱力学……75
　4・6・2　CMCに影響する因子……79
　4・6・3　ミセルの構造と分子充塡……81
4・7　液晶メソ相……83
　4・7・1　液晶相の定義……83
　4・7・2　液晶の構造……85
　4・7・3　相　図……87
4・8　高機能界面活性剤……88
文　献……88

5. マイクロエマルション …… Julian Eastoe …91
5・1　はじめに……91
5・2　マイクロエマルションの定義と歴史……91
5・3　マイクロエマルションの形成と安定性の理論……93
　5・3・1　マイクロエマルションにおける界面張力……93
　5・3・2　速度論的不安定性……95
5・4　物理化学的性質……96
　5・4・1　マイクロエマルションの型の予測……96
　5・4・2　界面活性剤膜の性質……102
　5・4・3　相の挙動……109
5・5　開発と応用……115
　5・5・1　新規グリーン溶媒を含むマイクロエマルション……115

5・5・2　ナノ粒子の反応媒質としてのマイクロエマルション …… 117
文　献 …… 117

6. エマルション …… **Brian Vincent** … 120
6・1　はじめに …… 120
6・1・1　エマルションの型の定義 …… 120
6・1・2　エマルション系の新しい特徴: 固/液分散系との比較 …… 124
6・2　調　製 …… 124
6・2・1　粉砕――バッチ乳化法 …… 124
6・2・2　粉砕――連続乳化法 …… 127
6・2・3　核形成および成長によるエマルションの調製 …… 128
6・3　安 定 性 …… 130
6・3・1　はじめに …… 130
6・3・2　沈降と浮上(クリーミング) …… 130
6・3・3　凝　集 …… 131
6・3・4　合　一 …… 132
6・3・5　オストワルド成長 …… 134
6・3・6　転　相 …… 136
文　献 …… 138

7. 高分子と高分子溶液 …… **Terence Cosgrove** … 140
7・1　はじめに …… 140
7・2　重　合 …… 140
7・2・1　縮合重合 …… 141
7・2・2　フリーラジカル重合 …… 141
7・2・3　イオン重合 …… 142
7・3　共重合体 …… 142
7・4　高分子の物理的性質 …… 143
7・4・1　絡み合い …… 143
7・5　高分子の用途 …… 144
7・6　高分子構造の理論的モデル …… 145
7・6・1　回転半径 …… 145
7・6・2　みみず鎖 …… 146
7・6・3　理想溶液における回転半径 …… 147

7・6・4　排除体積……………………………………………………………………………… 147
7・6・5　スケーリング理論 ………………………………………………………………… 148
7・6・6　高分子電解質 ……………………………………………………………………… 149
7・7　高分子のモル質量測定………………………………………………………………… 149
7・7・1　粘　性 ……………………………………………………………………………… 151
7・8　フローリー－ハギンズ理論…………………………………………………………… 151
7・8・1　高分子溶液 ………………………………………………………………………… 151
7・8・2　高分子溶融体 ……………………………………………………………………… 155
7・8・3　共重合体……………………………………………………………………………… 155
文　献……………………………………………………………………………………………… 156

8. 界面における高分子 ………………………………… **Terence Cosgrove**… 157
8・1　はじめに …………………………………………………………………………… 157
8・1・1　立体安定性 ………………………………………………………………………… 158
8・1・2　溶液中における高分子のサイズと形状 ………………………………………… 159
8・1・3　小分子の吸着 ……………………………………………………………………… 160
8・2　高分子の吸着…………………………………………………………………………… 161
8・2・1　配置エントロピー ………………………………………………………………… 161
8・2・2　フローリーの表面に関する相互作用パラメーター χ_s ……………………… 161
8・3　末端が付着した鎖のモデルとシミュレーション…………………………………… 162
8・3・1　原子論的モデル …………………………………………………………………… 162
8・3・2　正確な数え上げ：末端で付着した鎖 …………………………………………… 164
8・3・3　近似法：末端で付着した鎖 ……………………………………………………… 166
8・3・4　末端が付着した鎖(ブラシ)に対するスケーリングモデル …………………… 167
8・3・5　物理吸着鎖：ショイチェンス－フレア理論 …………………………………… 168
8・3・6　物理吸着のスケーリング理論 …………………………………………………… 173
8・4　実験的側面……………………………………………………………………………… 174
8・4・1　体積分率のプロファイル ………………………………………………………… 174
8・4・2　吸着等温線 ………………………………………………………………………… 175
8・4・3　吸着分率……………………………………………………………………………… 178
8・4・4　層の厚さ……………………………………………………………………………… 180
8・5　共重合体 …………………………………………………………………………… 182
8・5・1　液/液界面 ………………………………………………………………………… 185
8・6　高分子ブラシ…………………………………………………………………………… 186

8・7 まとめ…… 187
文 献…… 187

9. コロイドの安定性に対する高分子の効果 Jeroen van Duijneveldt…… 189
9・1 はじめに…… 189
9・1・1 コロイドの安定性…… 189
9・1・2 電荷による安定化の限界…… 190
9・1・3 相互作用に対する高分子の効果…… 190
9・2 粒子間相互作用ポテンシャル…… 190
9・2・1 表面力の測定…… 191
9・3 立体安定化…… 191
9・3・1 理 論…… 191
9・3・2 立体安定化剤の設計…… 195
9・3・3 限界溶媒…… 196
9・4 枯渇相互作用…… 198
9・5 架橋相互作用…… 202
9・6 まとめ…… 204
文 献…… 204

10. 表面のぬれ…… Paul Reynolds…… 206
10・1 はじめに…… 206
10・2 表面および定義…… 207
10・3 表面張力…… 207
10・4 表面エネルギー…… 208
10・5 接触角…… 208
10・6 ぬ れ…… 209
10・7 液体の拡張と拡張係数…… 212
10・8 凝集と付着…… 212
10・9 表面上の二つの液体…… 214
10・10 洗浄作用…… 216
10・11 液体表面上における混じり合わない液体の広がり…… 217
10・12 固体表面の特性評価…… 220
10・13 極性成分と分散成分…… 220
10・14 極性物質…… 221

10・15　ぬれ性の境界線…… 222
10・16　測 定 法…… 224
10・17　ま と め…… 226
文　献…… 227

11. エアロゾル …… Nana-Owusua A. Kwamena, Jonathan P. Reid… 228
11・1　はじめに…… 228
11・2　エアロゾルの生成とサンプリング…… 231
11・2・1　エアロゾルの生成…… 231
11・2・2　エアロゾルのサンプリング…… 233
11・3　粒子濃度と粒径の測定…… 235
11・3・1　数濃度の測定…… 235
11・3・2　質量濃度の測定…… 236
11・3・3　粒径の測定…… 237
11・4　粒子組成の測定…… 240
11・4・1　オフライン分析…… 240
11・4・2　リアルタイム分析…… 241
11・5　エアロゾルの平衡状態…… 244
11・5・1　潮解と風解…… 245
11・5・2　ケーラー理論…… 246
11・5・3　吸湿成長の測定…… 248
11・5・4　ほかの相…… 249
11・6　エアロゾル変質の速度論…… 249
11・6・1　定常および非定常な質量移動と熱移動…… 250
11・6・2　エアロゾルによる気体分子の取り込みと不均一反応…… 251
11・7　ま と め…… 253
文　献…… 253

12. レオロジーの実用 …… Roy Hughes… 255
12・1　はじめに…… 255
12・2　測　定…… 255
12・2・1　定　義…… 255
12・2・2　実験の設計…… 258
12・2・3　ジオメトリー…… 261

12・2・4　粘度測定法…… 262
12・2・5　ずり減粘とずり増粘の挙動…… 265
12・3　流動測定と粘弾性…… 267
12・3・1　物質の粘弾性とデボラ数…… 267
12・3・2　振動と線形性…… 268
12・3・3　クリープコンプライアンス…… 269
12・3・4　液体および固体の挙動…… 270
12・3・5　沈降と貯蔵安定性…… 272
12・4　ソフトマテリアルの例…… 274
12・4・1　単純な粒子および高分子…… 275
12・4・2　網目構造と機能化…… 278
12・4・3　高分子添加剤…… 279
12・4・4　粒子添加剤…… 280
12・5　ま と め…… 283
文　献…… 283

13. 散乱法と反射法…… **Robert Richardson**… 284
13・1　はじめに…… 284
13・2　散乱実験の原理…… 285
13・3　散乱実験のための放射線…… 286
13・4　光 散 乱…… 287
13・5　動的光散乱…… 289
13・6　小角散乱…… 290
13・7　放射線源…… 291
13・8　小角散乱装置…… 291
13・9　原子による散乱と吸収…… 293
13・10　散乱長密度…… 294
13・11　分散系の小角散乱…… 295
13・12　球状粒子の形状因子…… 296
13・13　SANS と SAXS による粒径測定…… 296
13・14　回転半径を決定するギニエプロット…… 297
13・15　粒子形状の決定…… 297
13・16　多 分 散…… 298
13・17　粒径分布の決定…… 298

13・18 異方性粒子の整列 …… 300
13・19 濃厚分散系 …… 300
13・20 コントラスト変調 SANS …… 301
13・21 高い Q の極限: ポロド則 …… 303
13・22 X 線反射と中性子反射 …… 305
13・23 反射実験 …… 305
13・24 反射測定の簡単な例 …… 306
13・25 まとめ …… 308
文 献 …… 308

14. 光学的操作 …… Paul Bartlett … 310
14・1 はじめに …… 310
14・2 光による物質の操作 …… 310
14・3 光ピンセットにける力の生成 …… 313
14・4 ナノ加工 …… 315
14・5 単一粒子の力学 …… 316
14・5・1 nm オーダーの変位の測定 …… 316
14・5・2 光ピンセット中のブラウン運動 …… 317
14・5・3 コロイドゲルにおける動的な複雑さ …… 319
14・6 まとめ …… 320
文 献 …… 321

15. 電子顕微鏡法 …… Sean Davis … 322
15・1 電子光学的画像システム …… 322
15・2 透過型電子顕微鏡 …… 323
15・2・1 背 景 …… 323
15・2・2 TEM の利用 …… 324
15・2・3 高分子ラテックス粒子 …… 326
15・2・4 コアとシエルから成る複合粒子 …… 326
15・2・5 内部構造 …… 328
15・3 走査型電子顕微鏡 …… 332
15・3・1 背 景 …… 332
15・3・2 信号の型 …… 332
15・3・3 SEM の利用 …… 332

15・4　ま と め ……………………………………………………………………… 338
文　献……………………………………………………………………………… 338

16. 表　面　力 ………………………………………… Wuge Briscoe … 339
16・1　はじめに………………………………………………………………… 339
16・1・1　分子間力 ………………………………………………………… 339
16・1・2　分子間力から表面力へ………………………………………… 340
16・1・3　表面力を測定する理由………………………………………… 344
16・2　力とエネルギーおよび大きさと形 ………………………………… 344
16・2・1　圧力，力，エネルギー………………………………………… 345
16・2・2　デルヤーギン近似……………………………………………… 345
16・3　表面力測定法 ………………………………………………………… 349
16・3・1　光ピンセット…………………………………………………… 350
16・3・2　全内部反射顕微鏡法…………………………………………… 350
16・3・3　原子間力顕微鏡………………………………………………… 351
16・3・4　表面力測定装置………………………………………………… 352
16・3・5　他の測定法……………………………………………………… 353
16・4　種々の表面力 ………………………………………………………… 353
16・4・1　ファンデルワールス力………………………………………… 354
16・4・2　極性液体中の電気二重層の重なりによる力………………… 355
16・4・3　DLVO 理論 ……………………………………………………… 357
16・4・4　非 DLVO 力 ……………………………………………………… 357
16・4・5　中性高分子を介した表面力…………………………………… 365
16・4・6　界面活性剤溶液中の表面力…………………………………… 369
16・5　表面力測定の最近の例 ……………………………………………… 370
16・5・1　非極性液体における対イオンのみの電気二重層相互作用…………… 370
16・5・2　水性媒質中において表面成長した
生体模倣高分子ブラシ間の相互作用…………… 371
16・5・3　水中における境界潤滑………………………………………… 373
16・6　将来の課題 …………………………………………………………… 374
文　献……………………………………………………………………………… 375

索　引 ……………………………………………………………………………… 377

略 号 表

略 号	フルスペル	日本語 / 読み
AAS	atomic absorption spectroscopy	原子吸光分析法
AES	atomic emission spectroscopy	原子発光分光法
AFM	atomic force microscopy	原子間力顕微法
AO	Asakura–Oosawa	朝倉–大沢
APS	aerodynamic particle sizer	空気力学粒径測定器
bcc	body-centered cubic	体心立方
BET	Brunauer–Emmett–Teller	ブルナウアー–エメット–テラー
BSE	back-scattered electron	後方散乱電子
ccc	critical coagulation concentration	臨界凝集濃度
CCNC	cloud condensation nuclei counter	雲凝結核計数器
CFC	chlorofluolo carbon	クロロフルオロカーボン
CIO	counter-ion only	対イオンのみ
CMC	critical micelle concentration	臨界ミセル濃度
CNC	condensation nucleus counter	凝縮核計数器
CPC	condensation particle counter	凝縮粒子計数器
DLVO	Derjaguin–Landau–Verwey–Overbeek	デルヤーギン–ランダウ–フェルウェイ–オーバービーク
DMA	differential mobility analyser	微分型電気移動度分析器
DMPS	differential mobility particle sizer	微分型電気移動度粒径測定器
EDS	energy-dispersive spectrometry	エネルギー分散分光法
EDX	energy-dissipative X-ray spectroscopy	エネルギー分散型 X 線分光法
EE	exact enumeration	正確な数え上げ
ESEM	environmental scanning electron microscopy	環境制御型走査電子顕微法
ESR	electron spin resonance	電子スピン共鳴
EVLSM	evanescent wave light scattering microscopy	エバネッセント波光散乱顕微法
FECO	fringe of equal chromatic order	等色次数干渉縞
FEG	field emission gun	電界放射電子銃
FID	flame ionisation detector	水素炎イオン化型検出器
FT–IR	Fourier transform infrared	フーリエ変換赤外
HFC	hydrofluorocarbon	ヒドロフルオロカーボン
HIPE	high internal phase emulsion	高内相エマルション
HLB	hydrophilic–lipophilic balance	親水–親油バランス
HOT	holographic optical tweezers	ホログラフィック光ピンセット
HPLC	high performance liquid chromatography	高速液体クロマトグラフィー

HRTEM	high resolution transmission electron microscopy	高分解能透過電子顕微鏡法
HTDMA	humidified tandem differential mobility analyser	吸湿特性測定用タンデム微分型電気移動度分析器
ICP–MS	inductively coupled plasma mass spectrometry	誘導結合プラズマ質量分析法
IHP	inner Helmholtz plane	内部ヘルムホルツ面
L-J	Lennard-Jones	レナード-ジョーンズ
LCST	lower critical solution temperature	下部臨界共溶温度
LDE	laser Doppler electrophoresis	レーザードップラー電気泳動
LIBS	laser-induced breakdown spectroscopy	レーザー誘起絶縁破壊分光法
LLIFE	light lever instrument for force evaluation	光てこ方式力評価装置
LMMS	laser microprobe mass spectrometry	レーザーマイクロプローブ質量分析法
MALDI	matrix assisted laser Doppler desorption/ionization	マトリックス支援レーザー脱離イオン化法
MASIF	measurement and analysis of surface interaction force	表面間相互作用力測定解析法
MC	Monte Carlo	モンテカルロ
MD	molecular dynamics	分子動力学
MS	mass spectrometry	質量分析法
MSD	mean-square disaplacement	平均二乗変位
NMR	nuclear magnetic resonance	核磁気共鳴
OHP	outer Helmholtz plane	外部ヘルムホルツ面
OPC	optical particle counter	光学的粒子計数器
PAH	polycyclic aromatic hydrocarbon	多環芳香族炭化水素
PALS	phase analysis light scattering	位相解析光散乱法
PCS	photon correlation spectroscopy	光子相関分光法
PHS	poly(hydroxystearic acid)	ポリヒドロキシステアリン酸
PIR	phase-inversion region	転相領域
PIT	phase-inversion temperature	転相温度
PIXE	proton-induced X-ray emission	プロトン励起X線分光分析
PMMA	poly(methylmethacrylate)	ポリメタクリル酸メチル
PTFE	polytetrafluoroethylene	ポリテトラフルオロエチレン
RH	relative humidity	相対湿度
RTIL	room temperature ionic liquid	常温イオン液体
SANS	small angle neutron scattering	中性子小角散乱
SAXS	small angle X-ray scattering	X線小角散乱
SDT	spinning drop tensiometry	スピニングドロップ(回転液滴)型表面張力計
SEM	scanning electron microscopy	走査電子顕微鏡
SF	Scheutjens and Fleer	ショイチェンス-フレア

SFA	surface force apparatus	表面力測定装置
SI-ATRP	surface-initiated atom transfer radical polymerization	表面開始型原子移動ラジカル重合
SLS	surface light scattering	表面光散乱
SMPS	scanning mobility particle sizer	走査型移動度粒径測定器
SSA	specific surface area	比表面積
TEM	transmission electron microscopy	透過電子顕微法
TIRM	total internal reflection microscopy	全内部反射顕微法
TOF-MS	time-of-flight mass spectrometry	飛行時間型質量分析法
UCST	upper critical solution temperature	上部臨界共溶温度
VOAG	vibrating orifice aerosol generator	振動オリフィスエアロゾル発生器
VOC	volatile organic compound	揮発性有機化合物
XPS	X-ray photoelectron spectroscopy	X 線光電子分光法
XRF	X-ray fluorescence	蛍光 X 線

Colloid Science

Principles, Methods and Applications

Second Edition

1

コロイド入門

1・1 はじめに

序文は冗長になりがちである．科学書に特にその傾向があり，すでに知識のある読者ほどたいくつに感じる．本書ではそれを避け，コロイド科学の長い歴史についてはごく簡単にふれるにとどめ，コロイド科学に登場する簡単な概念について詳しく述べる．これらの概念を説明する目的はコロイド入門のためであるが，同時にすでにコロイドの知識をもつ読者にとっては理解の度合いを測る目安を与え，さらに後続の章の基礎になることはいうまでもない．

Overbeek[1)]*によれば，コロイド科学誕生の産みの苦しみが始まったのは 1840 年代である．その時代に毒物学者 Francesco Selmi[2)]は硫黄とヨウ化銀から成る水中の擬溶液(pseudo-solution)における凝集を研究した．Faraday[3)]が金粒子の分散を研究したのはこの後のことである．これらの物質は電解質溶液中に分散した固体粒子(ゾル)の微細な分割混合物から成る．1861 年に Graham が初めて提案し，その後に定着した**コロイド**(colloid)という用語は膠質を意味するギリシャ語に由来する．**透析**(dyalysis)，**ゾル**(sol)，**ゲル**(gel)も彼の造語である．Graham は，コロイドとは薄膜を通過できないものとして定義した．このため，その時代のコロイドの多くは 1 μm よりやや小さい粒径をもつことになり，事実上高分子の性質を示すものも含まれた．こうして，コロイドの範囲は化学種の大きさで定義されるという重要な概念が導入された．

伝統的にはコロイド領域(colloidal domain)とは数 nm から数十 μm までの大きさの範囲にわたるものとして定義される．実際，この範囲にある物質の挙動を効果的に記述する場合，矛盾のない物理法則が適用される．しかし，この範囲の端である数 nm の長さになると，これらの法則が有効でなくなり，分子・原子の性質に基づく考察が適切に

［1 章執筆］ Roy Hughes, Bristol Colloid Centre, University of Bristol, UK

＊ 1)，2)などの数字は章末の文献を指す．

なる．また，数十 μm から数百 μm では運動学や ぬれ現象 が重要になるが，この問題についは本章の終わりで考察する．コロイド物質は少なくとも二つの相から成り，一つの相（βで表す）が別の相（αで表す）の中に分散している．表1・1には種々のコロイド系の例を示し，図1・1と図1・2でさらに説明する．

表1・1　コロイド領域にある物質の例

媒質(α)⇒ 分散相(β)⇓	気体（流体）	液　体	固　体
気体（泡）	—	泡	固体泡
液体（液滴）	液体エアロゾル	液体エマルション	固体エマルション
固体（粒子）	固体エアロゾル	ゾ　ル	固体ゾル

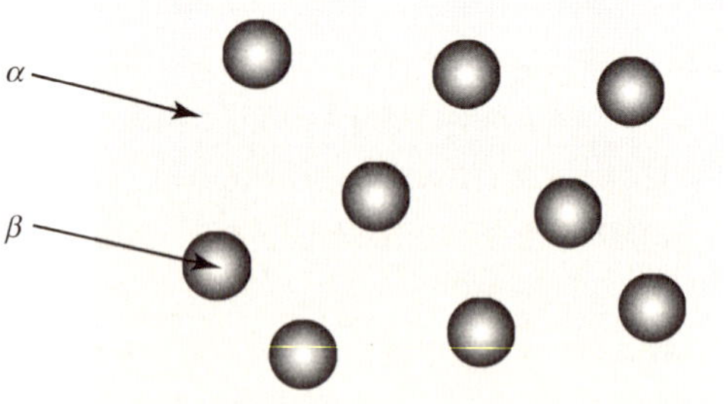

図1・1　コロイド系の模式図．

コロイド科学で“相”という用語を用いる場合に注意すべきことがある．表1・1では正確に用いられてはいるが，系の物理状態を記述するために広い意味で使われることが多い．コロイド状態が熱力学的平衡に達していないが，その寿命が非常に長いために平衡状態と区別することが実際上困難であるか，あるいは理論的に不便である場合がある．コロイドガラス（colloidal glass）のように明らかな非平衡状態もあれば，何百年もの間，クリーム（cream）やゲルが速度論的に捕捉された状態に閉じ込められることもある．表1・1において，単一の“相”のそれぞれが複合相である場合がある．ゲル状粒子から成るエマルションや，ゲル中に粒子が分散した場合がそうである．日常見られる系の多くは複合混合物から成り，それぞれがエネルギーの低い状態へ向かって変化しようとする．こうして，系の安定性がコロイド科学の一つの中心課題になり，その理解と制御が必要になる．現場の科学者は広範囲にわたる物質を対象とするので，製品の貯蔵寿命を予測し，貯蔵安定性の制御を行うことは常に知的な挑戦である．

系に対する時間スケールの概念を導入したが，粒子の視点に立ってこの概念を考えることもできる．コロイド粒子はブラウン運動(Brownian motion)とよばれる確率的(ランダム)な運動を行うが，この名称は1827年に花粉粒を観察したRobert Brownの名に由来する．Smoluchowski[4]とEinstein[5]はこの概念を発展させて，理論的な枠組みを与えた．平均二乗距離$\langle x^2 \rangle$を粒子が動くのに必要な時間τを定義しよう．この値は粒子の拡散係数Dで決まる．

$$D = \frac{\langle x^2 \rangle}{6\tau} \tag{1・1}$$

希薄溶液における球状粒子の拡散係数は，熱エネルギー$k_B T$と粒子にはたらく摩擦抵抗(ストークス抵抗)fの比で与えられる．

$$D = \frac{k_B T}{f} \tag{1・2}$$

$$f = 6\pi\eta_0 a \tag{1・3}$$

ここで，k_Bはボルツマン定数，Tは熱力学温度(絶対温度)，η_0は溶媒の粘度，aは粒

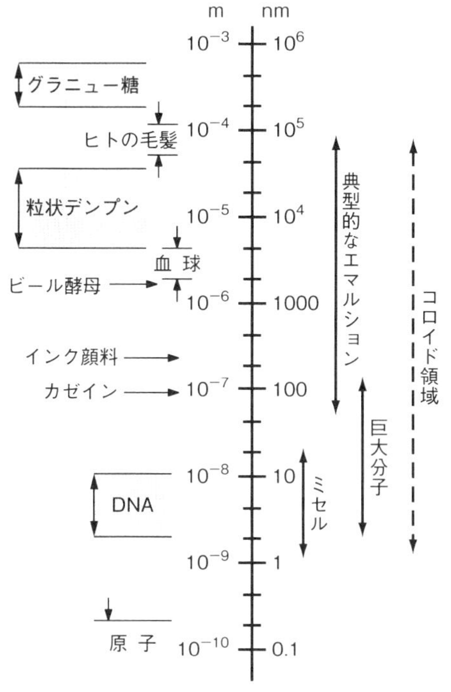

図1・2　コロイド領域: コロイド粒径の範囲にある物質の大きさと典型例.

子の半径である．粒子半径の 2 乗を粒子が移動した平均二乗距離に比例するとみなして，コロイドに対する固有時間スケールを次のように定義する．

$$\tau = \frac{6\pi\eta_0 a^3}{k_B T} \tag{1・4}$$

この定義は外力がはたらいていない条件にある希薄系に適している．重力のような体積力(系の体積全体にはたらく力)を考慮せず，さらに力学的または熱的な対流(後者は Brown の観察における確率的要素)を考慮していない点で，この定義は完全ではない．また，濃度効果も考慮されていない．つまり，互いに接近したコロイド粒子間の相互作用によって拡散が遅くなり，実効粘度が何桁も増加するような効果が考慮されていない．この効果は溶媒の粘度を物質の粘度 η で置き換えることによって考慮できる．

$$\tau = \frac{6\pi\eta a^3}{k_B T} \tag{1・5}$$

(1・4)式と(1・5)式の違いは大きい．たとえば，ハンドクリームのようなエマルション系の粘度は水の粘度の百万倍になることがある．このように，コロイド物質の研究は非常に幅のある時間スケールでないとうまくいかない．

19 世紀末から 20 世紀初めに研究の対象となった初期の系の多くはナノサイズの粒子から構成されており，当時の挑戦的な課題であった．実際，微小なコロイド物質や分子・原子の本質についての考え方は統一されておらず，当時，実験的にこれらを可視化することは不可能であった．1903 年に Siedentopf と Zsigmondy[6] によって限外顕微鏡が開発され，粒子を個別に観測することが可能になった．これはコロイドの本質と存在を確認する重要なステップであった．大きな粒子の動力学を直接研究するために顕微鏡を用いるというアイデアは Jean-Baptiste Perrin[7] による．彼は小さいが観測可能なコロイド粒子は原子のモデルになりうると考えた．重力下で粒子分布を追跡し，コロイドに理想気体の法則を適用して，アボガドロ数を推定することができたことは驚愕すべき成果である．このようなアプローチは 20 世紀後半のコロイド研究における一つのテーマ，すなわち，原子・分子とコロイドの間の類似性の考え方につながる．また，当時の学術研究としてのコロイド科学には大きく二つの分野があった．一つはコロイド系の合成と特性評価であり，他方は理論・実験によるモデル系の研究であった．

コロイド粒子の凝集と沈降は重要な特性であり，これらを理解し制御する必要がある．系が分散状態を保つためには粒子は小さいことが必要で，かつ十分に分散していなければならない．互いによく似た二つの物質が第三の媒質中で分離し分散しているとき，物質間に引力がはたらくが，この引力に関する研究は 1930 年代におもに Hamaker[8] によって行われた．Hamaker は一対のコロイド粒子間にファンデルワールス力の理論を適用した結果，粒子間に斥力相互作用が存在しない限り粒子は必ず凝集することを示した．一方，コロイド粒子間の斥力相互作用のアイデアは新しいものではなく，1940 年代には粒子間対ポテンシャル(pair potential)を矛盾なく説明することができた．Derjaguin, Landau, Verwey, Overbeek[9]の名にちなんだ DLVO 理論によると，一対のコロイド粒子間の相互作用のエネルギーと力は引力成分と斥力成分の和で記述される．これについては第 3 章で詳しく述べる．

1920 年代に Staudinger は高分子とはモル質量の大きな巨大分子であることを示したが，興味深いことに，この頃からコロイド研究と高分子研究の間に明らかな違いが現れ始めた．現在でもこれら二つの分野間には明らかな違いがあるが，共通部分も多くあり，高分子科学とコロイド科学は互いに連携している．

界面活性物質の集合体は微細構造を示すが，この構造の大きさもコロイド領域における大きさと重なる．高分子物質の場合のように，最初はミセル物質とコロイドの間に区別はなかった．第一次世界大戦直前にブリストル大学の McBain[10]は洗剤分子の伝導率が異常に高いことに注目し，洗剤分子が会合してコロイドイオンを形成すると考えた．現在，これは“会合コロイド”に分類されるものである．McBain はミセルすなわち界面活性剤が凝集して“超分子”をつくることを観測した．界面活性物質の役割はコロイド物質の形成と安定化であるから，界面活性物質は常にコロイド科学と密接な関係にある．

商業上および学術上の理由から，コロイド系の制御がますます必要になり，装置の開発が促進された．特にさまざまな性質をもつ高品質の球状粒子が合成されるようになったが，これは 1960 年代，1970 年代および 1980 年代を通じて多くの研究者と大学のグループによる努力の結果である．なかでも Ottewill ら[11]の研究が示すように，ブリストル大学は球状粒子の合成と特性評価の最前線にある大学の一つであった．光，X 線，中性子散乱や NMR のような対象を破壊しない測定法により，コロイドにおける秩序と無秩序の世界が明らかになった．また，弾性[12]と浸透圧[13]の測定や理論的なモデル化によって化学形態，構造秩序，粒子間力や巨視的性質が互いに関係づけられるようになった．多少，皮肉なことであるが，少なくとも歴史的な意味では，コロイド状態を科学的に研究した結果，コロイド系が多くの原子系よりも研究対象として豊かな系であることがわかった．こうして，20 世紀末にはコロイド系に対して，原子レベルと異なるユニークな性質に注目した多くの研究が行われた．

コロイド物理とコロイド化学の多くの分野には現在十分に発展した理論の枠組みがあるが，21 世紀に入り，物理化学や合成化学と物理学との一体化が進んでいる．これはベン図において生物学と工学の交わった部分が増大していくことに対応している．コロイド科学の手法を用いて新しい物質を顕微鏡技術で合成し，バイオテクノロジーを発展させる努力がなされているが，この結果，物理，化学，工学および生物学において真に新しい挑戦がなされている．コロイドおよび界面科学の根底にある原理を完全に理解し

表1・2　日常生活におけるコロイド

製　品	製造過程
・表面塗装(塗料，ビデオテープ，写真用フィルム)	・液体(水，ワイン，ビール)の清澄化
・化粧品およびパーソナルケア(クリーム，練り歯磨き，ヘアシャンプー)	・選鉱(浮遊選鉱，選択的凝集)
・家庭用品(液体洗剤，研磨剤，柔軟材)	・洗浄力("汚れ"除去，可溶化)
・農薬(駆除剤，殺虫剤，殺菌剤)	・石油回収(掘削流体および油膜分散)
・医薬品(ドラッグデリバリーシステム，エアロゾルスプレー)	・エンジンオイル，潤滑油(カーボン粒子の分散)
・食料(バター，チョコレート，アイスクリーム，マヨネーズ)	・河口を沈泥でふさぐ
・着色プラスチック	・セラミック加工("ゾル" ⇒ "ゲル"処理)
・泡消火薬剤	・路面塗装(ビチューメンエマルション)
自然のコロイド系	
・生体細胞	
・かすみ，霧	

応用することによって，このような発展を加速することができる．

科学は絶えず進歩しているが，科学を実際問題に応用することが必要である．コロイドに関連する製品や製造過程において調製設計科学(formulation science)の役割は重要であるが，その多くの側面が科学的に裏付けられる．コロイド系の代表例を表1・2に示したが，コロイドが広範囲にわたって登場することがわかる．

1・2　基本的な定義

1・2・1　濃　　度

コロイド粒子の濃度を的確に表現するには二つの形式がある．数密度(単位体積当たりの粒子数)で表す形式と，系が占める体積分率で表す形式である．体積分率 ϕ は次式で与えられる．

$$\phi = nv_{\mathrm{p}} = n\frac{4}{3}\pi a^3 \qquad (1\cdot6)$$

ここで，v_{p} は1個の粒子の体積，n は粒子の数密度，a は粒子の半径である．(1・6)式は単分散(単一のサイズ)の球形粒子の分散系に適用される．実験室では系は一般に質量または体積を指定して調製されるが，濃度の尺度を誤って変換することは間違いの原因になる．通常，密度は一定と仮定する．したがって，分散系の密度 ρ_{T} を次のように書くことができる.

$$\rho_{\mathrm{T}} = \rho_{\mathrm{o}}(1-\phi) + \rho_{\mathrm{p}}\phi \qquad (1\cdot7)$$

ここで, ρ_{p} は粒子密度, ρ_{o} は周囲の媒質の密度である. もし粒子と媒質の密度がわかれば, 分散系の密度を測定し, (1・7)式を用いると系の濃度が得られる. 以上の諸式から質量分率の表現が得られる. これらの式はあいまいに使われることが多いが, 明確に定義されることに注意する必要がある.

$$\text{質量/体積濃度}\ W_{\mathrm{v}}: \quad W_{\mathrm{v}} = \frac{\text{粒子の総質量}}{\text{系の総体積}} = \rho_{\mathrm{p}}\phi = W_{\mathrm{m}}\rho_{\mathrm{T}} \qquad (1\cdot8)$$

$$\text{質量/質量濃度}\ W_{\mathrm{m}}: \quad W_{\mathrm{m}} = \frac{\text{粒子の総質量}}{\text{系の総質量}} = \frac{\rho_{\mathrm{p}}}{\rho_{\mathrm{T}}}\phi = \frac{W_{\mathrm{v}}}{\rho_{\mathrm{T}}} \qquad (1\cdot9)$$

上記の濃度は系(粒子＋媒質)の総質量または全体積で表した濃度である. これらの濃度に加えて, 媒質のみの質量または体積で表した質量分率が次のように与えられる.

$$f_{\mathrm{v}} = \frac{\text{粒子の総質量}}{\text{媒質の体積}} = \frac{W_{\mathrm{v}}}{1-\phi} \qquad (1\cdot10)$$

$$f_{\mathrm{m}} = \frac{\text{粒子の総質量}}{\text{媒質の質量}} = \frac{W_{\mathrm{m}}}{1-W_{\mathrm{m}}} \qquad (1\cdot11)$$

これらの濃度は分率でなく百分率で表されることが多いため, わかりにくいことがある. (1・8)式～(1・11)式のどの濃度を用いるかは, 試料の調製方法に依存する. たとえば, 液体や気体に試料を混合しながら加える場合, その濃度は(1・10)式または(1・11)式を意味することが多い. ここで注意すべきことであるが, 質量/質量濃度 は無次元であるが, 質量/体積濃度 は次元をもつので単位系の違いを考慮しなければならない. また, 体積分率が小さく密度差が小さいか中程度の場合は, 用いた式による数値的な差が小さくなるが, そうでない場合には注意が必要である.

上記の濃度の式は系が単一の型の粒子から成っていることを前提としている. 多成分から成る複雑な系あるいは粒径と密度が互いに関係する系の場合は, まず, 粒子の粒径分布を積分するかまたは総和をとって濃度を計算し, さらに各成分によって占められる体積を考慮しなければならない. したがって, 多成分系における濃度の定義の仕方は数多く存在するので, どの単位が用いられているかに注意する必要がある.

1・2・1・1 粒径分布の多分散性

コロイド系の粒径分布は, 一般にある程度の多分散性を示す. ここで, “粒径”という用語は，常にというわけではないが，半径aではなく粒子の直径dを意味することが多く，計算結果が異なる原因になる．単峰性(monomodal)の系は明確に定義された平均粒子直径をもつが，最頻値(モード)のまわりに粒径分布は広がる．最頻値は系において最も頻度の高い粒径である．多峰性(multimodal)の分布の場合は，いくつかの離散的な分布から成り，分布の各部分がそれぞれの“最頻値”をもつ．自然系では多成分多峰性の粒径分布が観測されることが多い．

図1・3に横軸を線形および対数形式で表した正規粒径分布と対数正規粒径分布を示す．縦軸は与えられた直径d_i（または半径a_i)をもつ粒子数f_iである．粒径分布は種々のモーメントを用いて表されるが，直径を用いるのが便利である．

$$d_{m,n} = \left(\frac{\sum_i f_i(d_i)^m}{\sum_i f_i(d_i)^n}\right)^{\frac{1}{m-n}} \qquad \text{ここで} \quad \sum_i f_i = 1 \qquad (1\cdot 12)$$

平均粒子直径は$\langle d\rangle = d_{1,0} = d$で与えられ，最もよく使われる分布の指標である．平均粒子直径は以下のように粒子数による平均である．

$$\langle d\rangle = \sum_i f_i d_i \qquad (1\cdot 13)$$

粒径の測定や応用において，粒径分布に対し“重み”を付けた平均をとる場合がある．流体力学的な応用であるが，噴霧に対してはザウター(Sauter)平均直径$d_{3,2}$が用いられる(1・12)式において$m=3$，$n=2$)．小滴が生成される場合は体積と表面積の比が重要であるので，直径を3乗(体積)および2乗(面積)することによって重みを得る．一般に，

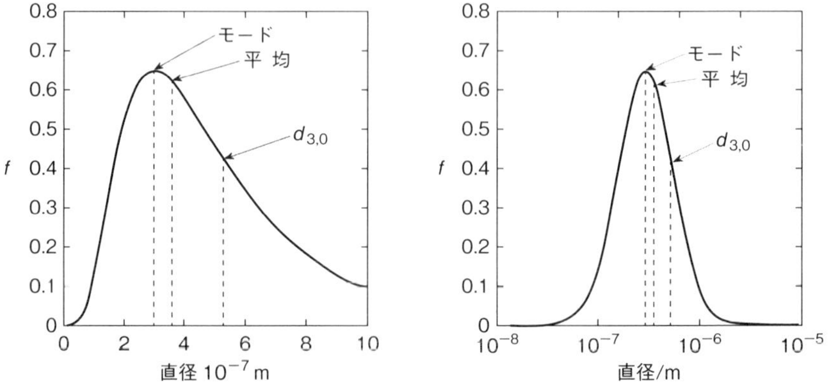

図1・3　線形の横軸で表した分布(左)と対数の横軸で表した対数正規分布(右)．

べき数 m と n の値は観測する粒子の性質に依存する．$d_{3,0}=d_{\mathrm{v}}$ は体積加重平均直径であり，$d_{2,0}=d_{\mathrm{a}}$ は面積加重平均直径である．

粒径分布を記述するための別の用語として累積分布が用いられる．たとえば，サイズが順に減少する一連のメッシュによって粒子をふるいにかける場合，特定のメッシュ上に保持または蓄積されたものはそのメッシュのサイズより大きなサイズの粒子である．各ふるいに蓄積された粒子の数がわかると，ある粒径より小さいすべての粒子の分布がわかる．分布を記述するための累積的アプローチは，光回折をはじめ広範囲の技術に応用されている．百分率で表した体積累積分布に対する指標は次のように表されることが多い．

$$c_{\mathrm{v}}(j) = 100\,\frac{\sum_{i=1}^{i=j} f_i(d_i)^3}{\sum_{i=1}^{i=p} f_i(d_i)^3} \qquad \text{ここで}\quad j \leq p \tag{1・14}$$

ここで，種々の体積をもつ粒子が p 個の離散的な粒径にわたって分布する．この体積分布を p 以下のすべての粒径について合計すると総体積分布が得られる．直径が d_j 以下の粒子の割合はこの直径までの体積分布を合計したものを総体積分布で割ることにより得られる．同様の計算は数加重平均と面積加重平均に対しても行うことができる．分布を特徴づける平均直径は $d(0, 50)$ あるいは $d(50)$ である．これは累積分布が $c_{\mathrm{v}}(j)=50$ %になる直径であり，分布の半分がこの直径より小さく，残りの半分がこの

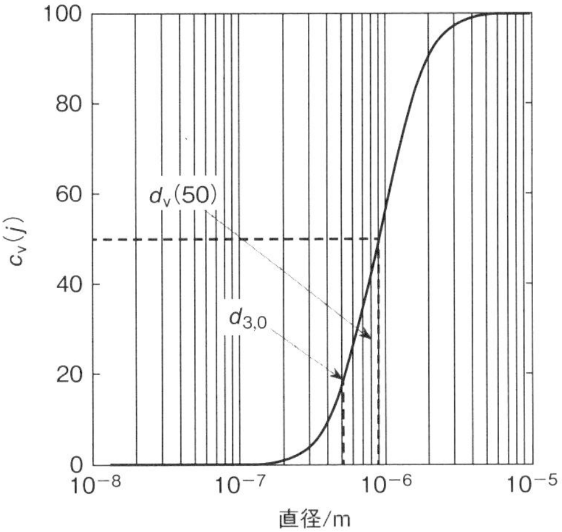

図1・4 図1・3に示した対数正規分布に対応する体積累積分布．体積加重平均直径 $d_{3,0}$ と $d(50)$ を比較のために示す．

直径より大きい．百分率の範囲を変えることによってこの平均直径に対してさまざまな定義が可能である．べつの平均直径として $d(10, 90)$ が用いられる場合があるが，これは 10 %以下の小さい粒子と 90 %以上の大きな粒子を除いた平均直径である．これらの平均直径のうちの二つを図 1・4 の体積累積分布の上に示した．この例では横軸が対数であるにもかかわらず，これらの平均直径が著しく異なることは興味深い．さらに，体積加重平均直径が最大の平均直径になることに注意すべきである．したがって，この値は分布中に微粒子が存在する場合には適当な指標にならない．

コロイド粒子を合成経路を用いて調製する場合，一般に変動係数(coefficient of variation, COV)が用いられる．これは，正規分布のピーク幅に対する指標である．

$$v = \frac{100\sigma}{\langle d \rangle} \qquad \text{ここで} \quad \sigma = \left[\sum_i f_i (d_i - \langle d \rangle)^2 \right]^{1/2} \tag{1・15}$$

ここで σ は標準偏差，v は百分率で表した変動係数である．v の値が数%の場合，単分散系に近い系とみなされるが，調製が困難な系では，7〜8 %でも単分散系として扱われる場合がある．

上記の結果の多くをエマルションや低品質の(希薄な)泡に適用すると，それらの特性評価の手段になる．異方性の(球でない)粒子に対してはさらに精巧な方法がある．大きな粒子になると，画像解析によって，長径と短径を測定し，周の長さと面積を決定することができる．これらすべてに対し分布を用いて表現できるが，ここで，実験者が苦労することは最も適切な方法の選択である．たとえば，不規則な物体の場合，長径と周の長さの比の平均値を考えるべきか，あるいは，周の長さの平均値と長径の平均値の比を考えるべきかという選択である．これはその状況に依存する．正しい方法を選べば理解が深まるが，間違った方法を選ぶと“袋小路”に入る場合がある．このような特性評価はやみくもに行うのではなく，十分な知識をもって行う必要がある．

上記の一般的な方法は高分子に適用できるが，重合過程によって生じる高分子鎖長(大きさ)の変動を考慮する必要がある．一般に，重量平均モル質量，数平均モル質量，ときには粘度平均モル質量で記録される測定法および分布を扱う．ただし，これらの平均モル質量はすべて鎖の末端間距離に関係するが，それぞれ分布曲線上の異なる位置に対応する．第 6 章で述べるように，高分子の多分散度は数平均モル質量に対する重量平均モル質量の比で表すことが多い．

1・2・2　界面の面積

分散系の挙動を決める界面の面積は二つある．それは分散系における粒子の総表面積と分散系の単位体積当たりの表面積(比表面積)である．体積 V_{T} 中の単分散コロイド分散系における粒子の総表面積 A は次式で与えられる．

$$A = \frac{3\phi}{a} V_{\mathrm{T}} \tag{1・16}$$

たとえば，$V_{\mathrm{T}}=1\ \mathrm{dm}^3$，$d=100\ \mathrm{nm}$，体積分率 $\phi=0.1$ の場合，$A=6000\ \mathrm{m}^2$ になる．これはサッカー場の面積にほぼ等しく，粒子の総表面積がいかに大きくなるかを示している．実際，表1・1が示すように，界面がなければコロイドは存在することができない．さらに，界面活性物質がいかに大量に必要であるかがわかる．

界面の面積に対するもう一つの指標は比表面積（specific surface area，SSA）である．これは粒子の単位質量当たりの面積 A_{SSA} であり，次式で与えられる．

$$A_{\mathrm{SSA}} = \frac{3}{\bar{a}\rho_{\mathrm{p}}} \tag{1・17}$$

ここで，ρ_{p} は粒子密度，$\bar{a}$ は面積平均半径であり $2\bar{a}=d_{2,3}$ の関係がある．比表面積はそれほど重要でない量に見えるが，実際には非常に有用である．注意深く調製した乾燥分散系の場合，気体吸着および BET 法（8・1・3 節）を用いて比表面積の値を得ることができる．この値はまた吸着エネルギー分布に依存する．比表面積は面積平均半径 $\bar{a}$ を用いて粒径を表すので，実験的に得られる比表面積は最も小さい一次粒子（凝集していない単独の粒子）に支配される．したがって，この粒径は分散粒子の大きさに対応しない場合もあるが，細孔構造がなく非常に粗い面が存在しない限り，分散系の粒径を特徴づける量になる．比表面積に対する測定値と計算値の比較から相対的な分散度を評価することができる．たとえば，分散系における粒径分布に対する光散乱データをもとに，次式を用いて比表面積を決定できる．

$$A_{\mathrm{SSA}} = \frac{\sum_i f_i \pi d_i^{\,2}}{\sum_i f_i \rho_{\mathrm{p}} \frac{\pi d_i^{\,3}}{6}} \tag{1・18}$$

これら二つの指標，総表面積と比表面積が大きく異なるとき，光散乱法のような方法では予測できない微小な粒子の存在を検出できる．一方，比表面積からは粒径が 10〜20 nm であることが予想されるのに，実際には μm のサイズにしか分散できないような“ナノ粒子”が存在することがある．このような粒子は合成時の不可逆凝集によって生じるが，試料を購入したときに期待外れの原因になる．同様に，鉱物のような自然に存在する物質に対しても，この方法によって予想以上に多量に存在する微粒子を検出できる．

1・2・3 実効濃度

すでに見たように，粒子濃度は数密度で与えられる．長距離に及ぶ斥力が存在しない場合，粒子は凝集する傾向にある．引力効果を最小限にするために，粒子表面に高分子あるいは界面活性剤の層を吸着させることがある．これは凝集に対する安定性の指標になる．粒子の数密度は変わらないが，表面層または吸着層が存在するために粒了の実効体積および実効体積分率が増加する．層の厚さが δ の場合，実効体積分率 ϕ_{eff} は次式で与えられる．

$$\phi_{\mathrm{eff}} = \phi\left(1 + \frac{\delta}{a}\right)^3 \tag{1・19}$$

ここで，粒子の実効半径は図1・5に示すように $a + \delta$ である．実効半径の概念は単純ではあるが非常に有用である．たとえば，エマルション系では，油相中に半径 a の液滴(たとえば水滴)のコアが分散し，吸着粒子から成る界面層で安定化される(ピッカリングエマルション，Pickering emulsion)．はじめの油相と液相の体積からエマルション系の体積がわかると，液滴コアの体積分率が求まる．粒子が吸着するために液滴の実効体積分率は増加する．液滴サイズが小さいほど，また吸着層が厚いほどこの効果は大きい．

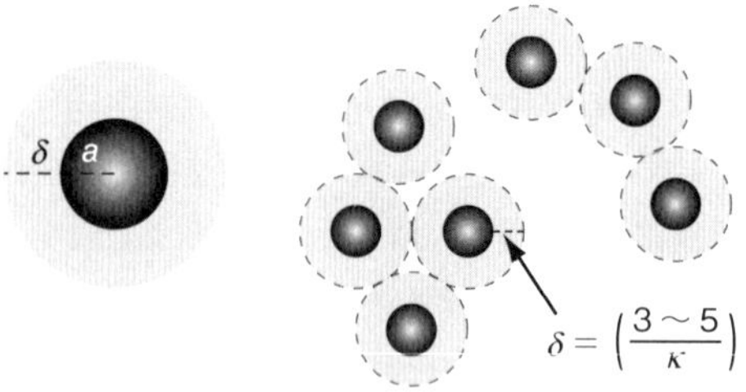

図1・5　粒子のまわりの界面層．実効体積分率の概念を示す．

実効体積分率の概念は現実の物理的な大きさに対して適用できるだけでなく，粒子間の“最短接近距離”を用いて考えることもできる．高分子ラテックス粒子の場合，その表面は重合開始剤のフラグメントから形成された末端基で覆われていることが多い．カルボン酸基がその一例である．pH が高いときはプロトンが完全に解離する結果，粒子の表面は正味の負電荷をもつ．このため，粒子はカチオン(対イオン)を引きつけ，アニオン(副イオン)を遠ざける．この結果，イオン雲が形成され，粒子の表面電荷を遮蔽する．イオン雲を特徴づける厚さの逆数を κ で表す．κ^{-1} は粒子周囲に形成されるイオン雲の層の実効的な厚さに対する指標になる．粒子が強く帯電している場合，粒子表面間が κ^{-1} のオーダーになると粒子は互いに反発する．したがって，この距離の分，粒子の実効半径が大きくなり，実効体積分率が増大したと解釈できる．正味の相互作用が斥力である系に対して，次の経験則がよく成り立つ．

$$\phi_{\mathrm{eff}} = \phi\left(1 + \frac{C}{\kappa a}\right)^3 \tag{1・20}$$

ここで，定数 C の値は 3~5 である．

この体積分率は見かけの粒子濃度を表す．粒子のまわりにあたかも殻が存在し，他の粒子が接近するとこの殻に衝突し跳ね返される．実効体積分率とは，相互作用のない粒子系が斥力系で観測される挙動と同じ挙動を示すために必要な体積分率である（図 1・5）．ここで，κa が小さいほど実効濃度が大きくなることに注意しよう．

第 3 章で κa の値の意味について考察するが，この値は粒子半径とイオン雲の広がり度合いの比を表す．図 1・6 は帯電粒子に対する電気二重層であり，帯電粒子のまわりのイオン"雰囲気"を表す．粒子の表面電位 ψ_0 および界面動電現象から決定されたゼータ電位 ζ の二つの電位がある．ゼータ電位は，多くの水系においてコロイドの安定性を決める重要なパラメーターである．

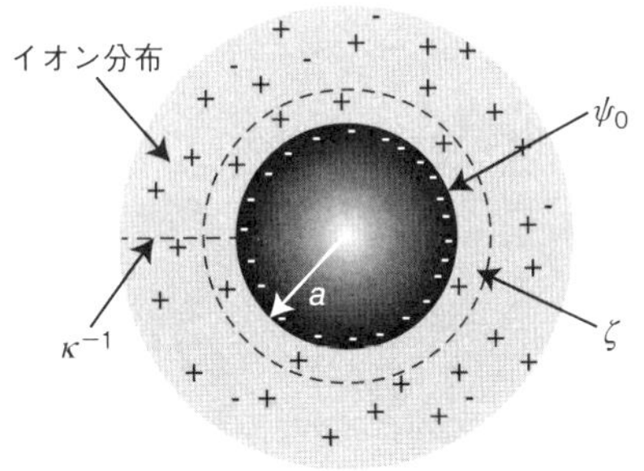

図 1・6 粒子のまわりの電気二重層の簡単な模式図．

1・2・4 平均粒子間距離

2 粒子の中心間距離は，粒子数密度の立方根の逆数で与えられると考えられる．すなわち，

$$R = n^{-\frac{1}{3}} = 2a\left(\frac{4\pi}{24}\right)^{\frac{1}{3}}\phi^{-\frac{1}{3}} \approx 2a\left(\frac{0.52}{\phi}\right)^{\frac{1}{3}} \qquad (1\cdot 21)$$

この値は球の単純立方充塡（図 1・7）における粒子間距離に等しい．この配置に球を充塡する場合，球は利用可能な体積の 52 % を占めるが，これは最大充塡分率である．コロイド粒子はさまざまな空間配置をとり，流体"相"や秩序"相"，さらに，ガラス状態のように長寿命の過渡的状態を示す．観測される"相"の種類は粒子間相互作用と調製経路に依存する．以下のように平均最短粒子間距離を，粒子の表面間距離 H で表すことができる．

$$H = 2a\left[\left(\frac{\phi_{\mathrm{m}}}{\phi}\right)^{\frac{1}{3}} - 1\right] \qquad (1\cdot 22)$$

この距離に複数の粒子が存在する場合がある．たとえば，面心立方(face-centered cubic, fcc)または六方最密充塡(hexagonal close-packed, hcp)配置では，最大充塡分率は $\phi_m \approx 0.74$ である．この粒子間距離には 12 個の粒子，すなわち最近接粒子がある(配位数が 12 である)(図 1・7)．この構造では最近接粒子数は体積分率に依存しない．帯電コロイド粒子では，このような状態が可能である．しかし，実際の状況は複雑で，体積分率が大幅に減少すると分散系の状態は変わり，8 個の最近接粒子をもつ体心立方構造(body-centered cubic structure, bcc)を占めようとする($\phi_m \approx 0.68$)．このような構造は分散系中で生じるか，または表面で核成長して二次元配列を形成する．規則的な構造ができるためには，ほぼ単分散の系の形成が必要であることが多い．ただし，必ずしも単一ピークではない．このような構造の存在は分子系とコロイド系の類似の概念を論理的に支持するものである．

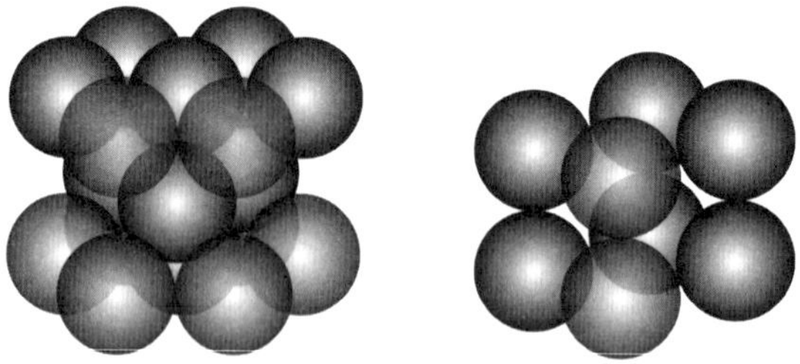

六方最密充塡　　単純立方

図 1・7　強い斥力のはたらくコロイド系で観測される秩序構造の最大充塡の例.

界面活性剤系はコロイド粒子よりさらに多様な相を示す．界面活性剤濃度が増加すると，ミセルは整列して体心立方構造をとることができるが，それと同時に，棒状構造，みみず状構造，ラメラ，ベシクル，多重層ベシクルの各構造や他の多くの興味深い構造を形成することができる．高分子はもちろん分子系であるから，溶液や溶融体においてはランダムに配向した互いに浸入できる鎖から成ることが多い．しかし，真の分子結晶が局所的に相分離した領域に形成されたり，あるいははるかに大きな領域に形成されることがある．粒子系から学ぶことは多いが，分子種はそれ自身の化学的な特徴を呈す．

粒子研究者は不規則構造をもつ系に直面することが多い．これらの系は流体に近い配置をとる．その構造はランダム最密充塡(rcp)構造であり(典型的な場合，$\phi_m \approx 0.62$～0.64)，試料がどのように調製されるかによって，種々の構造の秩序性を示す．ただし，配位数は体積分率に応じて変わる．粒子の凝集クラスターにおいては通常，最近接粒子間距離は互いに等しく，相対的な充塡配位数は体積分率に依存する．極端な例は配位数が凝集体の質量中心から端まで位置によって異なる**フラクタル凝集体**である．凝集体の大きさが凝集体を形成する最小粒子より2桁大きいような，大きなフラクタル構造に出会うことはまれである．フラクタルモデルは粒子集団の局所的配列を研究するために有用である．

分散系の性質の多くは濃厚になると変化するが，多くの商品(表1・2)は濃厚分散系として設計される．希薄系と濃厚系の境界については議論の余地があるが，系の実効体積分率が充塡限界に近づくと濃厚系の挙動が観測される．粒子間相互作用が強いほど，多体相互作用が生じ始める粒子濃度が低くなり，したがって，実効粒子濃度が高くなる．

1・3 安　定　性

“安定性”という用語は常に状況に応じて使い分けるべきである．コロイドの安定性は系の物理的状態に関係している．すなわち，系はそれが十分に分散しているとき安定である．コロイド的に安定な系とは均一分布を保つ系であると誤って認識されていることが多いが，これは，以下に示すような体積力が存在する場合には当てはまらない．さらに，化学的な不安定性のために分散系の状態が物理的に不安定になる場合がある．たとえば，表面の帯電基が酸化することによって斥力が減少する場合がある．また，高分子安定剤の細菌分解によって安定化剤の層に変化が生じることもある．

粒子の凝集が観測された場合，その型を記述するために厳密に適用される規則はない．不安定なコロイド粒子は凝集体を形成する傾向がある．凝集体を保持する引力が非常に強く，攪拌，混合，捏練(ねつれん)(こねる)，および超音波プローブといった典型的な体積力よりはるかに大きい場合，凝集体は永久に凝集しているとみなすことができる．分散系の不可逆凝集は**コアギュレーション**(coagulation)とよばれることが多い．**コアギュラム**(coagulum)という用語は不可逆凝集の結果できる凝固物を意味する．一方，**フロキュレーション**(flocculation)という用語は，弱い引力による事実上の可逆凝集に対して用いられる．さらに**沈殿**(precipitation)という用語は広い意味で用いられ，分子レベルで分散した系が何らかの作用を受けて固体へ相変化をするときに用いられることが多い．沈殿の結果生じる固体の状態としてはアモルファス状態，ガラス状態，単結晶または多結晶のいずれの場合もある．溶液中で沈殿する場合，固相が細かく分割されている場合が多い．安定化効果がない場合，系は凝集する．生じた沈殿物はその環境に応じて凝集体または分散系になる場合がある．小さいが，十分に分散した結晶が核生成し成長するとき，これは多くの農薬や製薬の応用において大きな価値をもつ．

静電相互作用は安定化のための万能の方法というわけではない(第8章)．高分子や界面活性剤の層を粒子表面に吸着させると，立体障害を対(つい)相互作用エネルギーに組込むことができる．二つの粒子がブラウン運動によって接近して衝突すると，高分子鎖同士が互いに重なろうとする．この結果，斥力相互作用が生じて2粒子の接近を防ぐことができる．しかし，高分子の添加がコロイド安定性を低下させる場合もある．粒子表面に高分子が強く選択的に吸着する場合，少量の高分子を添加することによって粒子間に架橋が形成され，非常に弱い凝集体ができる．また，吸着していない高分子は浸透圧によって粒子を凝集させることができる．

一般に，分散系安定化のために必要な界面活性剤や高分子の濃度は，粒子に対する吸着力に依存する．これらの安定化剤の吸着には化学吸着と物理吸着がある．化学吸着は安定化剤と粒子の化学基間の特異的な反応によって生じる．物理吸着の場合は安定化剤は分子間力によって粒子表面に結合し，分子はその構造に応じてさまざまな配置をとる．対応する吸着等温線もまた，さまざまな形状をとる．Langmuirによって提案された理想的な吸着等温線(第7章)では，溶液中の安定化剤濃度が増加すると吸着量は増加し，表面が“飽和”して吸着量が一定値に達するまで吸着する．もし，系をこの安定化した濃度に保つならば，系は吸着等温線のプラトー領域にあるはずである．しかし，実際の系では等温線の形式は未知であるか，あるいは他の物質が存在するために複雑になることが多い．一般的に，粒子の総質量に対する安定化剤の質量パーセント(p_l)として安定化剤濃度を表現する．

$$p_l = 100\,\frac{\text{安定化剤の質量}}{\text{粒子の総質量}} = 100\left(\frac{C_m}{f_v}\right) \qquad (1\cdot 23)$$

ここでC_mは分散媒質の体積(全体積ではない)中における安定化剤濃度である．粒子濃度(f_v)が増加したとき，安定化剤の質量パーセント(p_l)を一定に保つためには，安定化剤濃度(C_m)も増加させなければならない．p_lの典型的な値は3〜5％の範囲にあり，中程度および高い粒子濃度では，厚い表面吸着層や非常に複雑な凝縮表面層が形成され，吸着していない安定化剤が大量に残る．これは望ましいことではなく，企業的にもコスト効率が悪い．

1・3・1 外力がはたらいていない系

静電斥力と長距離まで及ぶ引力(Hamaker)のバランスがDLVO理論の基礎である(図1・8)．正味の相互作用エネルギーが大きな斥力の場合，粒子は互いに衝突も接着もしない．相互作用エネルギーを熱エネルギーk_BTと比較しよう．ブラウン運動をする粒子はk_BT程度の平均エネルギーをもって衝突するから，k_BT程度のエネルギーで系が安定化すると考えがちであるが，これは正しくない．なぜなら，衝突速度とエネルギーに分布が存在するからである．以下ではこの分布を考慮する．粒子間全斥力相互作用エネルギーをV_rとすると，粒子間接着に帰着する衝突の回数は熱エネルギーと斥力エネルギーに基づく以下の分布によって与えられる．

$$N_{\rm rel} = \exp\left(-\frac{V_{\rm r}}{k_{\rm B}T}\right) \tag{1・24}$$

ここで，$N_{\rm rel}$ は凝集する粒子数の相対数である．斥力が支配的な系を考えよう．斥力エネルギーが $2.5k_{\rm B}T$ の場合，全衝突の 8.2 % が凝集に帰着するが，$25k_{\rm B}T$ では，2×10^{-9} %以下である．斥力エネルギーが大きいほど系は安定である．実際問題としては，$25k_{\rm B}T$ のエネルギー障壁があれば系は数カ月の間は安定に保たれる．

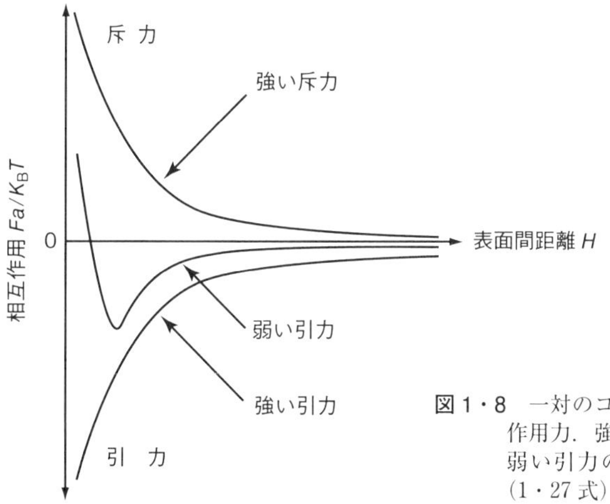

図1・8　一対のコロイド粒子間の相互作用力．強い斥力，強い引力，弱い引力の各場合の相互作用(1・27 式)を示す．

1・3・2　沈降と浮上(クリーミング)

地球の重力場の中では付加的な体積力が粒子にはたらく．粒子の質量密度が媒質の質量密度より大きい場合は粒子は沈降し，逆の場合は浮上する．沈降速度または浮上速度 $v_{\rm s}$ はストークス抵抗と重力を等しいとおいて次式のように得られる．

$$v_{\rm s} = \frac{2}{9}\frac{\Delta\rho g a^2}{\eta_{\rm o}} \tag{1・25}$$

ここで，$\Delta\rho$ は粒子と媒質の密度差，g は重力加速度，a は粒子の半径，$\eta_{\rm o}$ は溶媒の粘度である．この式は希薄系に適用できる．この式からわかるように，粒子が大きいほど沈降速度は速くなり，また当然のことではあるが沈降に対抗するブラウン運動が小さくなる．たとえ粒子間引力が小さくても，コロイド的に安定な粒子は沈降する．凝集体はさらに速く沈降する．ただし，これは凝集体が完全に空間を満たすような構造を形成しない場合に限られる．意外なことに，不安定で弱い引力のはたらく系において，粒子がつながった構造すなわちパーコレーション(percolation)構造が形成され，沈降せずに安定化する．一般に，この構造は接触時の粒子間引力エネルギーが約 $-10k_{\mathrm{B}}T$ のときに生じるが，ふつうは吸着高分子や界面活性剤を用いることによって実現される．

1・3・3 せん断流

せん断力を加えることにより凝集体を破壊して，粒子間衝突数と衝突エネルギーの両方を増加させることができる．その結果，粒子は斥力に打ち勝つ十分大きな力で衝突し，凝集体を形成する場合がある．このように，せん断場および体積力はこれらの力の特性に応じて系を分散させる場合と凝集させる場合の両方がある．

この課題への最も簡単なアプローチは，対流過程に対する拡散過程の比を考えることである．この比はペクレ数(Peclet number) Pe によって表される．

$$Pe = \frac{6\pi a^3 \sigma_0}{k_{\mathrm{B}}T} \qquad (1\cdot 26)$$

ここで，記号 σ_0 はせん断応力を表す．この力はせん断流場にある系に加える単位面積当たりの体積力である．ペクレ数は無次元量であり，系における対流とブラウン運動の比を表す指標である．以下のようにせん断流に対する系の応答を分類できる．

$Pe > 1$	$Pe = 1$	$Pe < 1$
対 流	過渡領域	拡 散

せん断応力が大きい場合は対流が支配的になる．この領域では凝集体が形成されるかまたは破壊される．無次元の粒子間相互作用力とペクレ数を以下のように等しくおくことにより，対流に対する系の応答を評価することができる．

$$Pe = |\bar{F}| \qquad \text{ここで} \quad \bar{F} = \frac{Fa}{k_{\mathrm{B}}T} \qquad (1\cdot 27)$$

F は粒子間のコロイド相互作用力であり，$\bar{F}$ はその無次元形である．したがって，たとえば，$\bar{F}$ の値が引力(負)で，ペクレ数がこの値よりかなり大きい場合，凝集体は破壊される．(1・27)式を用いて，せん断流がどのように分散系の安定性に影響を及ぼすかを考察することができる．

1・3・4 その他の不安定性

コロイド状態に影響を及ぼす他の型の不安定性，すなわち系の粒径分布と均一性が変化する機構を考察しよう．

ラテックス粒子，結晶，泡，小滴などが任意の粒径分布をもつ場合，その分布の範囲内での大きな粒子の形成は，エントロピーが減少するにもかかわらず，小粒子の形成よりエネルギー的に有利になる．粒子と媒質間の界面の面積が変化するときの界面ギブズエネルギーの変化 ΔG_{12} は次式で与えられる．

$$\Delta G_{12} = \gamma_{12}\,\Delta A \qquad (1 \cdot 28)$$

ここで，γ_{12} は界面張力であり，ΔA は面積の変化である．粒子の総面積の減少，したがって粒径の増加はエネルギー的に有利である．このとき，次式からわかるように粒子半径の増加とともにラプラス圧(Laplace pressure) Δp が減少する．

$$\Delta p = \frac{2\gamma_{12}}{a} \qquad (1 \cdot 29)$$

その結果，粒子の溶解度が粒径に依存する場合，粒径分布は変化する．小さい粒子は消失し，大きな粒子はますます増大して，粒径分布は次第に粒径の大きいほうへ移動する．この過程はオストワルド成長(Ostwald ripening)とよばれ[14]，粒径変化を生じさせる機構が存在する場合に起こる．たとえば，大きいエマルション滴と小さいエマルション滴が衝突すると，コア物質を部分的に共有する機会ができる．これはエマルション滴の体積が変わる過程であり，粒径が小さいとき顕著である．固体粒子の場合は，固体は小さく，溶媒に対して有限の溶解度をもつ必要がある．この結果，小粒子から大粒子へ分子が移動できる．この場合の小粒子は大粒子より“大きな溶解度をもつ”．

小滴または泡の合一(コアレッセンス)による界面ギブズエネルギーの減少は，泡やエマルションを不安定化する過程である．たとえば，二つの小滴が合一すると総面積とエネルギーが減少するが，これに対して小滴間の強い粘弾性エネルギー障壁が拮抗する．二つの小滴が接近すると小滴間の液層が流出し，界面に存在する安定化剤分子を移動させる．この結果，逆向きの界面張力の勾配ができる．これはギブズ-マランゴニの効果(Gibbs-Marangoni effect)といい，べつの安定化機構であるが，制御することは難しい．

高分子および界面活性剤の系で観察される不安定性に関しては，本章の範囲外であるので少しの説明にした．これらは分子系であるため，すべての変化は温度，圧力のような状態変数と関係している．さらに，塩，pH，溶解度などを変化させることによって，間接的にエントロピー，エンタルピー，内部エネルギーのような他の状態変数に影響を及ぼすことができる．その結果，沈降が起こり，コンホメーションの変化が生じ，さまざまな相が出現する．たとえば，界面活性剤の多重層から大きなベシクル構造の凝集体が形成されるが，これは中心に空洞をもつ一連のタマネギの皮のように観測される．この凝集体は界面活性剤としての特性とコロイド粒子としての特性の両方を併せもつ．同様に，高分子が互いに架橋してマイクロゲルを形成するが，これは粒子の特性をいくつかもつ分子クラスターである．このように，コロイド系の示す挙動は広範囲に及ぶ．

1・4 コロイド科学の展望

コロイド科学はあらゆる分野に関係するので，コロイド科学の進む方向から外れて，他の分野に関わることが避けられない状況にある．したがって，対象とする系に対して，コロイド科学者が見方を変えるときを知ることは有益である．本章を終わるにあたり，原点に戻って，コロイドの領域の境界がどこにあるかを考察する．

Hamaker の方法による計算が示すように，ファンデルワールス力によって二つの物体は“固着”する．つまり，二つの物体が接近すると物体間の引力はきわめて大きくなる．したがって，今，読者が机の上に本書を置いて読んでいると仮定すると，机の表面から本書を引き離すために相当な力が必要になることが予想される．しかし，実際には別の要素が重要になり，こうはならない．すなわち，少なくともコロイド次元の表面の粗さのために，本と机の表面の間の接触点(の数)が減少し，引力は弱められている．さらに，大きさが小さくなると原子間の斥力によっても引力は弱められる．巨視的な長さのスケールで重要になる力もコロイド次元ではたらく力とは異なる．本のような巨視的物体では，運動学や慣性に比べるとブラウン運動は重要ではない．粒子が十分大きい場合も同様である．巨視的スケールと微視的スケールの境界に対しては種々の考え方がある．

流体中を運動する粒子には流体力学的抵抗がはたらく．粒子速度が小さい場合はストークス抵抗が支配的であるが，粒子速度が増加するとともに慣性力が重要になる．粘性抵抗と慣性力の比を粒子に対する**レイノルズ数**(Reynolds number) *Re* という．

$$Re = \frac{2\rho_{\mathrm{p}} a v}{\eta_{\mathrm{o}}} \tag{1・30}$$

ここで v は粒子速度である．レイノルズ数が約 0.1 より大きくなると，抵抗は純粋なストークス抵抗ではなくなり，慣性力が重要になってくる．質量密度が高くサイズの大きい粒子ほどこの傾向が顕著に見られる．これはコロイドに特有な挙動が失われる流体力学的な境界を表している．

もう一つのコロイドの境界の定義は，DLVO 理論によって記述されるようなコロイドの対相互作用力と毛管力の間で遷移する．例として，疎水性媒質中に分散した親水性

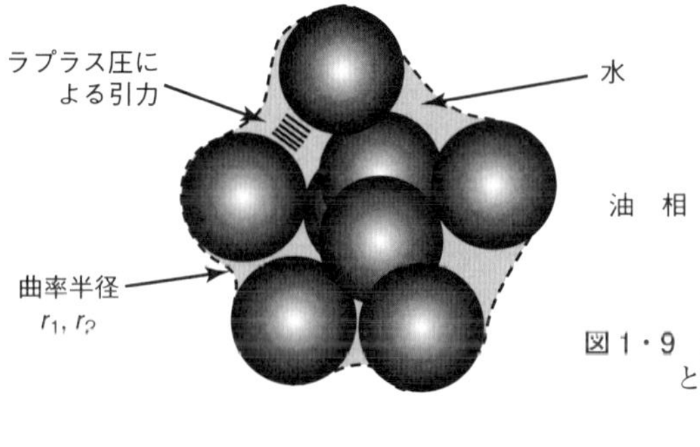

図1・9　水和した凝集体における水の架橋と相互作用力の模式図.

粒子の水和凝集体を考えよう(図1・9)．この凝集体は粒子間にファンデルワールス力がはたらいている粒子の集団から成る．もし，粒子が十分に湿っていて，かつ十分に大きい場合，粒子間に水の架橋が形成され，曲率をもつ流体の領域が形成される．

これは油と水の界面におけるラプラス圧 Δp によって生じ[15)]，より一般的なヤング–ラプラスの式(Young–Laplace form)でラプラス圧を表すことができる．

$$\Delta p = \gamma_{\mathrm{OW}}\left(\frac{1}{r_1}+\frac{1}{r_2}\right) \qquad (1\cdot 31)$$

ここで，γ_{OW} は油と水の間の界面張力であり，r_1 と r_2 は表面の主曲率半径である．凝集体を破壊させるためには，毛管力とファンデルワールス力の両方に打ち勝つ力が必要である．凝集体が壊れるのは界面活性剤が分散を促進させる場合である．なぜなら界面活性剤は界面張力を下げ，粒子間の相互運動を円滑にすることによって，凝集体を“完全にぬらす”からである．粒子が大きくなると毛管力は増大し重要になる．海岸の砂粒は対(つい)相互作用ポテンシャル(pair interaction potential)[16)]よりも ぬれ と毛管作用の力によって互いに固く結びついている．微視的な対相互作用が重要になる粒子サイズと ぬれ の力が重要になる粒子サイズの境界については議論の余地があり，研究が活発に行われている分野であるが，この境界および慣性力は数十マイクロメートルの粒径において顕著になると予想される．

逆の極限，すなわち非常に小さい粒子の極限は，微視的サイズと原子サイズの境界である．この境界は他の境界と同様に任意性があるが，表面に位置する原子数と粒子内部のバルク相における原子数の比を用いて表せる．クエン酸のような小さい球状の分子が沈殿してコロイド粒子を形成する場合を考えよう．いくつかの仮定のもとで，この系に対して簡単な計算をしよう．3000 個余の分子から成る直径 20 nm の粒子の場合，全分子の 14 %が粒子表面に存在する．直径 2 nm の粒子では，数十個の分子から成り，分子がすべて粒子表面の分子になる．これら二つの粒径の間のどこかで，物質のバルク特性が粒子サイズの影響を受ける．たとえば，半導体粒子に対してサイズを制限すると，粒子の量子状態が変わり，電子状態および光学的特性が変化する．サイズをさらに大きくしても，粒子の挙動の変化が観測される．たとえば，結晶固体の粒子サイズが小さくなり，典型的なバルク結晶粒界(訳注：結晶粒界とは，多数の単結晶から多結晶がつくられるとき，単結晶間にできる界面)の大きさ以下になると転移が起こる．同じ物質から成る大きな多結晶コロイドは，それに対応する小さな単結晶コロイドと異なる誘電特性を示す．この領域では，系はコロイドの特性をもつが，コロイドとして扱う際には注意が必要である．結局，優れたコロイド科学者はただ分類するだけでなく，より興味をひく問題に取組み，そのために適切な手段を用いることを重要視する．次章以下では，読者がそうなるための基礎を提供する．

文　献

歴史上重要な文献

1) Overbeek, J. Th. G., "Colloidal Dispersions", ed. by Goodwin, J. W., p. 1, The Royal Society of Chemistry, London (1982).

2) Selmi, F., *Nuovi Ann. Science Natur. Di Bologna*, **2**, 24, 225 (1845).

3) Faraday, M., *Phil. Trans. Roy. Soc.*, **147**, 145 (1857).

4) Smoluchowski, M., 'Zur kinetischen Theorie der Brownschen Molekularbewegung und der Suspensionen', *Annalen der Physik*, **21**, 756–780 (1906).

5) Einstein, A., "Investigations on the Theory of Brownian Movement", Dover, NewYork (1956). ISBN0-486-60304-0.

6) Siedentopf, H., Zsigmondy, R., *Ann. Physik*, **4**, 10 (1903).

7) Perrin, J., *Ann. de Chem. et de Phys.*, **8**, 18 (1909).

8) Hamaker, H. C., *Physica*, **4**, 1058 (1937).

9) Derjaguin, B. V., Landau, L. D., *Acta Physiochim. URSS*, **14**, 633–662 (1944); Verwey, E. J. W., Overbeek, J. Th. G., "Theory of the Stability of Lyophobic Colloids", Elsevier, Holland (1948): Dover reprint (2000).

10) McBain, J. W., *Trans. Farad. Soc.*, **9**, 99 (1913); McBain, J. W., "Colloid Chemistry", Vol. 5, ed. by Alexander, J. Reinhold, p. 102, New York (1944).

11) "Modern Aspects of Colloidal Dispersions", ed. by Ottewill, R. H., Rennie, A. R., Kluwer Academic Publishers, Netherlands (1992).

12) Goodwin, J. W., Hughes, R. W., Partridge, S. J., Zukoski, C. F., *J. Chem. Phys.*, **85**, 559 (1986).

13) Vrij, A., Jansen, J. W., Dhont, J. K. G., Pathmamanoharan, C., Kops-Werkhoven, M. M., Fijnaut, H. M., *Farad. Disc.*, **76**, 19 (1983).

14) Ostwald, W. O., "An Introduction to Theoretical and Applied Colloid Chemistry", John Wiley & Sons, Ltd., New York (1917).

15) Pierre-Simon, Marquis de Laplace, "Mécanique Céleste, Supplement to the 10th edition" (1806).

16) Rumpf, H., "The Strength of Granules and Agglomerates. Agglomeration", ed. by Knepper, W. A., p. 379, AIME, Interscience, New York (1962).

予備知識のための入門教科書

Goodwin, J., "Colloids and Interfaces with Surfactants and Polymers: An Introduction", Wiley-VCH (2004).

Pashley, R. M., "Applied Colloid and Surface Chemistry", John Wiley & Sons, Ltd. (2004).

Norde, W., "Colloids and Interfaces in Life Sciences", Marcel Dekker Inc. (2003).

Lyklema, J. H., "Fundamentals of Interface Colloid Science", Vols 1–4, Academic Press (2005).

Hunter, R. J., "Foundations of Colloid Science", Oxford University Press (2000).

Evans, D. F., Wennestrom, H., "The Colloidal Domain: Where Physics, Chemistry and Biology Meet", John Wiley & Sons, Ltd. (1998).

Morrison, I. D., Ross, S., "Colloidal Dispersions: Suspensions, Emulsions and Foams", John Wiley & Sons, Ltd. (2002).

2

コロイド系の電荷

2・1 はじめに

懸濁液(suspension)中の粒子間にはファンデルワールス引力相互作用がはたらき，可逆凝集または不可逆凝集が起こる．安定したコロイド懸濁液を調製するためには，ファンデルワールス引力に拮抗する粒子間相互作用を導入する必要がある．これを達成する一つの方法は粒子を帯電させることである．この結果，粒子間斥力が生じる[1]．粒子を帯電する方法として以下の四つがある．すなわち，表面基のイオン化，イオン吸着，非対称なイオン融解(たとえば，ヨウ化銀粒子の表面から I^- が Ag^+ より多く溶解すると粒子表面は正に帯電する(図2・1c))および同形イオン置換である．

電解質溶液中では溶媒和したイオンが粒子を囲み，粒子の表面電荷を遮蔽する．帯電表面近傍の対(たい)イオン分布はシュテルン-グイ-チャップマン理論(Stern－Gouy－Chapman theory)で記述される．この理論では，表面における電位が二つの層を横切って減衰する．二つの層とはイオンが表面に固定した層とイオンが溶液中に拡散した層(拡散層)である．二つの粒子が接近するとそれぞれの粒子の拡散層が重なり，その結果生じる斥力がファンデルワールス引力を上回ると懸濁液が安定化する．拡散層中におけるイオン分布は電解質濃度，イオンの形式電荷，溶媒，および粒子の内部圧縮層と外部拡散層の境界における電位に依存する．この界面における電位はゼータ(ζ)電位と同一視されることが多い．ゼータ電位とは流動場中の粒子と媒質間のせん断面における電位であり，動電実験から決定される．動電実験においては電流または電圧と粒子-媒質間の相対的な流動の関係を測定する．したがって，安定なコロイドの調製が要求される場合，表面電荷の起源を認識して，イオンが 粒子/液体 界面でどのように分布するかを理解しなければならない．さらに，ゼータ電位の測定法に精通していなければならない．

［2章執筆］ David Fermin, School of Chemistry, University of Bristol, UK
Jason Riley, Department of Materials, Imperial College London, UK

2・2　表面電荷の起源

コロイド懸濁液を調製する多くの方法では，表面に電荷をもつ粒子がつくられる．表面電荷は pH の変化あるいはイオン性界面活性剤(ionic surfactant)の添加などによる環境の変化によってさらに変化する場合がある．液体に浸された表面が帯電するためには，図 2・1 に要約したように四つの一般的な機構がある．

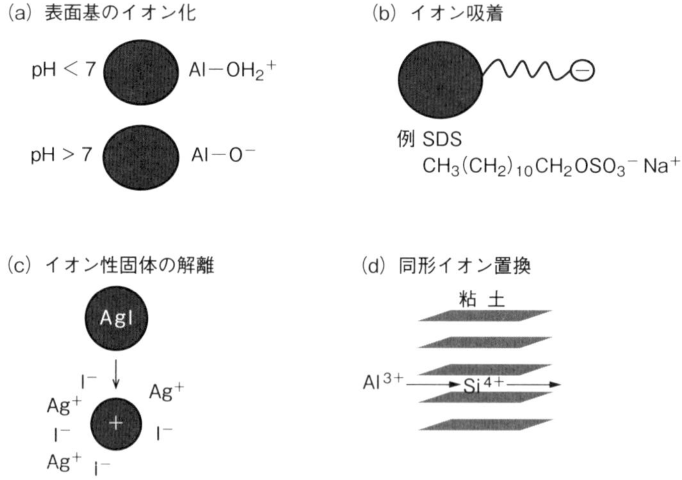

図 2・1　電解質中の固体表面を帯電する方法.

2・2・1　表面基のイオン化

適当な化学官能基をもつ粒子は表面基のイオン化によって帯電する．水溶液中では pH によってイオン化の程度と特性が制御できる．たとえば，金属酸化物の場合は，表面基へのプロトンの付加または脱離によって帯電する場合がある．酸化チタン(Ⅳ)（二酸化チタン，チタニア）の等電点は pH 5.8 である．すなわち，pH 5.8 では酸化チタン(Ⅳ)のゼータ電位は 0 である．5.8 未満の pH では酸化チタン(Ⅳ)は正に帯電する．

$$\mathrm{Ti\text{-}OH} + \mathrm{H^+} \longrightarrow \mathrm{Ti\text{-}OH_2^+}$$

5.8 以上の pH では酸化物は負に帯電する．

$$\mathrm{Ti\text{-}OH} + \mathrm{OH^-} \longrightarrow \mathrm{Ti\text{-}O^-} + \mathrm{H_2O}$$

同様に，タンパク質はカルボキシ基とアミノ基がそれぞれ $-COO^-$ と $-NH^+$ にイオン化することによって帯電する.

2・2・2 イオン吸着

バルク物質がイオン化できない場合, イオン性界面活性剤を加えて懸濁液を電荷で安定化することがある. たとえば, アニオン界面活性剤を吸着するカーボンブラックの粒子は水中で懸濁するが, これはインクの主成分であり, **分散剤**(dispersant)である界面活性剤を加える. pH が増加すると分散剤のアニオン界面活性剤がプロトン化され, インクが不安定になる.

2・2・3 イオン性固体の解離

ハロゲン化銀のゾルは写真フィルムの技術の発展を支え, 帯電コロイドに関する理解を深めるために重要な役割を果たしてきた. ハロゲン化銀は難溶性の塩であり, たとえば, 純水中のヨウ化銀の溶解度積($K_{sp}=a_{Ag^+}a_{I^-}$)は 8.5×10^{-17} である. Ag^+ イオンと I^- イオンの溶解性が異なる場合, 平衡においてゾルは帯電したヨウ化銀粒子を含むことになる. したがって, ヨウ化物イオンが過剰に存在する場合, 粒子は負に帯電し, また, 銀イオンが過剰の場合は正に帯電する.

2・2・4 同形イオン置換

結晶格子中で原子が同じサイズの別の原子によって置換されることを同形置換という. 粘土は自然界に存在し, 2 μm 以下の粒径のコロイド粒子である. 自然界に広範囲に存在する粘土の構成成分は二酸化ケイ素(シリカ)と酸化アルミニウム(アルミナ)のシートである. ケイ素-酸素四面体は中央のケイ素を四つの酸素原子が囲むが, これがシート状に集まったものがシリカシートである. また, 中央のアルミニウムを六つの酸素またはヒドロキシ基が囲むと八面体になるが, これが集まったものがアルミナシートである. カオリナイトのような単純な粘土では, アルミナ八面体シートがシリカ四面体シートと頂点の酸素を共有する. その結果, 四面体-八面体の二重層がファンデルワールス力と水素結合によって互いに結合する. 粘土は無定形原子の置換によって帯電する. 四面体中の Si^{4+} を Al^{3+} によって置換するか, あるいは八面体中の Al^{3+} を Mg^{2+}, Zn^{2-}, Fe^{2+} によって置換すると粘土が正味負の電荷をもつようになる.

2・2・5 電位決定イオン

コロイドの安定性に対するイオンの影響について考察する場合, 不活性なイオンとポテンシャル決定イオンを区別することが重要である. 電位決定イオンとは固相と液相間の電子分配によって2相間の電位差を決定するイオン種である(IUPAC). ある相の電位は**内部電位**(inner-potential)ということがあるが，無限遠からこの相内の一点まで+1Cの電荷(試験電荷)を運ぶ電気的仕事である．上述のヨウ化銀ゾルの場合は，銀イオンまたはヨウ化物イオンを加えると，表面電荷密度と表面電位が変化する．したがって，この系では，Ag^+ イオンと I^- イオンが電位決定イオンである．金属酸化物の場合は，プロトンが電位決定イオンであり，pHの変化が表面電荷の変化をひき起こす．不活性なイオンは粒子表面の電荷密度を変化させないが，それらの局所分布が界面電位差に影響を及ぼす場合がある．

2・3 電 気 二 重 層

正に帯電した表面を不活性なイオンを含む電解質溶液中に置くと，簡単な静電気学からわかるようにカチオンが界面から遠ざけられ，アニオンが界面に引きつけられる．固体物質の表面電荷と，界面近傍にあって正味が負の電解質溶液層の電荷が等しいと，電気的中性が達成される．帯電した電解質雰囲気の構造は，**電気二重層**(electrochemical double layer)というが，これは固/液 界面を横切る電位降下に特徴があり，イオン種の濃度と性質に依存する．

2・3・1 電気二重層に対するシュテルン－グイ－チャップマンモデル

図2・2は帯電表面近傍におけるイオン分布を古典的に記述したもので，シュテルン－グイ－チャップマン(SGC)モデルの基礎になる．このモデルでは媒質を誘電連続体とみなし，イオン種を互いに相互作用しない点電荷とみなす．表面に直接接触するイオン種がない場合，二つの異なる領域，すなわち，**ヘルムホルツ層**(Helmholtz layer)と**拡散層**(diffuse layer)の両層に分布するイオンが表面電荷と事実上釣り合う．この節で議論するように，全界面電荷密度に対する各層の寄与は，溶液中のイオン種の濃度と溶媒の比誘電率に依存する．

ヘルムホルツ層はさらに二つの面から成り，それぞれ，内部ヘルムホルツ面(inner Helmholtz plane, IHP)および外部ヘルムホルツ面(outer Helmholtz plane, OHP)という．IHPは特異吸着(specific adsorption)した化学種および直接表面に接触した溶媒分子が位置する面に対応する．表面に特異吸着する化学種は溶媒和層を保持する分子であり，この溶媒和層は表面との相互作用の影響を受ける．OHPは完全に溶媒和した(非特異吸着)イオンが最接近する面である．このヘルムホルツ層内に存在するイオン種は熱運動をしていないとみなされる．したがって，この層に蓄えられる電荷は，帯電表面に接する媒質の構造と誘電的性質のみに依存する．特異吸着イオンが存在しない場合，ヘルムホルツ層を横切る電位降下($\Delta\phi_H$)はOHPにおける電荷密度(σ_H)およびOHPと表面間の距離(d_H)で表される．

$$\Delta\phi_{\mathrm{H}} = \frac{\sigma_{\mathrm{H}} d_{\mathrm{H}}}{\varepsilon\varepsilon_0} \qquad (2 \cdot 1)$$

ここで，ε は媒質の比誘電率，ε_0 は真空の誘電率である．帯電表面と OHP は反対符号の電荷をもち，電気容量 C_{H} をもつコンデンサーの 2 枚の極板とみなすことができる．

$$C_{\mathrm{H}} = \frac{\varepsilon\varepsilon_0}{d_{\mathrm{H}}} \qquad (2 \cdot 2)$$

さらに，電荷を電位差で微分して得られる導関数を**電気容量**(**微分電気容量** differential capacitance)と定義すると便利である．第一近似では，ヘルムホルツ層の電気容量は印加電圧に依存しない．しかし，次節で述べる実験の解析から示されるように，この近似は金属/電解質界面では厳密には成り立たない．これは IHP 内の双極子と水和層構造が界面電場の影響を受けるからである[2]．

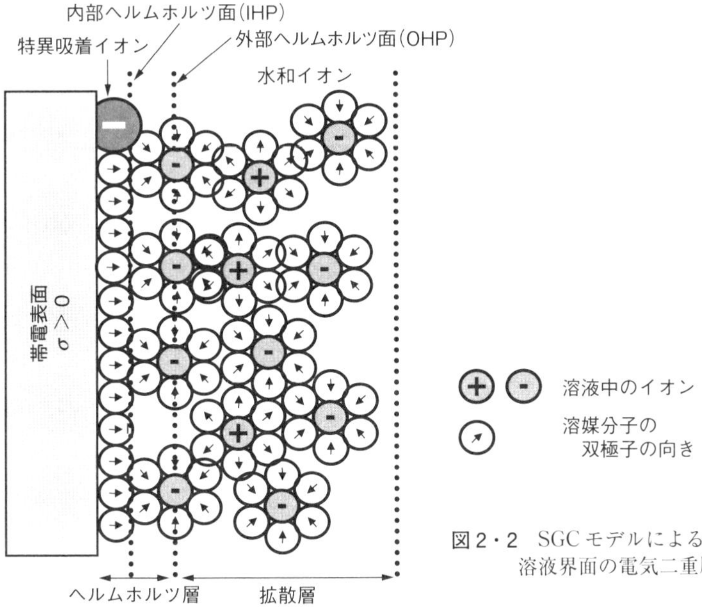

図 2・2　SGC モデルによる固体/電解質溶液界面の電気二重層構造．

OHP の外側では，表面電荷は拡散層すなわちグイ－チャップマン層といわれる動的なイオン雰囲気と電気的に釣り合う．電荷 σ_{OHP} をもち無限に広がる平らな面を考えると，表面に垂直な軸(x)に沿うイオン種“i”の濃度(c_{i})は，以下のボルツマン分布を用いて表すことができる．

$$c_i(x) = c_i(\mathrm{aq})\exp\left(-\frac{z_i e[\phi(x)-\phi(\mathrm{aq})]}{k_B T}\right) \qquad (2\cdot3)$$

ここで，添え字(aq)は電解質溶液のバルク相(表面電荷の影響を受けないところ)における値を表し，z_i はイオン電荷，e は素電荷である．OHP から距離 x での電位と電荷密度(ρ_e)は，つぎの**ポアソンの式**(Poisson equation)で与えられる．

$$\rho_e(x) = -\varepsilon\varepsilon_0\left(\frac{d^2\phi}{dx^2}\right) = \sum_i \frac{z_i e}{N_A} c_i(x) \qquad (2\cdot4)$$

(2・3)式と(2・4)式より対称型電解質の場合($z_{\mathrm{cation}}=z_{\mathrm{anion}}=z$)，次式が得られる．

$$\tanh\left[\frac{F}{4RT}\{\phi(x)-\phi(\mathrm{aq})\}\right] = \exp(-\kappa x)\ \tanh\left[\frac{F}{4RT}\{\phi(\mathrm{OHP})-\phi(\mathrm{aq})\}\right] \qquad (2\cdot5)^*$$

ここで，パラメーター κ は**デバイ長さ**(Debye length)の逆数であり，次式で与えられる．

$$\kappa = \left(\frac{2z^2e^2N_A c(\mathrm{aq})}{\varepsilon\varepsilon_0 k_B T}\right)^{\frac{1}{2}} \qquad (2\cdot6)$$

$ze\{\phi(\mathrm{OHP})-\phi(\mathrm{aq})\} \ll k_B T$ と仮定すると(2・5)式は簡単化され，以下のように単純な指数関数的に減衰する関数になる．

$$\phi(x) = \{\phi(\mathrm{OHP})-\phi(\mathrm{aq})\}\exp(-\kappa x) = \Delta_{\mathrm{aq}}^{\mathrm{OHP}}\phi\exp(-\kappa x) \qquad (2\cdot7)$$

拡散層を横切る電位分布を(2・5)式と(2・7)式から求め，図2・3a に両者を比較した図を示す．**デバイ-ヒュッケル近似**(Debye–Huckel approximation，2・7式，図2・3a の破線)は解析解(2・5式，図2・3a の実線)に比べて電位プロファイルを過大評価する．これら二つの解の差はバルクの電解質濃度が低くなると顕著になる．しかし，(2・7)式はコロイド科学に登場する典型的な表面電位の式で，実際の電位と同じような減少の仕方をする．

25 °C の $z:z$ 型電解質水溶液におけるデバイ長さを種々の濃度の関数として表2・1にまとめた(2・6式から計算)．このパラメーターは溶液中にあるコロイドの安定性を調べるうえで重要な役を果たしている．なぜなら，拡散層の重なりに起因する静電斥力を反映するからである．電解質濃度が増加すると，静電位(electrostatic potential)の減衰は速くなるので，コロイド粒子は電解質濃度が高いほど互いに接近することができる．この挙動はイオン種の電荷(z)が増加するほど顕著になる．

ヘルムホルツ層と拡散層を含む界面全体における電位の低下を図2・3b に示した．OHP と金属表面の間にはイオンが存在しないので，この領域では静電位は直線的に低

---

* ［訳注］ $\sinh x = \frac{e^x - e^{-x}}{2}$　$\cosh x = \frac{e^x + e^{-x}}{2}$　$\tanh x = \frac{\sinh x}{\cosh x}$

はそれぞれ双曲線正弦関数，双曲線余弦関数，双曲線正接関数である．

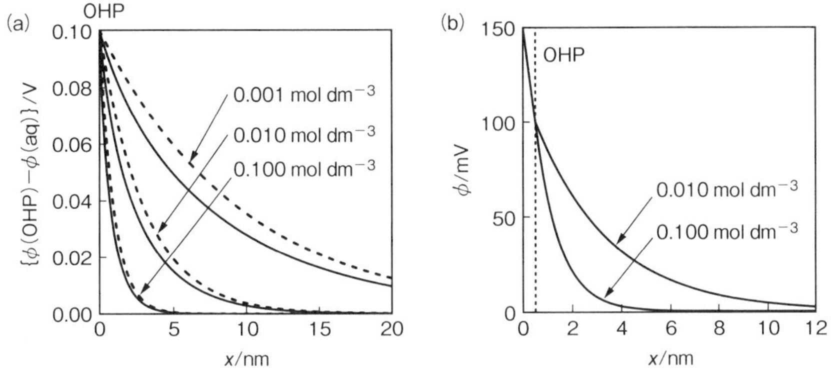

図2・3 (a)拡散層を横切る電位分布(x=0 は OHP)と(b)界面全領域における静電位分布．種々の電解質濃度に対して計算した．(a)の実線は厳密解(2・5式)，破線は近似解(2・7式)．

表2・1 デバイ長さの電解質濃度に対する依存

$c(\mathrm{aq})/(\mathrm{mol\ dm^{-3}})$	$z^+ : z^-$ 型電解質に対するデバイ長さ/nm			
	1：1	1：2／2：1	2：2	1：3／3：1
10^{-1}	1	0.6	0.5	0.4
10^{-2}	3	1.8	1.5	1.2
10^{-3}	10	5.6	4.8	3.9
10^{-4}	30	18	15	12
10^{-5}	100			

下する．OHP から電解質溶液のバルク相に向かって電位は指数関数的に減衰する．拡散層の電荷(σ_d)は(2・4)式と(2・5)式から次式のように得られる．

$$\sigma_\mathrm{d} = \frac{2c(\mathrm{aq})ze\,N_\mathrm{A}}{\kappa}\sinh\left(\frac{ze\,\Delta_\mathrm{aq}^\mathrm{OHP}\phi}{2k_\mathrm{B}T}\right) \tag{2・8}$$

ヘルムホルツ層に蓄えられた電荷(σ_H)はこの層を横切る電位降下に比例するが，σ_d は拡散層内におけるイオン分布の結果，複雑な静電位依存性を示す．ヘルムホルツ層に対して述べてきたように，拡散層の電気容量(C_d)は σ_d を用いて以下のように表すことができる．

$$C_\mathrm{d} = \frac{2c(\mathrm{aq})z^2e^2N_\mathrm{A}}{\kappa k_\mathrm{B}T}\cosh\left(\frac{ze\,\Delta_\mathrm{aq}^\mathrm{OHP}\phi}{2k_\mathrm{B}T}\right) \tag{2・9}$$

さまざまな電解質濃度に対する C_d の電位依存を図2・4に示す．放物線状の電気容量–

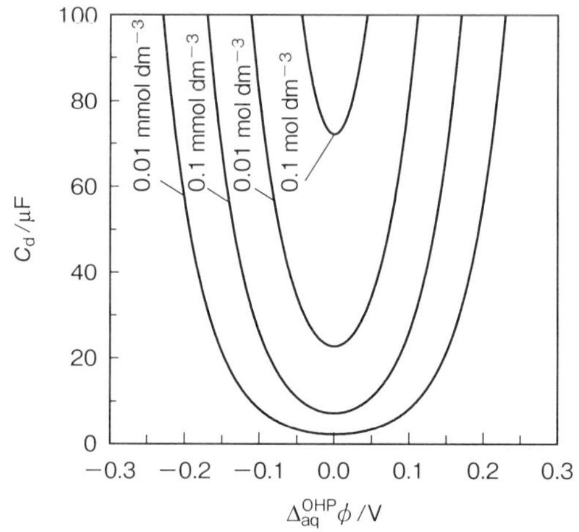

図 2・4　拡散二重層の電気容量．室温の水溶液中における種々の電解質濃度に対して拡散層を横切る電位差の関数としての計算．

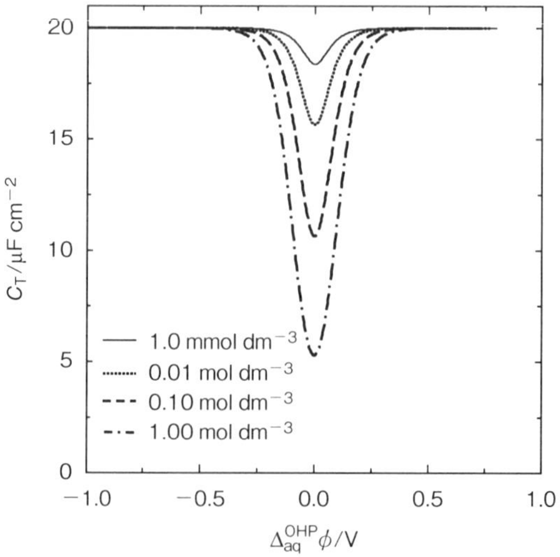

図 2・5　拡散二重層の全微分容量．室温の水溶液中における種々の電解質濃度に対して拡散層を横切る電位差の関数として計算．

電圧曲線における極小はOHPおよび拡散層の電荷が事実上ゼロになる電位に対応する．特異吸着イオンが存在しない場合，この電位は**ゼロ電荷電位**(potential of zero charge, pzc)として定義される．電解質濃度の増加とともにデバイ長さが減少するため(図2・3と表2・1) C_d が増加する．

二重層の全電気容量(C_T)をヘルムホルツ層の電気容量と拡散層の電気容量の直列接続とみなすことができる．したがって，次式が導かれる．

$$C_T = \frac{C_d C_H}{C_d + C_H} \tag{2・10}$$

(2・10)式によれば，小さい電気容量のほうが C_T への寄与が大きい．図2・5は全電気容量を，界面を横切る電位($\Delta\phi$)と電解質水溶液中の電解質濃度の関数として示す．$C_H = 20\ \mu F\ cm^{-2}$ とすると，C_d の寄与は電位がゼロ電荷電位に近い場合に限られることがわかる．二重層を横切る電位分布を微分電気容量で表す利点は，水銀電極で観測される実験結果の考察のときに明らかにする．

2・3・2　水銀/電解質 界面における二重層

表面電荷，界面電位差および電解質成分の関係は，実験的に 金属/電解質 界面を用いて求めることができる．歴史的には電解質水溶液中の水銀電極が 金属/電解質 界面のモデル系と考えられてきた．二つの液体間の界面は原子レベルで滑らかであり，界面が常に再生されるため汚れが最小に抑えられるからである．また，おそらく最も重要なことであるが，水銀/電解質水溶液 界面は理想分極である．つまり，広範囲の電位差にわたって電荷担体が界面を横切って移動することはない．このため，この界面の電気化学的研究は二重層に関する研究の中心になっている．

表面電荷と界面電位の関係を研究するのに一般に使用される二つの電極のセットを図2・6に示す．ここで，図の ϕ_i は相 i の電位である．実験的に加えられた電圧 $E(\phi_{Cu1} - \phi_{Cu2})$ は以下のように系のすべての界面を横切る電位差の合計で表される．

$$E = (\phi_{Cu1} - \phi_{Hg}) + (\phi_{Hg} - \phi_{aq}) + (\phi_{aq} - \phi_{aq,ref}) + (\phi_{aq,ref} - \phi_{ref}) + (\phi_{ref} - \phi_{Cu2}) \tag{2・11}$$

注意深く実験を計画すると，印加電圧が変化しても参照電極を横切る電位降下を一定に保つことができる．このとき液間電位差および金属接合電位の両方の変化が無視できる．したがって，図2・6に示す簡単な実験装置については，印加電圧が ΔE だけ変化するとき，水銀/電解質界面を横切る電位差も等しい変化をする．すなわち，

$$\Delta E = \Delta(\phi_{Hg} - \phi_{aq}) = \Delta_{aq}^{Hg}\phi \tag{2・12}$$

である．特定の印加電圧における表面電荷は水銀滴の表面張力あるいは電気容量のいずれかの測定により得ることができる．図2・6に示す滴下水銀電極系においては，表面張力は最大粒径の水銀滴が形成されるのに必要な時間 $t_{\max}$ から計算することができる．水銀滴が毛管から分離する直前においては，重力と表面張力は等しくなっている．

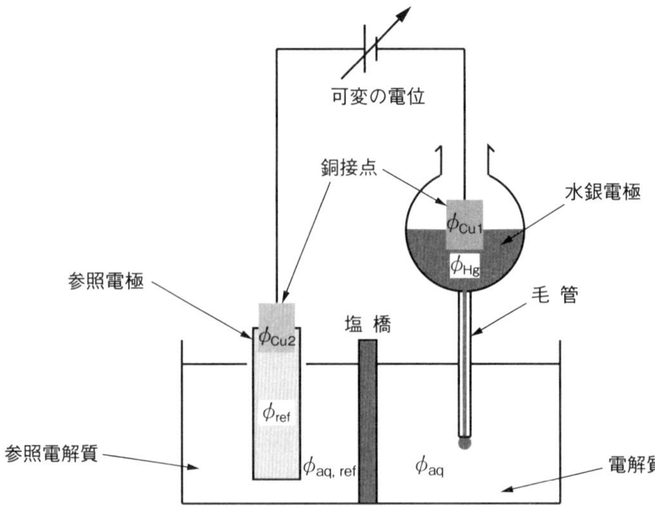

図2・6　滴下水銀電極.

つまり，

$$m_{\mathrm{Hg}} g t_{\max} = 2\pi r_{\mathrm{c}} \gamma \qquad (2 \cdot 13)$$

である．ここで，m_{Hg} は水銀の質量流速，g は重力加速度，r_{c} は毛管の半径，γ は水銀の表面張力である．γ と金属の表面電荷密度 σ_{m} の間には次の**リップマンの式**(Lippman equation)が成り立つ．

$$\sigma_{\mathrm{m}} = -\frac{\mathrm{d}\gamma}{\mathrm{d}E} \qquad (2 \cdot 14)$$

この式は電極を帯電する仕事 $\sigma \mathrm{d}E$ と表面張力の変化 $-\mathrm{d}\gamma$ を等しいとおくことによって得られる．前節で述べたように，表面電荷を印加電圧で微分して得られる導関数は二重層における全電気容量(C_{T})に対応する．滴下水銀電極に対して電気化学インピーダンス分光法のような技術を用いると，水銀/電極 界面における C_{T} を高精度で求めることができる[4]．表面張力，表面電荷および微分電気容量の間の関係は次式で示される．

$$-\frac{d^2\gamma}{dE^2} = \frac{d\sigma_m}{dE} = C_T \qquad (2 \cdot 15)$$

(2・15)式が示すように，C_T を電位に関して積分し，C_T(pzc)の最小値の電荷を 0 とおくと，界面の電荷を求めることができる．また，表面張力は pzc で最大を示す．

種々の電解質の存在下で水銀電極における電気容量と表面張力の印可電圧依存性を図 2・7 に示す[3)]．実験データからわかる重要な点は以下の通りである．

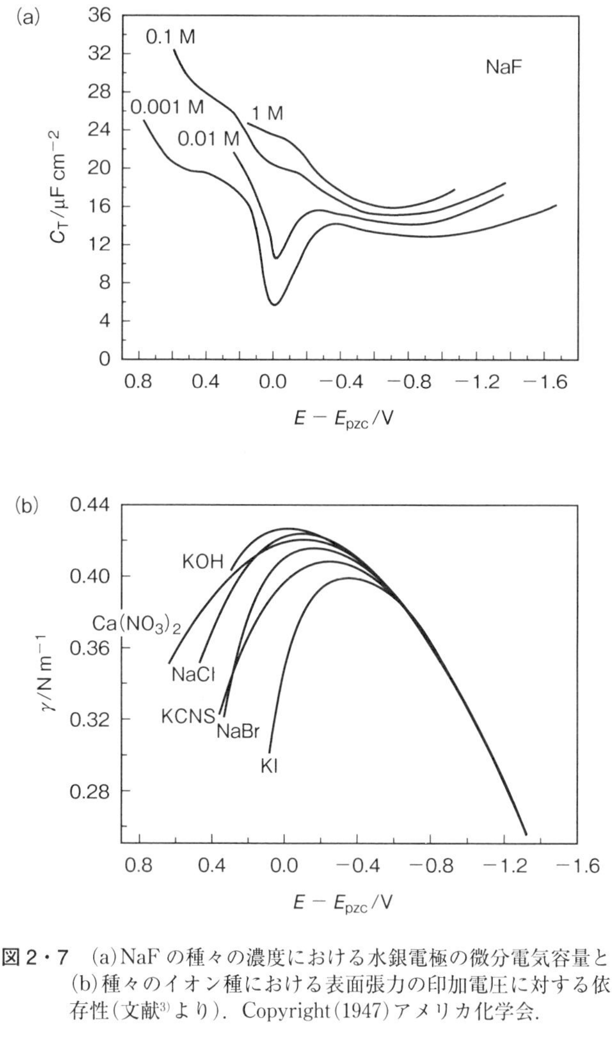

図 2・7 (a)NaF の種々の濃度における水銀電極の微分電気容量と(b)種々のイオン種における表面張力の印加電圧に対する依存性(文献[3)]より)．Copyright(1947)アメリカ化学会．

(a) 低電解質濃度では全電気容量はゼロ電荷電位で極小値を示す.

(b) 高電解質濃度または高電圧では, C_T は電圧依存性が低い.

(c) 表面張力は pzc 近傍で極大値をとる.

(d) 電位が pzc に比べ相対的に正の場合, 一定の電位において表面張力はイオンの種類によって変化する.

これらの結果は電気二重層を横切る電位分布のシュテルン-グイ-チャップマン (SGC) モデルと一致する. 低濃度の NaF において, pzc 近傍で全電気容量が鋭い電位依存を示すが, これは C_d (2・9 式)が C_T へ最も大きな寄与をすることを意味する. 他方, pzc から遠く離れた電位および高電解質濃度では, C_H (2・2 式)が全電気容量の主要部分になる. 図 2・5 と図 2・7a のおもな差異はイオン-イオン相互作用, 溶媒分子と帯電表面間の相互作用など, さまざまな相互作用に起因する[2),5)]. さらに, 図 2・7b からわかるように, 表面張力の最大値は共存するアニオンの性質の影響を受ける. 次節で述べるように, アニオンと帯電表面の特異的な相互作用は界面を横切る電位分布に著しい影響を及ぼす場合がある.

2・3・3 特異吸着

2・3・1 節では溶媒和イオンの最接近面が OHP であると考えた. しかし, イオンによっては, 表面との有利な相互作用の結果, 溶媒和殻中におけるすべての溶媒分子, あるいは若干の溶媒分子を失い, その分, 内部ヘルムホルツ面(IHP)に接近する場合がある. IHP は形式的には特異吸着イオンの平均の最近接距離として定義される.

ナトリウムイオンとフッ化物イオンは水銀電極に特異的に吸着しないと一般に考えられている. これは, 図 2・7a の極小値 C_T (pzc)における電位が NaF 濃度に事実上依存しないという事実と一致している. 図 2・7b では, 電解質の種類に対する γ 依存性が負電位においてはわずかである. これは, さまざまなカチオンが水銀表面に対して大きな親和性をもたないことを示している. 他方, 大きなアニオンほど, pzc から見て正の電位で水銀表面に特異吸着する. 図 2・7b から, アニオンの特異吸着の度合いがアニオンの特性だけでなく印加電圧にも依存することがわかる. 第 4 章で導く熱力学的関係を用いると, 与えられた電極電位におけるイオン種の表面過剰量を γ の濃度依存から求めることができる.

図 2・8 はシリカ界面におけるカチオン吸着の模型図である. ここで, 特に注目したいことであるが, Al^{3+} イオンの吸着はエネルギー的に非常に有利なので, 表面電荷を中和する以上に過剰の吸着が起こる. さらに, たとえシリカが負に帯電していても, 拡散層に過剰のアニオンが存在するようになる(図 2・8 右). この電荷の過剰中和現象を

利用すると，ナノスケールの多層物質の調製ができるので，この現象は有用である[6]．

帯電コロイドと高分子間のいわゆる静電吸着の二つの例を図2・9に示す．ケイ素表面には，中性pHの水溶液中で負に帯電した薄い酸化被膜が自然に形成される(図2・8)．

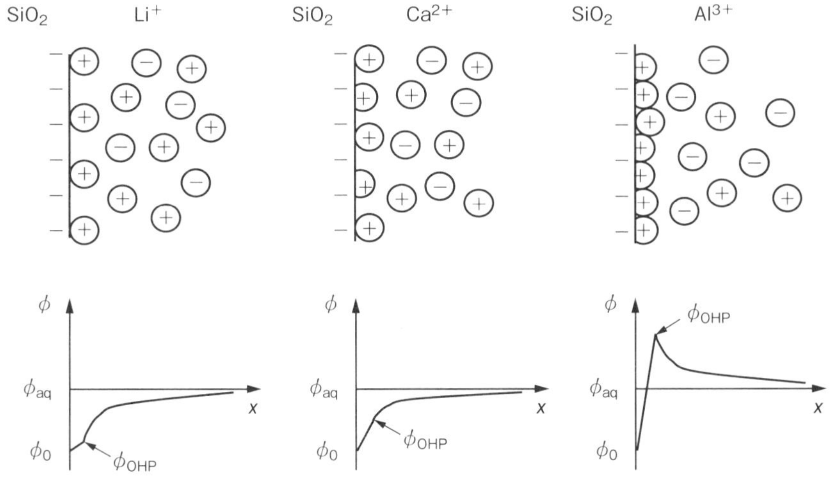

図2・8 イオンが特異吸着した SiO_2 と電解質溶液の界面.

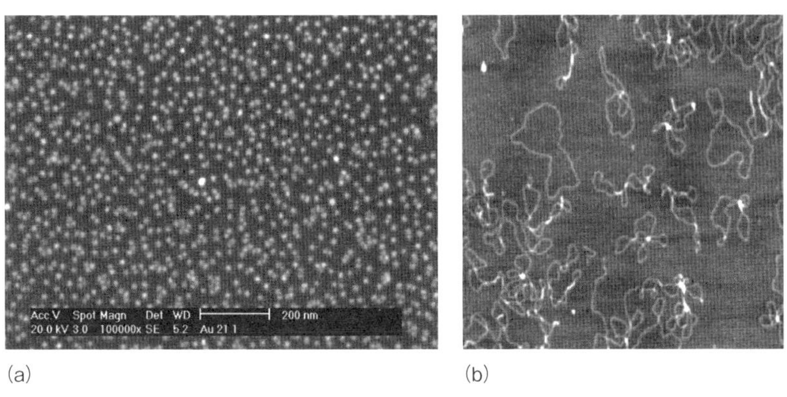

図2・9 静電力を用いた帯電表面における帯電コロイドと高分子の集合. (a) 2D-ポリ-L-リシン修飾 SiO_2 表面に静電吸着したAuナノ粒子(半径20 nm)二次元集合の走査型電子顕微鏡写真. (b) Mg^{2+} 存在下で雲母に吸着したプラスミドDNAの2 μm×2 μm原子間力顕微鏡画像.

ポリ-L-リシンを含む溶液に表面をさらすと，ポリカチオンの静電吸着が進行し，厚さが 1 nm 未満の膜が生成する．この吸着によってコロイド粒子表面の電荷が中和されると，それ以上にポリカチオン薄膜の成長は起こらない．また，図 2・9a の走査型電子顕微鏡写真に示したように，負に帯電したコロイド状の Au ナノ粒子はポリ-L-リシン膜上に吸着するが，コロイド粒子間に静電斥力がはたらくために，ナノ粒子は表面で凝集せずに，ナノ粒子の単層吸着が自然に起こる．

図 2・9b に示すように，Mg^{2+} を含む食塩水中の雲母表面において DNA の二次元膜が形成される．原子間力顕微鏡(AFM)で得られるトポグラフィー画像が示すように，Mg^{2+} イオンは雲母表面上の負電荷に過剰に吸着するので，DNA の吸着が可能になる．

2・3・4 粒子間力

帯電した相と電解質溶液間の界面におけるイオン分布を説明するために水銀電極について考察したが，以下では再び帯電コロイド粒子を扱う．帯電コロイド表面には特異吸着イオンと拡散層から成る対イオンの不均一な分布が存在する．特異吸着イオンは IHP に“固着した”対イオンであり，拡散層は対イオンが過剰に存在する層である．イオン雰囲気がコロイドの電荷を中和するという事実から，どのようにして粒子の帯電がコロイド懸濁液を安定化するかという問題が生じる．この問題は第 3 章で詳細に説明するが，ここでは，粒子が互いに接近すると粒子の拡散層が重なりはじめ，斥力相互作用が生じることを指摘する．拡散層の中のイオン分布は $\Delta_{\mathrm{aq}}^{\mathrm{OHP}}\phi$ と $c(\mathrm{aq})$ に依存する．したがって，安定な懸濁液を設計するために，これら二つのパラメーターを測定し制御しなければならない．次節では，$\Delta_{\mathrm{aq}}^{\mathrm{OHP}}\phi$ を近似的に求める方法について考察する．

2・4 界面動電特性

ここまでは，帯電界面におけるイオン分布を記述する際に，固相と液相の両バルク相が静止していると仮定した．バルク相の一方または両方が動いている場合，表面電荷のために興味深い結果が生じる．これらの現象に関する研究は動電学(electrokinetics)といわれている．動電学実験では，固相が静止して電解質が動くか，逆に電解質が静止して固体が動くか，あるいは両方が動くかのいずれかである．動電学的な実験には二つの戦略がある．一つは運動を制御して電気的性質を測定する方法で，流動電流や流動電位などを測定する．もう一つの方法では，電場を制御して運動を検出する．たとえば，電気浸透，電気泳動，電気音響法などの実験である．

動電学では 2 相の相対運動を議論する場合，**すべり面**(slipping plane)(ずり面，shear plane ともいう)を定義するのが便利である．この面は固/液界面の実効的な位置である．静電位の考察では，外部ヘルムホルツ面 OHP 上に中心があるイオンは界面に"固着"しているとみなした．流動条件下ではこれらのイオンは帯電相と接触したままであり，図2・10に示すように，相境界からすべり面までの距離は水和イオン直径になる．**ゼータ電位**(zeta potential) ζ はすべり面の電位であり，動電学的な方法を用いて実験的に測定できる．たとえすべり面が界面から水和イオン直径の分だけ外側にあり，外部ヘルムホルツ面が水和イオン半径の位置にあっても，ζ は $\Delta_{\mathrm{aq}}^{\mathrm{OHP}}\phi$〔$=\phi(\mathrm{OHP})-\phi(\mathrm{aq})=\phi_{\mathrm{OHP}}$〕と等しいと仮定することが多い．

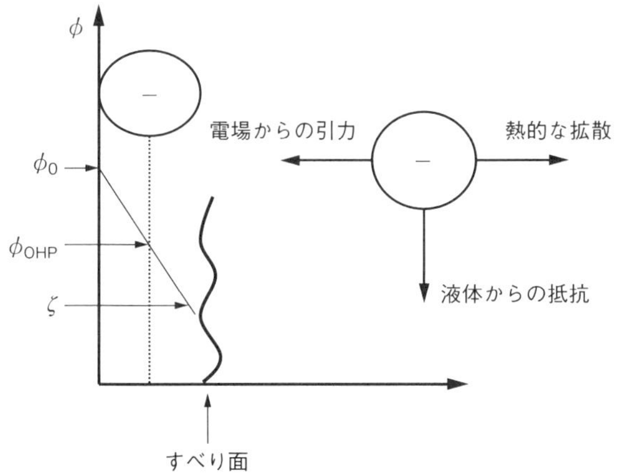

図2・10 すべり面の図解.

2・4・1 電解質溶液の流れ

半径 a の毛細管を通る密度 ρ，粘度 η の電解質の流れに対するレイノルズ数(Reynolds number) Re は次式で与えられる．

$$Re = \frac{2\rho v_{\mathrm{m}} a}{\eta} \qquad (2\cdot16)$$

ここで v_{m} は平均流速である．Re が約1000以下では層流が生じる．図2・11に示した

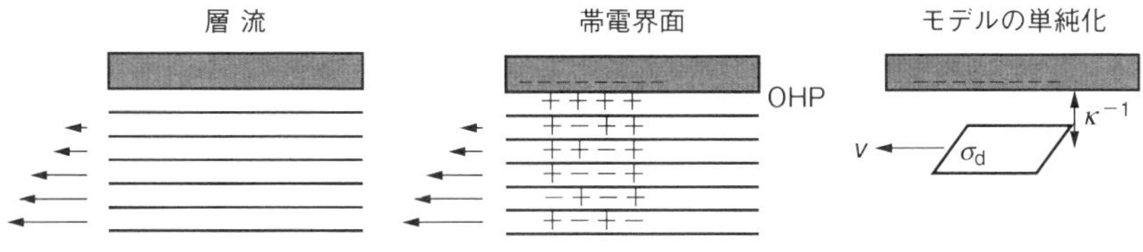

図2・11 層流条件における電荷移動.

ように，放物線状の流れのプロファイルが形成され，壁に接する液層の速度はゼロになり，中央部分で速度が最大になる．毛管壁が帯電している場合，OHPにおけるイオンは静止しているが，拡散層内のイオンは流動する．拡散層は正味の電荷をもつので，このイオンの流れによって**流動電流**(streaming current)が生じる．流動電流は拡散層の電荷に比例し，この電荷はゼータ電位に依存する．したがって，流動電流を流速の関数として解析すると，ゼータ電位を求めることができる．流動電流と流速を結びつける式を求めるために，この系を簡単化して，電荷σ_dをもつ単一の液体薄層が界面から$1/\kappa$の距離のところを流れるものとする．また，流動電流の測定は可能であるが，**流動電位**(streaming potential)を観測するほうが一般的である．流動電位はオームの法則で流動電流と関係づけられる．

2・4・2 流動電位の測定

流動電位を測定するためには，図2・12に示すように，対象とする表面に沿って電解質を流動させ，流動方向に垂直に設置した可逆電極を用いて流動電位を測定する．高次元の物質の場合は，毛管を用いてセルに溶液を送り込む．粉体や繊維のような低次元の物質の場合は，多孔質電極から成るセルを用いる．このようなセルでは，流動電位E_Sは以下のように与えられる．

$$E_S = \frac{\varepsilon\varepsilon_0 \Delta p}{c(\text{aq})\eta\Lambda}\zeta \qquad (2\cdot17)$$

ここで，セルを横切る圧力差Δpと電解質溶液の粘度によって系の流体力学が記述される．また，溶液のモル伝導率Λはオームの法則を適用して得られる．

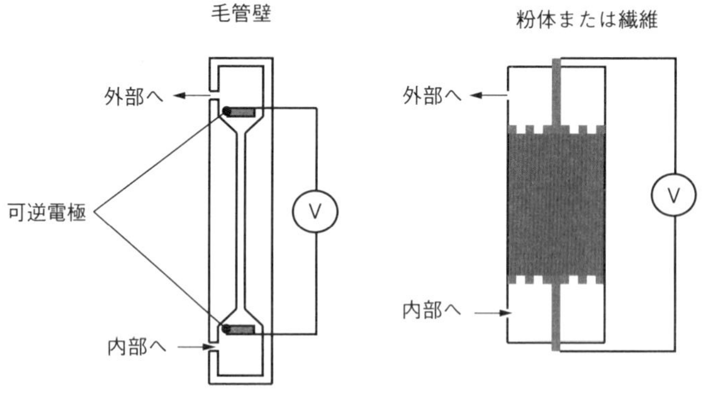

図2・12 流動電位測定装置．

2・4・3 電気浸透

毛管中に溶液を流して流動電流および流動電位が生じるならば，逆に毛管を横切って電圧 E を印加すると溶液が流動する．電圧を印加したときに生じる溶液の流動現象は**電気浸透**(electro-osmosis)といい，現在ではマイクロ流体系における溶液の注入のために用いられることが多い[7]．電気浸透を用いて毛管表面のゼータ電位を決定できる．2種類の電気浸透実験を図2・13に示す．図2・13aは動的な電気浸透測定装置で，電圧を印加した結果生じる溶液の流動を，泡の速度を測定して観測する．ゼータ電位は次式を用いて計算される．

$$\zeta = v_{\mathrm{b}} \frac{a_{\mathrm{b}}^{2}}{a_{\mathrm{c}}^{2}} \frac{i\eta\Lambda}{\varepsilon\varepsilon_{0}} \qquad (2 \cdot 18)$$

ここで，v_{b} が泡の速度，a_{b} は泡の入った毛管の半径，i は電流，a_{c} は電圧をかける毛管の半径である．図2・13bは平衡電気浸透測定装置であり，電場でひき起こされる流動を停止させるために必要な圧力を測定する．電気浸透圧は以下の式によってゼータ電位と関係している．

$$\zeta = h\rho g \frac{i}{E^{2}} \frac{1}{8\pi\varepsilon\varepsilon_{0}\Lambda} \qquad (2 \cdot 19)$$

ここで，ρ は電解質の質量密度，g は重力加速度である．

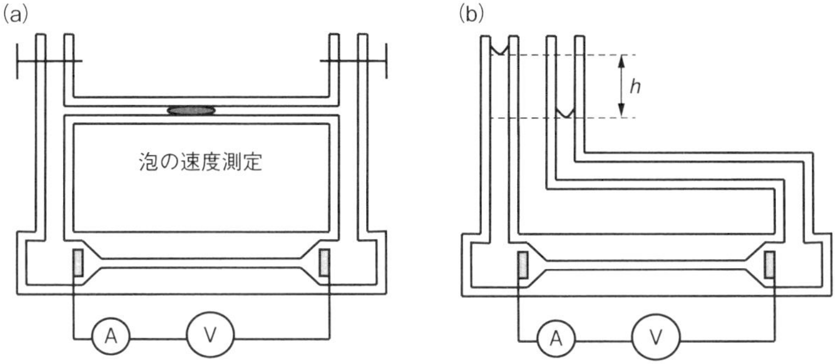

図2・13 電気浸透圧の測定装置.

2・4・4 電気泳動

電気泳動(electrophoresis)ではコロイド粒子が移動相で電解質溶液は静止している．したがって，コロイド粒子の電荷に関する情報が必要な場合に，一般に電気泳動法が用いられる．概念的には電気泳動法は単純な測定法である．電場中のコロイド粒子の速度

v_p を追跡するために光学的方法が用いられる．しかし，セルの壁が帯電している場合は電場をかけたとき流体が流れるから，静止している電解質溶液層を維持することは実験的に難しい課題である．この問題は電気泳動セルの壁の帯電を防ぐことにより克服される場合がある．あるいは，閉鎖型セルを用いて，静止している液体薄層内の粒子に光学系の焦点を合わせる．この薄層(静止面)は，電場によってひき起こされるセル壁に沿う流れが，セルの中心における逆向きの流れによって相殺される場所である．静止面の位置はセルの形状に依存する．直径 d の円柱セルの場合は $0.146d$ であり，深さ d の直方体のセルでは $0.2d$ である．コロイド粒子の速度を顕微鏡で直接測定する場合もあるが，一般には粒子を電場中で泳動させて光散乱の変化を測定することによって粒子速度を計算する．光散乱は第 12 章で詳細に説明する．ここでは，電場中の粒子速度を測定するために用いられるレーザードップラー電気泳動(laser Doppler electrophoresis, LDE)と位相解析光散乱 (phase analysis light scattering, PALS) のみを説明する．

電場中で移動する粒子によって振動数 ν_0 のレーザー光が散乱されると，散乱光の振動数 ν_s がドップラーシフトを起こす．LDE はこの原理に基づく[8]．ドップラーシフト $\delta\nu$ の大きさは散乱ベクトル方向の粒子速度に比例する．準弾性散乱の場合，次式が成り立つ．

$$\delta\nu = \frac{2nv_p}{\lambda_0}\sin\left(\frac{\theta}{2}\right)\cos\varphi \qquad (2 \cdot 20)$$

ここで，n は懸濁媒質の屈折率，λ_0 はレーザー波長，θ は散乱角，φ は電場の方向と散乱ベクトルの間の角度である．ドップラーシフトは，高電荷の粒子が強い電場中で動いても数十 Hz にすぎない．ドップラーシフトの大きさを測定するために散乱光が参照光

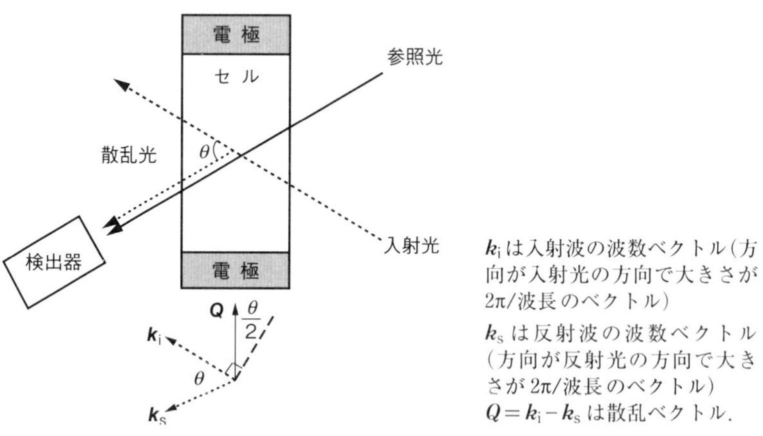

図 2・14 ドップラー電気泳動装置の主要部分の模式図．

に加えられる．LDE で用いられる装置の模式図は図 2・14 に示す．散乱ベクトル Q が電場の方向に平行である，つまり，角度 φ は 0 であることに注意しよう．検出器で測定される光電流はうなり振動数 $|\nu_0 - \nu_s|$ において交流成分をもつので，ドップラーシフトを検出して粒子速度を計算できる．

LDE 実験で用いられる最大電場は一般に約 10 V cm^{-1} のオーダーで，1 Hz で変調された矩形波である．電場の形状は電極の分極と懸濁液に発生する熱（ジュール熱）によって制限される．また，コロイド粒子の電荷が低い場合は印加する電圧を最大にしても粒子速度が小さいので，電圧を短時間のみ印加する場合は，ドップラーシフトを振動数の単位で測定できない．したがって，ゼータ電位の低い粒子（たとえば，高イオン強度の溶液中，低極性溶媒中の懸濁液中，あるいは等電点近傍における粒子）の速度を測定する場合，LDE では必要な感度が得られないことがある．同様に，非常に粘性の高い媒質の研究への LDE の適用は制限される．PALS は遅い粒子の泳動速度を測定するために開発された方法である[9]．PALS は LDE と密接な関係があるが，参照光と散乱光を比較するためにより精巧な方法を用いる．その結果，LDE 法の下限よりさらにその 1000 分の 1 の電気泳動移動度までを測定することができる．PALS 実験には参照光の位相変調と電場の変調が関与する．単純化された PALS 実験では，参照光は電場ゼロにおける散乱光の振動数で位相変調され，散乱光と参照光の間の位相シフトを比較する．電場をかけない場合，位相シフトは一定であるが，電場をかけると位相シフトは時間とともに変化する．実験的には相対位相シフト，すなわち時刻 t における位相シフトと電場ゼロにおける一定の位相シフトの差を時間の関数として記録する．相対位相シフトは多くの周期にわたって実験するので高精度で測定できる．

典型的な PALS 実験では，5～60 Hz の範囲の振動数をもつ正弦波の電圧をゾルに印加する．このときの相対位相シフトを観測する（図 2・15）．正弦波で変調された相対位相シフトの振幅から粒子速度を求める．また，電場のないときの粒子のドリフト速度に対する補正も可能である．PALS 法を用いて，0.001 Hz 程度の小さいドップラーシフトに価する粒子速度を測定できる．したがって，PALS 法はゼータ電位が低いか，あるいは粘度の高い系における粒子速度の測定法である．

コロイド粒子の速度と電場の関係を求めるためには粒子にはたらくすべての力を考察する必要がある．電場によって粒子が運動すると，その運動に対する抵抗力として，粒子にはたらく粘性抵抗，イオン雰囲気にはたらく粘性抵抗，および拡散層の変形に起因する静電力が作用する．これらの力の相対的な重要度は無次元量 κa に依存する．これは二重層の厚さに対する粒子の曲率半径の比である．κa が小さい場合（$\kappa a \ll 1$），帯電粒子は点電荷とみなすことができ，以下の**ヒュッケルの式**（Hückel equation）がゼータ電位と粒子速度の関係を表す．

$$\zeta = \frac{v_p}{E}\frac{3\eta}{2\varepsilon\varepsilon_0} \qquad (2\cdot21)$$

一般に，ヒュッケルの式は伝導率の低い非水性媒質に懸濁した粒子に対して有効である．逆にκaが大きい場合は 粒子/電解質溶媒境界は平らな面として扱われ，次の**スモルコウスキーの式**(Smoluchowski equation)が適用される．

$$\zeta = \frac{v_p}{E}\frac{\eta}{\varepsilon\varepsilon_0} \qquad (2\cdot22)$$

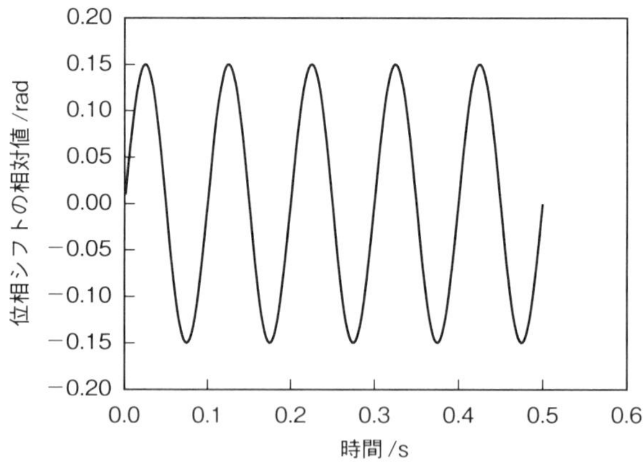

図2・15 印加電圧を振動数10 Hzで変調したときのPALS実験で得られた生データ．

2・4・5 電気音響法

ゼータ電位を決定する最後の方法は**電気音響法**(electroacoustic technique)を用いるものである[10]．約1 MHzの高振動数の交流電圧をコロイドゾルに印加すると，粒子と拡散層の両方が動く．しかし，粒子の慣性と拡散層の慣性が異なるので，速度/電場の伝達を表す関数がこれらの二つの成分に対して異なる．その結果，圧力波が生じ，音波測定からゼータ電位が求められる．電気音響法の利点は，光散乱法が適用できないような光学的に濃厚な系に用いられる点である．

文　献

1) Attard, P., 'Recent advances in the electric double layer in colloid science', *Curr. Opin. Colloid Interface Sci.*, **6**, 366–371 (2001).

2) Bockris, J. O' M., Reddy, A. K. N., "Modern Electrochemistry", 2nd ed., Plenum Publishers, New York (2000).

3) Grahame, D. C., 'The electrical double layer and the theory of electrocapillarity', *Chem. Rev.*, **41**, 441–501 (1947).

4) Bard, A. J., Faulkner, L. R., "Electrochemical Methods: Fundamentals and Applications", John Willey & Sons, Ltd., New York (2001).

5) Delahay, P., "Double Layer and Electrode Kinetics", Interscience Publishers, New York (1965).

6) Decher, G., 'Fuzzy nanoassemblies: toward layered polymeric multicomposites', *Science*, **277**, 1232 (1997).

7) Schasfoort, R. B. M., Schlautmann, S., Hendrikse, J., van der Berg, A., 'Field-effect fluid control for microfabricated fluidic networks', *Science*, **286**, 942–945 (1999).

8) Uzgiris, E. E., 'Laser Doppler methods in electrophoresis', *Prog. Surface Sci.*, **10**, 53–164 (1981).

9) McNeil-Watson, F., Tscharnuter, W., Miller, J., 'A new instrument for the measurement of very small electrophoretic mobilities using phase analysis light scattering (PALS)', *Colloids Surfaces A*, **140**, 53–57 (1998).

10) Hunter, R. J., 'Recent developments in the electroacoustic characterisation of colloidal suspensions and emulsions', *Colloids Surfaces A*, **141**, 37–65 (1998).

3

電荷による
コロイドの安定化

3・1 はじめに

コロイド分散系の研究では，系の安定性を理解して，分散系の状態を制御し実用的な目的に応用することが重要な課題である．

安定性の制御を可能にする一つの方法が電荷による安定化であり，塩濃度，イオンの型，pHのような化学的環境の変化によって安定性を制御できる．

外力がはたらいていない系の場合および重力場やせん断場のような外場が存在する場合に，系の安定化がどのようなものかを理解する必要がある．

安定性とは何かということは，系のおかれている環境によって異なる．凝集する性質あるいは重力下で沈降する性質のいずれかに基づいてコロイド系の安定性を定義できる．

この章では凝集に対する安定性に焦点を当て，系の安定性を支配する因子について考える．系における二つの粒子間の相互作用から始めよう．二つの粒子が(ブラウン運動による衝突の間に)接近すると何が起きるかを考え，コロイド粒子間の対(つい)ポテンシャル(pair potential)の形から系全体の安定性を予測することができる．

3・2 コロイド粒子間の対ポテンシャル

対ポテンシャルとは，二つのコロイド粒子間の相互作用の全ポテンシャルエネルギーを，粒子間距離の関数として表したものである(図3・4，図3・5など)．このエネルギーは自由エネルギーであり，特定できるさまざまのエネルギーの和から計算される．

通常，相互作用エネルギーの計算は，ほかから孤立した二つの粒子，すなわち無限希

[3章執筆] John Eastman, Learning Science Ltd, Bristol, UK

釈における二つの粒子に対して行われる．濃厚系(凝縮相)では多体相互作用を考慮すべきであり，平均力のポテンシャル(他の多数の粒子からの力について平均した力のポテンシャル)が問題になる．しかし，最近接粒子間の相互作用を単に加えることによって，濃厚系における全ポテンシャルを十分に推定できる．

コロイド分散系の安定性はこの対ポテンシャルに支配されるので，調製設計を変更するときに有効に操作できる因子は対ポテンシャルということになる．

帯電コロイドに対して最も重要な対ポテンシャルの中身は，ファンデルワールス引力および同符号に帯電した粒子間の斥力である．

3・2・1 引　力

永久双極子をもつ二つの分子が接近して，それぞれの双極子が一直線上で同じ向きに並ぶとき，二つの分子は引力を及ぼし合う．また，永久双極子をもつ分子は，近くに存在する中性原子や分子の内部に双極子を誘起し，引力を生じさせる．これは比較的容易に理解できるが，任意の原子内においても電子の運動により，速い速度でゆらぐ双極子を生じる．二つの原子の振動双極子が結合すると，原子間にロンドン分散相互作用がはたらく．たとえ中性原子であっても，原子核周囲の電子の運動によってゆらぎ双極子をもつ．互いに接近した原子にとって，そろった(同期した)振動を行うほうがエネルギー的に有利である．不活性気体が示す非理想的挙動もこの相互作用による．

この相互作用には方向性がないので，多数の原子が存在する場合，双極子の向きが異なっても互いに打ち消しあうことはない．コロイド粒子内には原子が多数存在するから，ロンドン分散相互作用に起因するファンデルワールス力は粒子間の引力をひき起こす．

コロイド2粒子間の引力に対する最初の計算は Hamaker と de Boer[1] によって次のように行われた．まず，第一の粒子における一つの原子と，第二の粒子の各原子との間の相互作用を合計する(図3・1)．次に，第一の粒子におけるすべての原子にわたって相互作用の和をとる．

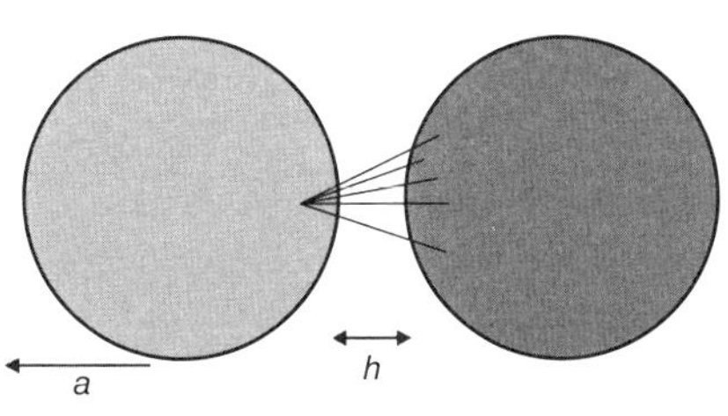

図3・1 接近した二つのコロイド粒子の原子間ロンドン分散相互作用．

この結果，二つの孤立原子間相互作用に比べ，かなり長距離に及ぶ相互作用が得られる．相互作用の作用範囲はコロイド粒子の半径と同程度になる．

引力ポテンシャルエネルギーは，粒子の半径(a)と物質定数であるハマカー定数(Hamaker constant, A)に比例し，2粒子の表面間距離(h)に反比例する．

$$V_{\mathrm{A}} = -\frac{A}{12}\left[\frac{1}{x(x+2)} + \frac{1}{(x+1)^2} + 2\ln\frac{x(x+2)}{(x+1)^2}\right] \qquad \text{ここで} \quad x = \frac{h}{2a} \tag{3・1}$$

粒子間距離が小さいとき($h \ll 2a$)，(3・1)式は次式に帰着する．

$$V_{\mathrm{A}} = -\frac{Aa}{12h} \tag{3・2}$$

これらの式の詳しい導出は第16章で行う．

ハマカー定数は，電子の分極率と物質の密度の両方の関数である．粒子が媒質に浸される場合は，粒子は媒質とも引力を及ぼし合うために，粒子間引力は弱められる．この結合ハマカー定数(合成ハマカー定数ともいう)Aは真空中の粒子に対するハマカー定数($A_{\text{粒子}}$)と真空中の媒質に対するハマカー定数($A_{\text{媒質}}$)から計算され，媒質中の粒子間力に対するハマカー定数として用いられる．

$$A = \left(\sqrt{A_{\text{粒子}}} - \sqrt{A_{\text{媒質}}}\right)^2 \tag{3・3}$$

ハマカー定数の大きさは10^{-20} J程度である．代表的な数値を表3・1に示した．

表3・1　種々の物質に対するハマカー定数

粒　子	ハマカー定数 ($\mathrm{J}/10^{-20}$)	媒　質	ハマカー定数 ($\mathrm{J}/10^{-20}$)
ポリテトラフルオロエチレン	3.8	水	3.7
ポリメタクリル酸メチル	7.1	ペンタン	3.8
ポリスチレン	7.8	エタノール	4.2
シリカ(溶融)	6.5	デカン	4.8
二酸化チタン	19.5	ヘキサデカン	5.1
金属(Au, Ag, Pt など)	～40	シクロヘキサン	5.2

3・2・2 静 電 斥 力

静電斥力は，水溶液中またはエチレングリコールのような中程度の極性をもつ液体中に分散した粒子を安定化させる重要な力である．

電気二重層の拡散層部分は，デバイ長さ(Debye length, $1/\kappa$)で決まる距離にわたって溶液中に広がる．実際には，実験的に測定可能なゼータ電位(3・3・3節)をシュテルン層(Stern layer)（図2・2のヘルムホルツ層)における電位(シュテルン電位)の指標として用いる．このポテンシャルの減衰の割合は，デバイ長さの逆数で決まる．デバイ長さの逆数をふつう二重層の厚さという．これは，バルクのイオン媒質とは異なるイオン雰囲気が，粒子表面から広がる範囲を表す(表3・2および表2・1)．

表3・2 二重層の厚さの電解質濃度依存性

NaCl 濃度	デバイ長さ
30 mM	2 nm
10 mM	3 nm
1 mM	10 nm
0.1 mM	30 nm

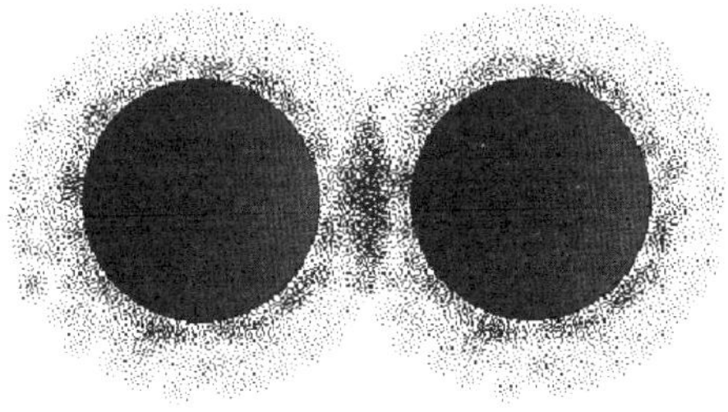

図3・2 接近した2粒子の電気二重層の重なり．

二つの粒子が互いに接近すると，各粒子のイオン雰囲気が重なり合う(図3・2)．粒子間の中間領域における局所的イオン濃度は，各粒子からの寄与の和から計算できる．この中間領域の局所的イオン濃度と，バルク相におけるイオン濃度の差が粒子間にはたらく浸透圧を生む．この結果，粒子間に斥力がはたらく．この静電斥力を距離に対して積分すると静電斥力エネルギーが得られる．

2個の帯電粒子が接近したとき，次の二つの極限を考えることができる．第一の場合はイオンの吸着平衡が保たれる場合である．このときは表面電荷が一定になるように表面電位が変化する(一定表面電荷)．第二の場合は表面電位が一定になるように表面電荷が変化する場合である(一定表面電位)．Hogg と Healy と Fuerstenau[2] は一定表面電荷と一定表面電位のそれぞれの条件において異種球状粒子間の相互作用の計算式を導いた．

$$V_{\mathrm{R}}^{\psi} = \frac{a_1 a_2\left(\psi_{0_1}^2 + \psi_{0_2}^2\right)}{4(a_1 + a_2)}\left[\frac{2\psi_{0_1}\psi_{0_2}}{\psi_{0_1}^2 + \psi_{0_2}^2}\ln\left(\frac{1+\exp(-\kappa h)}{1-\exp(-\kappa h)}\right) + \ln(1+\exp(-2\kappa h))\right] \quad (3\cdot 4)$$

$$V_{\mathrm{R}}^{\sigma} = \frac{a_1 a_2\left(\psi_{0_1}^2 + \psi_{0_2}^2\right)}{4(a_1 + a_2)}\left[\frac{2\psi_{0_1}\psi_{0_2}}{\psi_{0_1}^2 + \psi_{0_2}^2}\ln\left(\frac{1+\exp(-\kappa h)}{1-\exp(-\kappa h)}\right) + \ln(1-\exp(-2\kappa h))\right] \quad (3\cdot 5)$$

V_{R}^{ψ} は一定表面電位，V_{R}^{σ} は一定表面電荷である．

半径 a をもつ同種球状粒子間では上の 2 式は次のように簡単になる．

$$V_{\mathrm{R}}^{\psi} = \frac{\varepsilon a \psi_0^2}{2}\ln(1 + \exp(-\kappa h)) \quad (3\cdot 6)$$

$$V_{\mathrm{R}}^{\sigma} = \frac{\varepsilon a \psi_0^2}{2}\ln(1 - \exp(-\kappa h)) \quad (3\cdot 7)$$

(3・4)式～(3・7)式はデバイ定数と粒子の半径の積 κa が 10 より大きい場合に成り立つ．κa が 3 より小さい条件下では，一般式は次のようになる．

$$V_{\mathrm{R}} = 2\pi\varepsilon a \psi_{\delta}^2 \exp(-\kappa h) \quad (3\cdot 8)$$

3・2・3　粒子濃度の影響

液体に帯電コロイド粒子が加えられると，常に以下の二つの過程が進行する．

- おのおのの粒子とともに対(たい)イオン(counter-ion)が加えられる．
- イオンにとって利用可能な溶液の体積が減少する．

上記の因子の両方が粒子濃度の増加とともに重要性を増す．バックグラウンドの電解質濃度が低い場合にも重要になる．これら二つの効果を考慮するために，第 2 章で導いた κ に対する表現(2・6 式)を，以下のように対イオン濃度に関して展開した形で表す．

$$\kappa^2 = \frac{e^2 z^2}{\varepsilon k_{\mathrm{B}} T}\,\frac{2n_0 + \dfrac{3\sigma_{\delta}\phi}{ae}}{1-\phi} \quad (3\cdot 9)$$

ここで，z は対イオンの価数，n_0 は溶液中の対イオン濃度(添加した電解質)，a はコロイド粒子半径，e は電気素量である．

(2・6)式に対する補正項 $\frac{3\sigma_{\delta}\phi}{ae}$ によって，粒子のもつ表面電荷密度 σ_{δ} に由来する対イオンが考慮されている．この項は粒子が小さい場合，または体積分率 ϕ および表面電荷密度が大きい場合に重要になる．分母の $(1-\phi)$ は分散媒において粒子の占める体積を考慮していることに対応する.

この効果はバックグラウンドの電解質レベルが低い場合，および高電荷の微小粒子が高濃度で存在するときに重要になる．図 3・3 はこの効果を粒子体積分率 ϕ の関数として示す．表面電荷密度が 0.15 μC cm^{-2} で半径 85 nm の粒子に対する種々のバックグラウンド電解質(NaCl)の効果である.

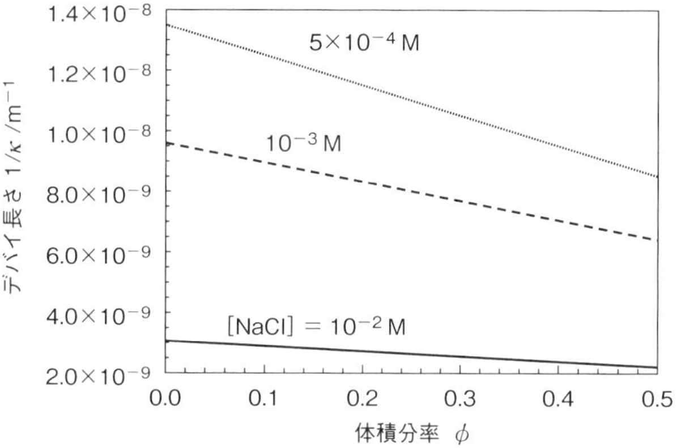

図 3・3 粒子表面の対イオンがデバイ長さ $1/\kappa$ に及ぼす効果.

3・2・4 全ポテンシャル

静電ポテンシャルと分散ポテンシャルの和は，コロイド安定性に対する DLVO 理論の基礎である[3),4)]．以下のように静電斥力ポテンシャル V_R と引力ポテンシャル V_A を加えると，電荷で安定化したコロイド粒子系に対する典型的な曲線が得られる.

$$V_T = V_R + V_A \qquad (3 \cdot 10)$$

この曲線には多くの興味深い重要な特徴がある．曲線の形は指数関数的に減衰する斥力項と距離に反比例し鋭く減衰する引力項を加えることで決まる.

図 3・4 が示すように，斥力項と引力項の線形重ね合わせの結果，この曲線に極大が存在する場合がある．対ポテンシャルに極大が存在することが帯電コロイド粒子の安定化に必要な機構である．すなわち，このエネルギー極大が凝集のための実効活性化エネルギーになり，二つの粒子が接触するためには極大に対応するエネルギー障壁を越えるのに十分なエネルギーをもって衝突しなければならない.

ここで重要なことであるが，この凝集に対するエネルギー障壁は単に分散系に対する速度論的な安定性を与えているにすぎないことを忘れてはならない．熱力学的な駆動力は凝集した相分離状態へ向かう．障壁が高いほど系は長く安定状態にいるということができる．

電位が $k_{\mathrm{B}}T$ 単位でプロットされていることに注意しよう．熱エネルギーの単位を用いると，約 1.5 $k_{\mathrm{B}}T$ がブラウン運動による衝突エネルギーであることと，ポテンシャル極大の高さを比較するのに便利である．

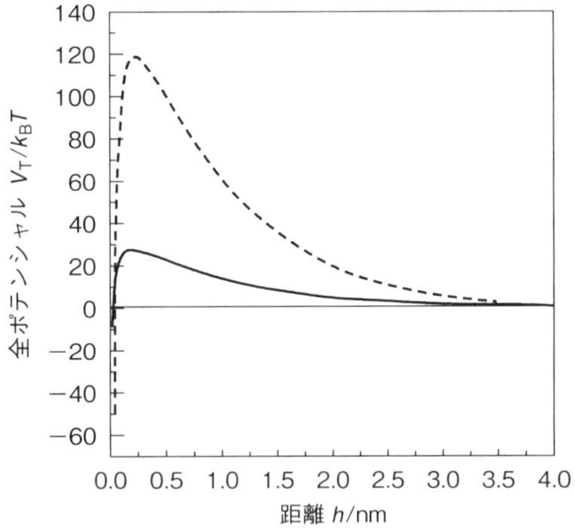

図3・4　電荷で安定化された二つの系(実線例 1 と点線例 2)に対する全相互作用ポテンシャル曲線の例.

したがって，凝集に対する適当なエネルギー障壁ができるためには，この極大の高さは少なくとも 1.5 $k_{\mathrm{B}}T$ 必要である．実際には，十分な時間範囲にわたって信頼できる安定性のレベルに達するためには，極大が少なくとも 20 $k_{\mathrm{B}}T$ になるように系を制御する必要がある．

3・3　安定性の基準

系の安定性が種々の因子にいかに影響されるのを明らかにする必要がある．その結果をもとにこれらの因子の しきい値がわかる．

考察する必要のある因子は以下の通りである．

- イオンの型と濃度の効果
- ゼータ電位の値
- 粒子半径

3・3・1 塩 濃 度

図3・5に示した例は種々の塩化ナトリウム濃度における二酸化チタン粒子(半径100 nm, ゼータ電位 −50 mV)の全相互作用ポテンシャル曲線である.

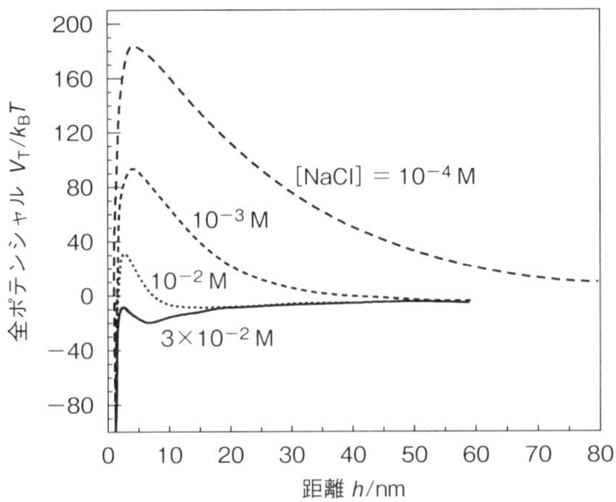

図3・5 全相互作用ポテンシャル曲線の形に対する塩濃度の効果. 塩濃度の増加とともに極大を一つもつ曲線から極大と二次極小をもつ曲線に変化していく.

注意すべき点は以下の通りである.

- いずれの場合も小さな距離においては極大に向かってエネルギーは増加する.
- 大きな距離では斥力ポテンシャルの長い尾部が存在し, 電解質濃度が低いほど全ポテンシャルは大きくなる.
- 尾部の範囲は電解質濃度が増加すると(デバイ長さが減少すると)減少する.
- 極大の高さは電解質濃度の増加とともに減少する.
- ある電解質濃度(この図の場合, NaCl 濃度が 3×10^{-2} M)ではエネルギー極小が現れる. ファンデルワールス分散項が電解質変化に敏感でないため, 低電解質濃度ではこの極小は現れない. この引力的極小は二次極小とよばれる.
- 極大の高さが数 k_BT まで下がると, 衝突粒子の多くが少なくともこの大きさのエネルギーをもって互いに衝突し, 凝集する.
- 極大の高さがゼロ以下になると(この図の場合, NaCl 濃度が 3×10^{-2} M 以上), エネルギー障壁は消滅し, すべての衝突は凝集に至る.

3・3・2 対イオンの価数

対(たい)イオンはシュテルン層における主要なイオンであるから，分散系の安定性は副イオン(粒子の表面電荷と同符号のイオン)の型よりも対イオンの型に敏感である．実際，対イオンの価数は帯電コロイドの安定性を決定する主要な因子である．

対(つい)ポテンシャルに対してポテンシャルの極大がゼロ(粒子間力もゼロ)になる条件を課すと，臨界凝集濃度(critical coagulation concentration, ccc)が求められる．このとき，粒子の凝集は拡散律速過程になる(すべての衝突が凝集に至る)．

19 世紀末に ccc が z の 6 乗に反比例することが観測され，以下の**シュルツ−ハーディの規則**(Shultz–Hardy rule)に定式化された[5)~7)]．

$$\mathrm{ccc} \propto \frac{1}{z^n} \tag{3・11}$$

ただし，

- 高電位の場合，$n=6$（イオン吸着による凝集の場合はまれである）．
- 低電位の場合，$n=2$（より一般的な場合）．

多くの系ではイオン吸着の結果，シュテルン電位に従ってゼータ電位が低下するために(3・2・2 節)，(3・11)式における価数 z のべき数は 6 より小さくなる．しかし，Al^{3+} のような 3 価の対イオンの凝集剤としての能力は Na^+ の 6 倍である．

図 3・6 に 2 種類の分散系に対する ccc の実験値を示す．二つの系はともにシュルツ−ハーディの規則から予測されるように，対イオン原子価に対して顕著な依存性を示す．

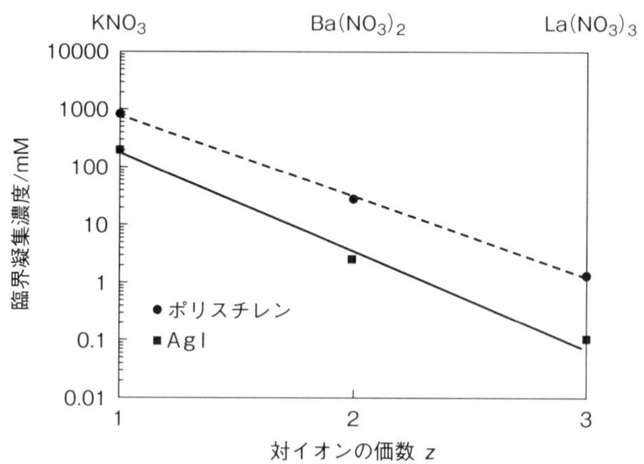

図 3・6　3 種類の電解質を用いた 2 種類のコロイド系の臨界凝集濃度．

ポリスチレンに比べて電荷密度の高い AgI 粒子は大きなハマカー定数をもつために凝集しやすく，対イオンのどの価数に対しても ccc の値は低い．図の実線と点線は予想される z の 6 乗依存性を示す．

図 3・6 では 3 価イオンを含む系では，その pH を pH=4 に固定している．Al^{3+}，Fe^{3+}，Li^{3+} のような 3 価イオンでは，pH が 4 より大きい場合は 3 以上のイオン価をもつ大きな水和複合体を形成することが一般的である．したがって，塩化アルミニウムは pH 3〜4 の場合に比べて pH が 7〜8 の場合のほうが有効な凝集剤になる．

3・3・3 ゼータ電位

ゼータ電位は実験的に得ることが可能な粒子の特性である．ゼータ電位はシュテルン電位の値に近いことが予想されるので，対ポテンシャルの計算に用いられることが多い．滴定実験から表面電荷密度を測定して，それからシュテルン電位が計算できる場合もあるが，実験的には面倒である．

静電斥力の式では，表面電位は 2 乗の形で現れる．したがって，表面電位は極大値の計算において重要なパラメーターである．

$$V_{\mathrm{R}} = 2\pi\varepsilon a \psi_{\delta}^{2} \exp(-\kappa h) \qquad (3\cdot12)$$

図 3・7 は 1 mM NaCl 中における高分子ラテックス粒子に関する測定結果である．この例では分散系が安定化するためには，−20 mV より絶対値の大きいゼータ電位が必要である．

ゼータ電位が −25 mV の場合，$V_{\max}$ の値は約 40 $k_{\mathrm{B}}T$ である．ゼータ電位を 2 倍の

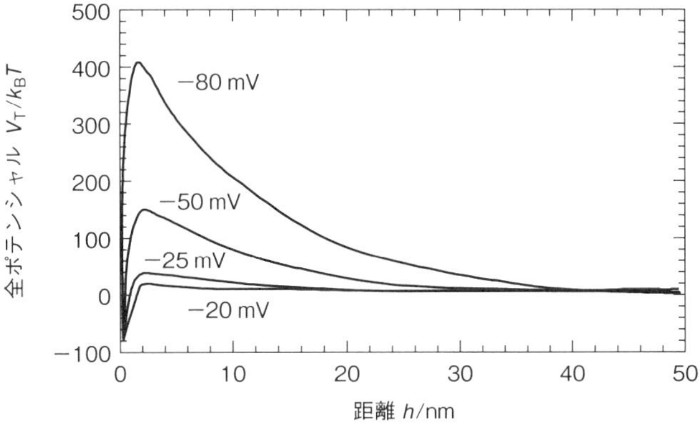

図 3・7 ポリスチレンラテックスの全相互作用ポテンシャル曲線とゼータ電位．

−50 mV にすると，V_{max} は約 160 k_BT になる．これは予想通りである．なぜなら，V_R がゼータ電位の 2 乗に比例するので，ゼータ電位を 2 倍にすると，V_{max} の値は 4 倍になる．

この例では，ゼータ電位を −20 mV より小さな絶対値にすると，V_{max} の値は 20 k_BT 以下に下がり，顕著な凝集が起こる．

3・3・4 粒 径

引力項も斥力項も粒子半径に比例する．小さな粒子の場合は全ポテンシャル V_T の値は粒子半径に正比例するが，粒子が大きくなると V_T は複雑な大きさ依存を示す．

すべての場合において，粒子半径が大きいほどエネルギー障壁は高くなる．いい換えれば，(他のすべての因子が一定のもとで)粒子半径が大きいほど，静電的な安定性は増大する．小さな粒子半径の場合(100 nm 以下)，極大は半径に正比例する．しかし，粒径が大きくなるとこの関係は成り立たなくなり，極大の高さの粒径依存性は小さくなる．

ここで全相互作用曲線の形状は重要である．すなわち，半径の大きな粒子の場合，粒子間距離の大きいところで引力が再び優勢になり，5〜10 nm のオーダーの距離に V_T の二次極小が生じる．この引力相互作用は弱い可逆凝集をひき起こす．

ここで，二つの型の凝集を区別することができる．コアギュレーション (coagulation) は一次極大の存在しないときに起こる急速凝集で，強い不可逆的な構造に至る．フロキュレーション (flocculation) は前述のような二次極小で生じる可逆凝集である．フロキュレーションは，系に付加的なエネルギーを加えたとき，通常は，振とう，攪拌あるいは他の機械的過程によるせん断場を加えたとき，再び元のように分散する．

3・4 凝集(コアギュレーション)の速度論

コアギュレーションの速度を直接的にあるいは間接的に用いて臨界凝集濃度が求められる．たとえば，凝集速度を観測する場合，凝集速度は電解質濃度の増加とともに増加し，プラトー値に達する．種々の電解質溶液が入った一連の試験管のそれぞれに粒子を加え，一定時間後に凝集が開始したかどうかを観測する．この時間として 5 分あるいはそれ以上に長い時間を選ぶかもしれないが，実際に扱うのはこれより速い速度である．

すでに示したように，静電的に安定な分散系とは速度論的に安定な系であって，熱力学的に安定な系ではない．ポイントは速度論的な要因である．系の凝集速度が非常に遅く，その系を扱う時間中に著しい変化が検出できない場合，その系は十分に安定であるとみなす．

3・4・1 拡散律速による急速凝集

毎秒単位面積を通過する流束(J_p)を表す式に拡散定数 D が登場することを思いだそう(3・13 式).

$$J_p = D \cdot 4\pi r^2 \cdot \frac{dN}{dr} \qquad (3 \cdot 13)$$

参照粒子のまわりの球面を通過する流れを計算する(図 3・8).この流れに対する微分方程式は容易に解けて,参照粒子(図の中心の球)に対する他の粒子の衝突回数が求められる.当然,各粒子はそれ自身が参照粒子になりうるから,全衝突回数は一つの粒子に対する衝突回数に全粒子数を掛ければよい.ただし,粒子 B に対する粒子 A の衝突と粒子 A に対する粒子 B の衝突は同じ衝突になるから,この結果を最後に 2 で割る必要がある.

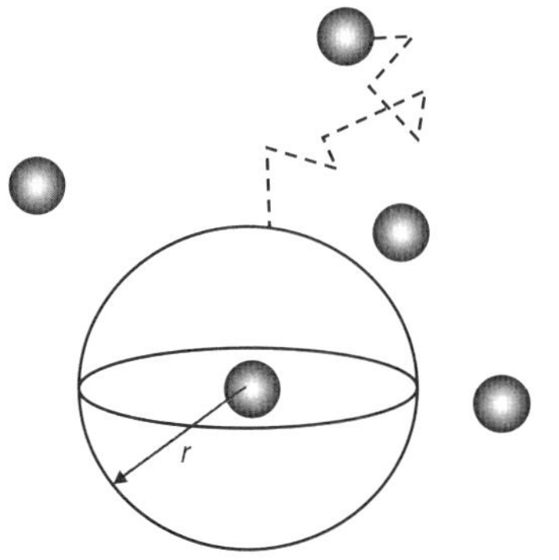

図 3・8 参照粒子の影響範囲を示す理論的な球表面.

すべての粒子が動いているという事実を考慮するために,衝突する 2 粒子の拡散定数の和を用いる.ここで,全粒子が同じ大きさであると仮定しているので 2 を掛ける.また,拡散律速では各衝突が凝集に至る場合を考えるので,凝集速度は単に衝突頻度に等しい.

拡散律速の速度定数を以下のように拡散定数と粒子半径を用いて表すことができる.

$$k_D = 8\pi Da \qquad (3 \cdot 14)$$

また,半減期は,

$$t_{1/2} = \frac{3\eta}{4k_B T N_p} \qquad (3 \cdot 15)$$

である.ここで,η は粘度である.2 次反応の半減期を粒子数の逆数を用いて表すことができる.図 3・9 のグラフは粒子半径の減少,すなわち濃度の増加とともに半減期がいかに減少するかを示している．(体積分率一定では，粒子半径の減少は粒子数の増加に対応する．)

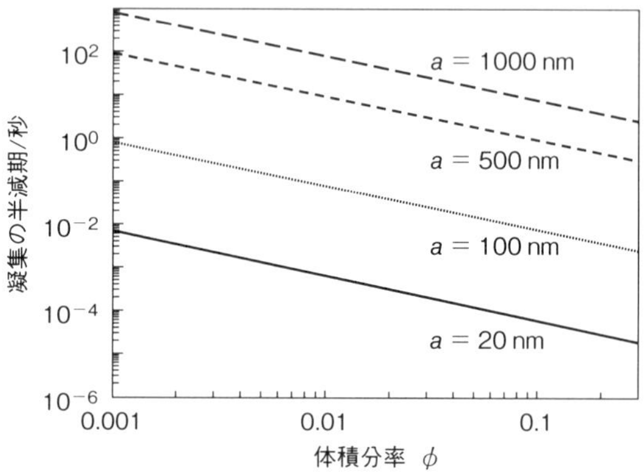

図3・9 種々の粒径をもつ一連の分散系における凝集半減期を体積分率の関数として示す．

3・4・2 相互作用が律速になる凝集

粒子同士の接近を妨げるエネルギー障壁が存在する場合は凝集速度は遅くなる．なぜなら，障壁を越えるのに十分なエネルギーをもつ粒子のみが衝突し接触するからである．これは拡散律速の速度定数 k_D と区別して，速度定数 k_R をもつ反応律速の凝集という．

Fuchs[8] は以下のように，速度定数の比を安定度比 W と定義した．この定義によると，安定度比が高いほど凝集速度は遅くなる．

$$W = \frac{k_D}{k_R} \tag{3・16}$$

近似的に反応律速の拡散の速度定数はボルツマン因子に比例するとしてよい．ボルツマン定数は，任意の時刻において極大より大きいエネルギーをもつ粒子の割合を与える．エネルギー障壁が高くなると凝集速度は急速に減少する．速度論的に安定であるためのエネルギー障壁の妥当な高さは 10〜20 k_BT である．

Overbeek[4] は安定度比に対する妥当な近似式が，極大の値を用いて次のように与えられることを示した．

$$W = \frac{1}{2\kappa a} \exp\left(\frac{V_{max}}{k_BT}\right) \tag{3・17}$$

この式と(3・14)式，(3・16)式から以下の式が得られる．

$$k_R \approx 16\pi\kappa D a^2 \exp\left(\frac{-V_{max}}{k_B T}\right) \qquad (3 \cdot 18)$$

3・4・3 臨界凝集濃度の実験的測定

臨界凝集濃度(ccc)は，極大の存在によって律速される凝集から，エネルギー障壁のない凝集への転移が生じる電解質濃度である．この電解質濃度では凝集速度に明らかな変化が見られる．凝集速度の測定には以下の二つの方法がある．

- 直接法――粒子計数法によって粒子数を時間の関数として測定(大きな粒子に適する)
- 間接法――光散乱による測定(小さな粒子に適する)

いずれの場合も，凝集体数の時間変化を観察することによって，系内の一次粒子(凝集していない粒子)が凝集して凝集体を形成することにより一次粒子が溶液系から失われるかがわかる．

最も単純な実験では，さまざまな濃度の電解質溶液を入れた一連の試験管を並べる．たとえば，5分後あるいは10分後にどの濃度で凝集が明らかになるかを観察する．凝集の度合いを定量化するためには，試験管を軽く遠心分離し，分光光度計を用いて上澄みの透過率を測定して懸濁液中の粒子数を求める．

凝集速度自体を観測する場合は正確な測定が可能になる．電解質濃度が増加すると，凝集速度は増加しプラトー値に近づく(図3・10)．これは，急速凝集すなわち拡散律速

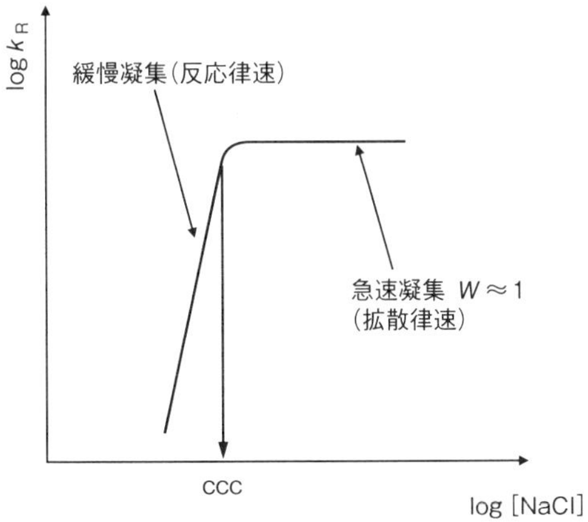

図3・10 凝集速度の電解質濃度依存性．臨界凝集濃度(ccc)を示す．

の凝集速度を表す.

一次粒子の拡散に基づく速度定数の解析は，厳密には凝集の初期速度に限られることに注意しよう．凝集過程が進行し粒子数が変化すると，凝集機構が変わり，動きの遅い大きな凝集体に一次粒子が加わってさらに大きくなる．したがって，凝集速度を正確に記述することは非常に困難になる.

3・5 ま と め

この章では帯電コロイド粒子を含む系の安定性に関する基礎理論について述べた．二つの相互作用のバランス，すなわちファンデルワールス相互作用と，帯電粒子を囲む電気二重層間の斥力作用のバランスを制御することによって，粒子の凝集に対するエネルギー障壁をつくることができる.

粒子の表面電荷が十分高い場合にのみ電荷による安定化が可能であるので，この安定化は通常は極性媒質中の系に限られる.

ここで述べた安定性の理論は，凝集に対する速度論的安定性の場合に限られる．ほかに安定化機構が存在しない場合，系は最終的に凝集する．しかし，安定度比を用いると，凝集障壁がない場合でも理論的凝集速度と対比させて凝集速度の評価を行うことができる.

文 献

1) Hamaker, H. C., *Physica*, **4**, 1058 (1937).
2) Hogg, R., Healy, T. W., Fuerstenau, D. W., *Trans. Faraday Soc.*, **62**, 1638 (1966).
3) Derjaguin, B. V., Landau, L., *Acta Physicochim.* (*URSS*), **14**, 633 (1941).
4) Verwey, E. J., Overbeek, J. T. G., "Theory of the Stability of Lyophobic Colloids", Elsevier, Amsterdam (1948).
5) Schulze, J., *pr. Chem.*, **25**, 471 (1882).
6) Schulze, J., *pr. Chem.*, **27**, 320 (1883).
7) Hardy, W. B., *Proc. Roy. Soc.*, **66a**, 110 (1900).
8) Fuchs, N., *Z. Phys.*, **89**, 736 (1934).

4

界面活性剤の集合および界面における吸着

4・1 はじめに

会合コロイド(association colloid)[1]は代表的なコロイド系の一つであり，親液コロイドとしても分類される．熱力学的にひき起こされる動的過程によって会合した**両親媒性**(amphiphilic，油と水の両方になじむ)分子の集合体が会合コロイドである．会合コロイドは分子性溶液であり，同時に真のコロイド系である．また，このような分子を一般に**界面活性剤**(surfactant)という．surfactant は surface-active agent の略である．界面活性剤は用途の広い重要な化学薬品である．界面活性剤は親水，親油(疎水)という二面性をもつので，ぬれ のような多くの有用な界面現象に関係し，さまざまな工業製品や製造過程に用いられている．

4・2 界面活性剤の特性

界面活性剤は有機分子であるから，低濃度で溶媒に溶かすと界面に吸着して界面の物理的性質を著しく変化させる．このとき"界面(interface)"という用語は 液体/液体，固体/液体 および 気体/液体 の系における境界を記述するために一般に用いられる．ただし，気体/液体 の場合は"表面(surface)"が用いられる．界面活性剤の吸着挙動は，溶媒の性質，および同じ分子内に極性基と非極性基を両方もつ(両親媒性の)界面活性剤の構造に起因する．両親媒性物質が二面性をもつために"界面に存在"する結果，疎液性の部分は強い溶媒相互作用を避け，一方，親液性の部分は溶液中に残る．水は最も一般的な溶媒で，学術的にも工業的にも重要な液体である．溶媒が水の場合は両親媒性物質

［4 章執筆］ Julian Eastoe, School of Chemistry, University of Bristol, UK

は“親水性”部分と“疎水性”部分，すなわち“頭部”と“尾部”をもつ.

界面に存在する界面活性剤分子の自由エネルギーはバルク相中で可溶化された分子の自由エネルギーよりも低いので，界面活性剤の界面への吸着は大きなエネルギー低下を伴う．したがって，界面(液体/液体界面 あるいは 気体/液体界面)に両親媒性物質が吸着する過程は自発的に起こる．その結果，界面(表面)張力が低下する．しかし，このような性質は界面活性剤以外にも多くの物質に見られる．たとえば，中鎖または長鎖アルコール(n-ヘキサノール，ドデカノールなど)は表面に吸着するが，界面活性剤ではない．真の界面活性剤は界面(ここでは，空気/水界面 および 油/水界面)において配向した単分子層を形成する．さらに重要なことであるが，界面活性剤はバルク相中で自己集合構造(ミセル，ベシクル)を形成することができる．また，界面活性剤は，乳化，分散，ぬれ，泡立ち，洗浄力などの特性によって，単に界面に吸着する一般的な物質と区別される.

吸着と自己集合はともに疎水性効果[2)]，すなわち，界面活性剤の尾部が水から排除される効果に起因する．基本的にこの効果は水-尾部間より水-水間の分子間相互作用が強いために起こる．また，界面活性剤は水中の濃度がおよそ 40 %を超えると，液晶相(リオトロピック液晶)を形成する．これらの系は界面活性剤分子が集合してできる大きな組織構造をもつ.

このようにコロイドの構造には広範囲にわたる相挙動と多様性があるので，コロイドは多くの工業過程に応用されている．そこでは，実質上コロイド系が大きな表面積をもち，界面活性を改良し，安定であることが要求されている．界面活性剤の多様性および界面活性剤の混合系の示す相乗効果[3)]のために，界面活性剤の基礎的研究と実用化に対する関心は常に増大している．界面活性剤のさまざまな物理的性質および用途を列挙することは本章の範囲外であるが，界面活性剤がいかに広く産業界で用いられているかを示すいくつかの実例を次節に示す.

4・3　界面活性剤の分類と応用

4・3・1　界面活性剤の型

頭部基と尾部基のそれぞれの構造の異なるさまざまな界面活性剤が可能である．頭部基は帯電している場合もあれば中性の場合もあり，また圧縮されサイズが小さい場合も高分子鎖状の場合もある．尾部基は通常，一本鎖または二本鎖で直鎖状または分枝状の炭化水素鎖であるが，フッ素樹脂やシロキサンの場合もあれば，芳香環をもつこともある．表4・1と表4・2はそれぞれ代表的な親水基と疎水基のリストである.

親水性部分の溶解性はイオン相互作用または水素結合に起因するので，まず頭部基によって界面活性剤を簡単に分け，さらに疎液性部分の性質によって細分化する方法が最

表 4・1 市販の界面活性剤における代表的な親水基

基	一般構造
スルホン酸塩	$R-SO_3^-M^+$
硫酸塩	$R-OSO_3^-M^+$
カルボン酸塩	$R-COO^-M^+$
リン酸塩	$R-OPO_3^-M^+$
アンモニア塩基	$R_xH_yN^+X^-$ （$x=1\sim3$, $y=4\sim x$）
第四級アンモニウム	$R_4N^+X^-$
アルキルベタイン	$RN^+(CH_3)_2CH_2COO^-$
アルキルスルホベタイン	$RN^+(CH_3)_2CH_2CH_2SO_3^-$
ポリオキシエチレン(POE)	$R-OCH_2CH_2(OCH_2CH_2)_nOH$
多価アルコール	ショ糖，ソルビタン，グリセリン，エチレングリコール など
ポリペプチド	$R-NH-CHR-CO-NH-CHR'-CO-\cdots-CO_2H$
ポリグリシジル	$R-(OCH_2CH[CH_2OH]CH_2)_n-\cdots-OCH_2CH[CH_2OH]CH_2OH$

表 4・2 市販の界面活性剤における代表的な疎水基

基	一般構造	
アルキル	$CH_3(CH_2)_n$	$n=12\sim18$
オレフィン	$CH_3(CH_2)_nCH=CH$	$n=7\sim17$
アルキルベンゼン	$CH_3(CH_2)_nCH_2-$ 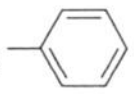	$n=6\sim10$, 直鎖状または分枝状
アルキル芳香族	$CH_3(CH_2)_nCH_3$ 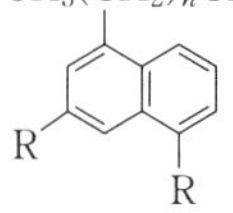	$n=1\sim2$, 水溶性界面活性剤 $n=8\sim9$, 油溶性界面活性剤
アルキルフェノール	$CH_3(CH_2)_nCH_2-$  $-OH$	$n=6\sim10$, 直鎖状または分枝状
ポリオキシプロピレン	$CH_3CH(X)CH_2O(CH(CH_3)CH_2)_n$	$n=10\sim100$ X＝オリゴマー化開始剤
フッ化炭素	$CF_3(CF_2)_nCOOH$	$n=4\sim8$, 直鎖状，分枝状および H 末端
シリコン	$CH_3O(Si(CH_3)_2O)_nCH_3$	

も簡単な分類法である．こうして次の四つの基本型に分けられる．

- アニオン界面活性剤およびカチオン界面活性剤．これらの界面活性剤は水中で反対符号の電荷をもつ二つのイオン種に解離する（界面活性剤イオンとその対イオン）．
- 非イオン性界面活性剤．ポリオキシエチレン（$-OCH_2CH_2O-$）や多価アルコール基のような極性の高い（非帯電）部分をもつ．
- 両イオン性界面活性剤．カチオン性の基とアニオン性の基の両方をもつ．

界面活性剤の特性を改良するための研究は絶えず続けられている．最近開発された新しい構造をもつ界面活性剤は興味深い相乗的な相互作用，つまり改良された表面特性と集合特性をもつ．これらの新しい界面活性剤は多くの関心が寄せられ，カタニオニック（catanionic）界面活性剤，ボラ型（bolaform）界面活性剤，ジェミニ型（gemini）（二量体の）界面活性剤，高分子界面活性剤や重合可能な界面活性剤がその例である[4),5)]．新し

表 4・3　新規界面活性剤の構造特性と代表例

種　類	構造特性	例
カタニオニック	カチオン界面活性剤とアニオン界面活性剤の等モル混合物（無機の対イオンのない）	*n*-ドデシルトリメチルアンモニウム *n*-ドデシル硫酸（DTADS） $C_{12}H_{25}(CH_3)_3N^+ \quad ^-O_4SC_{12}H_{25}$
ボラ型	長い直鎖状のポリメチレン鎖で結合した二つの帯電した頭部基	ヘキサデカンジイル-1,16-ビス（トリメチル臭化アンモニウム） $Br^-(CH_3)_3N^+-(CH_2)_{16}-N^+(CH_3)_3Br^-$
ジェミニ型（二量体）	頭部基またはその近傍のスペーサーによって結合した二つの同一の界面活性剤	プロパン-1,3-ビス（ドデシルジメチル臭化アンモニウム） C_3H_6-1,3-*bis*$[(CH_3)_2N^+C_{12}H_{25}Br^-]$
高分子	界面活性な性質をもつ高分子	イソブチレンと無水コハク酸の共重合体 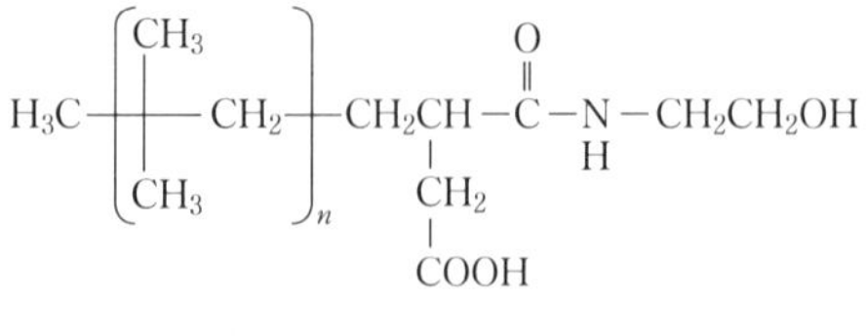
重合可能	単独重合または他成分との共重合を行う界面活性剤	11-（アクリロイルオキシ）ウンデシルトリメチル臭化アンモニウム 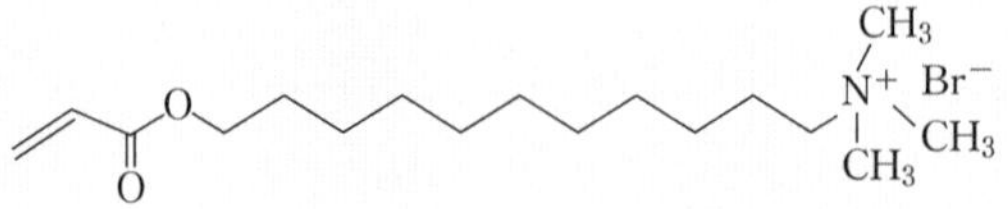

い界面活性剤の構造特性と代表的な例を表4・3に示す．このような研究を推進するもう一つの重要な原動力は界面活性剤の生分解性の改良である．特に，パーソナルケア製品*と家庭用洗剤については，製品中に存在する個々の成分に対して生分解性が高いことと毒性のないことが法律で定められている[6]．

二本鎖界面活性剤の代表例はジ(2–エチルヘキシル)スルホコハク酸ナトリウムである．これはAmerican Cyanamid社の商品名であるAerosol–OT(AOT)でよばれることが多い．この界面活性剤の化学構造を図4・1に示す．図にはさらにほかの三つの代表的な二本鎖界面活性剤の化学構造も示す．図4・1の界面活性剤は基本的な4種類の界面活性剤の型に対応する．

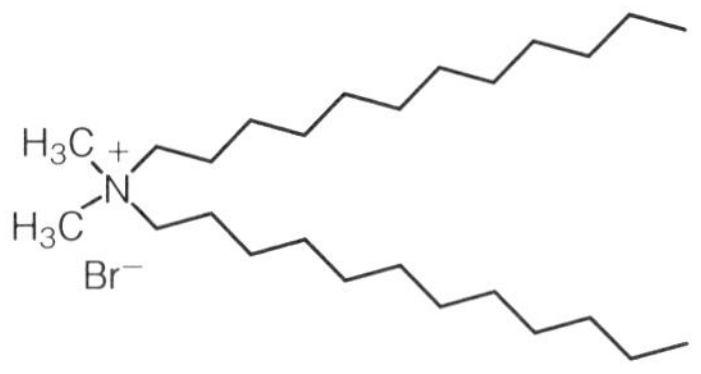

カチオン界面活性剤
n-臭化ジドデシルジメチルアンモニウム（DDAB）

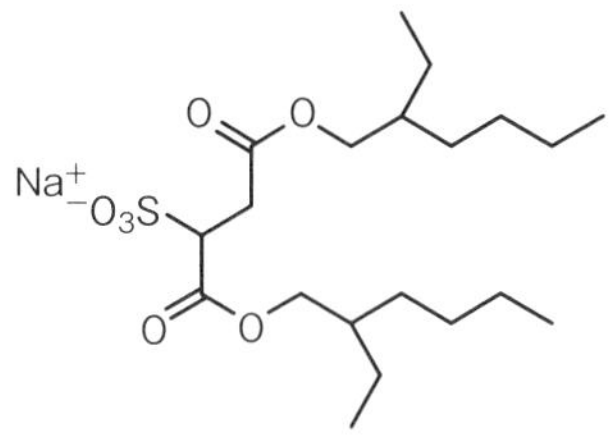

アニオン界面活性剤
ビス(2-エチルヘキシル)スルホコハク酸ナトリウム（Aerosol-OT，AOT）

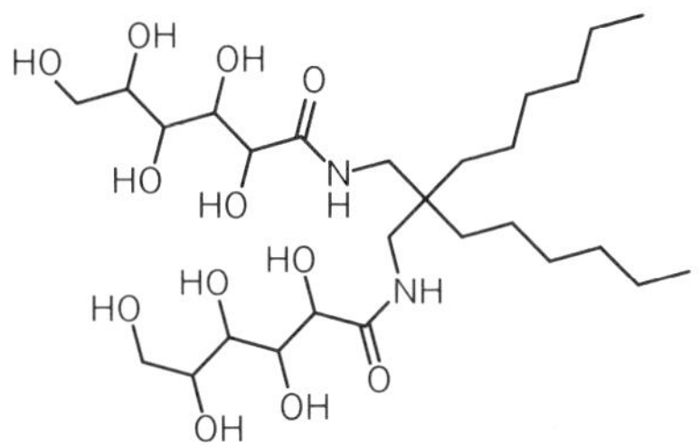

非イオン性界面活性剤
ジヘキシルグルカミド（di-(C6-Glu)）

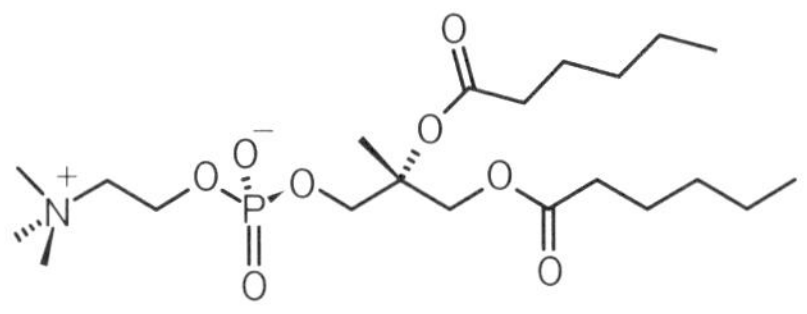

両イオン性界面活性剤
ジヘキシルホスファチジルコリン（(diC6)PC）

図4・1　代表的な二本鎖界面活性剤の化学構造．

* ［訳注］ 肌・髪・口腔などのケア(手入れ)を目的とした化粧品や医薬品(クリーム，シャンプー，歯みがき粉など)．

4・3・2 界面活性剤の用途と開発

界面活性剤の原料は天然由来または合成である．前者には脂質のような天然に存在する両親媒性物質が含まれる．これはグリセリンに基づく界面活性剤で，細胞膜の重要な成分である．このグループには，いわゆる石鹸が含まれるが，これは最初に認められた界面活性剤である[7]．石鹸の歴史は古代エジプト時代までさかのぼることができるが，当時は動物性の脂と植物性の油を塩基性の塩を用いて結合させて石鹸のような物質をつくり，洗浄だけでなく皮膚病の治療のためにも用いられた．20 世紀前半までは，石鹸が唯一の天然洗剤であったが，次第に，入浴や洗濯と同様にひげ剃りや洗髪のために多くの洗剤が開発された．1916 年には，第一次世界大戦中，石鹸を作るのに必要な脂肪が不足したために，合成洗剤が初めてドイツで開発された．今日，単に洗剤として知られている合成洗剤は，さまざまな原料からつくられる工業製品の洗浄にも用いられている．

近年では，合成界面活性剤は多くの工業過程および製品設計において必要不可欠な成分である[8)〜10)]．製品の化学的性質は，界面活性剤の乳化，洗浄力，泡立ちなどの特性に多かれ少なかれ影響する．界面活性剤分子における炭化水素基の数と配列，および親水基の性質と位置は，ともにこの分子の界面活性剤としての特性を決定する．たとえば，C_{12} から C_{20} までは一般に最高の洗浄力を示す範囲とみなされるが，ぬれと泡立ちはこれより短い鎖長で最もよい．したがって，界面活性剤を用いた製品設計では，界面活性剤の構造と能力の関係，および化学的適合性は重要な要素であり，そのために多くの研究がこの分野でなされている．

種々の界面活性剤の中で，アニオン界面活性剤は主として製造の容易さと低コストのために最もよく用いられる．これらの界面活性剤は負に帯電した頭部基，たとえば，石鹸で用いられるカルボキシ基（$-CO_2^-$）または硫酸基（$-OSO_3^-$）やスルホン酸基（$-SO_3^-$）をもち，おもに洗剤，パーソナルケア製品，乳化剤および石鹸に用いられる．

カチオン界面活性剤は，たとえばトリメチルアンモニウムイオン（$-N(CH_3)_3^+$）のような正に帯電した頭部基をもち，負に帯電した表面への吸着に用いられる．これらの表面（たとえば，金属，プラスチック，鉱物，繊維，毛髪，細胞膜）はカチオン界面活性剤の吸着処理によって改質することができる．したがって，カチオン界面活性剤は，防食剤，帯電防止剤，浮遊選鉱剤，柔軟剤，ヘアコンディショナーや殺菌剤として用いられる．

非イオン性界面活性剤はエトキシレート（$-(OCH_2CH_2)_mOH$）のように水素結合由来の強い双極子–双極子相互作用によって水に対する大きな親和性を示す基をもつ．イオン性界面活性剤よりも優れたところは，活性剤の能力を高めるために親水基と疎水基の両方の長さを変えることができる点である．非イオン性界面活性剤は低温用の洗剤および乳化剤に用いられる．

両イオン性界面活性剤は生産コストが高いため，界面活性剤の中で最小のグループである．これらの界面活性剤は皮膚科学的に優れた特性をもち，皮膚適合性が高く，眼および皮膚に対する刺激が小さいので，シャンプーと化粧品によく用いられる．

4・4 界面における界面活性剤の吸着

4・4・1 表面張力と表面活性

界面に存在する分子は界面の両側のバルク相における分子と異なる環境にあるので，界面は表面自由エネルギーをもつ．たとえば，空気/水界面では水分子にはたらく短距離引力は釣り合っていないために，水分子はバルク相に向かって内向きの正味の引力を受ける．したがって，気相との接触面積を最小にすることは自発的に起こる過程であり，液滴や気泡がなぜ丸いかについて説明できる．ある表面の**表面張力**(surface tension, γ_0)は単位面積当たりの表面自由エネルギーとして定義され，その表面の面積を ΔA だけ増加させるのに必要な最小の仕事 $W_{\min}$ に等しい．すなわち，$W_{\min} = \gamma_0 \times \Delta A$ である．直感的な定義ではないが，表面張力は表面薄膜における気体/液体界面に垂直にはたらく単位長さ当たりの力としても定義される．

界面活性剤は低濃度で界面に吸着する物質であり，吸着の結果，その界面を拡張するために必要な仕事量が変化する．特に界面活性剤は，化学的性質の二重性のために界面張力を著しく低下させることができる．空気/水界面の場合，吸着の駆動力は水のバルク相における不利な疎水性相互作用である．そこでは，水分子は水素結合によって互いに相互作用をしているので，溶解した両親媒性分子の炭化水素基は溶媒構造のひずみをひき起こし，系の自由エネルギーを上昇させる．これは疎水性効果として知られている[11]．界面活性剤分子を表面まで運ぶ仕事は，水分子を表面まで運ぶ仕事より小さいので，表面への界面活性剤の移動は自発的な過程である．その結果，気体/液体界面には新しい液体表面ができ，疎水性の尾部を水相から外向きに，頭部基を内向きに配向した界面活性剤の単分子層が形成される．これが表面張力のもとで表面が収縮しようとする傾向を打ち消し，表面圧(拡張圧) π が増大し，溶液の表面張力 γ が減少する．表面圧は，$\pi = \gamma_0 - \gamma$ として定義され，γ_0 は界面活性剤が吸着していないときの水の表面張力である．

界面活性剤の分子構造に応じて，吸着はさまざまな濃度範囲と速度で起こるが，一般的には特定の濃度，すなわち**臨界ミセル濃度**(critical micelle concentration, CMC)以上の濃度でミセル化すなわち集合が起こる．CMC では界面における吸着は(ほとんど)飽和しており，自由エネルギーをさらに低くするために分子はバルク相中で集合し始める．CMC 以上の濃度では，系は単分子吸着層，遊離の単量体，バルク相中のミセル化した界面活性剤から成り，これらの三つの状態はすべて互いに平衡にある．ミセルの構造と形成については4・6節に簡潔に述べる．CMC以下では，吸着した界面活性剤分子は表面において絶えず吸着と脱着を繰返す界面活性剤分子と動的な平衡にある．しかし，表面濃度の時間平均値は熱力学の式を用いて直接あるいは間接に定義し，定量化することができる(4・4・2節)．

動的表面張力は平衡表面張力と異なりその界面活性剤系の平衡に至っていないところが重要な特性で，多くの工学的および生物学的な応用に関係している[12)~15)]．印刷と塗装の過程がその例であり，表面張力は平衡に達することはなく，新しい界面が絶えず生成される．界面活性剤溶液では，表面張力は瞬間的に平衡に達することはなく，界面活性剤分子は，まずバルク相から表面へ拡散し，次に表面に吸着して配向する．したがって，界面活性剤溶液表面の表面張力は，新しい表面の生成直後では溶媒の表面張力にほぼ等しく，動的表面張力が減衰し平衡値に達するまでには一定の時間がかかる．動的表面張力の緩和時間は界面活性剤の型と濃度に依存し，ミリ秒から数日にわたる．この動的な挙動を制御するためには，バルクから表面への界面活性剤分子の移動のプロセスについて理解することが必須である．このため，この分野の研究は高い関心がもたれているが(最近の発展については文献[16)~18)]を参照)，本章では平衡表面張力についてのみ考察する．

4・4・2　表面過剰量と吸着の熱力学

配向した界面活性剤の単分子層形成に関連する基本的な物理量は**表面過剰量**(surface excess)（表面過剰濃度ともいう）である．これは，バルク中の界面活性剤濃度に対する表面の界面活性剤分子の濃度として定義される．組成による表面張力の変化に対する一般的な熱力学の手法はギブズ(Gibbs)によって導かれた[19)]．

この**ギブズの吸着式**(Gibbs adsorption equation)に関連した重要な近似は，界面の“正確な”位置に関するものである．界面活性剤を含む水相αが蒸気相βと平衡にある場合を考えよう．界面は不確定な厚さτの領域であり，この領域の中で系の性質がα相に固有な性質からβ相に固有な性質まで変化する．実際の界面領域の性質を明確に定義することができないので，界面を厚さゼロの数学的な面とみなすと便利である．したがって，ここで仮定する面すなわち分割面(XX′)の位置までαとβの性質がそれぞれ一定のまま保持されるとする．この理想化された系を図4・2に示した．

ギブズの分割面XX′は，その面上で溶媒の表面過剰吸着量がゼロになるような面として定義できる．したがって，成分iの表面過剰量Γ_i^{σ}は次式で与えられる．

$$\Gamma_i^{\sigma} = \frac{n_i^{\sigma}}{A} \qquad (4 \cdot 1)$$

ここで，Aは界面の面積である．n_i^{σ}は表面相σにおける成分iの物質量を表すが，これは，もしバルク相αとβを組成を変えずに面XX′まで延長したときの，表面相σにおける成分iの過剰量である．したがって，Γ_i^{σ}は正の場合も負の場合もある．

バルク相αとβから成る全系の内部エネルギーUを考えよう．

$$U = U^{\alpha} + U^{\beta} + U^{\sigma}$$
$$U^{\alpha} = TS^{\alpha} - PV^{\alpha} + \sum_i \mu_i n_i^{\alpha} \qquad (4\cdot2)$$
$$U^{\beta} = TS^{\beta} - PV^{\beta} + \sum_i \mu_i n_i^{\beta}$$

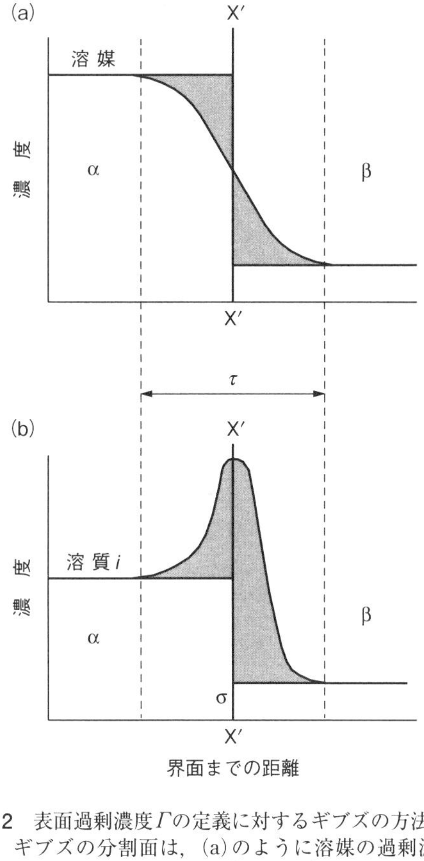

図4・2 表面過剰濃度Γの定義に対するギブズの方法では，ギブズの分割面は，(a)のように溶媒の過剰濃度がゼロになる面として定義される（影の部分の面積はこの面の両側で互いに等しい）．したがって，溶質iの表面過剰量は分割面の両側におけるこの成分の濃度（影の部分）の差になる(b)．

μ_iは成分iの化学ポテンシャルである.

界面領域σの熱力学的エネルギーに対応する表現は($W=\gamma A$より)次のようになる.

$$U^{\sigma} = TS^{\sigma} + \gamma A + \sum_i \mu_i n_i^{\sigma} \quad (4 \cdot 3)$$

T, S, A, μ, nの任意の微小変化に対して, (4・3)式の微分は次式で与えられる.

$$\mathrm{d}U^{\sigma} = T\,\mathrm{d}S^{\sigma} + S^{\sigma}\mathrm{d}T + \gamma\,\mathrm{d}A + A\,\mathrm{d}\gamma + \sum_i \mu_i\,\mathrm{d}n_i^{\sigma} + \sum_i n_i^{\sigma}\,\mathrm{d}\mu_i \quad (4 \cdot 4)$$

微小な等温等圧可逆変化に対しては, 任意のバルク相における全内部エネルギーの微分変化は,

$$\mathrm{d}U = T\,\mathrm{d}S - P\,\mathrm{d}V + \sum_i \mu_i\,\mathrm{d}n_i \quad (4 \cdot 5)$$

になる.

同様に, 界面領域の内部エネルギーの微分は次式で与えられる.

$$\mathrm{d}U^{\sigma} = T\,\mathrm{d}S^{\sigma} + \gamma\,\mathrm{d}A + \sum_i \mu_i\,\mathrm{d}n_i^{\sigma} \quad (4 \cdot 6)$$

(4・4)式から(4・6)式を差し引くと次式が得られる.

$$S^{\sigma}\mathrm{d}T + A\,\mathrm{d}\gamma + \sum_i n_i^{\sigma}\mathrm{d}\mu_i = 0 \quad (4 \cdot 7)$$

等温条件では, (4・1)式で定義した成分iの表面過剰量Γ_i^{σ}を用いると, **ギブズの吸着式**の一般形は次のようになる.

$$\mathrm{d}\gamma = -\sum_i \Gamma_i^{\sigma}\mathrm{d}\mu_i \quad (4 \cdot 8)$$

1種類の溶媒と1種類の溶質のみから成る簡単な系では, それぞれを下付きの1と2で表すと, (4・8)式は次のように簡単になる.

$$\mathrm{d}\gamma = -\Gamma_1^{\sigma}\,\mathrm{d}\mu_1 - \Gamma_2^{\sigma}\,\mathrm{d}\mu_2 \quad (4 \cdot 9)$$

ギブズ分割面の位置では$\Gamma_1^{\sigma}=0$になることを考慮すると, (4・9)式は次のようになる.

$$\mathrm{d}\gamma = -\Gamma_2^{\sigma}\,\mathrm{d}\mu_2 \quad (4 \cdot 10)$$

ここで, Γ_2^{σ}は溶質の表面過剰量である.

化学ポテンシャルは,

$$\mu_i = \mu_i^{\ominus} + RT\ln a_i$$

で与えられる．一定温度では，

$$d\mu_i = \text{定数} + RT\,d\ln a_i \quad (4\cdot11)$$

である．ただし，$\mu_i^{\ominus}$ は成分 i の標準化学ポテンシャルであり，a_i は活量である．

したがって，(4・10)式を用いると非解離性の物質(たとえば，非イオン性界面活性剤)に対するギブズの吸着式の一般形が次のように得られる．

$$d\gamma = -\Gamma_2^{\sigma} RT\,d\ln a_2 \quad (4\cdot12)$$

すなわち，

$$\Gamma_2^{\sigma} = -\frac{1}{RT}\frac{d\gamma}{d\ln a_2} \quad (4\cdot13)$$

R^-M^+ の形をしたイオン性界面活性剤のように溶質が解離する場合は，CMC 以下で理想的な挙動をすると仮定すると，(4・12)式は次のようになる．

$$d\gamma = -\Gamma_R^{\sigma}\,d\mu_R - \Gamma_M^{\sigma}\,d\mu_M \quad (4\cdot14)$$

電解質が存在しない場合は，表面の電気的中性条件から $\Gamma_R^{\sigma} = \Gamma_M^{\sigma}$ である．平均イオン活量 $a_2 = (a_R a_M)^{1/2}$ を(4・13)式に代入すると，1：1 型の解離性化合物に対するギブズの吸着式が得られる．

$$\Gamma_2^{\sigma} = -\frac{1}{2RT}\frac{d\gamma}{d\ln a_2} \quad (4\cdot15)$$

多量の電解質が存在する場合(塩濃度が十分高いとき，静電効果は無視できる)，電解質由来の対イオンと界面活性剤由来の対イオンが共通であれば，M^+ の活量は一定であり，(4・13)式はそのまま有効である．

界面活性剤のように界面に強く吸着する物質については，バルク相の濃度をわずかに増加させても界面張力(表面張力)は劇的に低下する．ギブズの式を実際に応用するときは，溶質濃度の関数として界面張力の測定を行い，界面における物質の相対的な吸着，すなわち表面活性を求める．界面活性剤の希薄系については，一般性を失わずに(4・13)式と(4・15)式において活量を濃度 c で置き換えることができる．

図 4・3 は界面活性剤濃度の増加に伴う水の表面張力の低下を示す代表的な例であり，表面における吸着量を見積もるためにギブズの式(4・13 式または 4・15 式)を用いる．低濃度では表面張力は(25 ℃ における純水の表面張力 72.5 mN m^{-1} から)徐々に減少するが，これは，成分 2 の表面過剰量の増加に対応する(領域 A から B)．CMC に近い濃度になると，吸着量は極限値に近づき，その結果，表面張力曲線が直線状に見える場合がある(領域 B から C)．しかし，実際は，CMC 以下のほとんどの界面活性剤の場合，

γ-ln c 曲線はその局所的な傾き $-\mathrm{d}\gamma/\mathrm{d}\ln c$ が(4・13)式または(4・15)式に従って Γ_2^σ に比例するように曲がる．一本鎖の純粋な界面活性剤の場合，CMC における Γ_2^σ の典型的な値は $2\sim4\times10^{-6}$ mol m^{-2} の範囲にあり，対応する極限分子面積は 0.4〜0.6 nm^2 の範囲にある．

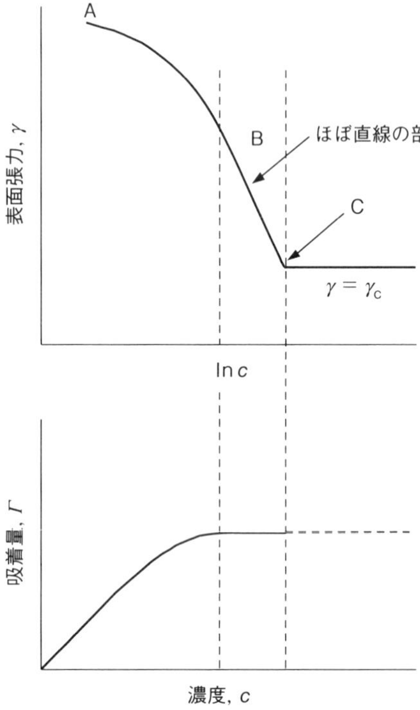

図 4・3　表面張力の測定とギブズの吸着式から得られる界面吸着等温線．

イオン性界面活性剤の場合におけるギブズの吸着式の対数前の因子の値については議論が続いている(たとえば，文献[20)〜23)]参照)．特に，イオン性界面活性剤の場合には，完全解離によって対数前の因子が 2 であるか，それとも表面の内側に枯渇層が存在して対数前の因子がやや小さくなるかが問題になる．張力測定および中性子反射率測定を組合わせた最近の詳細な実験によると，表面過剰量の直接測定が可能になり(第 12 章で詳述)，1：1 型のイオン性界面活性剤が解離する場合は前因子が 2 になることが確認されている[24)]．

ギブズの吸着式は 液/液界面 と 気/液界面 における吸着に対して最も一般的に用い

られる式であるが，ラングミュアの式(Langmuir equation)[25]，シシュコフスキーの式(Szyszkowski equation)[26]およびフルムキンの式(Frumkin equation)[27]などのような他の吸着等温式も提案されている．ギブズの式自体はGuggenheimとAdamによって単純化された．彼らは異なる分割面を選び，界面領域を独立した(有限体積の)バルク相とみなした[28]．

4・4・3　界面活性剤の吸着の効率と有効性

溶液の表面張力を下げる界面活性剤の能力は，以下の(i)と(ii)の点から考察することができる．(i)所定の表面張力低下をひき起こすのに必要な最小濃度，(ii)濃度に関係なく観測される表面張力の最大抵下値である．これらは，それぞれ界面活性剤の**効率**(efficiency)と**有効性**(effectiveness)という．

表面張力を20 mN m^{-1}低下させるために必要な界面活性剤濃度は界面活性剤の吸着効率に対するよい尺度になる．この値の近傍における界面活性剤濃度は，界面に対して最大吸着をひき起こすのに必要な最小濃度に近い．これは，**フルムキンの吸着式**(Frumkin adsorption equation)(4・16式)によって確かめることができる．この式は表面張力の低下量(すなわち，表面圧π)と表面過剰量の関係を表している．

$$\gamma_0 - \gamma = \pi = -2.303RT\Gamma_{\rm m}\log\left(1-\frac{\Gamma_1}{\Gamma_{\rm m}}\right) \qquad (4\cdot16)$$

表面過剰量の最大値は，一般に1〜4.4×10^{-10} mol m^{-2}の範囲にある[29]．(4・16)式からわかるように，25 °Cで表面張力が20 mN m^{-1}だけ低下したとき，表面の飽和度は84〜99.9 %になる．このときの濃度の対数に負号を付けたものはpC_{20}と表記し，吸着効率の尺度となる．なぜなら，この量はバルク液相の内部から界面への界面活性剤分子の移動に伴うギブズエネルギー変化$\Delta G^{\ominus}$に関係づけられるからである．このように，界面活性剤の吸着効率は，バルク相中の界面活性剤分子が界面へ移動する標準ギブズエネルギー変化を通して，分子を構成する官能基と関係する(4・18式)．特に，水中における直鎖界面活性剤の同族列$CH_3(CH_2)_n$−Mの場合(Mは親水性頭部基を表し，nは鎖のメチレン単位の数)，系の表面圧が$\pi = 20$ mN m^{-1}のとき，吸着の標準ギブズエネルギーは次のように表せる．

$$\Delta G^{\ominus} = n\Delta G^{\ominus}(-CH_2-) + \Delta G^{\ominus}(M) + \Delta G^{\ominus}(CH_3-) \qquad (4\cdot17)$$

いま考えている条件では$\Delta G^{\ominus}$(M)は定数である．また，鎖長を増やしても，表面過剰量$\Gamma_{\rm m}$は大きく異なることはなく，かつ，活量係数は1と仮定する．したがって，**効率因子**pC_{20}は疎水鎖中の炭素原子数に比例して増加する．

したがって，吸着効率は疎水鎖の長さに直接関係する(ここで親水基は同じとする)．

すなわち，

$$-\log C_{20} = \mathrm{p}C_{20} = n\left[\frac{-\Delta G^{\ominus}(-\mathrm{CH_2}-)}{2.303RT}\right] + \text{定数} \qquad (4\cdot18)$$

これは，**トラウベの規則**(Traube's rule)（4・19式)によっても記述される[30].

$$\log C_{\mathrm{s}} = B - n\log K_{\mathrm{T}} \qquad (4\cdot19)$$

ここで，C_{s} は界面活性剤濃度，B は定数，n は同族列における鎖長，K_{T} はトラウベ定数である．炭化水素直鎖界面活性剤の場合，K_{T} は通常約 3 である[31]．または，(4・18)式からの類推によって，K_{T} は次式で与えられる．

$$\frac{C_n}{C_{n+1}} = K_{\mathrm{T}} = \exp\left[\frac{-\Delta G^{\ominus}(-\mathrm{CH_2}-)}{2RT}\right] \qquad (4\cdot20)$$

疎水鎖中にフェニル基をもつ合成物の場合，フェニル基は約 3.5 個の直鎖$-\mathrm{CH_2}-$基と等価である．

pC_{20} が大きいほど界面活性剤は効率的に界面に吸着し，表面張力を低下させる．界面活性剤の効率を上げる他の主要な要因を以下にまとめる．

- 疎水基としてのアルキル直鎖は同数の炭素原子をもつアルキル分枝鎖よりもよい．
- 疎水基の末端に一つの親水基が位置するほうが，中心に一つまたはそれ以上の親水基が位置するよりもよい．
- 非イオン性または双性イオン性の親水基のほうがイオン性よりもよい．

イオン性界面活性剤の場合は，以下に述べる作用により実効電荷が減少するので表面張力を低下させる．(a)解離しにくい(水和性の低い)対イオンを用いる．(b)水相のイオン強度を上昇させる．

吸着効率を定義するために選択した表面張力低下の基準値 20 mN m^{-1} は便利ではあるが任意性があり，最大表面過剰量が著しく異なる界面活性剤の場合や表面圧が 20 mN m^{-1} 未満の場合は適用できない．Pitt らは $\Delta\gamma$ を CMC における表面圧の 1/2 の値と定義することによってこの問題を回避した[32]．

界面活性剤の能力は**吸着有効性**を用いて評価することもできる．これは，通常，濃度に無関係に最大の表面張力低下 γ_{min} として定義されるか，または，表面飽和における表面過剰量 Γ_{m} として定義される．なぜなら，Γ_{m} は最大吸着量を表すからである．γ_{min} と Γ_{m} はおもに臨界ミセル濃度に支配され，ある種のイオン性界面活性剤の場合は溶解限度またはクラフト温度 T_{K}（4・5・1 節で簡潔に述べる)に左右される．吸着有効性は泡立ち，ぬれ，乳化のような性質を決める際に重要な因子である．なぜなら，Γ_{m} はギブズの吸着式によって界面充塡の指標を与えるからである．

界面活性剤の効率と有効性は必ずしも両立しない．また，Rosen の広範囲なデータ[29]が示すように，低濃度で表面張力を著しく低下させる(すなわち，効率がよい)物質の Γ_m は小さい(すなわち，有効性が低い)ことが一般に観測されている．界面活性剤の効率を決定する際の分子構造の役割は主として熱力学的なものであるが，界面活性剤の有効性に対する分子構造の役割は吸着分子の親水性部分と疎水性部分の相対的な大きさに関係する．各分子の占有面積は，疎水鎖の断面積または頭部基の最密充塡に必要な面積のいずれか大きい方によって決まる．したがって，界面活性剤膜は，固くあるいは緩く充塡され，さまざまな界面特性を示す．たとえば，直鎖状で(尾部の断面積に比べて)大きな頭部基は有効な最密充塡にとって有利であるが，分枝した，嵩(かさ)高い，あるいは多重疎水鎖は，界面で立体障害を生じる．他方，一本鎖直鎖状界面活性剤では，炭化水素鎖の長さを C_8 から C_{20} に増加させても，吸着有効性にはほとんど影響しない[29]．

4・5　界面活性剤の溶解度

水溶液中では，利用可能な界面がすべて飽和した後も，他の機構によって全体的なエネルギーの低下が継続する場合がある．系の組成に応じて，界面活性剤分子は種々の集合体(ミセル，液晶相，二重層，ベシクルなど)を形成するが，そこでさまざまな役割を果たしている．界面活性剤分子が集合することは，溶液からの界面活性剤の結晶化および沈殿，すなわちバルク相の分離が起こることから明らかである．一般的な界面活性剤の多くは水に対して十分な溶解度をもつが，疎水基の尾部の長さ，頭部基の性質，対イオンの価数，周囲の溶液によって溶解度は大きく変化する．特に温度変化に最も強く影響を受ける．

4・5・1　クラフト温度

水中におけるほとんどの溶質では，温度を上昇させると溶解度が増加する．しかし，界面活性剤は低温で不溶性であっても温度を上げていくと，多くの場合，溶解度が劇的に増加する温度が存在する．これをクラフト点(Krafft point)またはクラフト温度(Krafft temperature) T_K といい，溶解度曲線と CMC 曲線の交点として定義する．すなわち，図 4・4 に示したように，単量体の界面活性剤の溶解度がその CMC に等しくなる温度である．T_K 以下では，界面活性剤の溶媒中の単量体が含水結晶相と平衡に存在しているが，T_K 以上ではミセルが形成され，界面活性剤の溶解度ははるかに大きくなる．

イオン性界面活性剤のクラフト点は，対イオン[33]，アルキル鎖長ならびに鎖状構造に応じて変わることが観測されている．T_K 以下では界面活性剤の能力は明らかに低く，大きな表面張力低下やミセル形成のような典型的な特性は実現できないので，クラフト温度に関する情報は実用上重要である．低いクラフト点をもち表面張力を大きく下げる界面活性剤(すなわち長鎖界面活性剤)を開発するために，結晶化を促進させる分子間相互作用を低下させる方法が用いられる．このためにアルキル鎖中に分枝鎖，多重結合あるいは大きな親水基を導入する．

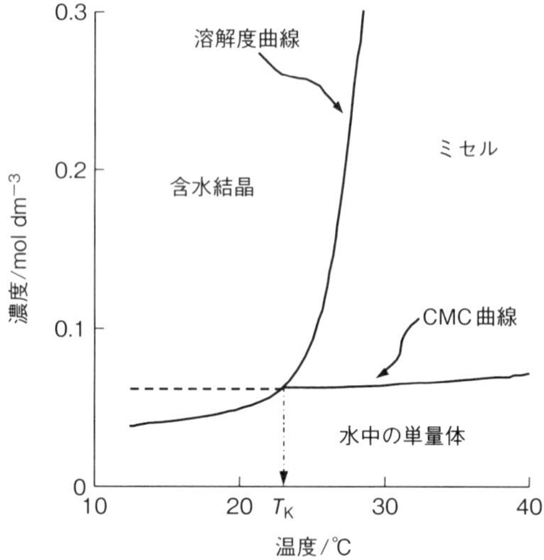

図 4・4　クラフト温度 T_K は界面活性剤の溶解度が臨界ミセル濃度に等しくなる温度である．T_K 以上の温度では，界面活性剤分子はミセルを形成し，T_K 以下の温度では，含水結晶が形成される．

4・5・2　曇　り　点

非イオン性界面活性剤では，一般にミセル溶液がある温度以上で白濁するのが観測される．この温度を**曇り点**(cloud point)という．曇り点以上では界面活性剤溶液は相分離を起こし，系は CMC に等しい濃度でほとんどミセルの存在しない希薄溶液と界面活性剤に富む相から成る．この分離は会合数の急激な増加とミセル間斥力の減少によって起こり[34),35)]，界面活性剤に富む相と乏しい相の間の密度差が生じる．大きなミセルほど光をよく散乱するので，溶液は白濁する．クラフト温度の場合と同じように，曇り点は界面活性剤の化学構造に依存する．非イオン性界面活性剤であるポリエチレンオキシド(PEO)では一定の疎水基に対してはエチレンオキシド含量の増加とともに曇り点は上昇する．一方，一定のエチレンオキシド含量のもとでは疎水性部分の長さを増加させるか，ポリエチレンオキシド鎖長をいろいろにして分布を広げるか，あるいは疎水基の分枝によって曇り点は下がる[36].

4・6 ミ セ ル 化

界面活性剤は配向した界面単分子層を形成するが，さらに，その濃度が十分高い場合，界面活性剤の集合から**ミセル**(micelle)が生じる．一般的に，ミセルは50〜200個の界面活性剤分子のクラスターから成り，その大きさと形は，幾何学的，エネルギー的要因に支配される．ミセル形成は，**臨界ミセル濃度**(CMC)という明確に定義された濃度領域で起こる．CMC以上の濃度では，添加された界面活性剤は集合体を形成し，集合体に参加しない単量体の濃度はほぼ一定に保たれる．この結果，平衡および移動の性質の濃度依存性について，かなり急激な変化がほぼ同じ濃度で観測される(図4・5)．

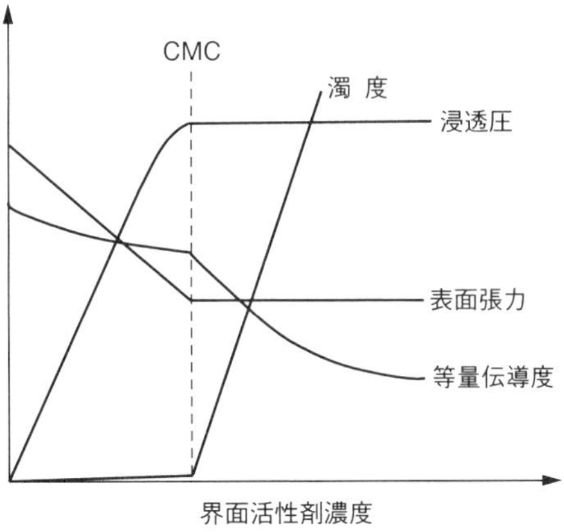

図4・5 ミセルを形成する界面活性剤溶液の物性の濃度依存性.

4・6・1 ミセル化の熱力学

ミセルは動的な集合体であり，ミセルと溶液の間で一定の急速な(典型的には，マイクロ秒の時間スケール)分子の交換がある．この一定の形成-解離過程は相互作用の微妙なバランスに依存する．すなわち，(i)炭化水素鎖と水の接触，(ii)炭化水素鎖同士の相互作用，(iii)頭部基同士の接触，および(iv)頭部基の溶媒和である．以上を考慮すると，ミセル化における正味のギブズエネルギー変化(ΔG_m)(mはミセル化を表す)は次のように書ける．

$$\Delta G_m = \Delta G(\text{疎水}) + \Delta G(\text{炭化水素}) + \Delta G(\text{充塡}) + \Delta G(\text{頭部基}) \qquad (4・21)$$

ここで，

- ΔG(炭化水素)は水から油状のミセル内部への炭化水素鎖の移行の自由エネルギーである．
- ΔG(疎水)はミセル内における溶媒–炭化水素接触に起因する自由エネルギーである．
- ΔG(充填)は炭化水素鎖をミセルコアに閉じ込めることに関連した正の寄与である．
- ΔG(頭部基)は頭部基同士の相互作用に関連した正の寄与で，静電効果と頭部基のコンホメーション効果を含む．

疎水基は溶媒内に油性の微小領域をつくることによって水との接触を最小化しようとする性質をもつ．界面活性剤分子の集合は，部分的にはこの疎水基の性質に起因する．この微小領域では，アルキル–アルキル相互作用は最大になるが，親水性頭部は水に囲まれたままである．

ミセル形成の熱力学に対する従来のイメージは，ギブズエネルギーの式($\Delta G_m = \Delta H_m - T\Delta S_m$)に基づく．室温ではこの過程は小さな正のエンタルピーΔH_mと大きな正のミセル化エントロピーΔS_mによって特徴づけられる．後者は負のΔG_m値への大きな寄与と考えられるので，ミセル化がエントロピー駆動過程であるという(議論の余地がある)結論が導かれる．実際，ΔS_mの大きな正の値は驚くべきことである．なぜなら，配置のエントロピーを考えると集合は負の寄与をするはずである(すなわち，遊離の界面活性剤単量体から秩序のある集合体が形成される)．さらに，ΔH_mが大きくなることも予想される．炭化水素基が水にほとんど溶解せず，大きな溶解エンタルピーをもつからである．

このような矛盾を解決する一つの機構はこうである．つまり，遊離の単量体のアルキル基を水が囲むと，H_2O分子が包接化合物の空洞を形成する(すなわち，水が溶質周囲に籠(かご)をつくる)．この結果，実効的な水素結合の強さおよび数が増加する[37]．したがって，炭化水素分子が集まることの効果は，直接接触している周囲の水の構造化の度合いを増やすことである．これは**疎水性効果**(hydrophobic effect)のおもな特徴の一つであり，水中における炭化水素の非常にわずかな溶解性を説明するためにTanfordが詳細に研究したテーマである[2]．ミセル形成の間に以下のような逆向きの過程が起こる．すなわち，疎液性残基が集合すると，各鎖の周囲の高度に構造化された水が破壊されて通常のバルク水に戻る．この過程によって，見かけ上全体として大きなエントロピーΔS_mの増大が得られる．この水構造効果に言及している他の研究もある[38),39]．

しかし，このような解釈は高温(166 °C以下)の水中におけるミセル化とヒドラジン溶液中のミセル化に関する最近の研究によって強く批判されている[40]．これらの系では水はその独特な構造上の性質をほとんど失い，疎液性物質の周囲に構造水が形成されることは不可能である．

界面活性剤単量体Sからミセルが形成される機構では段階的な平衡を考える．

$$\mathrm{S} + \mathrm{S} \overset{K_2}{\longleftrightarrow} \mathrm{S}_2 + \mathrm{S} \overset{K_3}{\longleftrightarrow} \mathrm{S}_3 + \mathrm{S} \overset{K_n}{\cdots} \longleftrightarrow \mathrm{S}_n + \mathrm{S} \longleftrightarrow \cdots \qquad (4\cdot22)$$

ここで，K_n ($n = 2\sim\infty$) は平衡定数であり，種々の熱力学的パラメーター ($\Delta G^{\ominus}$, $\Delta H^{\ominus}$, $\Delta S^{\ominus}$) は K_n を用いて表すことができる．しかし，各 K_n は独立に測ることができないので，自己会合過程のエネルギー論をモデル化するために種々のアプローチが提案されている．完全に正確とは言えないが，“閉じた会合モデル”と“相分離モデル”の二つのモデルが通常用いられる．“閉じた会合モデル”ではCMC付近の球状ミセルの大きさの範囲は非常に狭く，一つの K_n 値のみで記述できると仮定する．さらに，ミセルと単量体は以下の化学平衡にあるとみなされる．

$$n\mathrm{S} \longleftrightarrow \mathrm{S}_n \qquad (4\cdot23)$$

ここで，n はミセル形成のために会合する界面活性剤分子Sの数(会合数)である．

相分離モデルでは，CMC以上でミセルは系内に一つの新しい相を形成すると考え，

$$n\mathrm{S} \longleftrightarrow m\mathrm{S} + \mathrm{S}_n \qquad (4\cdot24)$$

である．ここで，m は溶液中の遊離の界面活性剤分子の数であり，S_n は新しい相である．いずれの場合も，界面活性剤の単量体とミセルの間に以下のような平衡定数 K_m の平衡が仮定される．

$$K_\mathrm{m} = \frac{[\text{ミセル}]}{[\text{単量体}]^n} = \frac{[\mathrm{S}_n]}{[\mathrm{S}]^n} \qquad (4\cdot25)$$

ここで，[ ]はモル濃度を表し，n はミセル中の単量体の数，すなわち会合数である．ミセル化はそれ自体が非理想的であるが，(4・25)式では活量を濃度で置き換えてある．

(4・25)式から，ミセル1モル当たりのミセル化の標準ギブズエネルギーは次式で与えられる．

$$\Delta G_\mathrm{m}^{\ominus} = -RT\ln K_\mathrm{m} = -RT\ln[\mathrm{S}_n] + nRT\ln[\mathrm{S}] \qquad (4\cdot26)$$

一方，界面活性剤1モル当たりの標準ギブズエネルギー変化は次式で与えられる．

$$\frac{\Delta G_\mathrm{m}^{\ominus}}{n} = -\frac{RT}{n}\ln[\mathrm{S}_n] + RT\ln[\mathrm{S}] \qquad (4\cdot27)$$

n が大きい(100程度)と仮定すると，(4・27)式の右辺第1項を無視することができて，

界面活性剤1モル当たりのミセル化のギブズエネルギーに対する近似式が以下のように得られる．（下付きMは1モル当たりを表す．）

$$\Delta G^{\ominus}_{\mathrm{M,m}} \approx RT\ln(\mathrm{CMC}) \qquad (4\cdot 28)$$

イオン性界面活性剤の場合は，対イオンの存在および単量体やミセルと対イオンの間の会合度を考慮する必要があり，質量作用の式は以下のようになる．

$$n\mathrm{S}^{x} + (n-p)\mathrm{C}^{y} \longleftrightarrow \mathrm{S}^{\alpha}_{n} \qquad (4\cdot 29)$$

ここで，Cは遊離の対イオンである．pはミセル由来であるがミセルに結合していない1ミセル当たりの遊離の対イオンの数である．よって$(n-p)$はミセルに結合している対イオンの数，つまり，ミセル中のイオン化していない界面活性剤の数である．ミセル中の界面活性剤分子の解離度，すなわち，ミセルの価数は$\alpha = p/n$で与えられる．また，xは単量体Sの価数，yは対イオンCの価数である．

したがって，イオン性界面活性剤の場合に(4・25)式に相当する式は，

$$K_{\mathrm{m}} = \frac{[\mathrm{S}^{\alpha}_{n}]}{[\mathrm{S}^{x}]^{n}\times[\mathrm{C}^{y}]^{(n-p)}} \qquad (4\cdot 30)$$

になる．ミセル形成の標準自由エネルギーは次式のようになる．

$$\Delta G^{\ominus}_{\mathrm{m}} = -RT\{\ln[\mathrm{S}_{n}] - n\ln[\mathrm{S}^{x}] - (n-p)\ln[\mathrm{C}^{y}]\} \qquad (4\cdot 31)$$

完全にイオン化した界面活性剤の場合，CMCにおいては$[\mathrm{S}^{-(+)}] = [\mathrm{C}^{+(-)}] =$ CMCになり，1モルの界面活性剤当たりの標準自由エネルギー変化は(4・28)式を得たときと同じ近似を使えば，次式が得られる．

$$\Delta G^{\ominus}_{\mathrm{M,m}} \approx RT\left(2-\frac{p}{n}\right)\ln(\mathrm{CMC}) \qquad (4\cdot 32)$$

イオン性ミセルが高濃度の電解質溶液中にある場合，(4・32)式で記述される状況は(4・28)式で与えられる単純な非イオン性の場合を適用できる．

(4・28)式と熱力学第二法則から，非イオン性界面活性剤のΔSは次のようになる．

$$\Delta S^{\ominus} = -\frac{\mathrm{d}(\Delta G^{\ominus})}{\mathrm{d}T} = -RT\frac{\mathrm{d}\ln(\mathrm{CMC})}{\mathrm{d}T} - R\ln(\mathrm{CMC}) \qquad (4\cdot 33)$$

ギブズエネルギーの式と(4・28)式および(4・33)式から，非イオン性界面活性剤のミセル化エンタルピーΔHは次のようになる．

$$\Delta H^{\ominus} = \Delta G^{\ominus} + T\Delta S^{\ominus} = -RT^{2}\frac{\mathrm{d}\ln(\mathrm{CMC})}{\mathrm{d}T} \qquad (4\cdot 34)$$

同様に，イオン性界面活性剤の場合は，

$$\Delta H^{\ominus} = -RT^2\left(2-\frac{p}{n}\right)\frac{\mathrm{d}\ln(\mathrm{CMC})}{\mathrm{d}T} \qquad (4\cdot35)$$

である．

ミセル化の熱力学を論じるための“相分離モデル”および“閉じた会合モデル”は長所もあるが欠点もある．一つの問題点は活量係数である．界面活性剤単量体の希薄溶液の場合と比較すると，ミセルは大きなサイズと電荷をもつので，理想的な挙動を示すと仮定することは正しくない．ほかの欠点はミセルの単分散性の仮定である．この問題の解決のために提案されたモデルが，閉じた会合モデルを発展させた“多重平衡モデル”である．このモデルを用いると，ミセル中の会合数の分布の計算が可能になる．このモデルの詳細な説明と導き方については文献[43)~45)]を参照されたい．

4・6・2 CMC に影響する因子

CMC に強く影響する多くの因子が知られている．その中で界面活性剤の構造が最も重要な因子である．その次に重要な因子は対イオンの性質，添加物の存在，温度変化などのパラメーターである．

4・6・2・1 疎水基: 尾部

炭化水素鎖の長さはCMC を決定する主要な因子である．線状の一本鎖界面活性剤の同族列では，CMC は炭素数が増えると対数的に減少する．この関係は通常，**クレベンスの式**(Klevens equation)で表される[46)]．

$$\log_{10}(\mathrm{CMC}) = A - Bn_{\mathrm{C}} \qquad (4\cdot36)$$

ここで，A と B が特定の同族列と温度に対しては定数であり，n_{C} は鎖 $\mathrm{C}_n\mathrm{H}_{2n+1}$ 中の炭素原子数である．定数 A は親水基の性質と数によって変わり，一方，B は一定で，単一のイオン性頭部基をもつすべてのパラフィン鎖塩類に対して $\log_{10}2$($B \approx 0.29$~0.30)にほぼ等しい(すなわち，$-\mathrm{CH}_2-$ 基が一つ加えられるごとに，CMC はおよそ 2 分の 1 に減少する)．

興味深いことに，直鎖ジアルキルスルホコハク酸エステル塩に対しても(4・36)式は成り立ち[47)]，$B \approx 0.62$ である．これは一本鎖化合物に対する CMC 値を 2 倍にする．アルキル鎖の分枝と二重結合，疎水部分における芳香族基や極性は CMC の顕著な変化をひき起こす．炭化水素界面活性剤の CMC は，鎖が分枝すると炭素数が同じ直鎖界面活性剤より高くなる[29)]．また，鎖の中にベンゼン六員環を導入することは約 3.5 個の炭素原子の導入と等価である．

4・6・2・2　親　水　基

同じ炭化水素鎖をもつ界面活性剤で親水基が異なる(つまり，イオン性から非イオン性の界面活性剤に変わる)とき，CMC の値が大きく変化する．たとえば，C_{12} 炭化水素の場合，イオン性頭部基では CMC は 1×10^{-3} mol dm^{-3} 程度であり，C_{12} の非イオン性界面活性剤では 1×10^{-4} mol dm^{-3} の近傍になる．

4・6・2・3　対イオンの効果

イオン性界面活性剤の場合，ミセル形成はイオンの頭部基と溶媒の相互作用に関係している．イオン基間の静電斥力は完全なイオン化の場合に最大になり，ミセルが形成しにくくなるので，イオン解離度の減少は CMC を減少させる．一定の疎水性尾部とアニオン性頭部基の場合，CMC は対イオンが $Li^+ > Na^+ > K^+ > Cs^+ > N(CH_3)_4{}^+ > N(CH_2CH_3)_4{}^+ > Ca^{2+} \approx Mg^{2+}$ の順に減少する．ドデシルトリメチルアンモニウムハロゲン化物のようなカチオン性の場合は，対イオンが $F^- > C^- > Br^- > I^-$ の順に減少する．さらに，対イオンの価数を変えることは大きな影響を及ぼす．1 価から 2 価，さらに 3 価の対イオンに変わると CMC は激減する．

4・6・2・4　添加塩の効果

界面活性剤分子由来ではないイオンの存在は，ほとんどの界面活性剤の CMC の減少をひき起こす．イオン性界面活性剤の場合，この効果は最大になる．電解質のおもな効果は，頭部基間の静電斥力を部分的に遮蔽し CMC を下げることである．イオン性界面活性剤については，添加塩の効果は経験的に以下のように表現できる．

$$\log_{10}(\mathrm{CMC}) = -a\log_{10}C_\mathrm{i} + b \qquad (4\cdot37)$$

ここで，a, b は定数，C_i は添加塩の濃度である．

非イオン性界面活性剤と両イオン性界面活性剤の場合の効果ははるかに小さく，(4・37)式は適用できない．

4・6・2・5　温　度　効　果

ミセル化に対する温度の影響は通常弱く，転移を伴う結合，熱容量および体積の微妙な変化を反映している．しかし，これはきわめて複雑な効果である．温度を 0 ℃から 70 ℃まで変化させるとき，ほとんどのイオン性界面活性剤の CMC は一つの極小値を示す[48]．すでに述べたように(4・5 節)，おもな温度効果はクラフト点と曇り点である．高分子界面活性剤については，CMC に対する大きな温度効果が観察され，この種の界面活性剤に対して臨界ミセル温度(CMT)を定義することができる．

4・6・3 ミセルの構造と分子充塡

初期の研究[49),50)]の結果，一本鎖のイオン性アルキル鎖化合物の場合，球状ミセルが形成されることが示された．特に，1936年にHartley[51)]は，このようなミセルが球状集合体で，アルキル基が炭化水素液状のコアを形成し，極性基が帯電表面を形成することを示した．その後，両イオン性および非イオン性の界面活性剤の開発によってさまざまな形状のミセルが登場した．これらの形状はおもに界面活性剤構造や環境条件(たとえば，濃度，温度，pH，電解質含量)に依存することが見いだされた．

ミセル化過程においては，分子の形が重要な役割を果たし，界面活性剤がどのように充塡されているかを調べることが重要になる．観測されるおもな構造は球状ミセル，ベシクル，二重層および逆ミセルである．すでに述べたように，界面活性剤の自己集合過程は二つの逆向きの力，すなわち集合(周囲の水から界面活性剤分子を引き抜く)を促進する炭化水素–水相互作用と，集合を妨げる頭部基相互作用に制御される．これら二つの寄与は，炭化水素尾部による界面張力の引力項と，親水基の性質に依存する斥力項とみなすことができる．最近，この基本概念はMitchellとNinham[52)]，およびIsraelachvili[53)]によって考察，定量化され，界面活性剤の集合は平衡にあるミセル中の単量体分子の形状によって制御されるという概念に到達した．要約すると，幾何学的考察によって全会合自由エネルギーは以下の三つの幾何学的な項に分離される(図4・6)．

- 頭部基が占める界面の最小面積 a_0
- 疎水性尾部の体積 v
- ミセルコアにおける尾部の最大長 l_c

球状ミセルが形成されるためには，l_c がミセルコア半径 R_{mic} に等しく(あるいは，わずかに小さく)なる必要がある．その結果，球状ミセルについては，会合数 N をミセルの

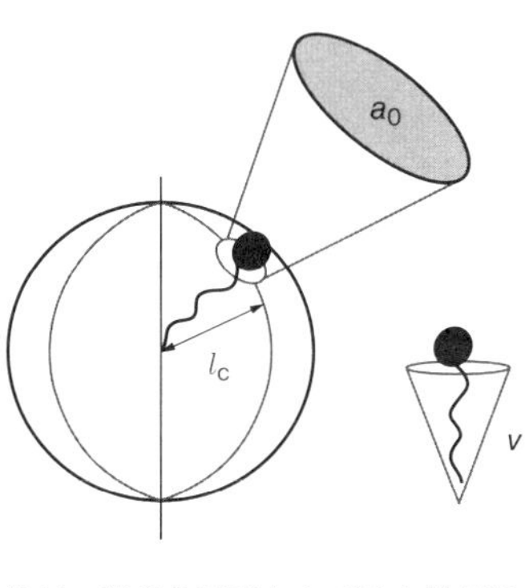

図4・6 界面活性剤の頭部基面積および疎水性部分の最大長と体積．

コア体積 V_{mic} と尾部の体積 v の比として表すことができる.

$$N = \frac{V_{\text{mic}}}{v} = \frac{\frac{4}{3}\pi R_{\text{mic}}^3}{v} \tag{4・38}$$

あるいは, ミセル面積 A_{mic} と断面積 a_0 の比で表される.

$$N = \frac{A_{\text{mic}}}{a_0} = \frac{4\pi R_{\text{mic}}^2}{a_0} \tag{4・39}$$

(4・38)式と(4・39)式より次式が得られる.

$$\frac{v}{a_0 R_{\text{mic}}} = \frac{1}{3} \tag{4・40}$$

l_c は R_{mic} 以下であるので, 球状ミセルに対しては次式が成り立つ.

$$\frac{v}{a_0 l_c} \le \frac{1}{3} \tag{4・41}$$

一般的に, この式から**臨界充塡パラメーター** P_c が以下の比として定義される.

$$P_c = \frac{v}{a_0 l_c} \tag{4・42}$$

体積 v は疎水基の数, 炭素鎖の不飽和度, 鎖の分枝, 他の疎水基の浸入によって変化する. 一方, a_0 は主として静電相互作用と頭部の水和に支配される. P_c から集合体の形と大きさが予測できるので, P_c は有用な量である. 予測される界面活性剤の集合特性は幾何学的に広範囲に及ぶ. 表4・4, 図4・7に結果をまとめた.

表4・4　界面活性剤の臨界充塡パラメーター $P_c = v/a_0 l_c$ から予想される集合体の特性

P_c	界面活性剤の一般型	予想される集合体の構造
< 0.33	大きな頭部基をもつ一本鎖界面活性剤	球状または楕円体状ミセル
0.33～0.5	小さな頭部基をもつ一本鎖界面活性剤 大量の電解質中のイオン性界面活性剤	大きな円柱状または棒状ミセル
0.5～1.0	大きな頭部基で流動性鎖をもつ二本鎖界面活性剤	ベシクルおよび流動性二重層構造
1.0	小さな頭部基または剛直かつ不動の鎖をもつ二本鎖界面活性剤	平面状拡張二重層
> 1.0	小さな頭部基で非常に大きく嵩(かさ)高い疎水基をもつ二本鎖界面活性剤	逆ミセル(反転ミセルともいう)

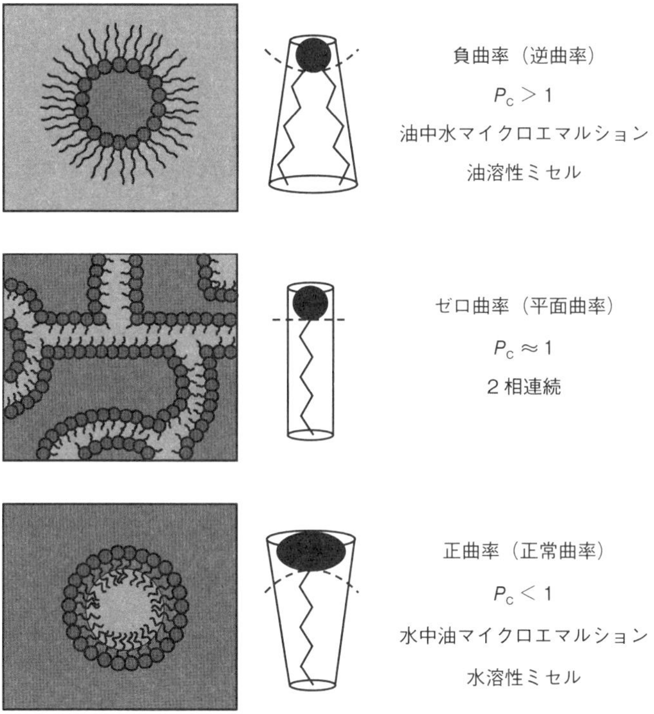

図4・7　界面活性剤分子の臨界充塡パラメーター(P_c)が変化すると種々の凝集体構造ができる．

4・7　液晶メソ相

ミセル溶液とは，いくつかの可能な集合状態のうちのたった一つである．水中における界面活性剤の挙動を完全に理解するためには，自己集合の全範囲にわたる知識が必要である．液晶相の存在は重要な一つの側面であり，詳細な記述は文献[54,55]に譲る．液晶相の一般的な特性について以下に要約する．

4・7・1　液晶相の定義

ミセル溶液中の界面活性剤の体積分率が増加して しきい値を超えると，一般にさまざまな規則的構造が現れる．典型的にはこの しきい値は約 40 %である．ミセル表面間の相互作用は(静電力または水和力による)斥力である．その結果，集合体の数が増加してミセル間距離が減少したときに，ミセル間距離を最大にするためには，ミセルの形状と大きさを変化させなければならない．こうして，さまざまな界面活性剤の相が濃厚領域で観測されることになる．このような相をメソ相あるいはリオトロピック(溶媒によって誘起される)液晶という．

液晶という名が示すように，液晶は流体と結晶の中間の物理的性質をもつ．すなわち，分子配列の程度は液体と結晶の中間にあり，レオロジーの用語で表現すれば，系は単純な粘性液体でもなければ結晶性弾性固体でもない．これらの相のあるものは液晶が光複屈折を示すような規則性の高い方向を少なくとも一つもつ．

界面活性剤および他のタイプの物質の液晶は，サーモトロピック液晶(温度転移型液

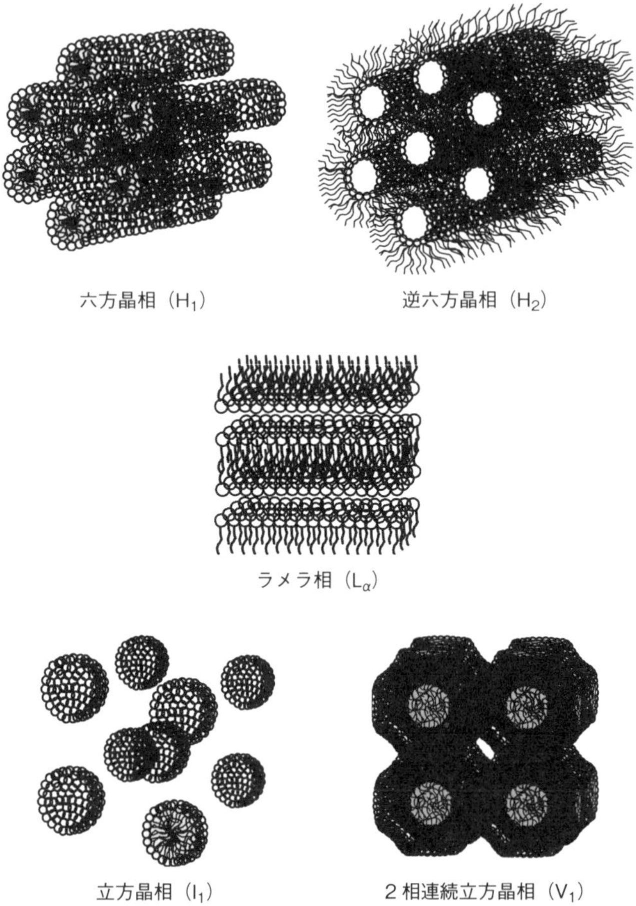

図4・8　一般的な界面活性剤の液晶相．相構造については表4・5を見よ．

晶)とリオトロピック液晶(濃度転移型液晶)の2種類に区別される．サーモトロピック液晶では，その構造と特性は温度によって決まる(たとえば，LCDセル)．リオトロピック液晶の場合は，構造は溶質と溶媒の間の特異的相互作用によって決まる．界面活性剤の液晶は通常リオトロピック液晶である．

4・7・2 液晶の構造

2成分界面活性剤-水系に現れる主要な構造は六方晶相(正常六方晶相)，ラメラ相，および数種類の立方晶相である．表4・5はこれらの相に関連した一般的な記法を要約し，対応する構造を図4・8に示した．

表4・5 界面活性剤系で見られる一般的なリオトロピック液晶相

相構造	記号	別名
ラメラ相	L_α	ニート相
六方晶相	H_1	ミドル相
逆六方晶相	H_2	
立方晶相(正常ミセル相)	I_1	粘性等方相
立方晶相(逆ミセル相)	I_2	
立方晶相(正常2相連続相)	V_1	粘性等方相
立方晶相(逆2相連続相)	V_2	
ミセル相	L_1	
逆ミセル相	L_2	

六方晶相(hexagonal phase)は長い円柱状ミセルが六角形状に充塡した配列から成る．親水性頭部基が円柱の外表面にある場合，ミセルは“正常”ミセル(水中ではH_1)といわれる．親水性頭部基が内部にあるときは“逆”ミセル(H_2)であり，隣接する円柱間の空間はすべて疎水基で満たされるので，H_2円柱状ミセルはH_1相の場合より密に充塡される．この結果，相図内でH_2相の占める面積はずっと小さく，H_2相の出現は一般的ではない．

ラメラ相(lamellar phase, L_α)は水-界面活性剤の二重層の繰返しから成る．疎水性の鎖は大きな可動性をもつので，界面活性剤二重層は固い平面状から非常に柔軟で波打ち状まで広範囲の構造をとる．無秩序の程度は系の特性に応じて滑らかに変わる場合と急激に変化する場合がある．その結果，界面活性剤はいくつかの異なるラメラ相構造を次々ととることが可能である．

立方晶相(cubic phase)は種々の構造をとり，相図の異なる部分に生じる．これらは光学的に等方性の系なので，偏光顕微鏡で解析できない．立方晶相には以下の2種類の主要なグループが確認されている．

- ミセル立方晶相(I_1 と I_2)
  小さなミセル(I_2 の場合は逆ミセル)の規則的な充塡により形成される．ミセルは体心立方最密充塡配列をとる短い楕円体から成る[56),57)]．
- 2相連続(両連続)立方晶相(V_1 と V_2)
  多孔性で，連結した三次元構造であると考えられている．それらは，分枝状ミセルに類似した棒状ミセルの連結，または二重層構造のいずれかによって形成されるとみなされる．V_1 および V_2 と表示される構造はそれぞれ正常構造または逆構造であり，H_1 と L_α の間および L_α と H_2 の間に位置する．

これらの一般的な相は，さまざまな構造をもつことに加えて，粘性は以下の順になる．

立方晶相 ＞ 六方晶相 ＞ ラメラ相

立方晶相には明確なせん断面がなく，界面活性剤の集合体の層は互いに相対的に滑る

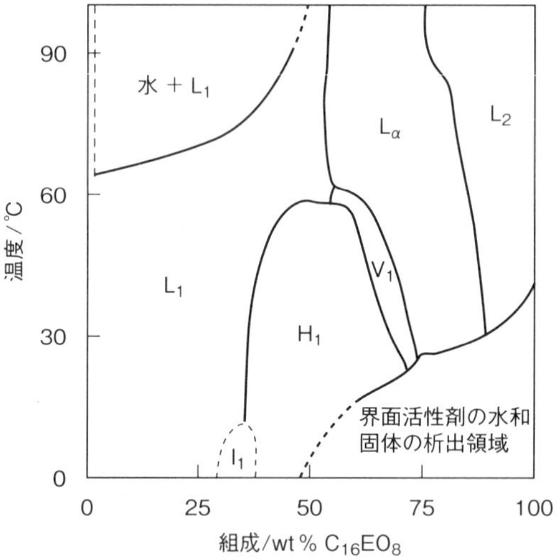

図4・9　さまざまな液晶相を示す非イオン性界面活性剤 $C_{16}EO_8$ の相図．L_1 と L_2 は等方性の溶液である．他の相に関する詳細については表4・5を参照せよ．(Mitchell, D. J., *et al*., *J. Chem. Soc. Faraday Trans. I*, **79**, 975 (1983)より許可を得て転載．) Copyright(1983)英国王立化学会．

ことが容易でないために，立方晶相は一般に大きな粘性をもつ．六方晶相は一般に30〜60 質量パーセントの水を含んでいるが，円柱状集合体は長さ方向に沿ってのみ自由に移動することができるので，粘性が非常に高い．ラメラ層は一般に六方晶相より粘性が低い．これは，互いに平行な各層がせん断過程の間平行のまま互いに滑ることができるからである．

4・7・3 相　図

メソ相の配列は偏光顕微鏡および位相カットとよばれる等温法を用いて容易に特定できる．低濃度の界面活性剤から出発して，純水から純粋な界面活性剤に至る相図全体を描くことができる．結晶水和物および液晶相のあるものは複屈折を示すので，偏光子と検光子を直交させた直交ポーラー状態で顕微鏡観察するとメソ相の完全な配列が現れる．

種々のメソ相間の転移は，分子充塡の構造と集合体間の力の間のバランスによって制御される．その結果，系の特性は存在する溶媒の性質と量に大きく依存する．一般に，各種界面活性剤のメソ相のおもな型は，相図中において同じ順番にほぼ同じ位置に生じる傾向がある．図 4・9 は非イオン性界面活性剤 $C_{16}EO_8$－水系に対するよく知られた相図である．相の配列はほとんどの $C_i\,E_j$ 型非イオン性界面活性剤に共通であるが，温度と濃度で表された相境界の位置は界面活性剤の種類に若干依存する．

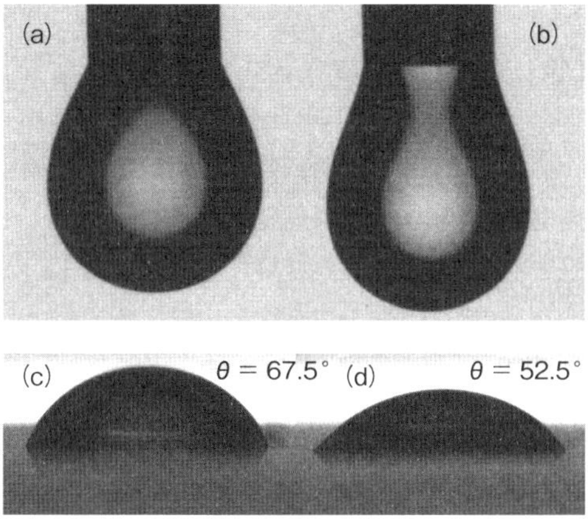

図 4・10　光界面活性剤水溶液の表面張力と接触角(第 10 章)．1.0 mmol dm^{-3} の光界面活性剤の懸滴：(a) 非照射試料と (b) 照射試料．0.24 mmol dm^{-3} の光界面活性剤の付着液滴：(c) 非照射試料と (d) 照射試料．接触角の変化が見られる．

4・8 高機能界面活性剤

重合性基[4),5),58)]，pH 感受性基[4),5)]，光感受性基[4),5),59)]などを親水性部分または疎水性部分としてもつ高機能界面活性剤が注目されている．たとえば，界面活性剤分子が適当な発色団をもつ場合，光照射によってさまざまな光誘起反応が生じる．光によってこれらの界面活性剤中にシス–トランス異性化，二量化，光開裂，重合あるいは極性変化(電荷の分布がずれ，双極子方向がずれる)をひき起こすことができる．親水性頭部基と疎水性尾部におけるこのような劇的な変化によって，界面活性，集合構造，粘性，(マイクロ)エマルションの分離および可溶化といった物理的性質の変化が起こることは明らかである．最近の研究によれば，界面およびコロイド系において光界面活性剤(photosurfactant)を用いて分子変化をひき起こすことが可能になった．この効果はごくふつうに現われ[59)]，光で誘起される相，界面と集合体の安定性の制御，活性成分の送達および光レオロジーに対する応用が可能になる(第 12 章)．図 4・10 に示した例では，UV 光の照射後に光界面活性剤を含む水滴の表面張力が低下し，対応する表面の ぬれ が増加した．

文　献

1) Evans, D. F., Wennerström, H., “The Colloidal Domain”, Wiley-VCH, New York (1999).
2) Tanford, C., “The Hydrophobic Effect: Formation of Micelles and Biological Membranes”, John Wiley & Sons, Ltd., New York (1978). 邦訳: “疎水性効果 ミセルと生体膜の形成”, 妹尾学，豊島喜則 訳，共立出版(1984).
3) “Mixed Surfactants Systems”, ed. by Ogino, K., Abe, M., Marcel Dekker, New York (1993).
4) Robb, I. D., “Specialist Surfactants”, Blackie Academic & Professional, London (1997).
5) “Novel Surfactants”, ed. by Holmberg, K., Marcel Dekker, New York (1998).
6) “Surfactants UK”, ed. by Hollis, G., Tergo-Data (1976).
7) The Soap and Detergent Association home page, http://www.sdahq.org/.
8) “Surfactants Applications Directory”, ed. by Karsa, D. R., Goode, J. M., Donnelly, P. J., Blackie & Son, London (1991).
9) Dickinson, E., “An Introduction to Food Colloids”, Oxford University Press, Oxford (1992).
10) “Industrial Applications of Microemulsions”, ed. by Solans, C., Kunieda, H., Marcel Dekker, New York (1997).
11) Tanford, C., “The Hydrophobic Effect: Formation of Micelles and Biological Membranes”, John Wiley & Sons, Ltd., USA (1978).
12) Dukhin, S. S., Kretzschmar, G., Miller, R., “Dynamics of Adsorption at Liquid Interfaces”, Elsevier, Amsterdam (1995).
13) Rusanov, A. I., Prokhorov, V. A., “Interfacial Tensiometry”, Elsevier, Amsterdam (1996).
14) Chang, C.-H., Franses, E. I., *Colloid Surf.*, **100**, 1 (1995).
15) Miller, R., Joos, P., Fainermann, V., *Adv. Colloid Interface Sci.*, **49**, 249 (1994).
16) Lin, S.-Y., McKeigue, K., Maldarelli, C., *Langmuir*, **7**, 1055 (1991).

17) Hsu, C.-H., Chang, C.-H., Lin, S.-Y., *Langmuir*, **15**, 1952 (1999).
18) Eastoe, J., Dalton, J. S., *Adv. Colloid Interface Sci.*, **85**, 103 (2000).
19) Gibbs, J. W., "The Collected Works of J. W. Gibbs", Vol. I, p. 219, Longmans, Green, New York (1931).
20) Elworthy, P. H., Mysels, K. J., *J. Colloid Interface Sci.*, **21**, 331 (1966).
21) Lu, J. R., Li, Z. X., Su, T. J., Thomas, R. K., Penfold, J., *Langmuir*, **9**, 2408 (1993).
22) Bae, S., Haage, K., Wantke, K., Motschmann, H., *J. Phys. Chem. B*, **103**, 1045 (1999).
23) Downer, A., Eastoe, J., Pitt, A. R., Penfold, J., Heenan, R. K., *Colloids Surf. A*, **156**, 33 (1999).
24) Eastoe, J., Nave, S., Downer, A., Paul, A., Rankin, A., Tribe, K., Penfold, J., *Langmuir*, **16**, 4511 (2000).
25) Langmuir, I., *J. Am. Chem. Soc.*, **39**, 1917 (1948).
26) Szyszkowski, B., *Z. Phys. Chem.*, **64**, 385 (1908).
27) Frumkin, A., *Z. Phys. Chem.*, **116**, 466 (1925).
28) Guggenheim, E. A., Adam, N. K., *Proc. Roy. Soc. (London)*, **A139**, 218 (1933).
29) Rosen, M. J. "Surfactants And Interfacial Phenomena", John Wiley & Sons, Ltd., USA (1989). 邦訳: "界面活性剤と界面現象", 坪根和幸, 坂本一民 訳, フレグランスジャーナル (1995).
30) Traube, I., *Justus Liebigs Ann. Chem.*, **265**, 27 (1891).
31) Tamaki, K., Yanagushi, T., Hori, R., *Bull. Chem. Soc. Jpn.*, **34**, 237 (1961).
32) Pitt, A. R., Morley, S. D., Burbidge, N. J., Quickenden, E. L., *Coll. Surf. A*, **114**, 321 (1996).
33) Hato, M., Tahara, M., Suda, Y., *J. Coll. Interface Sci.*, **72**, 458 (1979).
34) Staples, E. J., Tiddy, G. J. T., *J. Chem. Soc., Faraday Trans. 1*, **74**, 2530 (1978).
35) Tiddy, G. J. T., *Phys. Rep.*, **57**, 1 (1980).
36) Schott, H., *J. Pharm. Sci.*, **58**, 1443 (1969).
37) Frank, H. S., Evans, M. W., *J. Chem. Phys.*, **13**, 507 (1945).
38) Evans, D. F., Wightman, P. J., *J. Colloid Interface Sci.*, **86**, 515 (1982).
39) Patterson, D., Barbe, M., *J. Phys. Chem.*, **80**, 2435 (1976).
40) Evans, D. F., *Langmuir*, **4**, 3 (1988).
41) Hunter, R. J., "Foundations of Colloid Science", Volume I, Oxford University Press, New York (1987).
42) Evans, D. F., Ninham, B. W., *J. Phys. Chem.*, **90**, 226 (1986).
43) Corkhill, J. M., Goodman, J. F., Walker, T., Wyer, J., *Proc. Roy. Soc. (London)*, **A312**, 243 (1969).
44) Mukerjee, P., *J. Phys. Chem.*, **76**, 565 (1972).
45) Aniansson, E. A. G., Wall, S. N., *J. Phys. Chem.*, **78**, 1024 (1974).
46) Klevens, H., *J. Am. Oil Chem. Soc.*, **30**(7), 4 (1953).
47) Williams, E. F., Woodberry, N. T., Dixon, J. K., *J. Colloid Interface Sci.*, **12**, 452 (1957).
48) Kresheck, G. C., "In Water—a Comprehensive Treatise", ed. by Franks, F., pp. 95–167, Plenum Press, New York (1975).
49) McBain, J. W., *Trans. Faraday Soc.*, **9**, 99 (1913).
50) Reychler, F., *Kolloid-Z.*, **12**, 283 (1913).
51) Hartley, G. S., "Aqueous Solutions of Paraffin Chain Salts", Hermann & Cie, Paris (1936).
52) Mitchell, D. J., Ninham, B. W., *J. Chem. Soc. Faraday Trans. 2*, **77**, 601 (1981).
53) Israelachvili, J. N., "Intermolecular and Surface Forces", p. 251, Academic Press, London (1985). 邦訳: "分子間力と表面力"第 3 版, 大島広行 訳, 朝倉書店(2013).

54) Laughlin, R. G., "The Aqueous Phase Behaviour of Surfactants", Academic Press, London (1994).
55) Chandrasekhar, S., "Liquid Crystals", Cambridge University Press, New York (1992).
56) Fontell, K., Kox, K. K., Hansson, E., *Mol. Cryst. Liquid Cryst. Lett.*, **1**, 9 (1985).
57) Fontell, K., *Coll. Polymer Sci.*, **268**, 264 (1990).
58) Summers, M., Eastoe, J., *Adv. Coll. Int. Sci.*, **100–102**, 137 (2003).
59) Eastoe, J., Vesperinas, A., *Soft Matter*, **1**, 338 (2005).

5

マイクロエマルション

5・1 はじめに

本章では界面活性剤のもう一つの重要な特性，水-油膜の安定化と**マイクロエマルション**(microemulsion)の形成を扱う．マイクロエマルションは特別の種類のコロイド分散系であり，不溶性物質を可溶化する力をもつために多くの関心を引きつけてきた．この40年に及ぶマイクロエマルションの産業への応用の結果，マイクロエマルションの形成，安定化および界面活性剤分子の構造の役割についての理解が深まった．本章ではマイクロエマルションの研究に関連するおもな理論的側面およびマイクロエマルション相を解析するために用いられるいくつかの一般的な手法について解説する．

5・2 マイクロエマルションの定義と歴史

マイクロエマルションは1940年代初めに最初に確認され，当初は親水性の油ミセルあるいは親油性の水ミセルとよばれた．マイクロエマルションという用語は1950年代終わりに登場したが，1970年代中頃までは，単に科学的好奇心の対象にすぎず，ほとんど研究は行われなかった．1970年代初めの"石油危機"の間に研究上の関心がもたれたが，その理由は三次採油においてマイクロエマルションが使用できるからである(すなわち，岩盤井戸の残油を部分的に除去する)．しかし，石油危機が去り，三次採油がコスト高により商業的に非現実的なものとなるにつれに研究上の関心は薄れた．

よく知られているマイクロエマルションの定義はDanielssonとLindman[1)]によるもので，"マイクロエマルションは水，油，両親媒性物質から成る系で，光学的に等方性で熱力学的に安定な単一の溶液である"．ある点で，マイクロエマルションは小さなエマルションとみなすことができる．すなわち，水中油滴型(油/水型，O/W型)または

[5章執筆] Julian Eastoe, School of Chemistry, University of Bristol, UK

油中水滴型(水/油型，W/O 型)のどちらかの液滴の分散系で，1〜50 nm の半径をもつ．しかし，このような記述は正確ではない．なぜなら，5・3 節で述べるようにマイクロエマルションと通常のエマルションの間には大きな違いがあるからである．特に，エマルションでは，平均の液滴サイズは時間とともに連続的に成長し，重力のもとでは最終的に相分離が生じる．つまり，エマルションは熱力学的に不安定であり，その形成には仕事が必要である．分散相の液滴は一般に大きく(> 0.1 μm)，乳状の外観を呈することが多い．

一方，マイクロエマルションの場合は，条件が適当であれば，自発的にマイクロエマルションが形成される．したがって，マイクロエマルションは二つの互いに混ざらない(あるいは少しだけ混じりあう)液体の熱力学的に安定な混合物である．すなわち，この熱力学的安定性は，二つの液相領域間界面における，非常に効果的な界面活性剤の強い吸着の直接の結果である．5・3 節で述べるように，この結果，大きな界面の面積をもつ系を生じる．また，構造的見地からは，マイクロエマルションは一般に，ある液相のナノメートルサイズの領域がもう一方の液相中に分散したものであり，この領域は界面活性剤の単分子層で覆われることによって安定化される．

単純な水溶液系の場合，マイクロエマルションの形成の有無は界面活性剤の種類と構造による．界面活性剤がイオン性で，一本鎖の炭化水素鎖(たとえば，ドデシル硫酸ナトリウム，SDS)を含んでいるときは，補助界面活性剤(たとえば，中程度のサイズの脂肪族アルコール)や電解質(たとえば，0.2 M NaCl)が存在する場合にのみマイクロエマルションが形成される．二本鎖イオン性界面活性剤(たとえば，Aerosol-OT，AOT*)やある種の非イオン性界面活性剤の場合，補助界面活性剤は必要ではない．これは，マイクロエマルションの最も基本的な特性の一つ，すなわち油相と水相の間のきわめて低い界面張力 $\gamma_{O/W}$ に起因する．界面活性剤のおもな役割は $\gamma_{O/W}$ を十分に低下させる，つまり表面積を増加させるのに必要なエネルギーを低下させることである．この結果，水または油の液滴の分散が自発的に生じ，系は熱力学的に安定である．5・3・1 節に述べるように，きわめて低い界面張力はマイクロエマルションの形成に重要であり，それは系の構成に依存する．

マイクロエマルションは 1943 年の Hoar と Schulman の研究以前は実際に認識されていなかった．彼らは強力な界面活性剤の添加によって自発的に水と油のエマルションが形成されることを報告した[3]．“マイクロエマルション”という用語はさらにその後の 1959 年に Schulman らによって次のような系を記述するために初めて用いられた[3]．すなわち，この系は水，油，界面活性剤，アルコールから成る多相系で，透明な溶液を形

＊ ジオクチルスルホコハク酸ナトリウム

成する．このような系を記述するために，“マイクロエマルション”という用語を用いることについては多くの論争があった[4]．この用語は今日でも体系的には使用されてはいないが，“ミセルエマルション(micellar emulsion)”[5]とか“膨潤ミセル(swollen micelle)”[6]という用語を用いる人もいる．マイクロエマルションは，おそらくSchulmanの研究より前に発見されている．オーストラリアの主婦は20世紀末以来，羊毛を洗うために水/ユーカリ油/フレーク状の石鹸/精油の混合物を用いてきた．また，最初に商品に用いられたマイクロエマルションはおそらく1928年にRodawaldによって発見された液体ワックスであった．マイクロエマルションに対する関心は1970年代後半から1980年代初めに飛躍的に増大したが，このような系によって石油回収が改善される可能性が認識され，三次採油方法が利潤を生むレベルまで原油価格が高騰した時代であった[7]．

最近では状況は変わったが，マイクロエマルションの他の応用が開発されている．たとえば，触媒作用，1 μmよりやや小さい粒子の調製，太陽エネルギー変換，液–液抽出(鉱物，タンパク質など)である．最近の開発と応用は5・5節で解説する．この分野は従来から洗浄と潤滑に応用され，多くの科学者を引きつけてきた．基礎研究の視点からは，マイクロエマルション特性の理解はここ20年の間に大きく進んだ．特に，界面薄の安定性とマイクロエマルションの構造は現在，中性子小角散乱(第13章で述べるSANS)のような新しい強力な技術の開発によって詳細に評価できるようになった．次節では基本的なマイクロエマルションの特性(マイクロエマルションの形成と安定性，界面活性剤膜，分類，相挙動)を扱う．

5・3 マイクロエマルションの形成と安定性の理論

5・3・1 マイクロエマルションにおける界面張力

マイクロエマルションの形成を記述する単純なイメージは，分散相をさらに微小な液滴に細分割することである．したがって，配置エントロピーの変化(ΔS_{conf})は近似的に次式で表現できる[8]．

$$\Delta S_{\mathrm{conf}} = -nk_{\mathrm{B}}[\ln\phi + \{(1-\phi)/\phi\}\ln(1-\phi)] \qquad (5\cdot1)$$

ここで，nは分散相の液滴の数，k_{B}はボルツマン定数，ϕは分散相の体積分率である．マイクロエマルションの形成に伴うギブズ自由エネルギー変化は，新しい界面の面積をつくるための仕事$\Delta A\gamma_{12}$と配置エントロピーの変化からくる熱量の和として表現することができる[9]．

$$\Delta G_{\mathrm{form}} = \Delta A\gamma_{12} - T\Delta S_{\mathrm{conf}} \qquad (5\cdot2)$$

ここで，ΔA は界面の面積 A（半径 r の液滴当たり $4\pi r^2$）の変化であり，γ_{12} は温度 T（ケルビン単位）における相1と相2（たとえば，油と水）の間の界面張力である．(5・1)式を(5・2)式へ代入すると，相1と相2の間の最大界面張力が得られる．分散すると，液滴の数が増加するので，ΔS_{conf} は正である．界面活性剤の添加により界面張力が十分低い値まで減少する場合，(5・2)式中の仕事の項($\Delta A\gamma_{12}$)は比較的小さな正の値になる．したがって，自由エネルギー変化は負(すなわち有利な変化)になり，マイクロエマルション化が自発的に起こる．

界面活性剤を含まない油-水系では，γ_{12} は $50\ \mathrm{mN\ m^{-1}}$ のオーダーである．マイクロエマルション形成における界面の面積の増加 ΔA は非常に大きく，典型的な値は 10^4 倍から 10^5 倍になる．したがって，界面活性剤が存在しない場合，(5・2)式の第2項は $1000\ k_{\mathrm{B}}T$ のオーダーになり，条件 $\Delta A\gamma_{12} \leq T\Delta S_{\mathrm{conf}}$ を満たすためには界面張力は非常に小さくなる(約 $0.01\ \mathrm{mN\ m^{-1}}$)必要がある．ある種の界面活性剤(二本鎖イオン性界面活性剤[10),11)]と非イオン性界面活性剤[12)])は極端に低い界面張力を生じ，おもに 10^{-2} から $10^{-4}\ \mathrm{mN\ m^{-1}}$ のオーダーである．しかし，ほとんどの場合，単一の界面活性剤によってこのような低い値を達成することはできない．さらに $\gamma_{\mathrm{O/W}}$ を減少させる有効な方法は，補助界面活性剤として第2の界面活性剤(界面活性剤または中鎖アルコール)を加えることである．これは，多成分系まで拡長したギブズの式を用いて理解することができる[13)~15)]．この式によって，界面張力を界面活性剤膜の組成，および系の各成分の化学ポテンシャル μ と関係づけることができる．すなわち，

$$\mathrm{d}\gamma_{\mathrm{O/W}} = -\sum_i (\Gamma_i\,\mathrm{d}\mu_i) \approx -\sum_i (\Gamma_i RT\,\mathrm{d}\ln C_i) \qquad (5\cdot3)$$

ここで，C_i は混合物中における成分 i のモル濃度であり，Γ_i は表面過剰量($\mathrm{mol\ m^{-2}}$)である．濃度が C_{s} の界面活性剤と C_{co} の補助界面活性剤のみが吸着成分である(すなわち，$\Gamma_{\mathrm{water}} = \Gamma_{\mathrm{oil}} = 0$)と仮定すると，(5・3)式は次式になる．

$$\mathrm{d}\gamma_{\mathrm{O/W}} = -\Gamma_{\mathrm{s}}RT\,\mathrm{d}\ln C_{\mathrm{s}} - \Gamma_{\mathrm{co}}RT\,\mathrm{d}\ln C_{\mathrm{co}} \qquad (5\cdot4)$$

(5・4)式を積分すると次式が得られる．

$$\gamma_{\mathrm{O/W}} = \gamma^{*}_{\mathrm{O/W}} - \int_0^{C_{\mathrm{s}}} \Gamma_{\mathrm{s}}RT\,\mathrm{d}\ln C_{\mathrm{s}} - \int_0^{C_{\mathrm{co}}} \Gamma_{\mathrm{co}}RT\,\mathrm{d}\ln C_{\mathrm{co}} \qquad (5\cdot5)$$

＊は界面活性剤を含まない場合の 油/水 界面を表す．(5・5)式が示すように，$\gamma_{\mathrm{O/W}}$ は界面活性剤と補助界面活性剤(それぞれの表面過剰量は Γ_{s} および Γ_{co})の両方に由来する二つの項によって低下する．したがって，これらの効果は加算性である．

図5・1にマイクロエマルションで一般的に観測される低い界面張力を示す．この場

合の界面張力は 1〜10^{-3} mN m^{-1} の範囲にある．電解質濃度の効果は相挙動と一致する．これについては，5・4 節と図 5・2 で説明する．

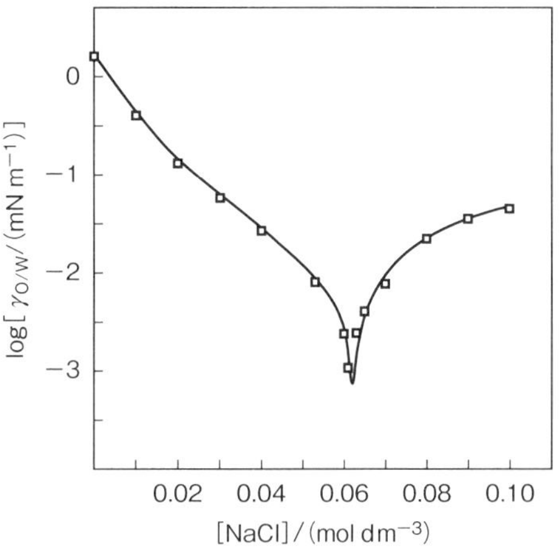

図 5・1 n−ヘプタンと NaCl 水溶液間の油−水界面張力．AOT 界面活性剤が存在する場合に対して，界面張力を電解質濃度の関数として示す．スピニングドロップ型表面張力計で測定．AOT 界面活性剤の濃度は 0.050 mol dm^{-3} であり，温度は 25 °C である．

5・3・2 速度論的不安定性

マイクロエマルションの液滴内部は通常はミリ秒の時間スケールで交換され，拡散と衝突を行うことが知られている[16),17)]．激しく衝突する場合，界面活性剤膜は崩壊し液滴の交換が促進され，液滴は速度論的に不安定である（液滴が合一する）．しかし，エマルションを十分に小さな液滴（< 50 nm）として分散させれば，合一はエネルギー障壁によって避けられる．この結果，系は分散したまま数カ月安定を保つ[18)]．このようなエマルションは速度論的に安定であるといわれる[19)]．AOT W/O マイクロエマルションに対する液滴合一の機構が報告されている[16)]．すなわち，液滴交換過程は 2 次速度定数 k_{ex} で表される活性化律速過程（活性化エネルギー E_a が合一に対する障壁）であり，純粋な拡散律速過程ではないと考えられる．ある研究[20)]によれば，界面膜の柔軟性すなわち膜の剛性がエネルギー障壁に大きな寄与をするために，マイクロエマルションの動的特性が示される（5・4・2 節）．同じ実験条件のもとで，種々のマイクロエマルション系はそれぞれ異なる k_{ex} 値をもつ[16)]．すなわち，室温の AOT W/O 系では，k_{ex} は

$10^6 \sim 10^9\ dm^3\ mol^{-1}\ s^{-1}$ の範囲にあり，非イオン性界面活性剤 $C_i E_j$（ポリオキシエチレンアルキルエーテル．i=アルキル基の炭素数，j=エチレンオキシド基の数）の場合は，$10^8 \sim 10^9\ dm^3\ mol^{-1}\ s^{-1}$ の範囲にある[16),17),20)]．いずれの場合も，平衡における液滴の形状とサイズは常に維持され，さまざまな方法で研究することができる[20)]．

5・4　物理化学的性質

この節ではマイクロエマルションを特徴づける主要なパラメーターを概観する．第4章に示した平面状界面に対して関連する挙動についても述べる．

5・4・1　マイクロエマルションの型の予測

マイクロエマルションに関するよく知られた分類は Winsor[21)] によるものであり，マイクロエマルションを相平衡にある四つの一般型に分類した．

- Ⅰ型：界面活性剤は優先的に水に溶解し，水中油滴（O/W）型マイクロエマルションが形成される（ウィンザーⅠ型）．界面活性剤に富む水相が油相と共存する．油相には界面活性剤が低濃度の単量体として存在する．
- Ⅱ型：界面活性剤は主として油相にあり，油中水滴（W/O）型マイクロエマルションが形成される．界面活性剤に富む油相は界面活性剤に乏しい水相（ウィンザーⅡ型）と共存する．
- Ⅲ型：界面活性剤に富む中間相が界面活性剤に乏しい油相および過剰な水相と共存する三相系（ウィンザーⅢ型あるいは中間相マイクロエマルション）．
- Ⅳ型：単相の（等方性）十分な量の両親媒性物質（界面活性剤およびアルコール）の添加でミセル溶液が生じる．

界面活性剤の型と環境条件に従って，Ⅰ，Ⅱ，ⅢまたはⅣ型のうち，界面における分子配列による支配的な型が優先的に形成される（以下参照）．図5・2に示したように，相転移は電解質濃度（イオン性界面活性剤の場合）または温度（非イオン性界面活性剤の場合）のいずれかを上昇させることによってひき起こされる．表5・1に調製設計の変数を変化させた場合に起こるアニオン界面活性剤の相挙動の定性的変化を要約した[22)]．

界面の曲率の方向と程度を説明するために，多くの研究者が吸着界面薄膜における相互作用に注目した．最初の説明は Bancroft[23)] および Clowes[24)] によるもので，エマルション系における吸着膜が二重であり，内側の界面張力と外側の界面張力が独立にはたらくと考えた[25)]．したがって，内部表面の方が高い界面張力を示すように界面が曲がる．バンクロフトの規則（Bancroft's rule）として“乳化剤が溶けやすい相が外部の相になる”と表現された．すなわち，油溶性乳化剤は W/O エマルションを形成し，水溶性乳化剤はO/Wエマルションを形成する．この定性的な概念は大きく拡張され，界面活性剤膜の性質を定量化するためにいくつかのパラメーターが導入された．これらのマイクロエマルションの型と相図における位置については5・4・3節で詳しく述べる．

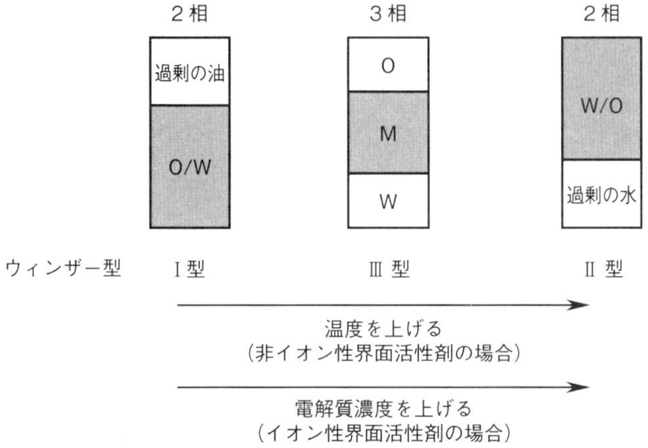

図5・2 マイクロエマルションに対するウィンザーの分類と，非イオン性およびイオン性界面活性剤に対してそれぞれ温度または電解質濃度を連続的に変化させるときに出現する相．ほとんどの界面活性剤は影の部分に存在する．3相系では中間相マイクロエマルション(M)は過剰の油(O)と水(W)の両方と平衡にある．

表5・1 アニオン界面活性剤の実際の相挙動に対するいくつかの変数の定性的効果

変数(増加させる)	3相間の転移
電解質濃度	I ⟶ III ⟶ II
油：アルカン炭素数	II ⟶ III ⟶ I
アルコール：低分子量[a]	I ⟶ III ⟶ II
高分子量[b]	I ⟶ III ⟶ II
界面活性剤：親油性の鎖長	I ⟶ III ⟶ II
温　度	I ⟶ III ⟶ I

† 文献[22]より許可を得て転載．Copyright (1984) Elsevier Ltd.

a 低分子量アルコールに対する濃度効果：メタノール，エタノール，プロパノール

b 高級アルコール

5・4・1・1 R 比

R 比は，界面の曲率に対する両親媒性物質と溶媒の影響を説明するために Winsor によって初めて提案された量である[21]．R 比の主要な概念は，両親媒性分子層，油，水の領域の間の相互作用エネルギーを関係づけることである．したがって，R 比によって両親媒性分子が油中へ分散する傾向と水に溶ける傾向が比較される．一つの相が両親媒性分子にとって有利な場合，界面領域は決まった曲率を示す傾向がある．以下に概念の簡潔な説明をするが，詳しい説明については他の文献[26]を参照されたい．

ミセル溶液あるいはマイクロエマルション溶液では，三つの異なる(1 成分あるいは多成分の)領域が出現する．水の領域 W，油すなわち有機物質の領域 O，さらに両親媒性物質の領域 C である．図 5・3 に示すように，界面はバルク油相とバルク水相を分離し，明確な組成をもつ領域と考えることは有用である．この簡単な図では，界面領域は有限の厚さをもち，そこには界面活性剤分子だけでなく油と水もいくらか含まれる．

したがって，C 層の内部に凝集相互作用エネルギーが存在し，界面膜の安定性を決定する．図 5・3 に模式的にこれらのエネルギーを示す．分子 x と y の間の凝集エネルギーを A_{xy} と定義する．分子間凝集エネルギーは，分子間相互作用が引力の場合は常に正とする．A_{xy} は異方性の界面 C 層内に存在する界面活性剤と油 O および水 W 分子間の単位面積当たりの凝集エネルギーである．界面活性剤-油相互作用 と 界面活性剤-水相互作用については，A_{xy} は二つの加算的な寄与から成ると考えられる．

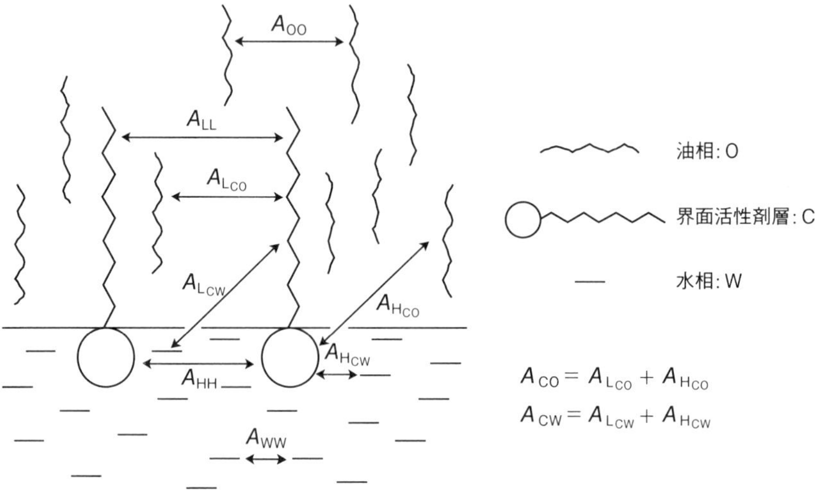

図 5・3　油-界面活性剤-水系の界面領域における相互作用エネルギー．

$$A_{xy} = A_{L_{xy}} + A_{H_{xy}} \tag{5・6}$$

ここで，$A_{L_{xy}}$ は2分子の非極性部分間の相互作用(典型的にはロンドン分散力)を表し，$A_{H_{xy}}$ は極性相互作用，特に水素結合およびクーロン相互作用を表す．したがって，界面活性剤-油相互作用 と 界面活性剤-水相互作用については，考慮する必要のある凝集エネルギーは次のようになる．

$$A_{CO} = A_{L_{CO}} + A_{H_{CO}} \tag{5・7}$$

$$A_{CW} = A_{L_{CW}} + A_{H_{CW}} \tag{5・8}$$

ここで，$A_{H_{CO}}$ と $A_{L_{CW}}$ は一般に非常に小さく無視することができる．

他の凝集エネルギーは以下の相互作用から生じる．

- 水-水，A_{WW}
- 油-油，A_{OO}
- 界面活性剤分子の疎水部-疎水部(L)，A_{LL}
- 界面活性剤分子の親水部-親水部(H)，A_{HH}

凝集エネルギーA_{CO} は明らかに油領域に対する界面活性剤分子の混和性を促進し，A_{CW} は水領域に対する混和性を促進する．一方，A_{OO} と A_{LL} は油領域での混和性を妨げ，A_{WW} と A_{HH} は水領域での混和性を妨げる．したがって，C とバルク油相間の溶媒相互作用と C とバルク水相間の溶媒相互作用の差が十分小さい場合に界面は安定になる．逆に，この差が非常に大きいとき，すなわち，油相に対する C の親和性と水相に対する C の親和性が大きく異なる場合，相分離がひき起こされる．

Winsor は分散性の傾向を次式で定性的に表現した．

$$R = \frac{A_{CO}}{A_{CW}} \tag{5・9}$$

油の構造と界面活性剤分子間の相互作用を考慮するために，以下のような R 比の改良形が提案されている[26]．

$$R = \frac{(A_{CO} - A_{OO} - A_{LL})}{(A_{CW} - A_{WW} - A_{HH})} \tag{5・10}$$

前述のように，多くの場合，$A_{H_{CO}}$ と $A_{L_{CW}}$ は無視できるので，A_{CO} と A_{CW} はそれぞれ $A_{L_{CO}}$ と $A_{H_{CW}}$ で近似できる．

Winsor の主要な概念は以下のように要約される．すなわち，R 比は界面層と油の相互作用に起因する凝集エネルギーを，界面層と水との相互作用に起因する凝集エネルギーで割った量であり，界面の自然な曲率が決まる．したがって，$R>1$ の場合，界面は油との接触面積を増大させ，その一方で，水との接触面積を減少させる傾向がある．したがって，油が連続相になり，この特徴をもつ対応する系はⅡ型(ウィンザーⅡ型)である．同様に，二つの相互作用が釣り合った界面層では $R=1$ (ウィンザーⅢ型)である．

5・4・1・2　充填パラメーターとマイクロエマルションの構造

膜の曲率とマイクロエマルションの型の変化は，幾何学的な条件によって定量的に扱うことができる．この概念は Israelachivili ら[27]によって導入され，界面活性剤の分子構造と界面の幾何学を関連づけるために広く用いられている．4・6・3 節で述べたように，自然な曲率は，頭部基の面積 a_0 および尾部の面積(v/l_C)比に支配される(可能な集合体構造については図 4・7 を参照)．マイクロエマルションの型については以下の通りである．4 章では $P_c=v/a_0 l_c$ を臨界充填パラメーターとした．

- $a_0>v/l_c$ の場合，O/W マイクロエマルションが形式される．
- $a_0<v/l_c$ の場合，W/O マイクロエマルションが形式される．
- $a_0 \approx v/l_c$ の場合，中間層マイクロエマルションが優先される構造である．

5・4・1・3　親水–親油バランス：HLB

分子構造と界面充填および膜曲率を関連づけるほかの概念は親水–親油バランス(hydrophilic–lipophilic balance，HLB)である．これは，分子内の疎水基と親水基の相対的比率に基づく経験式として一般的に表現される．この概念は Griffin[28]によって初めて導入された．彼は多くの界面活性剤について調べた結果，界面活性剤の化学組成に基づいて非イオン性アルキルポリグリコールエーテル(C_iE_j)に対する以下の経験式を導いた[29]．

$$\mathrm{HLB}=\frac{\mathrm{E}_j\,\mathrm{wt\%}+\mathrm{OH\,wt\%}}{5} \tag{5・11}$$

ここで，E_j wt％と OH wt％はそれぞれエチレンオキシド基とヒドロキシ基の質量パーセントである．

Davies[30]はさまざまな親水基と疎水基への定数を関連させた一般的な経験式を提案した．

$$\mathrm{HLB}=[(n_\mathrm{H}\times H)-(n_\mathrm{L}\times L)]+7 \tag{5・12}$$

H と L は親水基と疎水基にそれぞれ関係する定数であり，n_H と n_L は一つの界面活性剤分子のもつ親水基と疎水基の数である．

2 相連続構造(すなわち曲率ゼロ)の場合，HLB≈10 となることが示される[31]．したがって，HLB < 10 の場合は W/O マイクロエマルションが形成され，HLB > 10 の場合は O/W マイクロエマルションが形成される．HLB と充塡パラメーターは同一の基本概念を記述するが，後者の方がマイクロエマルションに適している．界面活性剤の形状と系の条件が HLB 値と充塡パラメーターに及ぼす影響について図 5・4 に示した．

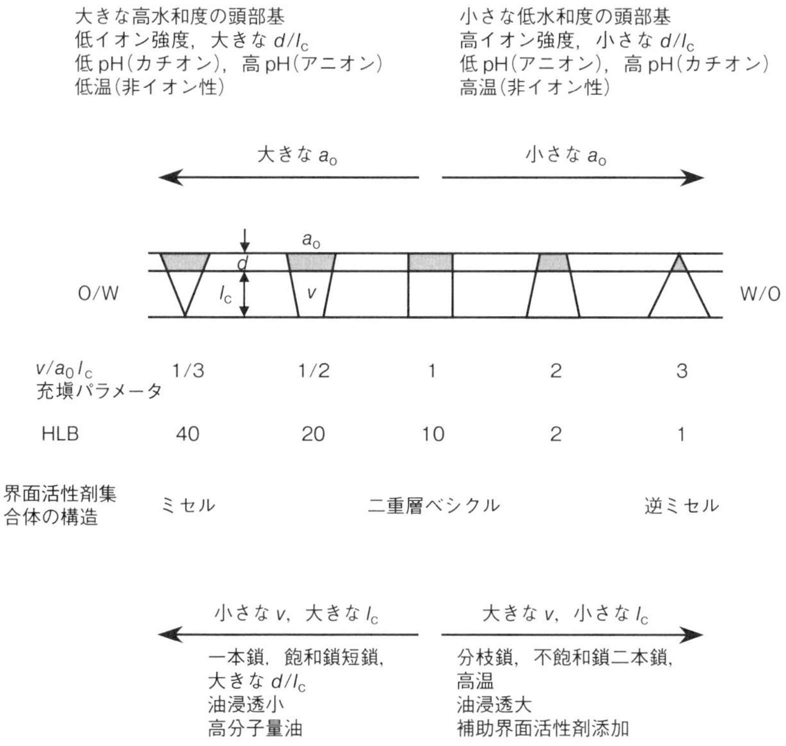

図 5・4 充塡パラメーターと HLB 値に対する分子形状と系の条件の効果．文献[31]より許可を得て転載．

5・4・1・4 転相温度: PIT

非イオン性界面活性剤は高い温度感受性をもつ O/W および W/O マイクロエマルション(およびエマルション)を形成する．特に，特異的な**転相温度**(phase inversion

temperature, PIT)が存在し，膜の曲率が正から負に変化する(O/W から W/O へ).
この臨界点は篠田耕三と斎藤博[32]によって以下のように定義された.

- $T <$ PIT では O/W マイクロエマルションが形式される(ウィンザー I 型)
- $T >$ PIT では W/O マイクロエマルションが形式される(ウィンザー II 型)
- $T =$ PIT では中間相マイクロエマルションが存在する(ウィンザー III 型). ここで，自発曲率は 0 に等しく，HLB 値(5・11 式)は近似的に 10 に等しい.

HLB 値と PIT はこのように互いに関連しているので，HLB 温度という用語が用いられることがある[33].

5・4・2 界面活性剤膜の性質

物理的に現実的な別のアプローチは油-水界面における界面活性剤膜の力学的性質を考察することである. この膜は現象に基づく三つの定数，すなわち，表面張力，曲げ剛性，自発曲率によって特徴づけられる. これらの重要度の順序は膜に対する拘束条件(膜を支持・固定する条件)に依存する. 界面活性剤膜がマイクロエマルション(とエマルション)の静的および動的性質を決定するので，これらのパラメーターが界面安定性にいかに寄与するかを理解することは重要である. 上記の性質には相挙動，安定性，構造，可溶化量が含まれる.

5・4・2・1 きわめて低い界面張力

平らな表面に対する界面張力(あるいは表面張力) γ を第 4 章で定義したが，同じ原理を曲面の液体/液体界面に適用できる. すなわち，界面張力は界面の面積を単位量増加させるのに必要な仕事に対応する. 5・3・1 節で述べたように，マイクロエマルションの生成はきわめて低い油/水界面張力 $\gamma_{O/W}$ を伴う. この値は 10^{-2}〜10^{-4} mN m^{-1} の範囲にあり，電解質，温度，圧力および炭化水素の鎖長と同様に補助界面活性剤の存在によっても影響を受ける. $\gamma_{O/W}$ に対するこれらの効果について，いくつかの研究が報告されている. 特に，Aveyard らは炭化水素の鎖長，温度および電解質含量を変数として，イオン性界面活性剤[34),35]と非イオン性界面活性剤[36]の両方について系統的に界面張力測定を行った. たとえば，図 5・1 に示した水-AOT-n-ヘプタン系では，(CMC 以上の)一定の界面活性剤濃度のもとで，電解質(NaCl)濃度の関数としての $\gamma_{O/W}$ はウィンザーの転相に対応する深い極小を示す. すなわち，NaCl を加えると $\gamma_{O/W}$ はある臨界極小値(ウィンザー III 型構造)まで減少し，次いで増加して 0.2〜0.3 mN m^{-1} の極限値に達する(ウィンザー II 型領域). 一定の電解質濃度のもとで温度[34]，炭化水素の鎖長あるいは補助界面活性剤含量[35]を変えると，同様の効果が見られる. 非イオン性界面活性剤の場合も，温度を上昇させると，同様の表面張力曲線と転相が観察される[36]．さらに，界面活性剤鎖長を増加させる場合，界面張力曲線は高温度側にずれ，$\gamma_{O/W}$の極小値は減少する[37]．きわめて低い界面張力はデュヌイの輪環，ウィルヘルミー板，滴容法(drop volume technique，DVT)のような標準的な測定法では測定できない．このような低い表面張力の範囲に対する適切な測定法は，スピニングドロップ(回転液滴)型表面張力計(spinning drop tensiometry，SDT)と表面光散乱(surface light scattering，SLS)である[38]．

5・4・2・2 自発曲率

自発曲率(自然な曲率，優先される曲率) C_0 は系が等量の水と油から成るときに界面活性剤膜によって形成される曲率として定義される．したがって，膜に対する拘束条件はなく，膜は最低自由エネルギー状態をとる．片方の相の量が多い場合は，常に C_0 からのずれが存在する．原理的には表面上のすべての点は二つの主曲率半径 R_1 と R_2 をもち，対応する主曲率は $C_1 = 1/R_1$ および $C_2 = 1/R_2$ である．平均曲率およびガウス

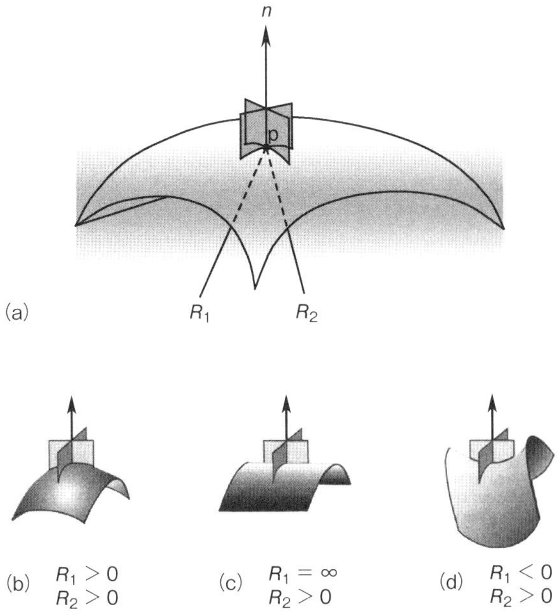

図5・5 種々の表面の主曲率．(a)界面活性剤膜表面と2平面との交差．これらの平面はp点において膜表面に垂直な法線ベクトル(n)を含む．(b)凸面曲率，(c)円柱状曲率，(d)鞍面曲率[39]．Copyright (1994) Elsevier Ltd.

曲率は表面の曲げを定義するために用いられる[39].

- 平均曲率: $C = \frac{1}{2}(1/R_1 + 1/R_2)$
- ガウス曲率: $\kappa = 1/R_1 \times 1/R_2$

C_1 と C_2 は以下のように決定される．図5・5のように，界面活性剤膜の表面上のすべての点には二つの主曲率半径 R_1 と R_2 がある．表面上のp点において接するように円を置き，接点において円と表面の接線方向(法線ベクトル n)の二次導関数が一致するように円の半径を選ぶと，円の半径が表面の曲率半径になる．表面の曲率は図5・5aに示したように互いに直交する(主)方向に選んだ二つの円で記述される．

球の場合，R_1 と R_2 は等しく正である．円柱では，R_1 は不定である(図5・5c)．また，平面については，R_1 と R_2 の両方が不定である．鞍面という特殊な場合は $R_1 = -R_2$，すなわち，どの点においても表面は一方が凹面でかつもう一方は凸面である(図5・5d)．平面と鞍面では平均曲率は0になる．

界面の曲率 C_0 は界面が分離する相の組成と界面活性剤の型の両方に依存する．界面の非極性側では，油が界面活性剤の炭化水素尾部間にある程度浸透することができる．この浸透の程度が大きいほど，極性側に向かって曲がりやすくなり，この結果，C_0 が減少する．なぜなら，慣例により油側に向かって曲がるとき正の曲率(水側に向かって曲がるとき負の曲率)になるように曲率の符号を決めるからである*．炭化水素の鎖が長いほど，界面活性剤膜への油の浸透が少なくなり，C_0 に対する影響は小さくなる．Eastoeらは，二本鎖界面活性剤で安定化したマイクロエマルション中への溶媒の浸入をSANS (中性子小角散乱，small-angle neutron scattering)と選択的重水素化を用いて研究した．その結果，油の浸透は，界面活性剤と油の両方の化学構造に依存するわずかな効果に影響されることが示された．特に，界面活性剤の鎖長が異なる場合[40)~43)]や C=C 結合が存在する場合[44]，界面活性剤/油界面の無秩序さが増大し，油の混合が進んだ領域が生じる．しかし，対称的に二本鎖界面活性剤〔たとえばDDAB (ドデシルメチルアンモニウムブロミド)やAOT〕の場合，油の混合は確認されていない[42]．油の浸透に対するアルカン構造および分子体積の効果についても n-ヘプタンおよびシクロヘキサンの場合に研究されている．その結果，ヘプタンは界面活性剤層に存在しないが，よりコンパクトなシクロヘキサンは浸透力が大きいことが示された[43].

＊ ［訳注］ 模式図で示す．

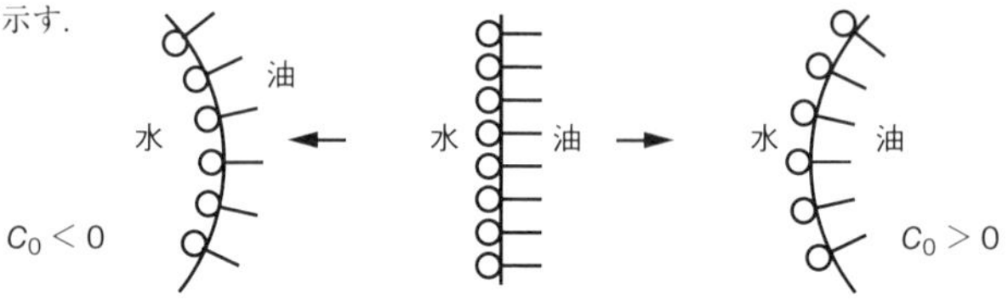

界面活性剤の種類，ならびに極性頭部基も極性の(水)相とのさまざまな相互作用を通して C_0 に影響を与える．

- イオン性界面活性剤については，電解質含量と温度の自発曲率に対する影響は互いに逆方向に作用する．電解質濃度の増加は静電気頭部反発作用を遮蔽する．つまり，頭部面積を減少させる．したがって，膜は水の方へより曲がりやすくなり，C_0 は減少する．温度上昇は以下の二つの効果をひき起こす．(i)対イオン解離が進み頭部基間の静電斥力作用が増加し，C_0 が増加する．(ii)界面活性剤の鎖部分に誘起されるゴーシュ形コンホメーションが増え，鎖は丸まり，C_0 は減少する．このように，非極性鎖と静電的相互作用に対する温度の二つの効果は競合する．静電相互作用の項がわずかに支配的であると考えられている．したがって，C_0 は温度上昇とともにわずかに増加する．

- 非イオン性界面活性剤については，当然 C_0 に対する電解質の効果はほとんどないが，温度は重要なパラメーターである．これは，非イオン性界面活性剤の(水または油に対する)可溶性が強く温度依存するからである．C_iE_j 型の界面活性剤の場合，温度が増加するにつれ水は親水性物質に対して良溶媒でなくなり，界面活性剤層への水の浸透性が減少し，頭部の体積が圧縮される．加えて，膜の反対側では炭化水素鎖への油の浸透が増加する．したがって，この型の界面活性剤に対しては温度を上昇させると C_0 が著しく減少する．図5・8に示すように，この現象は界面活性剤の相平衡に対する強い温度効果を説明する．

したがって，温度，油の性質および電解質濃度のような外部パラメーターを変えることによって，自発曲率を適切な値に制御することが可能で，ウィンザー型間の転相をひき起こす．他の因子も C_0 に同様な影響を与える．他の因子としては，極性頭部基，対イオンの型と価数，非極性鎖の長さと数の変化，補助界面活性剤の添加，界面活性剤の混合が含まれる．

5・4・2・3　膜の曲げ弾性率

膜の曲げ弾性率は，界面の曲率に関連した重要なパラメーターである．膜の曲げエネルギーの概念は Helfrich[45] によって最初に導入され，現在ではマイクロエマルション特性を理解するための基本的なモデルとみなされている．膜の曲げエネルギーは，以下の二つの弾性率によって記述される[46]．これらの弾性率は界面薄膜を望ましい平均曲率から変形するのに必要なエネルギーを測定する．

- 平均曲げ弾性率(剛性) K は平均曲率に関係し，単位面積の表面を単位の量だけ曲げるのに必要なエネルギーを表す．K は正である．すなわち，自発曲率が望ましい曲率になる．

- 因子 $\bar{K}$ はガウス曲率に関連し，膜の形態(トポロジー)を説明する．球構造では $\bar{K}$ は負になり，2 相連続的な立方相(図 4・8 の右下)では正である．

理論的には，曲げ弾性率は界面活性剤鎖長[47]，膜内の界面活性剤分子当たりの面積[48]および頭部間静電相互作用[49]に依存することが予想される．

膜の曲げ弾性率理論は，膜曲率に関係した界面自由エネルギーに基づく．液体界面における界面活性剤層の自由エネルギー F は，界面エネルギー項 F_{i}，曲げエネルギー項 F_{b}，エントロピー項 F_{ent} の和で与えられる．液滴型の構造の場合，自由エネルギー F は次式で与えられる[50]．

$$
\begin{aligned}
F &= F_{\mathrm{i}} + F_{\mathrm{b}} + F_{\mathrm{ent}} \\
&= \gamma A + \int \left[\frac{K}{2}(C_1 + C_2 - 2C_0)^2 + \bar{K} C_1 C_2\right] \mathrm{d}A + n k_{\mathrm{B}} T f(\phi) \qquad (5 \cdot 13)
\end{aligned}
$$

ここで，γ は界面張力，A は膜の全表面積，K は平均の曲げ弾性率，$\bar{K}$ はガウスの曲げ弾性率，C_1 および C_2 は二つの主曲率，C_0 は自発曲率，n は液滴の数，k_{B} はボルツマン定数，$f(\phi)$ はマイクロエマルション液滴の混合エントロピーを表す関数である．ここで，ϕ は液滴コアの体積分率である．$\phi < 0.1$ の希薄系の場合，$f(\phi) = [\ln(\phi) - 1]$ となることがわかっている[50]．マイクロエマルション形成はきわめて低い界面張力 γ に対応しているため，F_{b} と F_{ent} に対して γA 項は小さく，近似的には無視することができる．

前述のように，曲率 C_1, C_2, C_0 を半径を用いてそれぞれ $C_1 = 1/R_1$，$C_2 = 1/R_2$，$C_3 = 1/R_0$ のように表現できる．球状の液滴の場合は，$R_1 = R_2 = R$ となり，界面の面積は $A = n4\pi R^2$ である．R と R_0 は液滴半径ではなく正確には液滴から膜を除いたコアの半径であることに注意しよう[50]．(5・13)式を解き，面積 A で割ると，球状の液滴(半径 R)の全自由エネルギー F が次のように表される．

$$
\frac{F}{A} = 2K\left(\frac{1}{R} - \frac{1}{R_0}\right)^2 + \frac{\bar{K}}{R^2} + \left[\frac{k_{\mathrm{B}} T}{4\pi R^2} f(\phi)\right] \qquad (5 \cdot 14)
$$

可溶化限界に到達している(ウィンザー I 型あるいは II 型の領域)系の場合，マイクロエマルションは可溶化物の過剰相と平衡状態にあり，液滴は最大サイズ，つまり最大の平均コア半径 $R_{\mathrm{max}}^{\mathrm{av}}$ をもつ．この条件で，全自由エネルギーを最小にすれば自発的にとる半径 R_0 は弾性定数 K と $\bar{K}$ の間で以下の関係が成り立つ[51]．

$$\frac{R_{\max}^{\mathrm{av}}}{R_0} = \frac{2K + \bar{K}}{2K} + \frac{k_{\mathrm{B}}T}{8\pi K} f(\phi) \tag{5・15}$$

Kと$\bar{K}$を別々に求めるために多くの測定技術，特に，楕円偏光解析，X線反射率およびX線小角散乱(SAXS)技術が用いられた[52)~54)]．De Gennes と Taupin[55)]は，2相連続マイクロエマルションのためのモデルを提案した．$C_0=0$の場合は，層は熱ゆらぎのないときに平らであるとみなす．彼らは項ξ_{K}，すなわち界面活性剤層の持続長ξ_{K}を導入した．これは以下の式でKを用いて表すことができる．

$$\xi_{\mathrm{K}} = a \exp(2\pi K/k_{\mathrm{B}}T) \tag{5・16}$$

ここで，aは分子の長さである．持続長ξ_{K}は熱ゆらぎが存在するときにこの層が平らのままでいる距離である．ξ_{K}はKの大きさに非常に敏感である．$K \gg k_{\mathrm{B}}T$の場合，ξ_{K}は巨視的になる．すなわち，界面活性剤層は長距離にわたって平らになり，ラメラ相のような秩序構造ができる．Kが$k_{\mathrm{B}}T$程度に減少すると，ξ_{K}は微視的になり，秩序構造は不安定化して，マイクロエマルションのような無秩序相が形成される．実験によれば，Kは$100k_{\mathrm{B}}T$と約$10k_{\mathrm{B}}T$の間にある．$100k_{\mathrm{B}}T$は凝縮した不溶性の単分子層[56)]に対応し，$10k_{\mathrm{B}}T$は脂質二重層[57)~59)]に対応するが，マイクロエマルション系では$k_{\mathrm{B}}T$以下に減少する場合がある[60)]．さらに，$\bar{K}$の役割も重要であるが，文献にはこの量の測定の報告はほとんどない[53),61)]．界面活性剤-油-水混合物の構造決定における$\bar{K}$の重要性はまだ全く明らかにされていない．

簡単に膜の曲げ弾性率を定量的に求める別の方法としては，表面張力測定とSANS法をもとに複合パラメーター$(2K + \bar{K})$を計算すればよい．可溶化限界にあるマイクロエマルションすなわちウィンザーI型またはII型の液滴マイクロエマルションに対してこのパラメーターを導くことができる．

1. 界面張力$\gamma_{\mathrm{O/W}}$および最大平均コア半径$R_{\max}^{\mathrm{av}}$の利用により曲げ弾性率を求める

可溶化限界におけるマイクロエマルションと過剰相間の界面張力$\gamma_{\mathrm{O/W}}$は，表面光散乱(SLS)，あるいはスピニングドロップ型表面張力計(SDT)によって測定することができる．SANS測定から得た平均液滴サイズ$R_{\max}^{\mathrm{av}}$と界面張力$\gamma_{\mathrm{O/W}}$を用いて弾性率を評価できる[52)]．新しくつくられた表面は界面活性剤の単分子層によって覆われる必要がある．界面活性剤の単分子層は湾曲したマイクロエマルション液滴のまわりから得られるので，このエネルギーはウィンザーI型，II型の系の場合には，次のように計算できる[56)]．まず，湾曲した界面活性剤膜を平らに伸ばすことが必要になり，Kで表され

る $2K/\left(R_{\max}^{\mathrm{av}}\right)^2$ の寄与がある．さらに，この結果生じるマイクロエマルション液滴の数の変化に起因するエントロピーの寄与，および $\bar{K}$ で表される形態変化の寄与 $\bar{K}/\left(R_{\max}^{\mathrm{av}}\right)^2$ が加わる．したがって，マイクロエマルションとウィンザーI型の過剰相の間の界面張力は次のように与えられる．

$$\gamma_{\mathrm{O/W}} = \frac{2K+\bar{K}}{\left(R_{\max}^{\mathrm{av}}\right)^2} + \frac{k_{\mathrm{B}}T}{4\pi\left(R_{\max}^{\mathrm{av}}\right)^2} f(\phi) \qquad (5\cdot17)$$

この式から曲げ弾性率が得られる．

$$2K+\bar{K} = \gamma_{\mathrm{O/W}}\left(R_{\max}^{\mathrm{av}}\right)^2 - \frac{k_{\mathrm{B}}T}{4\pi} f(\phi) \qquad (5\cdot18)$$

2. SANS 分析から得られるシュルツ多分散性の幅 $p=\sigma/R_{\max}^{\mathrm{av}}$ の利用により曲げ弾性力を求める

液滴の多分散性はマイクロエマルション液滴の熱ゆらぎによる曲げ弾性率に関係がある．Safran[62]と Milner[63]は，液滴変形を球面調和関数*で展開して熱ゆらぎを表した．これらのゆらぎへの主要な寄与は $l=0$ の変形モードのみから生じることが示された[50]．$l=0$ の変形は液滴サイズのゆらぎ，つまり液滴の平均半径の変化であるから，液滴の多分散度を表す．最大溶解度における 2 相平衡の場合(ウィンザーI型，II型)，この多分散度 p が K と $\bar{K}$ の関数として以下のように表すことができる．

$$p^2 = \frac{u_0^2}{4\pi} = \frac{k_{\mathrm{B}}T}{8\pi(2K+\bar{K}) + 2k_{\mathrm{B}}Tf(\phi)} \qquad (5\cdot19)$$

ここで u_0 は $l=0$ モードに対するゆらぎの振幅である．この多分散度は SANS に対するシュルツの多分散性パラメーター $\sigma/R_{\max}^{\mathrm{av}}$ で与えられ[64]（第 13 章参照，σ は液滴半径の分散)，(5・19)式は次のように書くことができる．

$$2K+\bar{K} = \frac{k_{\mathrm{B}}T}{8\pi\left(\sigma/R_{\max}^{\mathrm{av}}\right)^2} - \frac{k_{\mathrm{B}}T}{4\pi} f(\phi) \qquad (5\cdot20)$$

したがって，SANS と表面張力測定法のデータの基づいた(5・17)式および(5・20)

＊［訳注］球面調和関数は次式で与えられる．

$$Y_l^m(\theta,\phi) = (-1)^{(m+|m|)/2}\sqrt{\frac{2l+1}{4\pi}\cdot\frac{(l-|m|)!}{(l+|m|)!}}\,P_l^{|m|}(\cos\theta)\,e^{\mathrm{i}m\phi}$$

ここで，$P_l^{|m|}(\cos\theta)$ はルジャンドル倍関数，
$l=0, 1, 2, \cdots$，m は $-l\leq m\leq l$ の整数．

式が和$(2K+\bar{K})$に対する二つの表現になる．このアプローチはウィンザーI型系における非イオン性膜[50),65)]，さらにウィンザーII型系マイクロエマルションにおけるカチオン層[64)]と双性イオン層[66)]に対して有効であることが示されている．図5・6にウィンザーII型系マイクロエマルションに対する結果を，界面活性剤のアルキル炭素数n-Cに対してプロットした．(5・18)式と(5・20)式がよく一致することから，これらの式を用いることは全く問題がない．これらの値は現在の統計力学理論[48)]と一致し，Kのn-Cに対する依存性はn-C$^{2.5}$からn-C^{3}である．一方，$\bar{K}$に対する影響は小さいことが示される．

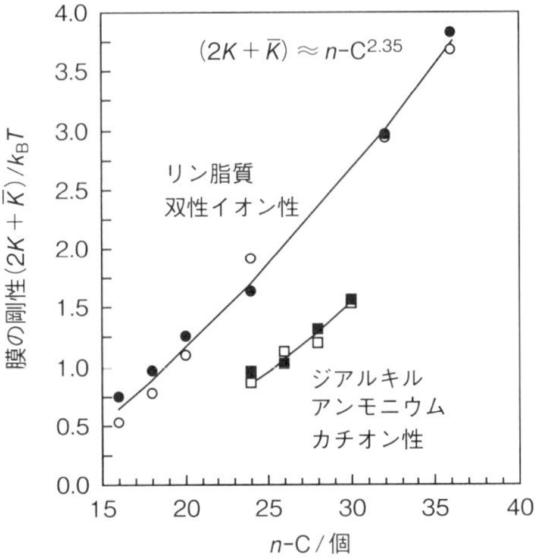

SANS $\quad (2K+\bar{K}) = \dfrac{k_BT}{8\pi(\sigma/R_{max}^{av})^2} - \dfrac{k_BT}{4\pi}f(\phi)$ ● ■

SANSと張力計 $\quad (2K+\bar{K}) = \gamma_{O/W}(R_{max}^{av})^2 - \dfrac{k_BT}{4\pi}f(\phi)$ ○ □

図5・6 膜の剛性$(2K+\bar{K})$．ウィンザーII型マイクロエマルションにおける界面活性剤鎖の全アルキル炭素数n-Cに対してプロットした．曲線は見やすくすために実験点を滑らかにつないだ．

5・4・3 相の挙動

マイクロエマルションの溶解性と界面特性は圧力，温度，さらに成分の性質と濃度に依存する．したがって，相図の作成，すなわち水(塩)-油-界面活性剤-アルコール系内に形成されるさまざまな構造を相図上に位置づけることは非常に重要である．いくつかの相図の型は関係する変数の数に従って分類することができる．適切な表現を用いると，1 相領域あるいは多相領域の存在範囲を示すだけでなく，相間平衡を示すことができる〔連結線(tie-line)，連結三角形(tie-triangle)，臨界点など〕．以下では，3 成分系相図と 2 成分系相図，さらに相図作成の際に必要な相律について簡単に述べる．

5・4・3・1　相　律

相律を用いると，系の組成と条件に依存する変数の数(すなわち自由度)を決めることができる．相律は次のように表される[67]．

$$F = C - P + 2 \qquad (5 \cdot 21)$$

ここで，F は自由にとることのできる独立な状態変数，すなわち自由度，C は独立な化学成分の数，P は系の中にある相の数である．系は，F が $0, 1, 2, \cdots$ の場合，不変系，1 変数系，2 変数系などとよばれる．たとえば，3 成分，2 相から成る単純な系の場合，一定の温度と圧力のもとでは温度と圧力以外の自由度は 1 になる．これは，一つの相の一つの成分のモル分率(質量分率)を指定することはできるが，両方の相における他のすべての組成が固定されることを意味する．一般に，マイクロエマルションは少なくとも三つの成分，油(O)，水(W)，両親媒性物質(すなわち界面活性剤 S)を含んでいるが，前述のように，系の安定化のために補助界面活性剤(アルコール)や電解質が通常添加される．しかし，この系は単純な O－W－S 系とみなすことができる．つまり，補助界面活性剤が使用される場合は常に 油/アルコールの比は一定に保たれ，アルコールが他の成分と相互作用をしないと仮定されるので，(第一近似では)この混合物を 3 成分系として扱うことができる．図 5・7 で説明するように，定圧における組成–温度相挙動は相プリズムを用いて示すことができる．しかし，このような相図の構築はかなり複雑で時間もかかるので，特定の相のカットによる系の単純化が有用なことが多い．変数の数は一つの項を一定に保つか，または二つ以上の変数を組合わせることによって減らすことができる．この場合は，3 成分系相図，あるいは 2 成分系相図がつくられる．

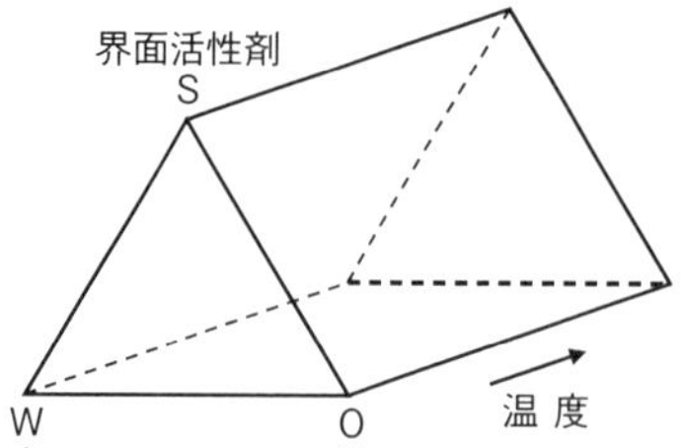

図 5・7　一定圧力における相挙動を記述する3成分系相プリズム．

5・4・3・2　3成分系相図

図5・8に示すように，一定の温度，圧力のもとでは，単純な3成分マイクロエマルションの相図は2個〜4個の領域に分けられる．それぞれの場合，図5・8の分離線より上側の1相領域内の点は一つのマイクロエマルションに対応する．分離線より下側の点は，一般に水相または有機相のうち一方あるいは両方の相と平衡にあるマイクロエマルションから成る多相領域，すなわちウィンザー型の系に対応する(5・4・1節)．

2相領域(たとえば，図5・8aと図5・8cの中の点o)内に位置する任意の点は2相として存在し，その組成は“連結線”(すなわち，相m，相nによって形成される線分)の両端で表される．したがって，特定の連結線上のすべての点は一定の共存相(mとn)に対応するが，それぞれの体積は異なる．二つの共存相が同じ組成(水中の界面活性剤濃度と油中の界面活性剤濃度が同じ，m＝n)をもつ場合，これはプレート点(臨界点)pに対応する．

図5・8bはウィンザーⅢ型に相当し，一定温度，圧力にある系で3相が共存する場合は相律に従って組成は不変である．したがって，3成分系相図に次のような領域が存

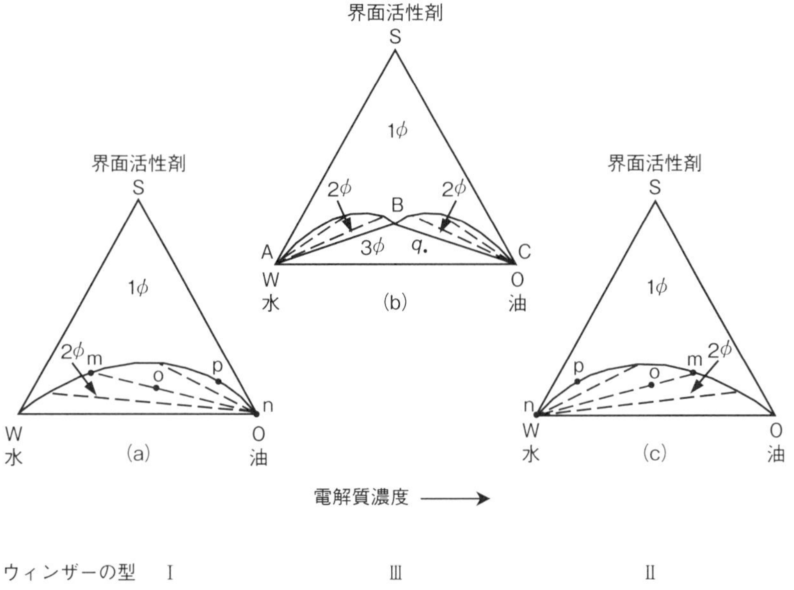

図5・8　一定温度，一定圧力における単純な水-油-界面活性剤系で形成される1相(1ϕ)，2相(2ϕ)および3相(3ϕ)の各領域を表す3成分系相図．(a)ウィンザーⅠ型系，(b)ウィンザーⅢ型系，(c)ウィンザーⅡ型系．イオン性界面活性剤の場合，電解質濃度の増加によってこの変化が起こる．

在する．すなわち，相境界はこの領域を囲む隣接する2相領域の連結線から成る．したがって，3相の組成が不変の領域は三角形になり，“連結三角形(tie-triangle)”とよばれる[26]．連結三角形内に位置する任意の点qは，全組成が三角形の頂点A, B, Cに対応する組成をもつ3相に分離する(図5・8 b)．三角形内部で位置q，すなわち全組成を変えると，相A, B, Cの組成ではなく量が変化するという意味で組成A, B, Cは不変系である．

5・4・3・3 2成分系相図

前述のように，3成分系相図は，いくつかのパラメーターを固定するか，あるいは二つの変数を組合わせることによって(たとえば，水と電解質を塩水でまとめる，水と油

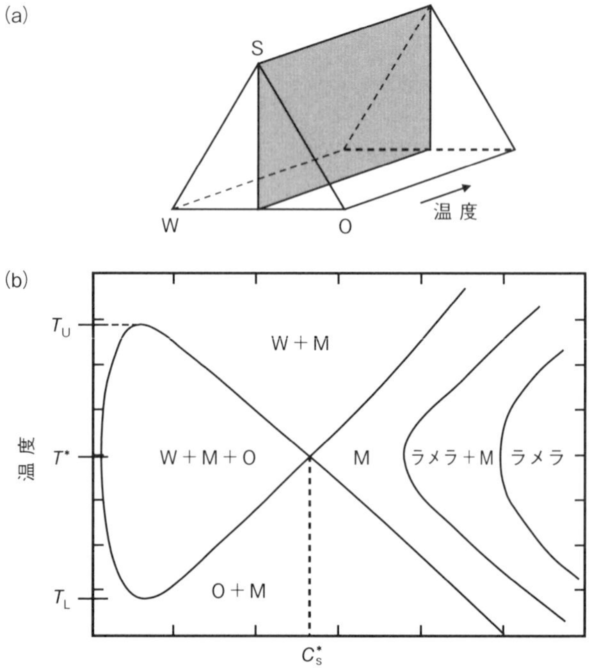

図5・9 非イオン性界面活性剤で生じる3成分マイクロエマルション系における2相挙動．(a)水と油の体積分率が等しい場合における相プリズムの断面．(b)温度を界面活性剤濃度 C_s に対してプロットした模式的な相図．T_L と T_U はそれぞれ相平衡 W＋M＋O の下限と上限の温度である．T^* は3相三角形が二等辺になる温度，すなわち中間相マイクロエマルションが等量の水と油を含む場合の温度である．この条件を“平衡条件”という．C_s^* は平衡条件における中間相マイクロエマルション中の界面活性剤濃度である．文献[68]より許可を得て転載．Reprinted Copyright (1997) Elsevier B. V.

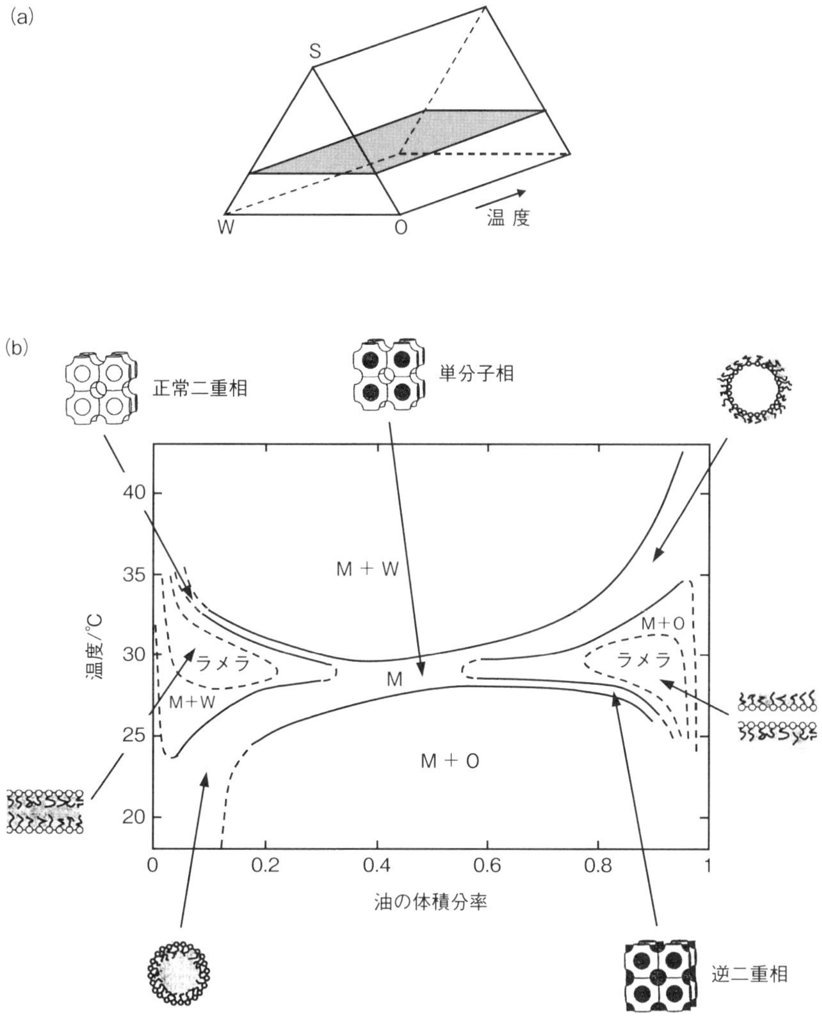

図5・10 非イオン性界面活性剤で生じる3成分マイクロエマルション系における2相挙動. (a)一定界面活性剤濃度における相プリズムによる断面の例. (b)一定界面活性剤濃度における相図を油の体積分率 $\phi_{O/W}$ に対する温度のプロットとして示した. さらに, マイクロエマルション相Mのさまざまな領域で見いだされる微細構造を示す. 高温ではマイクロエマルションは過剰の水と平衡にあり(M+W), 低温ではマイクロエマルション相は過剰の油と平衡にある(M+O). 中間の温度ではラメラ相は高い含水量および高い油含量でそれぞれ安定である. 文献[68]より許可を得て転載.

の代わりに水/油比を用いる)，すなわち，自由度を減らすことによって，単純化することができる．したがって，このような系の相図の作成は相プリズムを用いて平面状の断面を調べることによって簡単化される．非イオン性およびアニオン界面活性剤に対するこのような擬2成分系相図の例を図5・9～図5・11に示す．

図5・9に非イオン性界面活性剤-水-油3成分系の模式的な相図を示す．温度は非イオン性界面活性剤の場合の重要な変数であるので，擬2成分系相図は $\phi_W=\phi_O$ のときの断面によって表される．ここで，ϕ_W と ϕ_O はそれぞれ水と油の体積分率である．

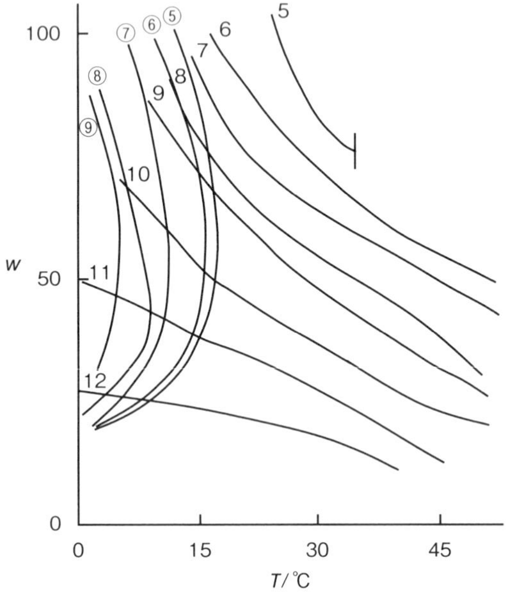

図5・11　アニオン界面活性剤AOTのさまざまな直鎖アルカン溶媒中に生じた3成分マイクロエマルション系の擬2成分系相図．可溶化水/界面活性剤分子数比 w を，界面活性剤濃度一定，圧力一定のもとで温度に対してプロットした．アルカン炭素数を示したが，○で囲んだ数字は低温(可溶化)限界 T_L に対応し，○で囲んでいない数字は高温(曇り)限界 T_U に対応する．T_L と T_U の間では単一相であるマイクロエマルション領域が存在する．T_L 以下では，系は過剰水と平衡にあるマイクロエマルション相(ウィンザーII型)から成る．また，T_U 以上では単一のマイクロエマルション相は界面活性剤に富む相と油相(ウィンザーI型)に分離する．文献[16]より許可を得て転載．Copyright (1994) Elsevier Ltd.

したがって，定圧において1相領域にある系を定義するためには，二つの独立変数($F=2$)，すなわち，温度と界面活性剤濃度を指定する必要がある．図5・9bで示される断面を用いて，相平衡 W＋M＋O（Mはマイクロエマルション相）の上限の温度 T_U と下限の温度 T_L，および等量の水と油を可溶化する(Mの領域)のに必要な界面活性剤の最小量 C_S^* を決定することができる[68]．C_S^* が低いほど界面活性剤の効率は高い．図5・10には非イオン性界面活性剤-水-油3成分系に対して可能な断面の2番目の例を示す．ここでは，圧力と界面活性剤濃度が一定に保たれ，二つの変数は温度と水/油比($\phi_{O/W}$)である．この相図は，温度を水/油比に対してプロットして得られた種々の界面活性剤相を示す[68]．3番目の例(図5・11)はアニオン界面活性剤 AOT に対するものである．定圧で1相領域にある3成分 W-O-S 系を定義する場合に $F=2$ を得るために界面活性剤濃度パラメーターを固定すると，二つの変数は温度と w である．ここで，w は w=[可溶化水]/[界面活性剤] で定義される可溶化水/界面活性剤分子数比である．w は一つの界面活性剤分子当たり可溶化される水分子の数を表すので，この相図はマイクロエマルション化剤としての界面活性剤の効率がわかる．

5・5 開 発 と 応 用

5・5・1 新規グリーン溶媒を含むマイクロエマルション

大きな環境問題をひき起こすので，多くの工業過程で用いられる揮発性有機溶媒ならびに化合物(volatile organic compound, VOC)を減少させる必要がある．これは適切な非 VOC グリーン*溶媒を見つける原動力になっている．マイクロエマルションは“万能溶媒”と考えられるので，この分野における魅力的な可能性が生まれる．グリーン溶媒として次の二つの代替物，(a) 超臨界二酸化炭素(super critical carbon dioxide, sc-CO_2)[69]，(b)常温イオン液体(room temperature ionic liquid, RTIL)[70]が研究されている．sc-CO_2 は臨界点(P_c=72.8 bar, T_c=31.1 °C)に簡単に到達できるので，温度や圧力を変えることにより簡単に溶媒 CO_2 を除去でき，しかも簡単に調製できる．また，品質を保ってリサイクルでき，さらに，非可燃性，無毒性，無公害，生体適合性，安価，かつ豊富に存在する点で優れたグリーン溶媒である．一方，RTIL は立体的に不整合で結晶化を妨げるイオンから成る，すなわち融解した塩である．このような RTIL は適合性，極性溶媒和性および非揮発性によってグリーン溶媒の候補になる．これらの異常な液体でマイクロエマルションを形成することにより，マイクロエマルションの特性が増強される．すなわち，水/CO_2 型の系[69]では極性溶質に対する親和性を増し，油/RTIL 型マイクロエマルションでは極性の高い RTIL が有機成分，疎水性成分に対して

＊ ［訳注］“グリーン”は環境負荷を少なくするという意味.

親和性をもつようになる．新規の CO_2 親和性界面活性剤および RTIL 親和性界面活性剤（必ずしも親水性または疎水性は高い必要はない）の出現はこの分野における研究に大きな刺激を与えた．一例として，特注の CO_2 親和性界面活性剤（TC14）のミセルが濃厚 CO_2 中で形成されることを示す中性子小角散乱（第 13 章）の結果を図 5・12 に示す．一方，分枝のない AOT 類似化合物（AOT，AOT4）の場合は，この魅力的な溶媒環境中において凝集は確認されていない．

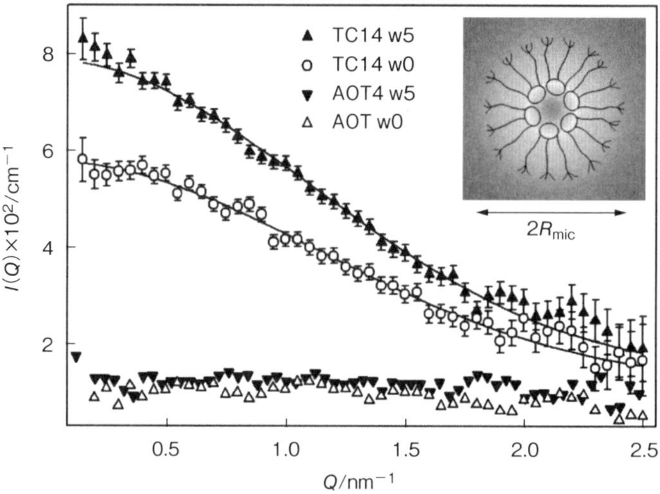

図 5・12 360 bar，25 °C の液体 CO_2 において TC14 で安定化した乾燥ミセル（w0）および五水和ミセル（w5）の SANS プロファイル．比較のために，調製した AOT4 w5 系と乾燥 AOT w0 系から得られた散乱も示した．球の形状因子を用いた散乱モデル（第 13 章）による．TC14 で安定化したミセルはいずれも半径 1.1 nm（± 10 %）のモデル計算とよく一致する．

ヒドロフルオロカーボン（HFC）溶媒は低毒性と可燃性を兼ね備えるため，全部がフッ素化された溶媒に対する魅力的な代替物である．重要な進展としては，クロロフルオロカーボン（CFC）の代わりに HFC を冷媒として用い，また，呼吸器感染症に対する定量噴霧式吸入器および薬物送達装置中の推進剤として用いられるようになった．これらの HFC 溶媒は疎水性であり，薬理活性のある成分に対する可溶性の問題が生じる．しかし，HFC と混合可能な適切な界面活性剤を用いると，薬物水溶液をマイクロエマルションとして HFC 中に分散することが可能になる．HFC マイクロエマルションを形成する界面活性剤の設計に向けた進展が見られ，薬物送達への応用が考えられる[71]．

カプセル化した薬物送達の方法として最初に商業化された O/W マイクロエマルショ

ンは免疫抑制剤シクロスポリンに対するもので，ネオーラル(Neoral)として商品化されている[72]．ネオーラルの成功によって，一般に“ナノ医学”と名づけられた薬学および関連する医学の分野におけるマイクロエマルションの将来的な役割が期待される．

5・5・2　ナノ粒子の反応媒質としてのマイクロエマルション

ナノテクノロジーにおけるマイクロエマルションの他の応用として，ナノ粒子の合成がある[73]．これは，白金，パラジウムおよびロジウムのような金属ナノ粒子コロイド溶液が初めて調製された1980年代初め以来，ホットな研究であった．この草分け的な仕事以来，水/油型 および 水/超臨界流体型 のマイクロエマルションできわめて広範囲にわたるナノ粒子が合成されている[73]．粒子の成長，サイズ，形状は媒質であるマイクロエマルションの特性と成分，特に，ミセル間交換速度に強く依存する．特に興味深いことは，触媒作用，半導体および超伝導体，磁性，発光性，緩衝作用をもつナノ粒子を容易に合成するためにマイクロエマルションを使うことである．

このように，20世紀後半のマイクロエマルションの発見以来，科学的研究および実用的な製品と製造過程においてマイクロエマルションがさまざまに応用され始めている．

文　献

1) Danielsson, I., Lindman, B., *Colloids Surf. A*, **3**, 391 (1981).
2) Sjöblom, J., Lindberg, R., Friberg, S. E., *Adv. Colloid Interface Sci.*, **65**, 125 (1996).
3) Schulman, J. H., Stoeckenius, W., Prince, M., *J. Phys. Chem.*, **63**, 1677 (1959).
4) Shinoda, K., Friberg, S., *Adv. Colloid Interface Sci.*, **4**, 281 (1975).
5) Adamson, A. W., *J. Colloid Interface Sci.*, **29**, 261 (1969).
6) Friberg, S. E., Mandell, L., Larsson, M., *J. Colloid Interface Sci.*, **29**, 155 (1969).
7) “Surface Phenomena in Enhanced Recovery”, ed. by Shah, D. O., Plenum Press, New York (1981).
8) Overbeek, J. Th. G., *Faraday Discuss. Chem. Soc.*, **65**, 7 (1978).
9) Tadros, Th. F., Vincent, B., “Encyclopaedia of Emulsion Technology”, Vol. 1, ed. by Becher, P., Marcel Dekker, New York (1980).
10) Kunieda, H., Shinoda, K., *J. Colloid Interface Sci.*, **75**, 601 (1980).
11) Chen, S. J., Evans, F. D., Ninham, B. W., *J. Phys. Chem.*, **88**, 1631 (1984).
12) Kahlweit, M., Strey, R., Busse, G., *J. Phys. Chem.*, **94**, 3881 (1990).
13) Hunter, R. J., “Introduction to Modern Colloid Science”, Oxford University Press, Oxford (1994).
14) Lekkerkerker, H. N. W., Kegel, W. K., Overbeek, J. Th. G., *Ber. Bunsenges Phys. Chem.*, **100**, 206 (1996).
15) Ruckenstein, E., Chi, J. C., *J. Chem. Soc. Faraday Trans.*, **71**, 1690 (1975).
16) Fletcher, P. D. I., Howe, A. M., Robinson, B. H., *J. Chem. Soc. Faraday Trans. 1*, **83**, 985 (1987).

17) Fletcher, P. D. I., Clarke, S., Ye, X., *Langmuir*, **6**, 1301 (1990).
18) Biais, J., Bothorel, P., Clin, B., Lalanne, P., *J. Colloid Interface Sci.*, **80**, 136 (1981).
19) Friberg, S., Mandell, L., Larson, M., *J. Colloid Interface Sci.*, **29**, 155 (1969).
20) Fletcher, P. D. I., Horsup, D. I., *J. Chem. Soc. Faraday Trans. 1*, **88**, 855 (1992).
21) Winsor, P. A., *Trans. Faraday Soc.*, **44**, 376 (1948).
22) Bellocq, A. M., Biais, J., Bothorel, P., Clin, B., Fourche, G., Lalanne, P., Lemaire, B., Lemanceau, B., Roux, D., *Adv. Colloid Interface Sci.*, **20**, 167 (1984).
23) Bancroft, W. D., *J. Phys. Chem.*, **17**, 501 (1913).
24) Clowes, G. H. A., *J. Phys. Chem.*, **20**, 407 (1916).
25) Adamson, A. W., "Physical Chemistry of Surfaces", p. 393, Interscience (1960).
26) Bourrel, M., Schechter, R. S., "Microemulsions and Related Systems", Marcel Dekker, New York (1988).
27) Israelachvili, J. N., Mitchell, D. J., Ninham, B. W., *J. Chem. Soc. Faraday Trans. 2*, **72**, 1525 (1976).
28) Griffin, W. C., *J. Cosmetics Chemists*, **1**, 311 (1949).
29) Griffin, W. C., *J. Cosmetics Chemists*, **5**, 249 (1954).
30) Davies, J. T., "Proc. 2nd Int. Congr. Surface Act.", Vol. 1, Butterworths, London (1959).
31) Israelachvili, J. N., *Colloids Surf. A*, **91**, 1 (1994).
32) Shinoda, K., Saito, H., *J. Colloid Interface Sci.*, **30**, 258 (1969).
33) Shinoda, K., Kunieda, H., "Encyclopaedia of Emulsion Technology", Vol. 1, ed. by Becher, P., Marcel Dekker, New York (1983).
34) Aveyard, R., Binks, B. P., Clarke, S., Mead, J., *J. Chem. Soc. Faraday Trans. 1*, **82**, 125 (1986).
35) Aveyard, R., Binks, B. P., Mead, J., *J. Chem. Soc. Faraday Trans. 1*, **82**, 1755 (1986).
36) Aveyard, R., Binks, B. P., Fletcher, P. D. I., *Langmuir*, **5**, 1210 (1989).
37) Sottmann, T., Strey, R., *Ber. Bunsenges Phys. Chem.*, **100**, 237 (1996).
38) "Light Scattering by Liquid Surfaces and Complementary Techniques", ed. by Langevin, D., Marcel Dekker, New York (1992).
39) Hyde, S., Andersson, K., Larsson, K., Blum, Z., Landh, S., Ninham, B. W., "The Language of Shape", Elsevier, Amsterdam (1997).
40) Eastoe, J., Dong, J., Hetherington, K. J., Steytler, D. C., Heenan, R. K., *J. Chem. Soc. Faraday Trans.*, **92**, 65 (1996).
41) Eastoe, J., Hetherington, K. J., Sharpe, D., Dong, J., Heenan, R. K., Steytler, D. C., *Langmuir*, **12**, 3876 (1996).
42) Eastoe, J., Hetherington, K. J., Sharpe, D., Dong, J., Heenan, R. K., Steytler, D. C., *Colloids Surf. A*, **128**, 209 (1997).
43) Eastoe, J., Hetherington, K. J., Sharpe, D., Steytler, D. C., Egelhaaf, S., Heenan, R. K., *Langmuir*, **13**, 2490 (1997).
44) Bumajdad, A., Eastoe, J., Heenan, R. K., Lu, J. R., Steytler, D. C., Egelhaaf, S., *J. Chem. Soc. Faraday Trans.*, **94**, 2143 (1998).
45) Helfrich, W., *Z. Naturforsch.*, **28c**, 693 (1973).
46) Kellay, H., Binks, B. P., Hendrikx, Y., Lee, L. T., Meunier, J., *Adv. Colloid Interface Sci.*, **9**, 85 (1994).
47) Safran, S. A., Tlusty, T., *Ber. Bunsenges. Phys. Chem.*, **100**, 252 (1996).
48) Szleifer, I., Kramer, D., Ben-Shaul, A., Gelbart, W. M., Safran, S., *J. Chem. Phys.*, **92**, 6800 (1990).

49) Winterhalter, M., Helfrich, W., *J. Phys. Chem.*, **96**, 327 (1992).
50) Gradzielski, M., Langevin, D., Farago, B., *Phys. Rev. E*, **53**, 3900 (1996).
51) Safran, S. A., "Structure and Dynamics of Strongly Interacting Colloids and Supramolecular Aggregates in Solution, Vol. 369 of NATO Advanced Study Institute, Series C: Mathematical and Physical Sciences", ed. by Chen, S. H., Huang, J. S., Tartaglia, P., Kluwer, Dortrecht (1992).
52) Meunier, J., Lee, L. T., *Langmuir*, **46**, 1855 (1991).
53) Kegel, W. K., Bodnar, I., Lekkerkerker, H. N. W., *J. Phys. Chem.*, **99**, 3272 (1995).
54) Sicoli, F., Langevin, D., Lee, L. T., *J. Chem. Phys.*, **99**, 4759 (1993).
55) De Gennes, P. G., Taupin, C., *J. Phys. Chem.*, **86**, 2294 (1982).
56) Daillant, J., Bosio, L., Benattar, J. J., Meunier, J., *Europhys. Lett.*, **8**, 453 (1989).
57) Shneider, M. B., Jenkins, J. T., Webb, W. W., *Biophys. J.*, **45**, 891 (1984).
58) Engelhardt, H., Duwe, H. P., Sackmann, E., *J. Phys. Lett.*, **46**, 395 (1985).
59) Bivas, I., Hanusse, P., Botherel, P., Lalanne, J., Aguerre-Chariol, O., *J. Phys.*, **48**, 855 (1987).
60) Di Meglio, J. M., Dvolaitzky, M., Taupin, C., *J. Phys. Chem.*, **89**, 871 (1985).
61) Farago, B., Huang, J. S., Richter, D., Safran, S. A., Milner, S. T., *Progr. Colloid Polym. Sci.*, **81**, 60 (1990).
62) Safran, S. A., *J. Chem. Phys.*, **78**, 2073 (1983).
63) Milner, S. T., Safran, S. A., *Phys. Rev. A*, **36**, 4371 (1987).
64) Eastoe, J., Sharpe, D., Heenan, R. K., Egelhaaf, S., *J. Phys. Chem. B*, **101**, 944 (1997).
65) Gradzielski, M., Langevin, D., *J. Mol. Struct.*, **383**, 145 (1996).
66) Eastoe, J., Sharpe, D., *Langmuir*, **13**, 3289 (1997).
67) Rock, P. A., "Chemical Thermodynamics", MacMillan, London (1969).
68) Olsson, U., Wennerström, H., *Adv. Colloid Interface Sci.*, **49**, 113 (1994).
69) Eastoe, J., Gold, S., Steytler, D. C., *Langmuir*, **22**, 9832 (2006).
70) Eastoe, J., Gold, S., Rogers, S. E., Paul, A., Welton, T., Heenan, R. K., Grillo, I., *J. Am. Chem. Soc.*, **217**, 7302 (2005).
71) Patel, N., Marlow, M., Lawrence, M. J., *J. Coll. Int. Sci.*, **258**, 345 (2003).
72) UK Patent No. 2 222 770 'Pharmaceutical compositions containing cyclosporine'.
73) Eastoe, J., Hollamby, M. J., Hudson, L. K., *Adv. Colloid Interface Sci.*, **128–130**, 5 (2006).

6

エマルション

6・1 はじめに

6・1・1 エマルションの型の定義

エマルションはある液体が他の液体の連続相中に分散したものである．ここで，これらの二つの液体は混ざり合わない(あるいは，少なくとも相互の混和性が制限されている)．原理的にはエマルションの型，つまり 油/水 (O/W)か 水/油 (W/O)か，あるいは粒径に従ってエマルションを分類することができる．

- マイクロエマルション(第5章)：100 nm 以下
- ミニエマルション：100 nm から 1 μm まで
- マクロなエマルション：1 μm 以上

しかし，このサイズによる分類は目安にすぎず，正確ではない．マイクロエマルションは熱力学的に安定した系と通常考えられるが(5・2 節)，ミニエマルションとマクロなエマルションはせいぜい準安定状態(すなわち，速度論的に安定)である．エマルションに関して熱力学的安定性の厳密な定義は液滴サイズではなく，(5・2)式によって与えられる．

$$\Delta G_{\mathrm{form}} = \Delta A\gamma_{12} - T\Delta S_{\mathrm{conf}} \qquad (6\cdot1)$$

ここで，ΔG_{form} はエマルション形成に伴うギブズ自由エネルギー変化，ΔS_{conf} は配置エントロピー変化，ΔA は界面の面積変化である．

ミニエマルションあるいはマクロなエマルションの ΔG_{form} を考えるときには，図6・1が解説のための基礎になる．

［6章執筆］ Brian Vincent, School of Chemistry, University of Bristol, UK

エマルション系が熱力学的に安定であるためには，$\Delta G_{\rm form}$ は負でなければならない．すなわち，エマルションは自発的に形成されなければならない．このためには，一般に二つの液相間の界面張力(γ_{12})が十分低く(10^{-4} から 10^{-2} mN m^{-1} のオーダー)，(6・1)式中の $\Delta S_{\rm conf}$ 項が $\Delta A\gamma_{12}$ 項より大きくなることが必要である．これがマイクロエマルション生成の原理である．マイクロエマルションはその性質に応じて可溶化した油あるいは水で膨潤したミセルである．

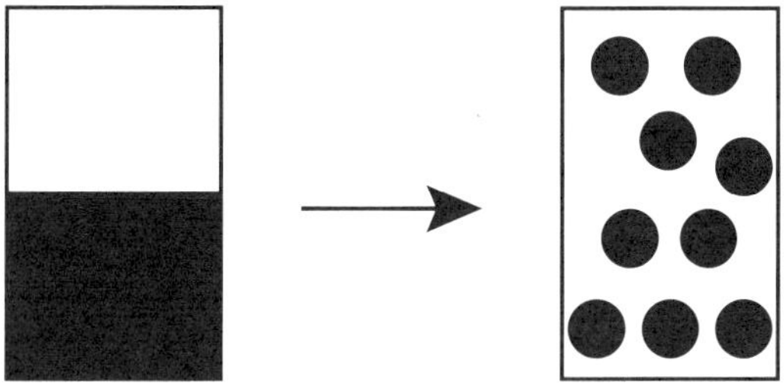

$$\Delta G_{\rm form} = \Delta A\gamma_{12} - T\Delta S_{\rm conf}$$

図6・1 エマルション液滴の生成ギブズ自由エネルギー．

エマルションが粉砕によって形成される場合，$\Delta G_{\rm form}$ は正である．すなわち，エマルションを形成するために二つのバルク液相に対して仕事を行わなければならない(6・2・1節，6・2・2節)．エマルションが核形成と成長によって形成される場合(6・2・3節)，$\Delta G_{\rm form}$ は負である．しかし，液滴を(速度論的に)安定化させるための手段を講じなければ，系は単に二つのバルク液体に戻る．

上述のように，粉砕によって形成される古典的なマクロなエマルションの場合は，$\Delta G_{\rm form}$ は正である．γ_{12} は通常，数十 mN m^{-1} であるため，(6・1)式の $\Delta S_{\rm conf}$ は $\Delta A\gamma_{12}$ 項と比較してかなり小さい(通常無視できる)．図4・3が示すように，液/液界面の形成を助けるための界面活性剤の添加は(連続相を形成する液体において)，CMC 近傍の濃度のとき γ_{12} が低下するので最も効果的である．これ以上に界面活性剤を添加しても，γ_{12} の値をさらに低下させることはできない．油–水系でマイクロエマルションを形成するのに必要な非常に小さい γ_{12} の値を得るために用いる“トリック”については第5章で説明した．

ミニエマルションの場合は，(6・1)式の $\Delta S_{\rm conf}$ 項が $\Delta A\gamma_{12}$ 項より小さいが，これら二つの項の大きさが非常に近いので興味がある．実際，“マイクロエマルション”に分類された系のうち，あるものは $\Delta G_{\rm form}$ の正味の符号が負ではなく正であるので，これは厳密にはミニエマルションである．Schulman ら[1)]のマイクロエマルションに関する初期の研究にその例がある．その系は ベンゼン–水–オレイン酸カリウム系で，撹拌すると，マクロなW/Oエマルションを形成する．*n*–ヘキサノールを加えると系は光学的に半透明になる．Schulmanは油の連続相が直径10〜50 nmの非常に小さな水滴を含むことを示した．このような系に対して"マイクロエマルション"という用語を造ったのは彼であった．後に，非常に似た系（*n*–ヘキサデカン–水–硫酸ドデシルナトリウム）に対してGerbaciaとRosano[2]が研究を行った．しかし，この場合，系は接触する二つのバルク相のままであった．彼らは*n*–ヘキサデカン相へ"補助界面活性剤"*n*–ペンタノールを加えながら滴定し，ウィルヘルミー板を用いて，油/水界面の時間t変化による界面張力γを観測した．結果を図6・2に示す．

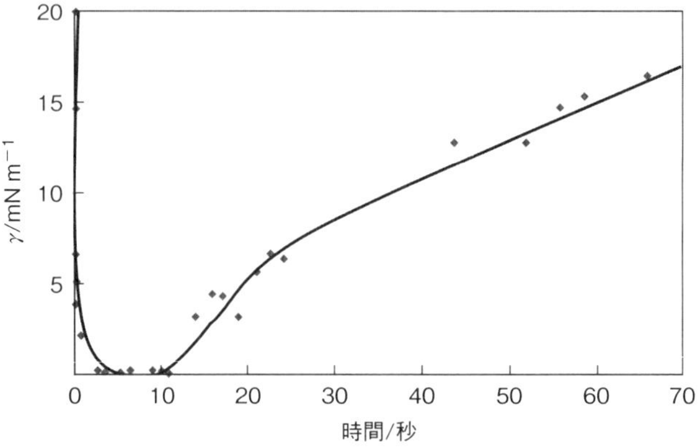

図6・2 *n*–ペンタノール添加による*n*–ヘキサデカン（オレイン酸カリウムの存在下）の界面張力の時間変化．文献[2]より許可を得て転載．Copyright (1973) Elsevier Ltd.

図6・2に観測されたように，およそ1分までの間にアルコール分子が界面を横切って移行するため，γは0近くまで一時的に低下するが，その後，再び初めの値（約20 mN m^{-1}）よりやや低い値まで増加して，系は平衡状態になる．γがゼロに近い値をとる間，自発的な液滴形成が油/水界面の近くで観察される．これらの液滴はマイクロエマルション液滴のように見えるが，そうでないことは明らかである．なぜなら，γの平衡値が非常に高く，ΔG_{form}は正になるからである．結論はこうである．動的なシュルマン法を用いてつくられた液滴は，たとえ粒径はマイクロエマルションであっても熱力学的定義からはマイクロエマルションではない．唯一の真のマイクロエマルション液滴は，平衡状態のもとで（可溶化法による）ミセルの膨潤によって形成されるものである．最近ではSchulmanの液滴をミニエマルション液滴とよんでいる．実際，1980年

頃以降，ミニエマルションに関する研究は独自の分野として発展したが，大部分は乳化重合法によるラテックス粒子調製への応用であった[3]．

別の型のエマルション系は三つ（またはそれ以上）のバルク相を含む系である．3相系のいくつかの例を図6・3に示す．

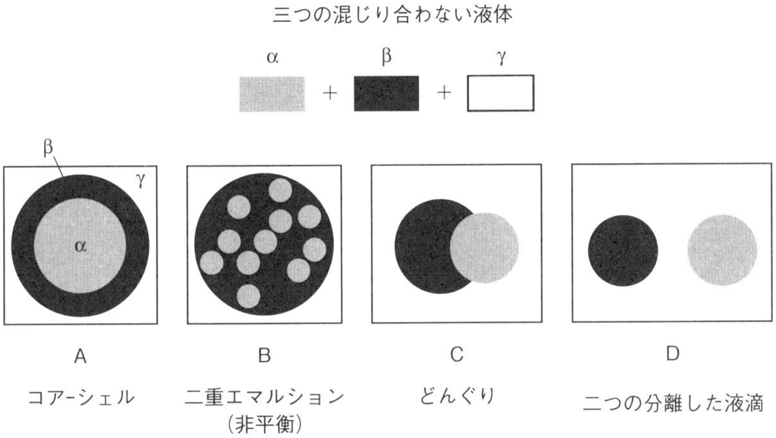

図6・3 三つの液相を含むエマルション系．

A型がおそらく最もよく知られているもので，（たとえば，二重乳化過程によって）最も容易に形成されるものである．ここで，α相とγ相は同様の相（たとえば，ともに水相）であり，β相は油である．これはWOW型二重エマルションとよばれる．B型はA型の変形であり，B型の内部の分離したα液滴が合一してバルクα相を形成するとA型になる．実際，互いに混ざり合わない二つの液体αとβを第三の互いに混ざり合わない液体γの中でともに撹拌すると（すなわち，αγエマルションをβγエマルションと混合すると），三つの界面張力$\gamma_{\alpha\beta}$，$\gamma_{\alpha\gamma}$，$\gamma_{\beta\gamma}$の相対的な大きさに従って，系B, C, Dのいずれかの系が形成される．どの型の系が形成されるかを示す厳密な方程式は，TorzaとMason[4]によって与えられた．しかし，直観的には，たとえば，$\gamma_{\alpha\gamma}$が$\gamma_{\alpha\beta}$と$\gamma_{\beta\gamma}$の両方より著しく大きい場合，αγ界面が存在しないので，系Bが有利であることがわかる．A型のコアｰシェル系とB型の系は活性分子の制御送達（はじめにα相に溶解し，γ相に送達される）に応用されている．特にB型の系の場合，β相が重合可能な液体単量体であるならば，シェルは固体高分子に変わる．C型の系では，αとβが互いに混ざり合わない単量体であり，この系をヤヌス（Janus）型高分子粒子*の形成に用い

＊ ［訳注］ 互いに相分離した2種の高分子から成る粒子．2つの顔をもつ古代ローマの神に由来．

ることが原理的に可能である.

6・1・2 エマルション系の新しい特徴：固/液分散系との比較

液体の連続相中に固体粒子が分散した系と，液滴の分散系の大きな違いは液/液界面の変形能である．球状の液滴は特にマクロなエマルションの場合にその形状を変える．これは特に液滴濃度が高いときやクリーム状エマルションで重要であり，分散相の体積分率(ϕ)は，球の六方最密充填の場合の値(0.74)を超えることがある．固体粒子と異なり，液滴は合一する場合がある．

さらに後で明らかになるが，微粒子分散系における固/液界面の場合に比べて，液/液界面に吸着する界面活性剤や高分子(あるいはナノ粒子)は，エマルション液滴を安定させるために，はるかに重要な役割を果たしている．

6・2 調　製

6・2・1 粉砕—バッチ乳化法

粉砕(前述のように，ΔG_{form} は正である)では，まず二つのバルク液体（ほとんどの場合，油相と水相)から出発して，十分なエネルギーを一つの相に供給して液滴に分解し，第二の相の中に分散させる．一般に，エネルギー供給量は ΔG_{form} の実際の値よりはるかに大きく，過剰エネルギーは系内に熱として現われるから，可能な場合は温度制御をするとよい．エネルギー入力にはさまざまな方法があるが，撹拌と超音波照射は従来からの方法である．しかし，現在の機器（いわゆる“ホモジナイザー”)では細孔を通る強制的な流れを繰返し用いることが多い．このため，ほとんどの粉砕方法には乱流が関与するので，流体力学的な分析は複雑になる．しかし，図6・4に示すように単純な層流勾配のもとでは大きな液滴が“引き伸ばされ”，軸比がある値を超えると引き伸ばされた液滴は崩壊して小さな液滴になる〔いわゆる“テイラー不安定”(Taylor instability)〕．

すべての粉砕方法において，液滴の崩壊とともに再合一も起こっていることを忘れてはならない．この結果，定常的な液滴の粒度分布が決まり，平均の液滴サイズは主とし

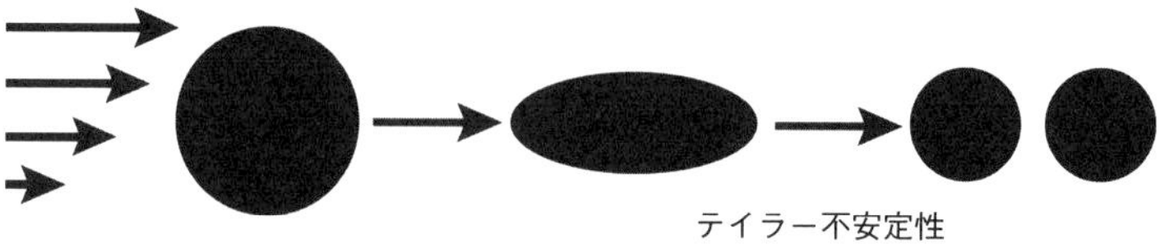

図6・4 層流におけるエマルション液滴の崩壊.

て単位時間当たりの供給エネルギーに依存する．この供給エネルギーが大きいほど，平均液滴サイズは小さくなる．しかし，いわゆる“乳化剤”の存在も平均液滴サイズに大きな影響を及ぼす．乳化剤には界面活性剤，高分子，さらにナノ粒子があり，これらは液/液界面に吸着する．一般に，界面活性が最も効率的なのは乳化剤である．界面活性剤の主要な役割は界面張力(γ_{12})を低下させ，その結果ΔG_{form}が減少する(6・1式)．乳化剤は，液滴の崩壊の間に新しく形成された液/液界面に向かって拡散し吸着する．一般的に，界面活性剤はほとんどの高分子に比べ効果的に界面のγ_{12}を下げる(ナノ粒子の場合は，この節で後に説明するように状況は複雑である)．界面活性剤(または高分子あるいはナノ粒子)のもう一つの重要な役割は，それらが液滴の再合一を抑制することである(6・3・3節)．このために，界面活性剤が存在する場合は存在しない場合に比べて，同じ量のエネルギーを供給しても平均液滴直径ははるかに小さくなる．一般に界面活性剤濃度がCMCに近い場合に最も小さな液滴が生じる．

与えられた体積(V^{c})の連続相および界面活性剤濃度(c_{s})のもとで，分散する液体の体積(V^{d})に予想される平均液滴直径(d_{av})を関連づけることが可能である．ただし，以下のような多くの仮定が必要である．(i)乳化の前にすべての界面活性剤は連続相にある．(ii)乳化後に遊離の界面活性剤が溶液中に残らず，すべて吸着される．(iii)界面が界面活性剤の単分子層で完全に充填され，各吸着界面活性剤分子の占める断面積は最密充填単分子層の値(a_{m})をとる．与えられた油-水-界面活性剤系に対するa_{m}の値は，単分子層における界面活性剤の吸着過剰量Γ_{m}から(6・2)式に従って求められる．ここで，Γ_{m}はγ_{12}対$\ln c_{\mathrm{s}}$の実験プロットにギブズの式を適用して得られる(第4章)．

$$a_{\mathrm{m}} = \frac{1}{N_{\mathrm{A}}\Gamma_{\mathrm{m}}} \tag{6・2}$$

さらに，平均液滴直径d_{av}は次式から得られる．

$$d_{\mathrm{av}} = \frac{6V^{\mathrm{d}}}{V^{\mathrm{c}}c_{\mathrm{s}}a_{\mathrm{m}}N_{\mathrm{A}}} \tag{6・3}$$

例として，$V^{\mathrm{d}}/V^{\mathrm{c}} = 0.1$，$c_{\mathrm{s}} = 10^{-3}$ M，$a_{\mathrm{m}} = 0.4\ \mathrm{nm}^2$の系の場合，(6・3)式から平均液滴直径の値3.5 μmが得られる．

与えられた油と水の混合物の乳化の際に考慮すべき重要な問題は，どの型のエマルション(O/WあるいはW/O)が形成されるかとういうことである．どのような添加乳化剤も存在しない状態では，これは用いた油と水の体積比，および二つのバルク液体の相対粘度に依存する．たとえば，油と水を単に撹拌すると両方の型の液滴，つまり水中における初期の油滴または油中における初期の水滴が生じる．しかし，体積比が大きい場合は，統計的に体積の小さい液体が分散相を形成する傾向がある．体積比がほぼ1である場合は，粘性の小さい液体が分散相を形成する傾向がある．なぜなら，粘性の高い液体は図6・4のように変形することが困難だからであり，液滴が形成されると，連続相の粘性が高いほど再合一が遅くなるからである．しかし，乳化剤が存在する場合，これらの両方の要因は問題にならなくなり，重要因子は乳化剤が油/水界面に与える自然曲率になる．これについては，まずナノ粒子乳化剤について説明し，次に界面活性剤と高分子について議論する．

ナノ粒子乳化剤の場合を図6・5左図に示すが，ナノ粒子の吸着単分子層で覆われた油滴が水中に分散している．

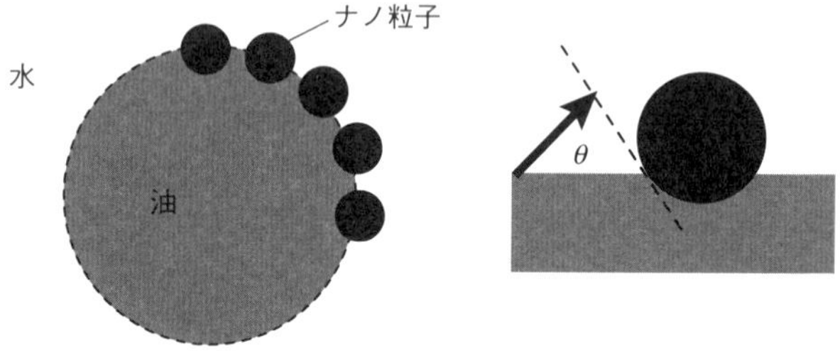

図6・5 液/液界面におけるナノ粒子の吸着．

ここで重要なパラメーターは，固体表面における油/水界面の接触角(θ)である．この図では$0° < \theta < 90°$である．すなわち，部分的に水にぬれる(第10章)．したがって，粒子は水の連続相に突き出して界面の曲率は図に示したようになり，O/Wエマルションが形成される．$90° < \theta < 180°$の場合，すなわち固体表面が部分的に油にぬれる場合は逆の状況になり，W/Oエマルションが形成される．もし，完全にぬれる場合，すなわち$\theta = 0°$または$\theta = 180°$の場合は，粒子は界面に吸着せず，それぞれ水相または油相のいずれかに分散したままであり，エマルションはできない．

吸着ナノ粒子で安定化されたエマルション液滴は，このような系を最初に取上げた研究者の名にちなんで"ピッカリングエマルション(Pickering emulsion)"とよばれる[5)]．最近，おもにBinksらの研究[6)]を通じて，この型のエマルションに再び大きな関心が寄せられるようになった．

乳化剤が界面活性剤および高分子であるとき，吸着した界面活性剤あるいは高分子は，さらに関与する液/液界面の曲率を"強要する"傾向がある．この場合，好ましい曲率は界面における吸着分子の構造，つまり"形"に依存する．ここでは界面活性剤のみを考察するが，高分子も同様の挙動を示す．しかし，吸着高分子の構造(コンホメーション)を自明なものとして(アプリオリに)"推測する"ことはできず，詳細な実験解析が必要である(たとえば，中性子の散乱や反射．第 8 章，第 13 章)．界面活性剤分子は高分子に比べて柔軟ではないので，一般に 油/水界面においてもバルク溶液中と同じコンホメーションをとろうとする傾向がある．したがって，好ましい曲率を合理的に予測することは可能である．この問題はマイクロエマルションに関してすでに 5・4・1 節で詳細に述べた．基本的なパラメーターは，Israelachvili[7] が導入した充塡パラメーター (P) である．油/水界面で親水性頭部が占める面積と疎水性尾部の占める面積の比として定義される(図 6・6)．

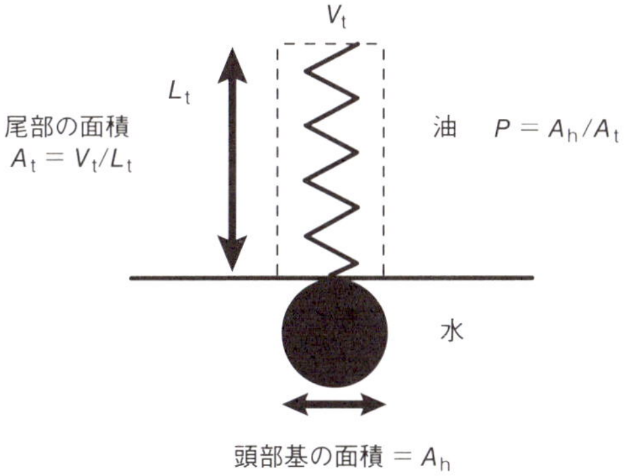

図 6・6　油/水界面に吸着した界面活性剤分子の頭部と尾部が占める投影した面積．

$P<1$ の場合は O/W マイクロエマルションが有利であり，$P>1$ の場合は W/O マイクロエマルションが有利になる．同じ規則がマクロなエマルションに対しても成り立つようである．これは，おそらく乳化中に引き伸ばされた液滴の端における高い曲率に関係している(図 6・4)．

マクロなエマルションの型を予測するために従来用いていた界面活性剤に対する HLB (親水-親油バランス)値のような概念に代わって，今日では充塡パラメーターの概念が広く用いられている(5・4・1 節)．

6・2・2 粉砕—連続乳化法

連続乳化法では細孔(粉末や薄膜のように並列に並んだ細孔)に一つの液相を通過させ，生成する液滴が第二の液相中へ分散する．たとえば，成功例として Peng と Williams[8] によるコンピューター制御の直交流膜(cross-flow membrane)装置が報告されている．この円筒形の管状膜は鋼またはセラミック材料で作られ，多数の同じ大きさの細孔(一般的に 10 μm 程度かそれ以上のサイズ)をもつ．分散させる液体は管の中心を上方へ流れ，液滴が圧力で(乳化剤を含む)連続相の液体に押し出されて，外側にある第二の同心円筒中を流れる．外側と内側の両方の容器は連続的なループ構造をもつので，液滴は連続的に生成される．液滴濃度が目標値に達すると流れが止まる．ふつう，効率的な液滴生成には数気圧の圧力差が必要である．隣同士の液滴が互いに触れ合一しないように，細孔同士は十分に離れていなければならない．さらに，分散相液体によって細孔がぬれる必要がある．このようにして生成した最小の液滴は，細孔の約 3 倍の直径をもつ．したがって，この方法で 50 μm 未満の液滴を生成することは困難である．しかし，連続乳化法の長所として，この方法によって生成したエマルションは従来のバッチ乳化法によって生成した同サイズの小滴より一般に単分散性が高い．

Dowding ら[9]は，手動で簡単に操作できる水平円板膜を用いた直交流膜装置を紹介している．

連続乳化法に代わる新しく興味深い方法は，**微小流体技術**(マイクロフルイディクス，microfluidics)に基づき，広い粒径範囲にわたって単分散性の高い液滴を生成するものである[10]．これは，分散相を毛管に沿って連続相へ流すことにより，(通常，加熱して細長く伸ばした)細い毛管の先端で液滴が生成される．

6・2・3 核形成および成長によるエマルションの調製

核形成と成長は単分散コロイド粒子を生成するための古典的方法として確立しているが，液滴形成の分野における適用例はずっと少ない．Vincent ら[11]によるこの分野の総説がある．核形成と成長過程では，はじめは均一であった系に物理的または化学的に相分離が誘起され，これが分散相を形成する．

物理的に誘起される相分離は，2 成分系では温度変化によって，3 成分系では濃度変化によって最も効率的に起こる．いずれの場合も対応する相図において 1 相領域から 2 相領域の中へ共存曲線を越えなければならない．Vincent らは二つの低分子量高分子，ポリエチレンオキシド(PEO)とポリジメチルシロキサン(PDMS)の混合物に基づいた 2 成分系と 3 成分系の相図について述べている．これらの二つの高分子の 2 成分混合物は上部共溶温度を示すが(図 6・7)，この温度はモル質量に強く依存する．

1 相領域から出発して冷却し共存曲線を越えて 2 相領域の中へ移ると，核形成と成長の機構によってある相の液滴の形成が第二の相の中で起こる．もし，液滴の合一を防ぐある種の安定化剤が存在しなければ，最終的には共存する二つの完全な連続相への相分離が起こることになる(6・3・4 節)．Vincent らの研究では，例として高温で単独重合体の混合物に溶解した PEO–PDMS ブロック共重合体がある．PEO と PDMS の比較的希薄な混合物，すなわち PDMS 中の 10 %以下の PEO あるいはその逆の混合物の場合，これを冷却すると液滴が生成する．平均液滴直径は 1 μm 程度未満である．この方法の別の例として，一定温度(たとえば30℃)において両方の単独重合体(に加えてブロック共重合体)を共通の溶媒(トルエン)に溶解し，トルエンを(真空中で)蒸発させる．たとえ液滴相と連続相の体積比がかなり大きくても，サイズが1 μmから2 μmの範囲で十分に単分散性の高いエマルション液滴が生成できる．

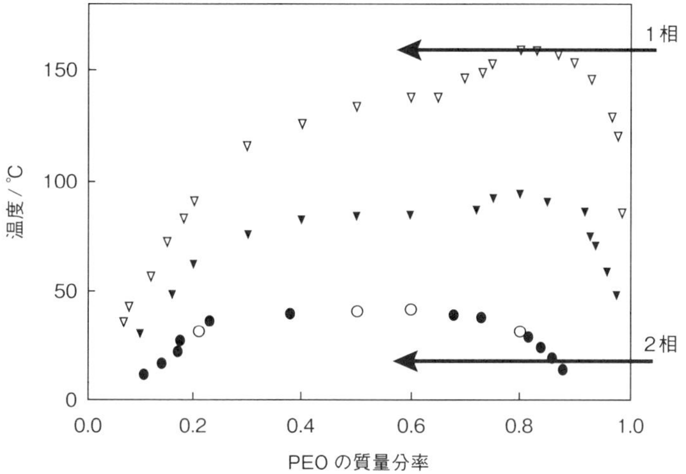

図6・7 液状重合体PDMSとPEOの2成分系混合物に対する温度-組成相図．PDMSの分子量＝222(すべての場合)，PEOの分子量＝311(●，○)，770(▼)，2000(▽)．文献[11]より許可を得て転載．Copyright(1998) 英国王立化学会．(訳注：●と○があるのは，異なる実験結果を一つのグラフにまとめたためである．)

マイクロエマルションからマクロなエマルションを生成するための温度ジャンプ法[12]においては，1相領域(マイクロエマルション)と2相領域(マイクロエマルションと過剰の油または水)を分ける相(溶解)境界線を越えることが必要である(1相領域と2相領域を説明する5・4・3節，特に図5・9を見よ)．

核形成と成長に基づくマクロなエマルション液滴生成の化学的方法は，コロイド生成のために広く用いられているにもかかわらず文献はほとんどない．考え方の基本は化学反応によって分散相を形成することであるが，反応生成物は固体粒子ではなく液滴を形成することが必要である．この考えに基づいてObeyとVincent[13]は水中で直径がμm程度のオリゴマーPDMS（“シリコーン油”，室温で液体状態の高分子)を調製した．ここで基本になる化学過程はジメチルジエトキシシラン-エタノール 水混合物の塩基触媒加水分解である．この反応から，短鎖直鎖状PDMSと環状PDMSの混合物が生成する．その比率は用いたエタノール濃度に依存する[12]．このエタノールは反応の終わりにエマルションの透析によって除去される．この方法の興味深い特徴は，添加乳化剤も安定化剤も必要でないということである．すなわち，PDMS 鎖末端の－OH 基の解離によって PDMS/水界面に発生した負電荷が液滴を静電的に安定化する．エタノール–水混合物中でテトラエトキシシランの塩基加水分解から Stöber の方法[14]を用いて単分散シリカ粒子が生成されるが，上記の単分散シリコーン油滴はこの単分散シリカ粒子に似ている．

6・3 安 定 性

6・3・1 は じ め に

“安定性”という用語はエマルションを含むコロイド系に対して広く用いられている．一般に，系の安定性は崩壊過程に抵抗するコロイド系の能力を意味する．この崩壊過程は系に外部からはたらく力，または系内部ではたらく力によってひき起こされる．外力の例としては，重力，遠心力，静電場の力，磁場の力がある．沈降(または浮上)は，液滴にはたらく重力あるいは遠心力に対する結果である．内力は液滴間および分子間の両レベルではたらく．液滴間の力が正味に引力の場合は，液滴の凝集が起こる場合がある．液滴の液/液界面における分子間力の不均衡は，界面張力および界面自由エネルギーの起源である．エマルションは，合一やオストワルド成長によってこの界面自由エネルギーを最小にしようとする．温度や濃度が変化する場合は，界面自由エネルギーの最小化はさらにエマルションの転相をひき起こす場合もある．これらの崩壊過程のおのおの，およびそれを防ぐ方法について以下に順に述べる．しかし，エマルション系の重要な特徴として，これらの崩壊過程のいくつか，たとえば沈降，凝集，合一が同時に起こる場合があることに注意しなければならない．

6・3・2 沈降と浮上(クリーミング)

沈降または浮上する(孤立)液滴の定常状態の速度(v_{S})は，希薄エマルションの場合，次式で与えられる．

$$v_{\mathrm{s}} = \frac{2\pi\Delta\rho g a^2}{9\eta} \tag{6・4}$$

ここで，$\Delta\rho$ は分散相と連続相の密度差(沈降の場合は正，浮上の場合は負)，g は重力加速度，a は液滴半径，η は連続相の粘度である．

沈降(または浮上)する濃厚エマルションについては，状況は複雑である．個々の液滴は他と相互作用することなく沈降することはない．濃厚系で生じる流体力学的多体相互作用を説明するためにさまざまな理論が出されている．単純な半経験的アプローチでは，液滴の体積分率(ϕ)によるビリアル展開として沈降速度を表現する．

$$v_s = v_{s,o}(1 + a\phi + b\phi^2 + \cdots) \tag{6・5}$$

ここに，$v_{s,o}$は無限希釈におけるv_sの極限値で(6・4)式で与えられる．ϕが適度に中程度のエマルションの場合，経験的なビリアル係数$a, b, \cdots$は，実験データをϕの関数としてv_sへ適合させて求めることができる．第一原理からこれらのビリアル係数を計算できる理論を導くことがおもな課題である．

与えられたエマルション系の場合，v_sの減少を目的として容易に調節できるただ一つのパラメーターはηである(6・4式)．たとえば，連続相の粘度を増加させるために高分子を添加すると，v_sが減少する(ただし，枯渇凝集が生じないようにする．6・3・2節)．高分子を十分に加えると(すなわち，いわゆる“臨界高分子重なり濃度*1”より多く加えると)，連続相は降伏応力*2をもつ弱い物理ゲルを形成する(この結果，枯渇凝集が抑制される)．この降伏応力が個々の液滴に作用する沈降力より大きい場合，v_sは事実上0まで減少する．

6・3・3 凝　集

第3章と第9章に述べるように，液滴の凝集はほぼすべての点でコロイド粒子の凝集に類似している．第3章では電荷で安定化した分散系の凝集について扱い，第9章では分散系の凝集挙動に対する添加高分子の効果について述べる．簡潔にいえば，電荷で安定化した粒子または液滴は，粒子間の静電斥力が十分に低下するとコロイド粒子間のファンデルワールス引力によって粒子は凝集する．すなわち，粒子の表面電荷が十分に減少する(たとえば，pH変化によって表面電荷が等電点に接近する)，あるいは静電斥力が(たとえば，電解質添加によって)十分に遮蔽されると，粒子の凝集が起こる．電荷で安定化したエマルションは，エマルションを構成する液滴がイオン性界面活性剤の吸着(単分子)層で覆われた場合に生じることが最も多い．

興味ある議論が最近の文献[15]にある．真に純粋な油と純水を乳化する場合，すなわち，どんな微量の表面活性剤も存在しない場合，凝集せずに安定なエマルションはなぜ生成されないのか．つまり，純粋な油/水界面は固有の電荷をもっているのに(電荷の正確な起源について議論が続いているが，数十 mV のゼータ電位が測定されている)，なぜ液滴同士は静電的に反発しないのか．答えは，純粋な油滴は疎水性であるため，水中に通常存在する小さな(ナノサイズの)気泡が油/水界面に吸着する．この結果，液滴

---

*1 ［訳注］ 高分子濃度がこの濃度に達すると互いの高分子鎖が重なるようになる．
*2 ［訳注］ 降伏応力とは物体の弾性変形が塑性変形に変わるときの応力である．物理ゲルとは分子間力で架橋したゲル．

の(気泡による)架橋凝集が起こり，急速に液滴の合一が起こる．一方，イオン性界面活性剤の吸着層で覆われる油滴は親水性であり，このような気泡吸着は抑制される．

液滴が非イオン性高分子または界面活性剤(実際には，オリゴマー状のブロック共重合体)の吸着層で覆われる場合は他の因子が作用する．非イオン性高分子または界面活性剤の存在下でエマルションが形成される場合，液滴が単分子層で被覆されると仮定することは妥当である．この場合，液滴はファンデルワールス引力に抗して立体的に安定化される(詳細は第8章)．エマルション形成のために高分子電解質を用いる場合，安定化機構は静電斥力と立体斥力の同時作用(すなわち，いわゆる“静電-立体”安定化)による．

エマルション中の液滴間に普遍的にはたらくファンデルワールス引力に加えて，吸着していない高分子(すなわち高分子電解質)が連続相中にある場合は別の型の引力が生じる．これがいわゆる“枯渇相互作用”であり，第9章で詳述する．すなわち，二つの液滴が溶液中で互いに接近し，液滴間距離が高分子の大きさ以下になると，液滴間に形成されている薄膜中の高分子が枯渇する(高分子濃度が下がる)．この結果，二つの液滴を互いに押しつけるような浸透圧が生じる．ここで忘れてはならないことであるが，連続相中に存在する小さなナノ粒子やナノ液滴も液滴間に(一般に弱い)枯渇引力を生じさせる．このような凝集は連続水相中に過剰に存在する遊離の界面活性剤の濃度がCMC以上の場合に，マクロなエマルションの油滴間で観察される．この場合，ミセルは(水相中で油滴を取り込み)油を可溶化して，マクロなエマルション液滴と共存するマイクロエマルション液滴を形成する．これらのマイクロエマルション液滴がより大きな液滴の枯渇凝集をひき起こす[16]．

6・3・4 合　一

柔らかい球状のゴムボールを平面に対して押しつけると，表面に接するゴムは平らになろうとする．同様に，二つの液滴が互いにある距離内まで接近すると，二つの液滴の慣性エネルギーによって液滴間における連続相の液体の薄膜が平らになり，図6・8に模式的に示したように平行な側面をもつ膜を形成する．

平らになる度合いは液滴の慣性エネルギーに依存する．二つの液滴間にすべての膜間距離で斥力がはたらくならば，二つの液滴間の膜がある距離まで薄くなると，(ちょうど押しつぶされたゴムボールが平面から弾むように)二つの液滴は互いに反発し分離する．これと似た状況として，二つの液滴が“ほとんど接触”しているが，完全な接触でない場合がある．このとき，液滴間には厚さhの平らな薄膜が形成され平衡に達している(図6・8)．これは，高い体積分率($\phi > 0.74$，単分散の球の六方最密充填に対する値)のエマルションの場合に生じる．ϕのこのような高い値は浮上または沈降するエマルションで生じることが多い．ここで，液滴間の(正味の)斥力は，液滴にはたらく重力または遠心力と釣り合う．同様の状況が液滴の凝集体の中においても生じる．そこでは，液滴は液滴間対ポテンシャルエネルギーが最小値になるところの距離 h に“位置する”．これは，たとえば安定化のための吸着層高分子や界面活性剤で覆われた液滴の場合に生じるが，液滴間引力(たとえば，ファンデルワールス引力や枯渇引力)の作用範囲が立体斥力の作用範囲より長い場合である．

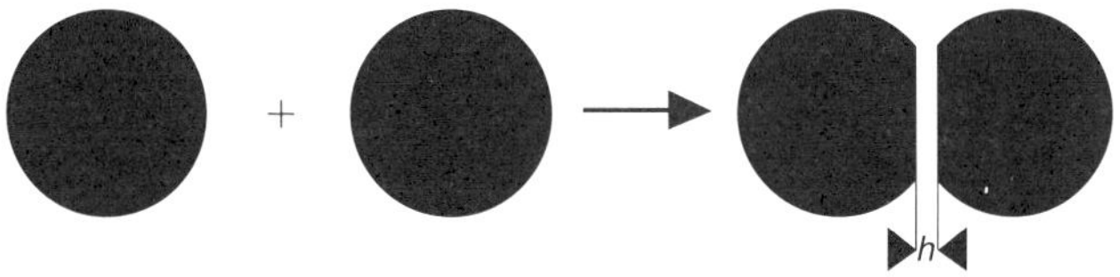

図6・8　接近する二つの液滴間に形成される薄膜.

二つの液滴が合一するためには，液滴間の薄膜が何らかの形で破裂しなければならない．破裂が起こるための最も妥当な機構は，薄膜中の振動波の存在と関係がある．このような波は熱的に(液/液膜で自然に発生する波は，動的散乱の反射によって検知される)あるいは機械的に(外部振動により)つくられる．振動する二つの界面の二つの節(node)が接近すると，膜中の節の場所に“穴”が形成され破裂に至る．

明らかに，表面に安定化剤が吸着していない膜においては，薄膜は液滴間のファンデルワールス引力の影響下で連続的に枯渇する．したがって，上記の機構によって破裂は事実上自発的に起こり，二つの成分液体が完全に相分離するまで液滴合一がつづく．一方，安定化剤が吸着している場合は液滴の合一速度は遅くなり，事実上ゼロまで低下する場合もある．たとえば，安定化剤がナノ粒子の場合(すなわち，ピッカリングエマルションの場合)，まずナノ粒子の単粒子層が界面膜を事実上“剛体”化する．また，1個のナノ粒子を界面からいずれかのバルク相に移動するために必要なエネルギーが非常に高い(この移動エネルギーは接触角が $90°$ のとき最大である．図6・5)．

吸着した界面活性剤(または高分子)によって安定化したエマルションの場合は，状況はもう少し複雑である．合一を妨げる安定化は，安定化のための分子が実際に界面から脱着するのではなく，振動波の抑制によって実現される．振動波の形成は膜を挟む二つの界面の面積の増加(ΔA)によって妨げられる．重要なのは界面自由エネルギー($2\gamma_{12}\Delta A$)の増加ではなく，“ギブズ–マランゴニ”効果(Gibbs - Marangoni effect)である．つまり，二つの界面の拡張は波の節のところで界面活性剤の枯渇と対応する界面張力の局所的な増加をひき起こす．界面の拡張のしやすさは界面の膨張率(つまりギブズの弾性率) ε に関係する．これは(6・6)式で定義される．

$$\varepsilon = \frac{\mathrm{d}\gamma_{12}}{\mathrm{d}\ln A} \tag{6・6}$$

εが大きいほどエマルション液滴は合一しにくくなる．（界面流量計で測定した）εの実験値を（いずれかの）バルク相における界面活性剤濃度（c_S）に対してプロットすると，c_Sのある値で極大が現れ，さらにc_Sを十分に高くするとεはゼロに減少する．この理由は，界面内で界面活性剤が移動すると，波の節で界面活性剤の枯渇が起こるが，バルク相内の界面活性剤（および界面活性剤に結合した溶媒）が枯渇領域に向かって流れ込むために枯渇が相殺されるからである（マランゴニ効果）．すなわち，界面活性剤が移動してできた空隙に，バルク溶液から別の界面活性剤が吸着する．c_Sの値が大きいほど，この効果は大きい．十分高いc_Sの値では，振動波によって生じる界面活性剤分子の界面に沿う移動速度は界面活性剤がバルク相から液滴表面に吸着する速度と等しくなり，$\mathrm{d}\gamma_{12}$とε（6・6式）の両方が減少してゼロになる．これはエマルションが合一しにくくなるためのc_Sの値に最適値があることを意味する．

6・3・5 オストワルド成長

エマルション同士の合一が起こっていないのに，エマルションが時間とともに大きくなることがよく観測される．これは"オストワルド成長（Ostwald ripening）"とよばれる．この機構は，ラプラスの式（6・7式）で与えられるように，湾曲した液/液界面（曲率半径rおよび界面張力γ）の両側で圧力差（Δp）が存在することに関係している．

$$\Delta p = \frac{2\gamma}{r} \tag{6・7}$$

これは，大きな液滴に比べて小さな液滴のほうがラプラス圧Δpが大きいことを意味する．したがって，液滴を構成する分子の化学ポテンシャル（μ）は，小さい液滴ほど大きくなる．異なる粒径をもつ液滴間のラプラス圧の差に起因するこの化学ポテンシャルの差（$\Delta\mu_L$）こそが小さい液滴から大きい液滴へ連続水相を横切って分子の移動をひき起こすのである．この結果，系の全自由エネルギーが低下する．

オストワルド成長はO/WおよびW/Oの両方のエマルションで生じるが，以下の要因によって促進される．

（i） 液滴のサイズ分布が広がる（厳密には，単分散エマルションはオストワルド成長を示さない）．

（ii） 液滴を構成する分子の，連続相に対する溶解度が増大し，液滴間での構成分子の移動速度が増加する．実際，（CMC以上の）界面活性剤が存在すると，移動速度がさらに増加することが観測されている．これは，分子が液滴からミセル中に可溶化し*，連続相における分子の全体的な平均濃度を上昇させるからである．合一を抑えてエマルションを安定化するために界面活性剤を過剰に加えると，このようなことが起こる場合がある．

オストワルド成長を抑制するために，連続相に不溶な成分(X)を液滴相に加えることがある．この結果，液滴サイズが減少するとともに，X の濃度が増加する．反対に，液滴サイズが増すとともに，X の濃度は低下する(図 6・9)．

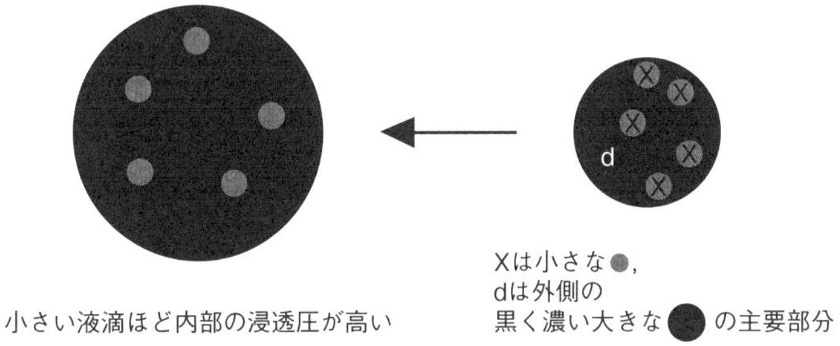

図 6・9　連続相に不溶な成分のエマルション液滴への添加．小さい液滴ほど化学ポテンシャルが小さくなり $\Delta\mu_X$ が $\Delta\mu_L$ を打ち消すためオストワルド成長が抑制される．

液滴の主成分分子を d とする．液滴中における分子 d の化学ポテンシャル(μ_d)は(6・8)式で与えられる(ただし，X と d は理想溶液を形成すると仮定する)．

$$\mu_d = \mu_d^* + RT\ln x_d = \mu_d^* + RT\ln(1 - x_X) \approx \mu_d^* - RTx_X \qquad (6\cdot8)$$

ここで，x_d と x_X はそれぞれ液滴中の d と X のモル分率である($x_X \ll x_d$)．また，μ_d^* は純粋な d の化学ポテンシャル，R は気体定数，T は絶対温度である．d 分子の化学ポテンシャルを与える(6・8)式の各項において小滴中の X の存在に関連した項(x_X を含む

*　［訳注］ O/W エマルションの場合，模式図で表すと以下のようになる．

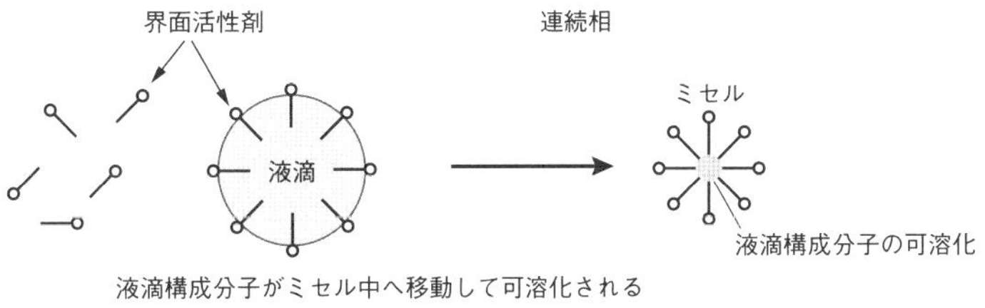

項)を考えよう．(6・8)式によれば，液滴が小さくなると x_X が大きくなるならば(図6・9のように)，上記の化学ポテンシャルは液滴が小さいほど小さくなる．このように，Xの濃度差に関連した小さな液滴と大きな液滴の間の化学ポテンシャル差($\Delta\mu_X$)は $\Delta\mu_L$ (p.134)と逆符号になる．したがって理論上，平衡状態に達して $\Delta\mu_L + \Delta\mu_X = 0$ になりオストワルド成長は停止する．

6・3・6 転　　相

転相とは，O/W エマルションが W/O エマルションに変わることおよび O/W エマルションが W/O エマルションに変わることである．よって，転相現象はエマルション安定性に関する本節で扱う．転相をひき起こす二つの主要な方法がある．

(i) 二つの成分の相対的な体積分率を大きく変える．たとえば，O/W エマルションから出発して大量の油を加えると，W/O 系への転相が起こる場合がある．この場合，エマルションの電気伝導率を測定すると転相が観測できる．なぜなら，油が連続相であるエマルションは水が連続相であるエマルションよりはるかに低い電気伝導率をもつからである．このような転相は“突発的”エマルション転相とよばれる．6・2・1 節で最初に生じるエマルションの型に対する界面活性剤構造の効果について(油/水界面における充塡パラメーター P を用いて)議論したが，そこから明らかなように，P の値が 1 とあまり違わない場合，転相が容易に生じることが予想される．その場合，界面曲率の符号(すなわち，油または水に対して凸面)のどちらかが明らかに有利ということはない．したがって，エマルションの転相と界面曲率の符号の変化によって，付随する界面自由エネルギーが大きく変化することはない．P の値が著しく 1 より大きいか，著しく 1 より小さいエマルションの場合，突発的転相は起こりそうにない．実際，大量の油を O/W エマルション(ここで，$P>1$)に加えても，高い体積分率(ϕ)の O/W エマルションが生じるだけである．この場合，ϕ は非常に高い値になり($\phi > 0.9$)，このようなエマルションを高内相エマルション(high internal phase emulsion, HIPE)という．

(ii) エマルションの転相をひき起こすために，はるかに一般的な別の方法がある．それは，エマルション内の場所において P の値を変えることである．したがって，O/W エマルションから W/O エマルションに転相するためには，$P>1$ から $P<1$ への変化が必要である．この過程を“過渡的”エマルション転相という．明らかに，P がそのように変化するためには，温度や塩濃度の変化，あるいは界面活性剤の成分の変化(混合界面活性剤を用いる)のような局所的な熱力学的条件の変化に対して P の値の符号が敏感な系が必要である．一般にこの点を考える

に，非イオン性界面活性剤で安定したエマルションにおいて過渡的転相が最も容易に起こる．観測されたマクロなエマルションの相挙動(O/W または W/O)と対応するマイクロエマルションの相挙動の間の強い相関については6・2・1節で考察した．そこでは充填パラメーター P が，観察された系がどちらの型か決定することを示した．図6・10はマイクロエマルションに関する図5・10を簡略化したものである．図6・10はある 油 + 水 + 非イオン性界面活性剤系 に対する相図であり，一定の界面活性剤濃度における平衡の(すなわち，乳化過程が起こる前の)，温度(T)–油体積分率の相図である．図中の中央付近の体積分率において，低温では，過剰の油と共存するO/W マイクロエマルションが生じ($P<1$)，反対に高温では，過剰の水と共存するW/O マイクロエマルションが生じる($P>1$)．中間の温度の小さな領域では，単一のマイクロエマルション(2相連続)相が存在する($P\approx1$)．P の変化は温度上昇による PEO 尾部の脱水に関係している．もし，この系(たとえば，油の体積分率 0.5)が低温で乳化されれば，マクロな O/W エマルションが生じ，高温ではマクロな W/O エマルションが生じる．したがって，低温におけるマクロな O/W エマルションを十分に熱すると，エマルションは W/O エマルションに転相する．中間の温度領域では単一のマイ

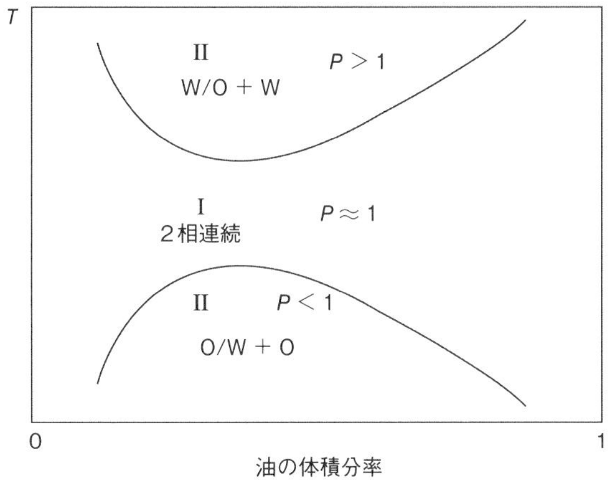

図6・10　一定の界面活性剤濃度における油(O) + 水(W) + 非イオン性界面活性剤系の相図．温度 対 油の体積分率 で 表した単純化した模式図である．ローマ数字は相図の各場所において共存する相の数を示す．W/O: 油中水滴型マイクロエマルション，O/W: 水中油滴型マイクロエマルション．P は，6・2・1節に示した充填パラメーター．

クロエマルション相だけが生じ，“転相領域”（phase-inversion region, PIR）として知られる．一般的に，対応するマクロなエマルションの場合，実際には転相領域の中にある“転相温度”（phase-inversion temperature, PIT）というある温度で転相が急速に起こることが観測される．

最後に注目すべきこととして，篠田と斎藤[17]が油／水／非イオン性界面活性剤系において非常に安定なマクロなO/Wエマルションを生成できたことは興味深い．これは比較的小さな液滴でできており，2相連続な1相領域にある系（図6・10のⅠ）を撹拌した後，PIR以下に急速に冷却して生成された．

文　献

1) Schulman, J. H., Stoeckenius, W., Prince, C., *J. Phys. Chem.*, **63**, 1672 (1959).
2) Gerbacia, W., Rosano J., *J. Colloid Interface Sci.*, **44**, 242 (1973).
3) Ugelstat, J., El-Aasser, M. S., Vanderhoff, J. W., *Polym. Lett.*, **11**, 503 (1973).
4) Torza, S., Mason, S. G., *J. Colloid Interface Sci.*, **33**, 67 (1970).
5) Pickering, S., *J. Chem. Soc.*, **91**, 200 (1907).
6) Binks, B. P., Lumbsden, S. O., *Phys. Chem. Chem. Phys.*, **1**, 3007 (1999).
7) Israelachvili, J. N., Mitchell, D. J., Ninham, B. W., *J. Chem. Soc. Faraday Trans. 2*, **72**, 1525 (1976).
8) Peng, S. J., Williams, R. A., *Chem. Eng. Res. Design*, **76**, 894 (1998).
9) Dowding, P. J., Goodwin, J. W., Vincent, B., *Colloids and Surfaces A*, **180**, 301 (2001).
10) Weitz, D. A., *et al.*, *Materials Today*, **11**, 18 (2008).
11) Vincent, B., Kiraly, Z., Obey, T. M., “Modern Aspects of Emulsion Science”, ed. by Binks, B. P., p. 100, Royal Society Chemistry, London (1998).
12) Shinoda, K., Friberg, S. E., “Emulsions and Solubilisation”, Wiley-Interscience, New York (1986).
13) Obey, T. M., Vincent, B., *J. Colloid Interface Sci.*, **163**, 454 (1994).
14) Stöber, W., Fink, A., Bohn, E., *J. Colloid Interface Sci.*, **26**, 62 (1968).
15) Pashley, R. M., *J. Phys. Chem. B*, **107**, 1714 (2003).
16) Aronson, M. P., *Langmuir*, **5**, 494 (1989).
17) Shinoda, K., Saito, H., *J. Colloid Interface Sci.*, **30**, 258 (1969).

教科書と一般的な読み物

Shinoda, K., Friberg, S. E., “Emulsions and Solubilisation”, Wiley-Interscience, New York (1986).

“Food Emulsions and Foams”, ed. by Dickinson, E., Royal Society of Chemistry, London (1987).

Larsson, K., Friberg, S. E., “Food Emulsions”, 2nd ed., Dekker, New York (1990).

“Emulsions —— A Fundamental and Practical Approach”, ed. by Sjöblom, J., Kluwer, Dordrecht (1992).

"Emulsions —— Fundamentals and Applications in the Petroleum Industry", ed. by Schramm, L. L., Am. Chem. Soc. Symp Series, 231 (1992).

Becher, P., "Encyclopedia of Emulsion Technology", Dekker, New York (1996).

"Emulsions and Emulsion Stability (Surfactant Science Series 61)", ed. by Sjöblom, J., Dekker, New York (1996).

Binks, B. P., "Modern Aspects of Emulsion Science", Royal Society of Chemistry, London (1998).

Dickinson, E., Rodriguez-Patino, J. M., "Food Emulsions and Foams", Royal Society of Chemistry, London (1999).

Becher, P., "Emulsions: Theory and Practice", 3rd ed., Oxford University Press, New York (2001).

7

高分子と高分子溶液

7・1 はじめに

高分子は一連の単量体を組立てることによりつくられる長鎖分子であり，同じ型の単量体(単独重合体)あるいは混合物(共重合体)から成る．多くの高分子が天然に存在する．天然ゴム(シスポリイソプレン)やDNA（糖とリン酸塩の交互に配列した二重らせんの高分子)がその例である．高分子の単量体の数に制限はないが，長い鎖ではその中にはたらく応力のために破壊される．天然高分子の一つの鎖は 10^6 個以上の単量体から成り，鎖はすべて同じ長さをもつことができる．一方，合成高分子は一般に 10^5 個以下の単量体からなり，鎖長には常に分布がある．典型的な単量体の長さが約 1 nm ならば，10^6 個の単量体の輪郭長は 1 mm になるが，高分子が完全に伸びきることは通常ない．

本章では高分子をつくるための基本的な重合法，鎖状分子の統計，その熱力学，物理的性質について簡潔に述べる．この分野における詳細な教科書として，Flory[1),2)] あるいは de Gennes[3)] の古典的教科書，さらに最近の書籍として，Sun[4)]，Doi[5)]，Grosberg と Khokhlov[6)]，Rubinstein と Colby[7)] がある．また，高分子合成の入門書としては Stevens[8)] がある．

7・2 重　合

高分子の合成には多くの方法がある．その中には縮合重合，フリーラジカル重合，イオン重合，乳化重合が含まれる．

実際，どの高分子を最終的に合成するかによって，どの合成法を選ぶのが最も効率的であるかが決まる．本質的にはこれらの方法はいずれも同じ基本的な化学反応の段階を踏むが，対応する速度定数の制御が異なる．たとえば，反応が速く終わると低分子量の

［7 章執筆］ Terence Cosgrove, School of Chemistry, University of Bristol, UK

生成物のみが得られる．基本反応は開始反応(I)，成長反応(P)および停止反応(T)であり，各反応は(7・1)式に示す速度定数で表される．さきの四つの重合法のそれぞれで，これらの速度定数は異なる方法で制御され，非常に異なる分子量分布が得られる．

$$
\begin{aligned}
&A \longrightarrow (k_I) \longrightarrow A^* \\
&A + A^* \longrightarrow (k_P) \longrightarrow A_2^* \\
&A_n^* \longrightarrow (k_T) \longrightarrow A_n
\end{aligned}
\qquad (7 \cdot 1)
$$

7・2・1 縮合重合

概念的には縮合重合は視覚化するのが最も簡単な方法である．この方法では二つの二官能基単量体を互いに混合する．この反応では，有名な"ナイロンひもの手品"のように成分が界面で反応して生成物が糸として引き抜かれると，自発的に進行する場合が多い．典型的な塩基触媒反応には酸塩化物とアミンが関与し，第一段階の後では両反応基がまだ二量体中に存在する(7・2 式)．重合反応が進行するにつれて両方の単量体が消費され，いずれか一方の単量体が消費し尽くされるまで反応は続く．反応速度は 2 次の速度式で近似でき，多分散の分子量分布が得られる．

$$
\begin{aligned}
&ClOC(CH_2)_nCOCl + NH_2(CH_2)_mNH_2 \longrightarrow (k_P) \\
&\longrightarrow ClOC(CH_2)_nCONH(CH_2)_mNH_2 + HCl
\end{aligned}
\qquad (7 \cdot 2)
$$

7・2・2 フリーラジカル重合

おそらく最も一般的な重合法はフリーラジカル重合であり，初期の例はポリ塩化ビニルの合成である．その開始反応は過酸化ベンゾイルを用いて行うことができる．過酸化ベンゾイルはビニル単量体中の二重結合を攻撃し，そこで生じた高分子ラジカルが成長できる．停止反応はいくつかの機構によって起こる．(7・3)式の例ではこれらを組合わせた反応経路を示す．

$$
\begin{aligned}
&C_6H_5^\bullet + CH_2{=}CHX \longrightarrow (k_I) \longrightarrow C_6H_5CH_2CHX^\bullet \\
&C_6H_5CH_2CHX^\bullet + CH_2{=}CHX \longrightarrow (k_P) \\
&\qquad \longrightarrow C_6H_5(CH_2CHX)_nCH_2CHX^\bullet \qquad (7 \cdot 3) \\
&C_6H_5(CH_2CHX)_nCH_2CHX^\bullet + {}^\bullet XHCH_2C(CH_2CHX)_nH_5C_6 \longrightarrow (k_T) \\
&\qquad \longrightarrow C_6H_5(CH_2CHX)_nCH_2CHXXHCH_2C(CH_2CHX)_nH_5C_6
\end{aligned}
$$

さらに，この反応経路で生成された高分子は，競合反応(伝播反応，開始反応，停止反応)のために多分散性を示す．最近のフリーラジカル重合法の進歩によって，ラジカルを抑制して多分散性をかなり制御できるようになった.

7・2・3　イオン重合

イオン重合法は技術的には課題があるが，停止反応を事実上取除くことによって単分散性の高い高分子をつくる方法である．したがって，開始反応が伝播反応に比べて十分速い場合，停止反応を制御してイオン性のリビング高分子〔末端が生きている(living)高分子〕をつくることができる．スチレン(S)の重合がその一例である.

$$
\begin{aligned}
&Na^+C_{10}H_8^- + C_6H_5CH{=}CH_2 \longrightarrow (k_1) \\
&\qquad\qquad \longrightarrow Na^+C_6H_5CH^-CH_2^{\bullet} + C_{10}H_8 \\
&2Na^+C_6H_5CH^-CH_2^{\bullet} \longrightarrow Na^+C_6H_5CH^-CH_2CH_2CH^-C_6H_5Na^+ + \{S\} \\
&\qquad \longrightarrow (k_P) \longrightarrow Na^+C_6H_5CH^-CH_2\{S\}_n\{S\}_mCH_2CH^-C_6H_5Na^+
\end{aligned}
\qquad (7\cdot4)
$$

不活性溶媒(テトラヒドラフラン，THF)中でナトリウムとナフタレンから重合開始剤ができる．これから生じたカルボアニオンがスチレンと結合してラジカルイオンをつくり，ジアニオンが両端から成長する．媒質の低い比誘電率のために電荷は接近して存在し，停止反応を排除することができるが(ただし，汚染が最小限に抑えられるものとする)，これはクエンチング(quenching，消失)によって制御することができる．このように生成される高分子は非常に高い単分散性をもつ.

7・3　共 重 合 体

共重合体は図7・1に示すように，交互共重合体，ブロック共重合体，ランダム共重合体のようにさまざまな様相を示す．ランダム共重合体は似たような反応性比をもつ単量体を混合することによりつくることができる．生成物は反応物と同じ単量体の比率をもつ．生成物の性質は原料に用いた二つの単量体の中間の性質になることが多い．ブロック共重合体は原理的には上記の方法のいずれによっても逐次重合によってつくるこ

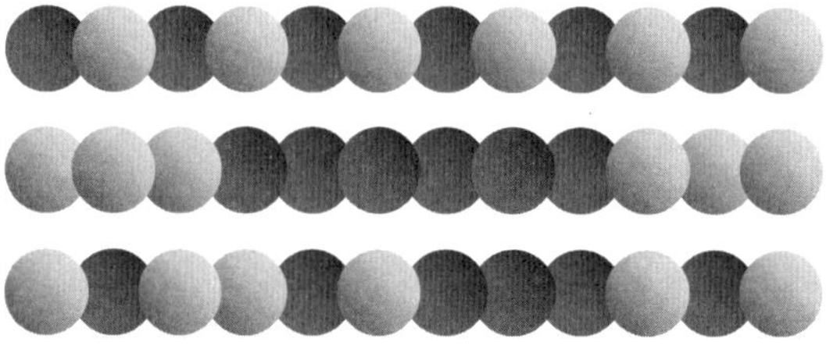

図7・1　共重合体の構造．上段は交互共重合体，中段はブロック共重合体，下段はランダム共重合体である.

とができる．櫛形，瓶洗浄ブラシ形および梯子形のような高い秩序構造も，単量体もしくはマクロ単量体(高分子量の単量体)を順次添加することによってつくることができる．

7・4 高分子の物理的性質

高分子はそれぞれの単量体と非常に異なる物理的性質をもつ．表7・1に，これらのうちのいくつかを示す(M_c は臨界モル質量，7・4・1節)．

表7・1 高いモル質量および低いモル質量の高分子の性質

性　質	M_c より低いモル質量	M_c より高いモル質量
溶液の体積	変化はほとんどない，または全くない	小さい変化
粘　性	ニュートン性	非ニュートン性
膜形成	なし，または壊れやすい	あ　り
透　析	な　し	あ　り
応　力	破　壊	粘弾性
超音波	効果なし	分　解

7・4・1 絡み合い

高分子の形状に関する興味ある性質は物理的な絡み合いである．この性質はモル質量に強く依存し，複雑なレオロジー特性および拡散特性がある．粘度(η)に関しては，(7・5)式と(7・6)式に示すように，モル質量(M)が臨界値 M_c 以下では粘度はモル質量に比例するが，M_c 以上では粘度はモル質量の 3.4 乗則に従う．

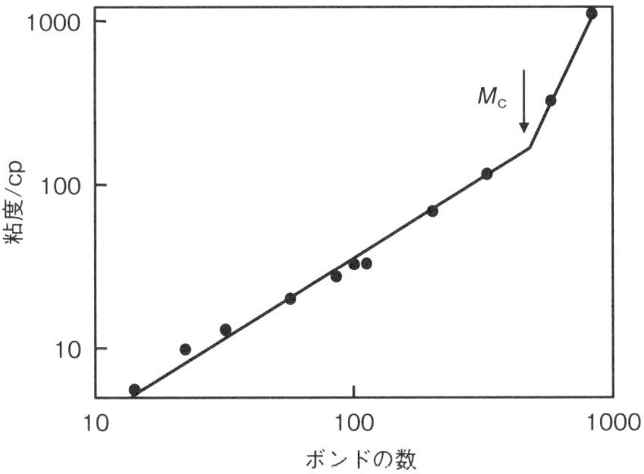

図7・2 ポリジメチルシロキサンの溶融粘度．

$$\eta \propto M \, (M < M_c) \tag{7・5}$$

$$\eta \propto M^{3.4} \, (M > M_c) \tag{7・6}$$

このモル質量依存性の変化は多くの実験で見られる．ポリジメチルシロキサンの一連の溶融高分子に対して，粘度のモル質量依存性を図7・2に示す．同様に，ポリスチレンによって形成された膜は図7・3に示すように臨界値 M_c に非常に敏感であり，M_c 以下では膜は形成されない．

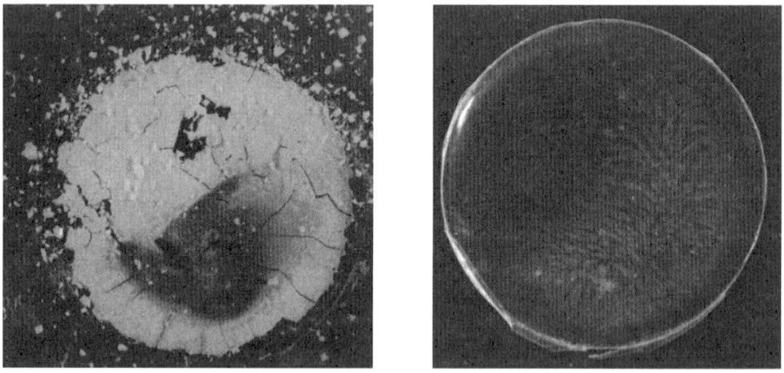

図7・3　絡み合いの臨界値 M_c 以下および以上のポリスチレン*水溶液の溶媒を蒸発させた．左の写真は 20 kg mol^{-1} の試料，右の写真は 51 kg mol^{-1} の試料で，膜が形成された．

7・5 高分子の用途

高分子は製薬工業から重工業まで広範囲の産業に用いられている(表7・2)．

表7・2　高分子の用途

性　質	用　途
不透性	保護塗装，ビールグラス
不活性	人工関節，義肢
吸　着	結晶修飾剤，コロイド安定化，接着剤
強　度	建築材料
電　気	導電性高分子，電気絶縁性高分子
流動性	潤滑剤，粘度調整剤

＊ ［訳注］ ポリスチレンの M_c は約 30 kg mol^{-1}

7・6　高分子構造の理論的モデル

高分子鎖の輪郭長はかなり長いが，ボンドの回転と弾力のため高分子鎖は圧縮されている．Flory は，図7・4に示したように高分子鎖が空間においてランダムウォーク(酔歩)を行うことを初めて提案した．鎖の体積を無視すると，このモデルから鎖の末端間距離(R)は以下に示すようにボンドの数 n の平方根に比例する．

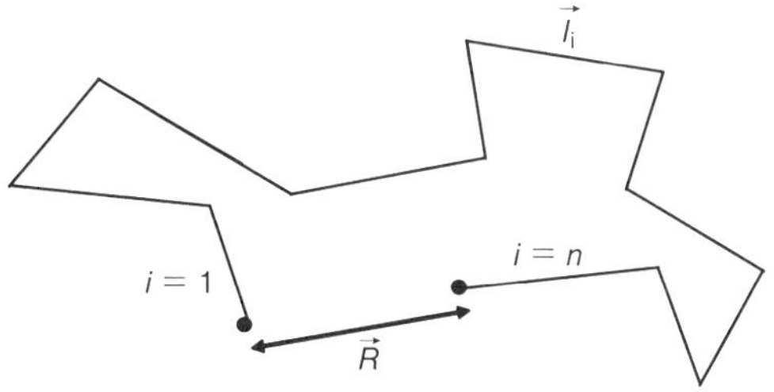

図7・4　理想的な高分子のランダムウォーク．

n ステップのランダムウォークに対する証明は簡単である．各ステップ(i)はベクトル $\vec{l}_i$ で定義される．ランダムウォークはすべての方向に等確率であるので，これらのベクトルの和はゼロ，したがって末端間距離の平均値はゼロになるが，平均二乗鎖端距離は計算することができる．

$$\langle R^2 \rangle = \sum_{i=1}^{n} \vec{l}_i \sum_{j=1}^{n} \vec{l}_j$$

$$\langle R^2 \rangle = \sum_{i \neq j}^{n} \vec{l}_i \cdot \vec{l}_j + \sum_{i}^{n} \vec{l}_i^{\,2} \qquad (7 \cdot 7)$$

(7・7)式の第1項は事実上ゼロである．なぜなら，任意のベクトル $\vec{l}_i$ は他の任意のベクトル $\vec{l}_j$ に対してランダムな方向をとるので，両者の積は均等に正と負になり和をとると打ち消しあってゼロになるからである．第2項は単なるスカラーであるから次のようになる．l はベクトル $\vec{l}_i$ の大きさである．

$$\langle R^2 \rangle = nl^2 \qquad (7 \cdot 8)$$

この式が示すように末端間距離はステップ数の平方根に比例する．これはランダムウォーク拡散過程に対して得られる結果と同じである．

7・6・1　回 転 半 径

R の直接測定は容易ではないが，いくつかの実験的方法を用いて，たとえば粘度や散乱実験から高分子鎖の回転半径 R_G を測定することが可能である．R_G の値は鎖長だけでなく分子の形状にも依存する．R_G が(7・9)式によって定義される．ここで，r_i は質量中心から高分子内の単量体 i までの距離である．また，m_i は単量体 i のモル質量である．したがって，長い棒状高分子は非常に大きな回転半径をもつ．図 7・5 は，高分子コイルがとることができる三つの異なる形状であるランダムコイル，固体の球および棒の r_i に対する体積分率の分布を示す．5000 個のセグメントから成るポリエチレン鎖の場合，これらの三つの形状の R_G 値は，それぞれ 8.2，2.3 および 130 nm である．これは，R_G を測定したとき，分子形状がわからなければ，R_G 値と分子の大きさを関連づけて考えることは注意を要することを意味する．

$$\langle R_G{}^2 \rangle = \frac{\sum_{i=1}^{n} m_i \, r_i{}^2}{\sum_{i=1}^{n} m_i} \tag{7・9}$$

ランダムウォークの場合，デバイ(Debye)は $\langle R_G{}^2 \rangle$ と $\langle R^2 \rangle$ が次式で関係づけられることを示した．

$$\langle R_G{}^2 \rangle = \frac{\langle R^2 \rangle}{6} \tag{7・10}$$

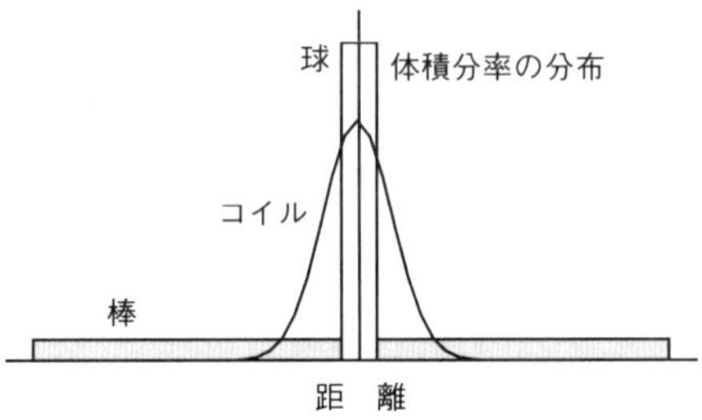

図 7・5　三つの異なる形状の分布高分子鎖，ランダムコイル，球，棒状の平均体積分率．距離は質量中心から単量体 i までの距離を表す．この平均値が R_G である．

7・6・2　みみず鎖

実際の鎖は固定した原子価角(2 つの化学結合のなす角)をもち，また，結合のまわりの回転は完全に自由というわけではない．したがって，極度に単純化した上記の結果は実際の鎖に対しては修正される必要がある．鎖の柔軟性を考慮するために特性比 C_∞ を導入する．この比の値は 4 から 20 の間で変わることができる．いくつかの例を表 7・3

に示すが，これらは平均値である．溶液中では，溶媒が重要な役割を果たし(7・8節)，(7・10)式を次のように修正する．

$$\langle R_G^2 \rangle = \frac{C_\infty n l^2}{6} \tag{7・11}$$

表7・3　特性比の値

高分子	C_∞
理想鎖	1.0
ポリエチレンオキシド	5.6
ポリジメチルシロキサン	5.2
ポリスチレン	9.5
ポリエチレン	5.3
DNA	600

7・6・3　理想溶液における回転半径

(7・11)式を単純な形に書き直して，表の値を用いて理想溶媒($R_G \propto n^{0.5}$ と定義)中における高分子の回転半径を求めることができる．すなわち，

$$\langle R_G \rangle = \alpha M^{0.5} \tag{7・12}$$

を用い，さらに表7・4の α の値および必要なモル質量の値を用いる．

表7・4　(7・12)式から回転半径を計算するための α の値

高分子	$\alpha/10^{-4}$ nm
ポリエチレン	435
ポリエチレンオキシド	330
ポリジメチルシロキサン	250
ポリスチレン	282

7・6・4　排除体積

上記の理想鎖に対してランダムウォークモデルを用いたが，そこでは鎖の重なりが可能であった．鎖は有限体積をもたなければならないので，このモデルは現実的ではない．理論上はこれは扱いにくい問題だが，コンピューターシミュレーションおよび

Floryの推論によれば，排除体積を考慮した(7・13)式を用いることができる．

$$\langle R_G{}^2 \rangle \propto M^{\nu} \qquad (7 \cdot 13)$$

ここで，指数νは$\nu = 6/(D+2)$で与えられ，Dは空間次元である．したがって，三次元では，$\nu = 6/5$であり，鎖はその理想的な次元($\nu = 1$)を超えて膨潤する．この効果はそれほど顕著ではないように見えるが，モル質量が高い場合は重要になる．10^4個のセグメントから成る鎖の場合，(7・13)式からR_Gが約2.5倍になることが予想される．理想鎖と排除体積鎖は，高分子鎖の大きさを評価するために用いることができる二つの可能なモデルである．実際には，理想鎖モデルは以下のような二つの現実的な状況に適用できる．一つは貧溶媒であり，そこでは正味の鎖-鎖引力によって鎖がつぶれる(7・8節)．もう一つは高分子溶融体(高分子のみから成る液体)で，そこでは鎖内斥力が隣接する鎖からの斥力と釣り合う．

7・6・5 スケーリング理論

高分子鎖に対するこれらの二つのモデルを一つにした巧妙なモデルがde Gennesによって提案された．彼のアイデアは図7・6に示すように，鎖をブロッブ(blob)に分ける．ブロッブの内部では鎖は互いに重なることはできない(self-avoiding)．しかし，ブロッブ自体は互いに重なることができ，理想的な挙動をする．

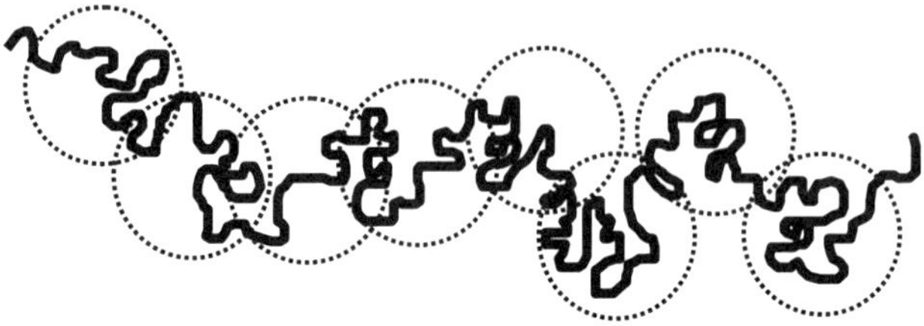

図7・6　ブロッブモデル．

1個のブロッブ当たりg個の単量体があり，ブロッブの直径がξである場合，$\xi \propto g^{\nu/2} = g^{3/5}$である．さらに，ブロッブが重なることができる場合，$R \propto (n/g)^{0.5}\xi$になるから，

$$R \propto n^{0.5} g^{0.1} \qquad (7 \cdot 14)$$

である．二つの極限は理想鎖の場合$g = 1$と完全な排除体積をもつ鎖の場合$n = g$であり，(7・14)式には理想鎖と膨潤鎖の両方の場合が含まれる．

7・6・6 高分子電解質

高分子電解質は，各単量体が電荷をもつ高分子でよく見られる高分子である．高分子弱電解質(たとえば，ポリアクリル酸)の場合は，電荷は pH に依存するが，強ポリ酸(たとえば，ポリスチレンスルホン酸)の場合は pH に依存しない．電荷効果によって単量体間に斥力が生じるから，高分子電解質の分子は大きく引き伸ばされ，その大きさは溶液環境に強く依存する(たとえば，塩を加えると鎖の電荷が遮蔽され，鎖は互いに接触する)．この強い伸びのために，末端間距離に対して以下の式を用いることができる．

$$\langle R^2 \rangle = L^2(1 - L/3q) \qquad (7 \cdot 15)$$

ここで，L は輪郭長，q は持続長(高分子鎖が直線性を維持する長さ)に対する静電的な寄与である．図 7・7 は DNA 溶液における q のイオン強度依存性を示す．

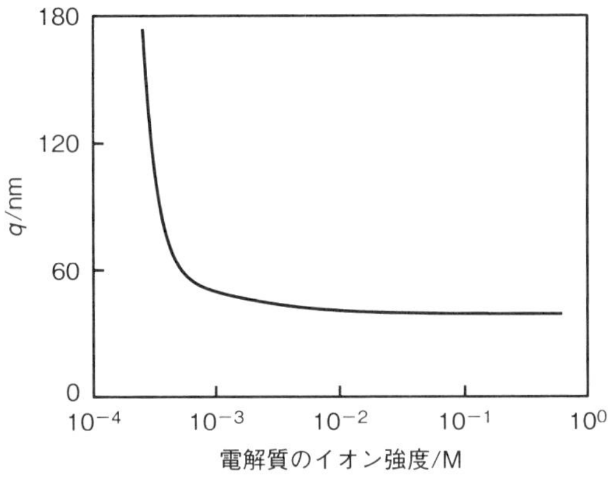

図 7・7 電解質水溶液中における DNA の持続長．

7・7 高分子のモル質量測定

高分子のモル質量測定法は数多く存在する．しかし，高分子鎖はすべてが同じ長さをもつわけではないので測定は簡単ではなく，特に鎖長を区別できる測定法が重要である．まず第一に，モル質量が何を意味するか定義する．

数平均モル質量(M_N)は全質量を求めて，それを分子数で割ることにより計算される．

$$M_N = \frac{\sum_{i=1}^{N} N_i M_i}{\sum_{i=1}^{N} N_i} \qquad (7 \cdot 16)$$

ここで，N_i は質量 M_i の分子の数である．

質量平均モル質量(M_W)は次式で定義される．

$$M_W = \frac{\sum_{i=1}^{N} N_i M_i^2}{\sum_{i=1}^{N} N_i M_i} \qquad (7 \cdot 17)$$

これらの定義から，モル質量の大きな分子は M_N より M_W に大きな寄与をすることがわかる．単分散高分子の場合は，M_W と M_N は等しく，M_W/M_N は多分散性の程度を示すために用いられる．図7・8はいくつかの M_W/M_N に対するモル質量分布を示す．また，M_W/M_N が1.02未満であっても，まだかなりの多分散性があることがわかる．

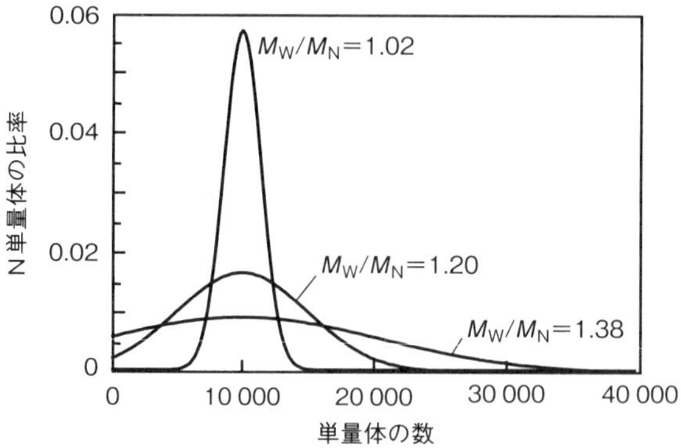

図7・8　三つの M_W/M_N の値に対するモル質量分布．M_N の値は10 000である．

表7・5　種々の高分子のモル質量測定法と測定可能な分布のモーメント

方　法	モーメント	モル質量が絶対値か相対値か/多分散度
浸透圧	M_N	相対モル質量/狭い分布範囲
末端基分析	M_N	相対モル質量/狭い分布範囲
クロマトグラフィー	M_W	絶対モル質量/校正が必要
散　乱	M_W	絶対モル質量/(モデルが必要)/絶対値が得られる
粘　性	M_V †1	相対モル質量/校正が必要
MALDI TOF †2	M_N	絶対モル質量

†1　M_V は体積平均分子量を表す．

†2　マトリックス支援レーザー脱離イオン化法．

一般的に，高次モーメントは次のように定義できる．

$$M_n = \frac{\sum_{i=1}^{N} N_i M_i^{\,n}}{\sum_{i=1}^{N} N_i M_i^{\,n-1}} \qquad (7 \cdot 18)$$

高分子のモル質量を測定するための多くの方法がある．それぞれの測定法は異なる物理的性質を利用するので，分布のさまざまなモーメントが得られる．表7・5にはいくつかの一般的な方法とそれらが測定する平均モル質量をまとめてある．

7・7・1　粘　　性

高分子粘性の詳細な記述は本章の範囲外であるが，粘度とモル質量の関係は非常に重要である．比粘度を溶媒の一次効果を除いた無次元量として定義することができる．まず，比粘度 η_{sp} を次のように定義する．

$$\eta_{\mathrm{sp}} = (\eta_{\mathrm{solution}} - \eta_{\mathrm{solvent}}) / \eta_{\mathrm{solvent}} \qquad (7 \cdot 19)$$

比粘度が体積分率に比例することに最初に指摘したのはアインシュタイン(Einstein)である．すなわち，$\eta_{\mathrm{sp}} \propto \phi \propto cR^3/M$ である．ここで，高分子コイルの体積 $\propto R^3$ であり，c はモル濃度である．

この式で分子間相互作用の効果を除くために無限希釈の極限をとると，固有粘度 $[\eta]$ が得られる．すなわち，$[\eta] = \eta_{\mathrm{sp}}/c$ として $c \rightarrow 0$ の極限をとる．

高分子コイルの末端間距離は $R \propto M^{0.5}$ であるから，この式を用いてコイル体積を見積もることができる．したがって，

$$[\eta] \propto R^3/M \propto M^{3/2}/M = kM^a \qquad (7 \cdot 20)$$

ここで，k と a はマーク-ホーウィンク(Mark-Houwink)のパラメーターとして知られている．また，この式から粘性に対する簡単な半経験式が得られ，モル質量を求めることができる．

7・8　フローリー-ハギンズ理論

7・8・1　高分子溶液

溶液における高分子鎖のコンホメーションは，それらの構造と溶媒の性質に強く依存する．Flory と Huggins は，正味の溶媒-高分子相互作用エネルギーに基づいて高分子溶液の理論を展開した．溶媒-高分子相互作用エネルギーは次のように定義される．

$$\chi = \left[u_{12} - \frac{1}{2}(u_{11} + u_{22})\right]\frac{z}{k_B T} = \frac{\Delta u}{k_B T} \qquad (7 \cdot 21)$$

ここで，下付き添字1は溶媒，2は高分子セグメントを示す．χ は高分子間の相互作用を表すパラメーター(χ パラメーターという)である．また，z は配位数，k_B はボルツマン定数，T は熱力学(絶対)温度である．この定義のもとになる初期状態と最終状態を図7・9に示す．ここで，u は対になる相互作用のエネルギーである．

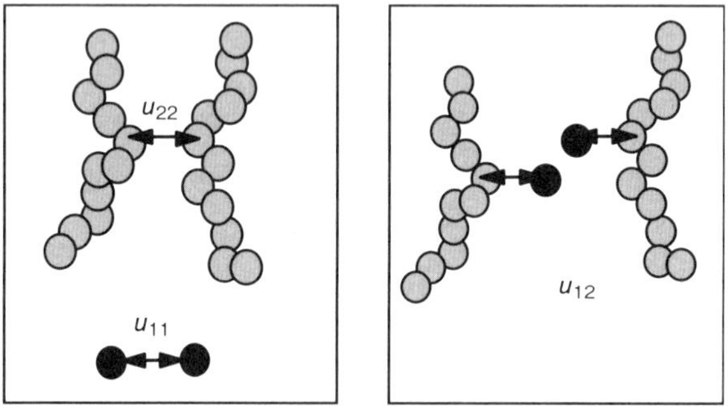

図7・9 純粋な高分子と純粋な溶媒を混合したときの初期状態(左図)と最終状態(右図)．

フローリー–ハギンズ(Flory–Huggins)の格子モデル(図7・10)を用いて高分子と溶媒の混合自由エネルギー（ヘルムホルツエネルギー）ΔA_m を求めることができるので，高分子溶液の相図を描くことができる．基礎になるモデルでは以下の仮定をする．

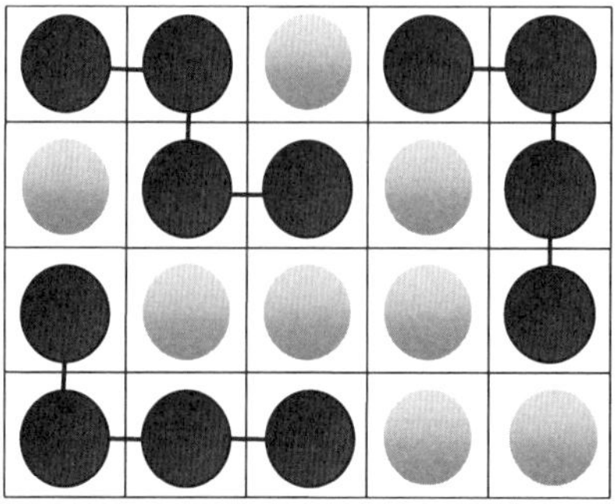

図7・10 フローリー–ハギンズの格子．

- 格子は高分子セグメントか溶媒分子のいずれかによって占められる．●がセグメント，○が溶媒分子．
- セグメントの大きさと溶媒分子の大きさは同じである．
- 格子内でランダムに混合が行われる．
- 系は均一で，平均場の仮定*を用いることができる．
- フローリー–ハギンズの χ パラメーターは純粋にエンタルピー的である．

これらの仮定によってモデルの適用がかなり簡単になる．しかし，同時に制限も課せられるが，そのほとんどは打開できる．**フローリー–ハギンズ理論**では混合自由エネルギー ΔA_{m} に対する最終的な表現は以下のように与えられる．

$$\Delta A_{\mathrm{m}} = k_{\mathrm{B}} T N \left[\frac{\phi_1}{r_1} \ln\phi_1 + \frac{\phi_2}{r_2} \ln\phi_2 + \phi_1\phi_2\chi \right] \qquad (7 \cdot 22)$$

ここで，r は鎖長(下付き添字 1 は溶媒，2 は高分子を示す)，ϕ は体積分率，N は分子の数密度である．

(7・22)式からわかるように，二つのエントロピー項は常に負であり($\phi < 1$ なので)，溶解は**χ パラメーター**の値に依存する．図7・11に自由エネルギー変化を溶媒の体積分率 ϕ_1 の関数として示す．$\chi = 0$ の場合(図7・11a)は，単量体溶液($r_1 = r_2 = 1$，下の曲線)および高分子溶液($r_1 = 1$，$r_2 = 1000$，上の曲線)に対して完全混合である．$\chi = 1.2$ の場合(図7・11b)は，単量体溶液((b)の下の曲線)は体積分率の全範囲にわたっ

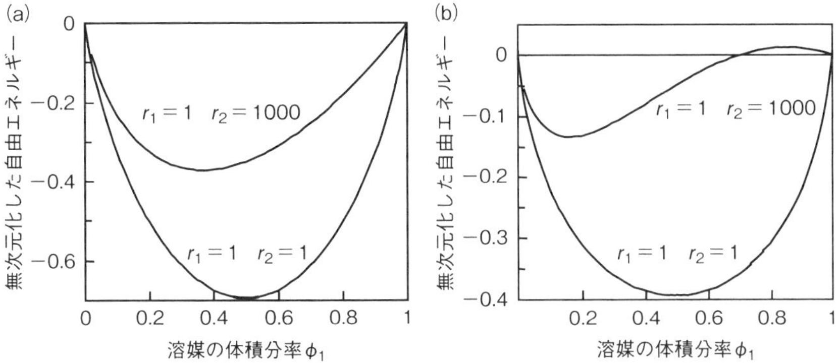

図7・11 フローリー–ハギンズ理論による χ パラメーターの関数としての自由エネルギー計算．(a) $\chi = 0$，(b) $\chi = 1.2$．上の曲線は $r_1 = 1$ および $r_2 = 1000$ に対応，下の曲線は $r_1 = 1$ および $r_2 = 1$ に対応する．

＊ ［訳注］ 高分子セグメントの平均濃度がどこをとっても一様であると仮定する近似．

て混和するが，高分子溶液では混和性ギャップが現れ，溶液は二つの互いに混ざらない溶液，すなわち希薄溶液と濃厚溶液に分離する*.

相図を用いると，この理論から上部臨界共溶温度(upper critical solution temperature, UCST)の存在が予想されるが，多くの非水性高分子溶液に対して実験的に観測されている．しかし，多くの高分子水溶液がさらに下部臨界共溶温度(lower critical solution temperature, LCST)も示す．これは，系が自由体積をもたないという仮定が破綻することで説明できる．これを考慮に入れると，χ パラメーターは次のように修正される.

$$\chi = \frac{\Delta u}{k_{\mathrm{B}}T} + AT^{n} \tag{7・23}$$

ここで，T は温度，A と n は定数である．(7・23)式のプロットを図7・12に示す．その結果得られる相図が図7・13である.

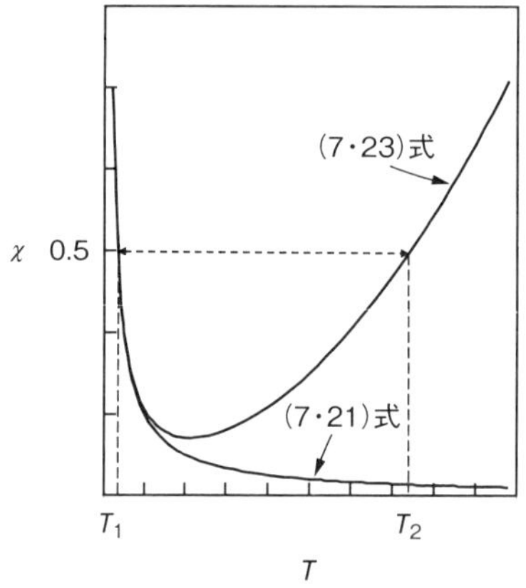

図7・12　(7・23)式から得られる χ の温度依存性.

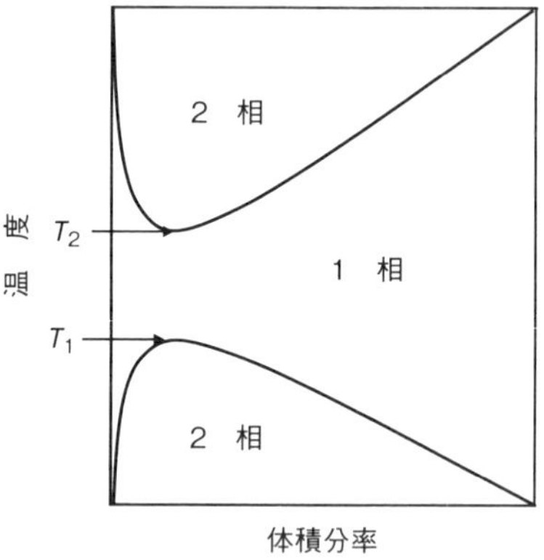

図7・13　高分子溶液の相図．UCST と LCST を T_1 と T_2 で示す.

(7・23)式の χ パラメーターに直接関係する測定可能なパラメーターは，溶媒の化学ポテンシャルから求められる浸透圧 Π である.

$$\frac{\Pi}{c} = RT\left[\frac{1}{M} + (0.5-\chi)\frac{c}{v_0\rho^2}\right] \tag{7・24}$$

* ［訳注］ $\chi = 0$ は高分子間に相互作用がないとき，$\chi = 1$ は中程度の相互作用のときである.

この式から，モル質量とχパラメーターを決定するための別の方法が与えられる．Rは気体定数，cとMは高分子濃度(質量%)とモル質量，v_0は溶媒のモル体積，ρは高分子の密度である．この式はまた，高分子溶液からの光散乱に関する理論の展開の出発点でもある*.

(7・24)式からはまたχに臨界値が存在するという，別の興味ある事実が明らかになる．$\chi = 0.5$の場合，(7・24)式は理想的なファントホフの式(Van't Hoft equation)に帰結する．この条件下では，溶液は理想的であり，この場合の温度はθ温度(**シータ温度**)とよばれる．浸透圧は貧溶媒中で鎖を圧縮し，鎖の排除体積は鎖を膨潤させる．両者が釣り合うと，高分子鎖の理想的なランダムコイルの挙動が観察される.

高分子溶融体の挙動は理想性を示す．これは(7・24)式から溶液中における高分子浸透圧を計算することができ，純溶融体(溶融体のみの系)の極限で理想的であるからである.

7・8・2 高分子溶融体

二つの高分子の混合物もフローリー–ハギンズ理論(7・22式)で説明することができるが，この場合，r_1とr_2の両方の値が非常に大きくなる．これは，混合に寄与する自由エネルギーが非常に小さくなることを意味する．したがって，混合は二つの単量体AとBの間の相互作用パラメーターχ_{AB}に支配される．このように，なぜほとんどの高分子が比較的高温の場合以外は混合しないのかが説明できる.

7・8・3 共重合体

2種類以上の単量体から成る共重合体には2個以上のχパラメーターがある．ランダム共重合体はそれらが真にランダムである場合，二つの単量体間の中間の性質をもつことが多く，重み付きのχパラメーターを用いて，ランダム共重合体のある種の溶液挙動を記述することができる．非イオン性界面活性剤(第4章)のようなブロック共重合体では，一つのブロックにとって溶媒環境が有利であるが($\chi_A < 0.5$)他のブロックに対しては不利である($\chi_B > 0.5$)場合には溶液中で会合してミセルを形成する．会合の度合いはブロック間のχ_{AB}，ブロック比，さらに温度と濃度にも依存する．多くのブロック共重合体の系がきわめて複雑な相挙動を示す．フローリー–ハギンズ理論は原理的にはこれらの系に適用でき，臨界ミセル濃度および溶液の他の性質を計算することができる.

---

* ［訳注］ 浸透圧も光散乱もどちらも高分子間相互作用(χパラメーター)に関係するため.

文　献

1) Flory, P. J., "Principles of Polymer Chemistry", Cornell University Press, Ithaca (1953). 邦訳: "高分子化学上・下", 岡 小天, 金丸 競 共訳, 丸善(1955).
2) Flory, P. J., "Statistical Mechanics of Chain Molecules", Hanser, Munich (1989). 邦訳: "鎖状分子の統計力学", 安部明廣 訳, 培風館(1961).
3) de Gennes, P.-G., "Scaling Concepts in Polymer Physics", Cornell University Press, Ithaca (1979). 邦訳: "高分子の物理学—スケーリングを中心にして", 久保亮五 監修, 高野 宏, 中西 秀 共訳, 吉岡書店(1984).
4) Sun, S. F., "Physical Chemistry of Macromolecules", John Wiley & Sons, Ltd., New York (1994).
5) Doi, M., "Introduction to Polymer Physics", Clarendon Press, Oxford (1996).
6) Grosberg, A. Y., Khokhlov, A. R., "Giant Molecules", Academic, San Diego (1997).
7) Rubinstein, M., Colby, R., "Polymer Physics", Oxford University Press, Oxford (2003).
8) Stevens, M. P., "Polymer Chemistry", Oxford University Press, Oxford (1999).

8

界面における高分子

8・1 はじめに

医薬品，塗料，インクなど多くの場合，分散安定性を制御する必要がある．一方，細菌培養あるいは塗装皮膜の乾燥のように分散系を凝集させなければならない場合もある．吸着高分子は，これらの状況を回避あるいは制御する際に重要な役割を果たす．どのようにこれが実現されるかを見いだすために，吸着高分子の基本構造および溶液化学と界面化学の重要性を理解しなければならない．

本章では，理論的観点から高分子吸着の基本概念のうちのいくつかを導入し，次に背景にある理論と実験を比較する．本章で強調したいことは，必要な特性を備えた物質をつくるために有用な吸着高分子層のパラメーターを理解することである．

図8・1には水中においてシリカナノ粒子と相互作用する吸着高分子の原子論的なシ

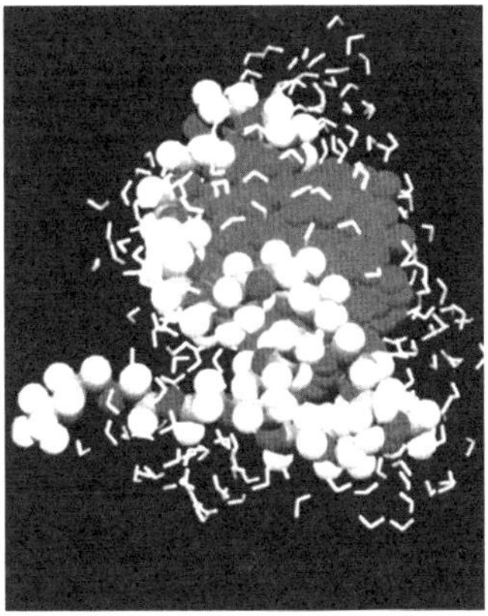

図8・1　水中におけるシリカナノ粒子に吸着したポリエチレンオキシド鎖の原子論的シミュレーション．

[8章執筆]　Terence Cosgrove, School of Chemistry, University of Bristol, UK

ミュレーションを示す．この場合，高分子は表面に付着すると同時に溶液中へ長いテイル(尾部)を突き出している．これは吸着高分子に対して一般に認められているイメージであり，いくつかのセグメントはトレイン(表面に直接吸着した層)として表面へ付着し，ループ中のセグメントに連結している．鎖の末端は表面から突き出ることが多く，テイルになる*．これら三つの部分のバランスによって吸着層の特異的な性質が決まる．なお，高分子吸着に関する詳細な説明を含む2冊の本として，Fleer ら[1)] および Jones と Richards[2)] がある．また，いくつかの総説[3),4)] も発表されている．

8・1・1 立体安定性

いくつかの特別な場合(たとえば，マイクロエマルション)を除いて，コロイド分散系は熱力学的に安定ではないが，k_BT よりはるかに大きなエネルギー障壁によって速度論的に安定になる．

図8・2は一対のコロイド粒子間の粒子間ポテンシャルを示す(詳細は第3章を見よ)．この系は表面電荷によって速度論的に安定である．すなわち，表面電荷によって斥力ポテンシャル(正)を生じ，ファンデルワールス力による固有の引力ポテンシャル(負)に打

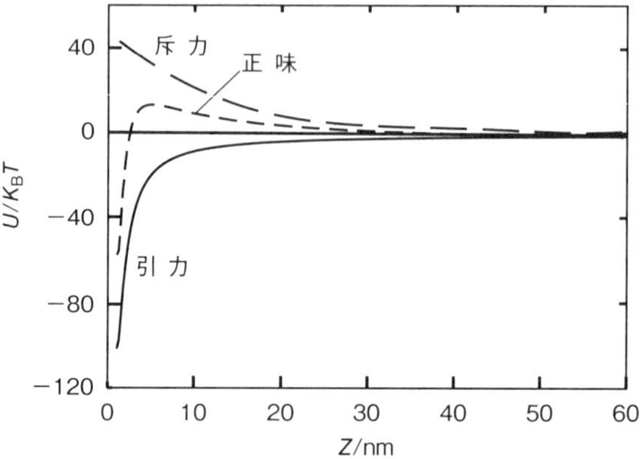

図8・2　0.001 M NaCl 溶液中における半径 100 nm の2個の AgBr 粒子間にはたらく粒子間ポテンシャル．

* ［訳注］ 吸着高分子の各部分の名称を模式図で表す．

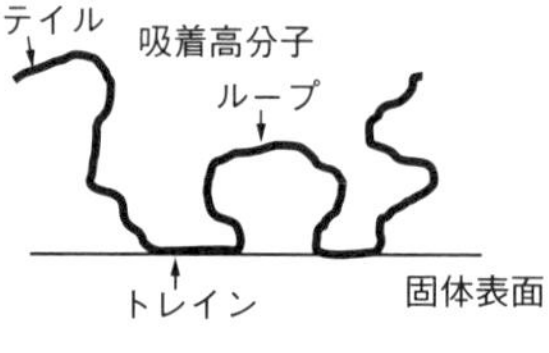

ち勝つ．熱エネルギーがこの斥力ポテンシャルより大きいと，二つの粒子は凝集する．しかし，このバランスは塩の存在により非常に強く影響を受ける．図8・3が示すように，塩濃度を増加させると静電斥力ポテンシャルは容易に減少し，全ポテンシャルが引力的になり，粒子は凝集するようになる．また，非極性溶媒の場合にも静電的安定化が困難になる．したがって，分散系を安定させるために別の機構が必要になり，吸着高分子層がこの目的に用いられることが多い．この層の有効性は，高分子鎖のコンホメーションに強く依存する．これが本章における議論のおもな焦点である．立体安定性そのものについては第9章で詳細に扱う．

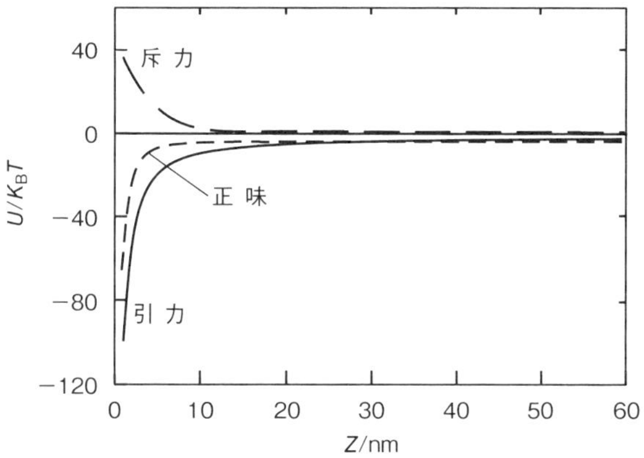

図8・3 0.01 M NaCl 溶液中における半径 100 nm の2個のAgBr粒子間にはたらく粒子間ポテンシャル．

8・1・2 溶液中における高分子のサイズと形状

理想条件では，巨大分子のサイズは $n^{0.5}$ に依存する．ここで，n は単量体の数である．より正確には，高分子の回転半径 R_G を $R_G = C_\infty l n^{0.5}$ のように定義できる．ただし，C_∞は特性比であり，l は単量体の長さである(7・6節)．この予測は高分子溶液と高分子溶融体において実際に成り立つ．高分子溶液の場合は，溶媒の浸透圧が高分子鎖の排除体積に打ち勝つため理想的な挙動が観測される．この特別な条件は θ 溶媒として知られ，フローリー-ハギンズのパラメーター χ（一般に χ パラメーターという，7章参照)が0.5に等しいときである．実際には浸透圧効果が排除体積効果を下回る方が普通で，高分子鎖は膨潤する(良溶媒)．この場合，χ は0.5未満になり，高分子コイルが広がる結果，回転半径は $R_G \propto n^{0.6}$ になる．この式における指数は直接 χ に関係する(詳細は第7章)．理想溶液中において非帯電単一重合体の形はほぼ球状であるが，ブロック共重合体と高分子電解質については，あらゆる形状が存在し，R_G は分子形状に強く依存する．ただし，吸着すると状況は一変する．これが本章における議論の焦点である．

8・1・3 小分子の吸着

表面における小分子の吸着の考察から始めると理解しやすい．多くの場合，この吸着は**ラングミュアの吸着等温線**(Langmuir adsorption isotherm)あるいは**BET の吸着等温線** (Brunauer－Emmett－Teller adsorption isotherm) のいずれかによって記述できる[5]．ラングミュアの吸着等温線は BET の吸着等温線*の極限の場合に相当する．(8・1)式が**ラングミュアの式**である．ここで，θ は表面の被覆率，c は平衡濃度，b は定数である．このモデルでは溶質分子は表面とのみ相互作用すると仮定するので，単分子層の形成のみが可能である．図 8・4 に上述の二つの等温吸着線を示す．BET モデルでは溶質–溶質相互作用を考慮しているので，多重吸着層が形成される．これは，ある特定の相互作用エネルギーに対して計算した図 8・4 からも明らかである．高分子吸着の実験から得られた等温線に対してラングミュアの式を適用した報告例がある．しかし，ラングミュアの式が実験データをよく再現したとしても，吸着エネルギーのような熱力学的変数の解釈には，多分散性の効果のために注意が必要である(8・4・2 節)．

$$\theta = \frac{bc}{1+bc} \qquad (8 \cdot 1)$$

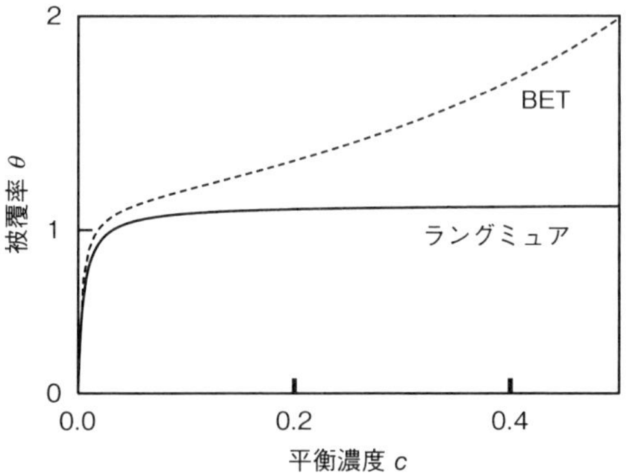

図 8・4 ラングミュアの吸着等温線と BET の吸着等温線．

* ［訳注］ BET の吸着等温式，

$$\theta = \frac{bc}{(c_s - c)[1+(b-1)c/c_s]}$$

ここで b は定数．c_s は飽和濃度である．

8・2 高分子の吸着

8・2・1 配置エントロピー

小分子と異なり，高分子が溶液から表面に吸着すると，配置エントロピーが大きく失われる．高分子が吸着するときのエントロピー変化は単純な熱力学を用いて計算することができる．簡単のために，高分子セグメントのおのおのに対して三つの配向 (Ω) が可能であると仮定する．これは，n 個のセグメントをもつ高分子に対して，3^n 個の配置が可能であることを意味する．同様に，コイルが完全に平らな表面に吸着するならば，二次元においては 2^n 個の配置が存在する．

熱力学第三法則からエントロピー変化を以下のように計算できる．

$$S = k_{\mathrm{B}} \ln (\Omega) \tag{8・2}$$

したがって，

$$S = k_{\mathrm{B}} \ln (2^n/3^n) \tag{8・3}$$

である．このエントロピー損を補償するためには，少なくとも $\approx 0.4 k_{\mathrm{B}} T$ の臨界エンタルピーが必要になる．ただし，以上の計算においては溶媒が表面から離れる過程の効果が無視されている．この過程がエントロピー的に有利であることは明らかである．

8・2・2 フローリーの表面に関する相互作用パラメーター χ_{s}

フローリー–ハギンズの溶液に関する相互作用パラメーター χ の定義と同様に，フ

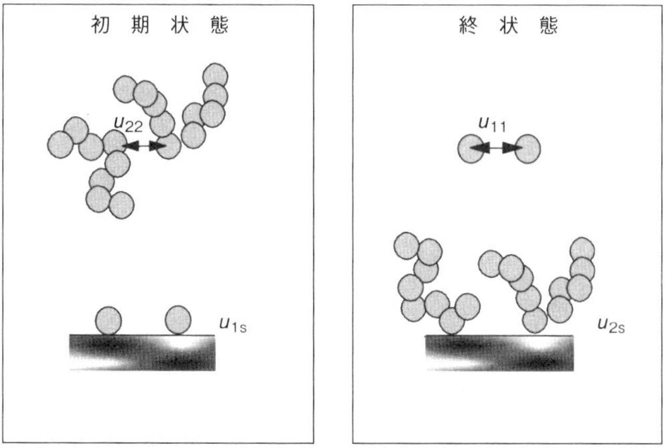

図8・5 高分子セグメントが吸着することによって，それまで吸着していた溶媒分子に置き換わる交換過程．下付き添字 1 は溶媒，2 は高分子セグメント，s は吸着していることを表す．

ローリーの表面に関する相互作用パラメーターχ_sを定義できる．このパラメーターは図8・5のように高分子溶融体と吸着溶媒から成る初期状態と表面から離れた溶媒と吸着高分子から成る終状態を用いて定義できる．このような特別な定義をする理由は，χとχ_sを事実上互いに独立なパラメーターとして扱い，表面における相互作用と溶液中の相互作用を分離するためである．しかし，これを実際に実行することはきわめて難しい．

χ_sは次式で与えられる．

$$\chi_s = -\left[(u_{2s} - u_{1s}) - \frac{1}{2}(u_{11} - u_{22})\right] k_B T \qquad (8 \cdot 4)$$

ここで，uは接触エネルギーであり，通常は引力である（<0）．また，下付き添字sは表面，1は溶媒分子，2は高分子セグメントを表す．吸着が起きるためには，(8・4)式で近似的に与えられる臨界値χ_{sc}よりχ_sが大きくなければならない．

8・3　末端が付着した鎖のモデルとシミュレーション

高分子吸着のもつさまざまな側面の多くが鎖のコンホメーションに依存するので，高分子と表面の間の相互作用に関するさまざまな研究ではシミュレーションの方法が特に有効である．最も単純な例は，高分子鎖が自由空間ではなく格子（図8・7参照）に拘束されることと，高分子鎖の末端が表面への不可逆的に吸着することである．高分子鎖の配置に対するこれら二つの制約は，鎖に許される可能なコンホメーションの数を大幅に減少させて，溶液中への鎖の脱着を妨げる．

これらのモデルのうち最も単純なものは，鎖のコンホメーションの数を正確に数える．以下においても，これは最初の段階のアプローチになる．次に，鎖長が長い場合はモンテカルロ法あるいは分子動力学法の近似法が，単鎖および多重鎖のどちらの高分子鎖に対しても有効である．最後に，高分子吸着の完全な熱力学的モデルについて述べる．このモデルでは末端吸着によって高分子の配置が制限され，吸着した鎖と溶液中にある鎖の完全な平衡が達成される．

8・3・1　原子論的モデル

高分子と基板の相互作用を予測するために，理想的には，溶媒，高分子および界面の詳細な原子構造に基づく理論が必要になる．このような理論の構築は単純な視覚化のためには可能であるが，鎖長の長い高分子の集まりから成る実際の系に対しては難しい．それでも，このアプローチは十分に有益である．グラファイト上のポリスチレンに対するシミュレーションを図8・6に示す．このように視覚化の有益な側面として，フェニル環が立体的制約のために表面上に平らに存在できないことがわかる．この場合，高分子が吸着した安定な表面層の定義を，表面から一定の距離内に存在するセグメントまで含むように拡張しなければならない．これらの状況では分子の形，すなわち化学的構造が決定因子になる．

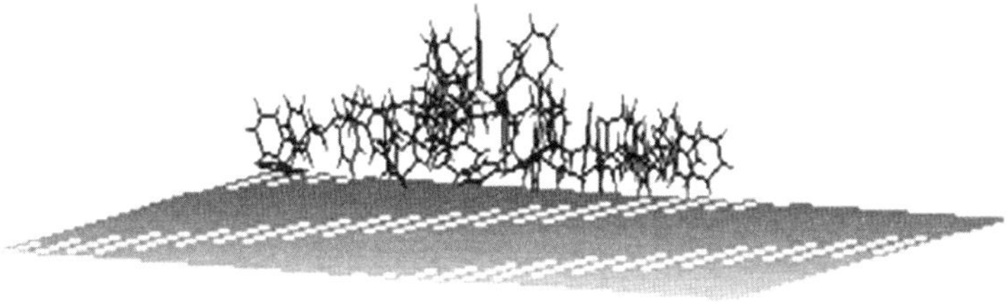

図8・6　グラファイト表面上の単一のポリスチレン鎖の原子レベルのシミュレーション．トレイン(表面に接触)，ループ，テイルがシミュレーションなのでわかる．

より現実的なモデルでは，鎖のすべての可能なコンホメーションにわたって平均をとる必要がある．その結果，表面に垂直な体積分率プロファイル，すなわち表面から始まりバルク溶液中で終わる多数の層の中のセグメント数が得られる．

吸着の体積分率プロファイルの形 $\phi_{\mathrm{ads}}(z)$ が得られると，他の重要なパラメーターは以下の式を用いて計算できる．

$$\Gamma = \rho_2 \int_0^{\mathrm{span}} \phi_{\mathrm{ads}}(z)\,\mathrm{d}z \qquad (8\cdot5)$$

$$p = \rho_2 \int_0^{l} \phi_{\mathrm{ads}}(z)\,\mathrm{d}z/\Gamma \qquad (8\cdot6)$$

$$\delta_{\mathrm{RMS}}^2 = \rho_2 \int_0^{\mathrm{span}} \phi_{\mathrm{ads}}(z)\,z^2\,\mathrm{d}z/\Gamma \qquad (8\cdot7)$$

吸着量 Γ は体積分率プロファイル* $\phi_{\mathrm{ads}}(z)$ の積分(曲線 $\phi_{\mathrm{ads}}(z)$ と z 軸に囲まれた部分の面積)に高分子密度 ρ_2 を掛けたものであり，その単位は 質量/単位面積 になる．吸着分率 p は全セグメント数に対するトレインのセグメント数の割合に対応し，この層の幅は通常は単量体の長さ l に等しい．積分の上限のスパン(span)は $\phi_{\mathrm{ads}}(z)$ がゼロになる点(スパンの最大値は鎖長)である．上記の実験の変数と格子モデルを比較するために，スケーリングの手法(8・3・4節)を現実の空間へ拡張することが必要である．このためのいくつかの方法があるが，たとえば，図8・7にあるような各格子サイトを一つの単量体あるいは一つの統計的セグメントで占めると考える方法である．

* ［訳注］ 体積分率プロファイルとは ϕ_{ads} = (距離 z にあるすべてのセグメントの総体積)/(全セグメントの体積の合計)を z の関数として図示したもの．

8・3・2　正確な数え上げ：末端で付着した鎖

このアプローチでの最も単純なものは，界面に末端で付着した単鎖に対して図 8・7 のような格子を用いる．基本の考え方はあらゆる可能なコンホメーションを数えること，すなわち正確な数え上げ(exact enumeration，EE)である．図 8・7 において座標 (0, 0, 0) から出発し，同じ格子点を占めるすべてのコンホメーションを除外する．$C(n, m)$ を，長さ n 個のボンド*から成るウォークで，n 個のボンドのうち m 個のボンドが界面に隣接する層に存在するウォークの数として定義する．したがって，たとえば $C(1, 1) = 4$ および $C(2, 1) = 4$ である．このような数え上げはすぐに非常に困難になる．

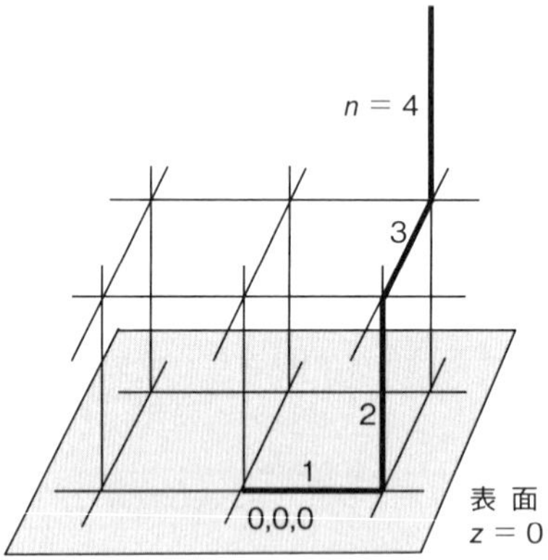

図 8・7　立方格子上の典型的な自己回避ウォーク(軌跡が交差しないウォーク)．$C(4, 1)$ のコンホメーションの一つを示す．太線が高分子を表す(辺の部分がボンド)．

$n = 20$ 以上になると，コンピューターの計算時間がかなり長くなる．このような中程度の鎖長の場合でさえ，10^9 のオーダーのコンホメーションがある．配列数 $C(n, m)$ を数え上げると，きわめて容易に結合しているウォークの分率 p を計算することができる．これは表面に隣接する層に存在するセグメント，すなわちトレインとして存在するセグメントの，セグメント総数に対する分率である．たとえば，図 8・7 に示したウォークでは $p(n) = 1/4$ である．すべてのコンホメーションに対する結果はボルツマン因子を含む式になる．ここで，ボルツマン因子は $\exp(m\chi_{\mathrm{S}}/k_{\mathrm{B}}T)$ で与えられる．また(8・8)式は，p の平均値 $\langle p \rangle$ を見つけるために必要な統計和である．

＊［訳注］　高分子はセグメントとボンドから成る．セグメントが格子上にあるとき，隣り合う 2 つのセグメントを結ぶ線がボンドになる．

$$\langle p \rangle = \frac{\sum_{m=1}^{n} C(n,m)\, m \exp(m\chi_{\mathrm{S}}/k_{\mathrm{B}}T)}{n\sum_{m=1}^{n} C(n,m) \exp(m\chi_{\mathrm{S}}/k_{\mathrm{B}}T)} \qquad (8・8)$$

$\langle p \rangle$ がどのように正味の吸着エネルギー χ_{S} に依存するかを調べることは有益であるが，ここまでの計算は n の有限な値に対するもので，鎖の末端は表面に不可逆的に付着している．これは，$\chi_{\mathrm{S}} = 0$ の場合の $\langle p \rangle$ の極限値が $1/n$ であることを意味する．モデルは，大きな n の極限における $\langle p \rangle$ の値を見つけるために外挿法を用いることにより，さらに発展させることができる．これらのデータを図 8・8 に示す．臨界値 χ_{SC} 未満の χ_{S} 値では吸着分率はゼロで，吸着のない場合に対応する．しかし，臨界値以下でも吸着はある．孤立鎖に対して χ_{S} が $k_{\mathrm{B}}T$ よりはるかに大きい極限では，セグメントはすべてトレインとして最初の格子層に存在する傾向がある．

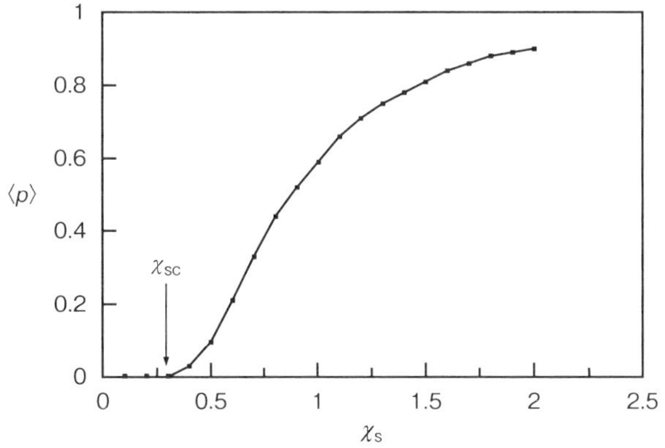

図 8・8 吸着分率 $\langle p \rangle$ の変化．吸着エネルギーに関するパラメーター χ_{S} に対してプロットした．(8・8)式より計算．

この単純なアプローチは，表面と平行なおのおのの格子面にあるセグメントの平均数を算出するために容易に拡張することができる．そのためには，m 個の表面接触と層 z において s 個のセグメントをもつウォークの数 $C(n, m, s, z)$ の数を知る必要があるので，新たな計算をしなければならない．図 8・9 のデータは χ_{S} を変更すると相対的な体積分率プロファイル $\phi(z)$ がどのように変わるか示す．図 8・9 における $\phi(0)$ の χ_{S} 依存は図 8・8 に対応する．臨界吸着エネルギー以下($\chi_{\mathrm{S}} = 0$ の場合)では各層のセグメント数は表面から離れたところで山ができる．図 8・10 と異なり図 8・9 では有限の鎖長($n = 15$)を扱っている．これらのコンホメーションのすべてが表面に不可逆的に付着した一つのセグメントをもつので，図8・10と異なり図8・9ではpは0より大きくなる．この領域は$\phi(z)$に極大があるのでマッシュルーム型として知られている．対照的に，χ_Sが1.8である場合，鎖は表面でつぶれて広がった形になるが，これはパンケーキ型として知られている*1.

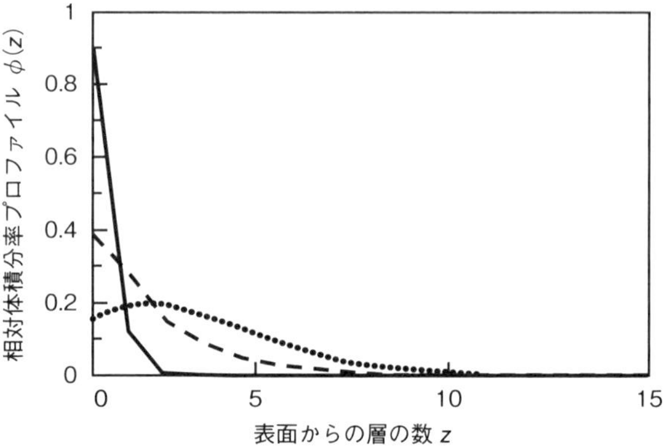

図8・9　立方格子上に付着した15個のセグメントから成る表面に平行な層の中$\phi(z)$を表面からの層の数zに対してプロットした．吸着エネルギーに関するパラメーターχ_Sが0.0(••••••••)，0.6(– – –)，1.8(——)の場合を図示した．

8・3・3　近似法：末端で付着した鎖

上記のアプローチは短い単鎖に対してのみ適用され，非常に制限されたものである．別のアプローチではモンテカルロ(MC)法あるいは分子動力学(MD)法を用いる[6]．これらの方法では，すべての鎖のコンホメーションが生成されるのではなく，部分的な集団が形成される．しかし，適切な選択基準の使用によって，この部分集合は全体の代表になりうる．この方法は格子に制限されず，正確な数え上げよりももっと大きな長さの多重鎖に対処することができる．多重鎖に対する単純な手法は周期的境界条件*2を用

*1 ［訳注］ 吸着高分子の形態を模式図で表す．

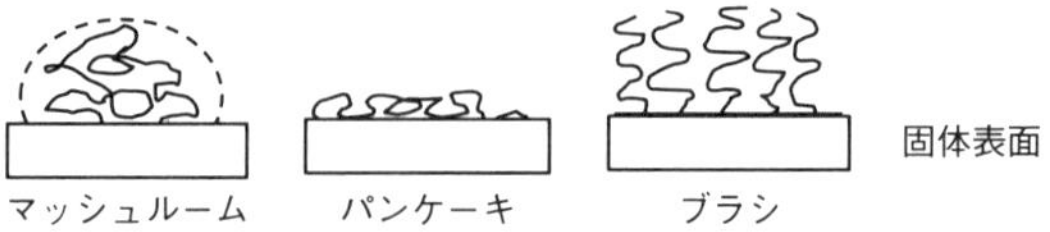

*2 ［訳注］ 多重鎖に対応する格子の集合全体を考える代わりに，格子全体を小さなセルに分割し，一つのセルの中で格子上のセグメントのウォークを行う．セグメントがセルの一つの面から出発してその面に向かい合う第2の面に達したとき，その面を横切らずに第1の面の最初の状態に戻るという境界条件である．

いることである.

図8・10は50個の鎖長および0.15の表面被覆率θに対する結果を示す. ここで, 表面被覆率は, 表面格子サイト当たりの吸着セグメント数として定義される. さらに, このアプローチによって, すでに見いだされているプロファイル, すなわち, パンケーキ型およびマッシュルーム型が再現される. ただし, 図8・9の体積分率が相対値であるのに対し, 図8・10では絶対値である.

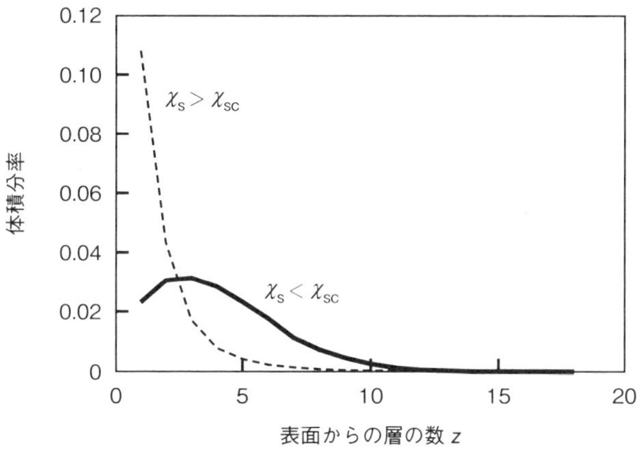

図8・10　末端で付着した鎖のモンテカルロシミュレーション. 鎖は50個のセグメントから成り, 表面被覆率は0.15である. 吸着エネルギーに関するパラメーターχ_sが臨界値χ_{sc}より大きい値と小さい値に対する結果.

分子動力学アプローチでは, ニュートンの運動法則を用いて系における相互作用力を変更することにより, 古いコンホメーションから新しいコンホメーションを生成する. 典型的なシミュレーションはナノ秒の時間スケールで行うことができる.

8・3・4　末端が付着した鎖(ブラシ)に対するスケーリングモデル

末端が付着した鎖の構造を見いだすための別のアプローチは, de Gennesのスケーリングアプローチである[7]. このモデルでは第7章および図8・11に示したように鎖はg個のブロッブに分解される.

各ブロッブがそれぞれg個の単量体から成る自己回避ウォークを含む場合, ブロッブサイズξは次式で与えられる.

$$\xi = g^{3/5} l \qquad (8 \cdot 9)$$

ここで，l は単量体の長さである．n 個の単量体については，ブラシの長さ δ は次式のようになる．

$$\delta = \left(\frac{n}{g}\right)\xi \qquad (8 \cdot 10)$$

第二の重要な仮定は，ブロップサイズ ξ が**グラフト**(graft)した（末端が表面に化学結合した）鎖の密度 σ を $\sigma = 1/\xi^2$ とすることである．この結果と(8・9)式，(8・10)式を組合わせるとスケーリング理論の式として次式が得られる．

$$\delta = n\sigma^{1/3}l^{5/3} \qquad (8 \cdot 11)$$

これは驚くべき結果で，ブラシの長さが鎖長に比例することが予測される．この結果は表面に垂直な棒状高分子には成立し，表面上で密にグラフトされた鎖では非常に強く引き伸ばされることが示唆される．精密な理論によって，この結果が確認され，ブラシの体積分率プロファイルが放物線であることが予測されている[8]．さらに詳しい議論は第16章で行う．

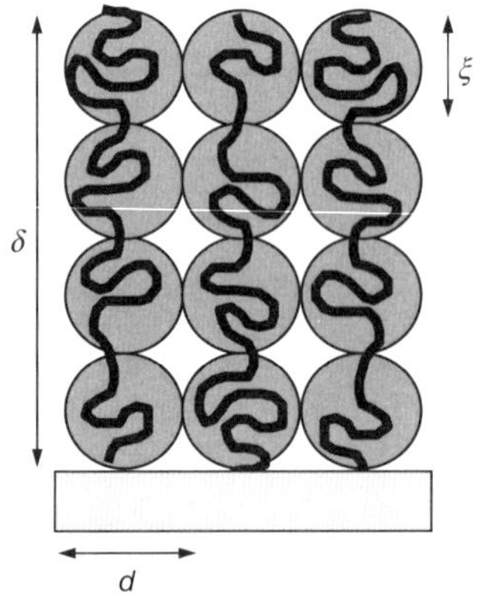

図8・11 末端で付着した一連の鎖のブロップ表示．

8・3・5 物理吸着鎖：ショイチェンス–フレア理論

高分子吸着の理論として最も成功し，かつ役に立つ理論はショイチェンス–フレア(Scheutjens–Fleer：SF)**理論**[1]である．この理論は高分子溶液に関するフローリー–ハギンズ理論を基礎におき，固体基板上に形成された格子の各層にこの理論を適用する．SF モデルでは，各層は表面に平行な L 個のサイトをもち $j = 1, 2, 3$ と番号付けをする．

モデルの目的は系の自由エネルギーを計算し最小にすることである．これは二つの段階で行われ，まず系の内部エネルギーを計算し，次にエントロピーを計算する．

図8・12の例は3層にまたがる単鎖のコンホメーションである．この例における内部エネルギーUを求めるためには各セグメントの最近接の総数を見つければよい．立方格子の場合，表面では6個の表面-高分子接触と19個の高分子-溶媒接触が存在する．三つの層$j = 1, 2, 3$の場合，内部エネルギーUを次のように表現することができる．

$$U = 6\chi_{\mathrm{s}} + [19\chi + 12\chi + 25\chi]/z \qquad (8 \cdot 12)$$

ここでzは格子配位数である．

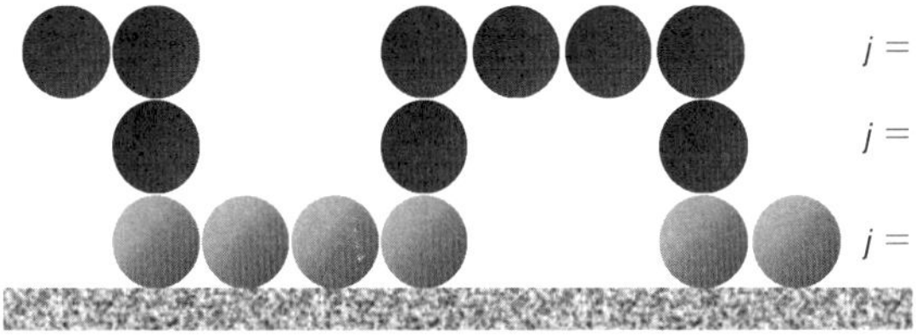

図8・12 15個のセグメントから成る鎖．6個のセグメントが界面に存在する．

これは有益な練習問題であるが，さらに一般的な方法が必要であり，平均場近似(p.153)を用いることができる．実際の接触の数を用いる代わりに，ある層に 高分子-溶媒 または 高分子-表面 の接触が存在する確率を用いる．これは，単に層jにおける吸着高分子(aで表す)の体積分率$\phi^{\mathrm{a}}(j)$である．たとえば，高分子と表面間の第1層における接触の平均数は$L\phi^{\mathrm{a}}(1)$である．一般的に(8・12)式は次のように書くことができる．

$$\frac{\Delta U}{k_{\mathrm{B}}TL} = \phi^{\mathrm{a}}(1)\,\chi_{\mathrm{s}} + \sum_{j=1}^{M} \phi^{\mathrm{a}}(j)\langle\lambda\rangle\chi \qquad (8 \cdot 13)$$

ここで，層の総数はMであり，λは平面内および平面間の接触数の違いを修正するパラメーターである．たとえば，立方格子では平面内に4個の最近接格子が存在し，平面の上と下に1個ずつ最近接格子が存在するが，これらを数えすぎてはならない．

エントロピーの計算はさらに複雑であり，具体的に鎖を構築するために平均場アプローチに基づく形式化が必要になる．方法としては，自由なセグメントに重み因子Gの概念を用いることである．

層jの中の単量体が，バルク溶液におけるセグメントと比較したときにもつ統計集団(アンサンブル)における重みとして$G(j)$を定義する．相互作用しないセグメントの場合，$j < 1$のときは単量体は表面に浸透できないので$G(j) = 0$である．$j > 1$の場合，層1の外側では，すべてのセグメントがバルク溶液中に存在するから $G(j)=1$ になる（すなわち，表面において短距離力によって相互作用しない）．しかし，$j=1$ の場合，$G(j)=\exp(\chi_s)$ になり，$\chi_s>0$ ならば，セグメントがバルク相よりも表面に存在する確率が大きくなる．

次の手順は鎖を形成するためにこれらの重み因子を組合わせることである．最短の鎖である二量体から始めて，重み因子を以下のようにしてつくり出すことができる．図8・13では，種々のコンホメーションを示す四つの二量体がある．二量体は存在する格子層によってラベルを付ける．たとえば，二量体(3,4)は層3の中にセグメント(1)をもち，層4の中にセグメント(2)をもつ．したがって，(3,4)に対する重み因子は次式で与えられる．

$$G(3,4) = \frac{G(3)G(4)}{6} = \frac{1}{6} \qquad (8\cdot14)$$

複合重み因子は以下のように得られる．格子上にあって表面に隣接しない（すなわち，層1にない）各セグメントに対する重み因子は1である．格子上の最近接数は6であり，セグメント(3)から出発する二量体(3,4)をつくるための可能な方法は一つしかないので，確率は1/6になる．

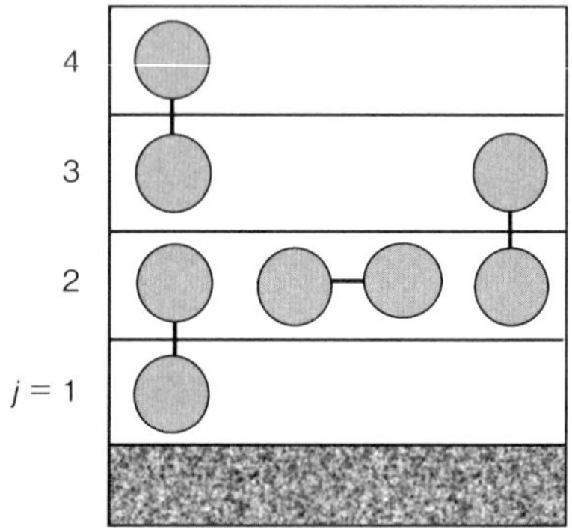

図8・13　立方格子上で種々の配向をとる四つの二量体．

同様に，二量体(1,2)は以下の重みをもつ．

$$G(1,2) = \frac{G(1)G(2)}{6} = \frac{1}{6}\exp(\chi_s) \qquad (8\cdot15)$$

ここで，セグメント(1)が余分の寄与をすることに注意しよう．なぜなら，このセグメントは表面に隣接する層1に存在するからである．

次の手順は末端のセグメントに対する重み因子，すなわち，末端のセグメントが層 j にある鎖の重みを見つけることである．これは，$(j-1), (j), (j+1)$ の各層から出発し層 j で終わる鎖の数に事実上等しい*．すなわち，

$$G(j;s) = G(j)\left[\frac{1}{6}G(j-1) + \frac{4}{6}G(j) + \frac{1}{6}G(j+1)\right] \tag{8・16}$$

ここで，s は層 j における末端のセグメントである．

この方法を用いて，末端セグメントが同じ格子層にある二つの鎖を結合する（図 8・14）ことにより，層 j に存在する任意の鎖セグメントに対する全体的な重みを計算する（次ページ脚注）．ここで，n 個のセグメントから成る鎖の任意の s 番目のセグメントから層 j の体積分率への寄与は次式で与えられる．

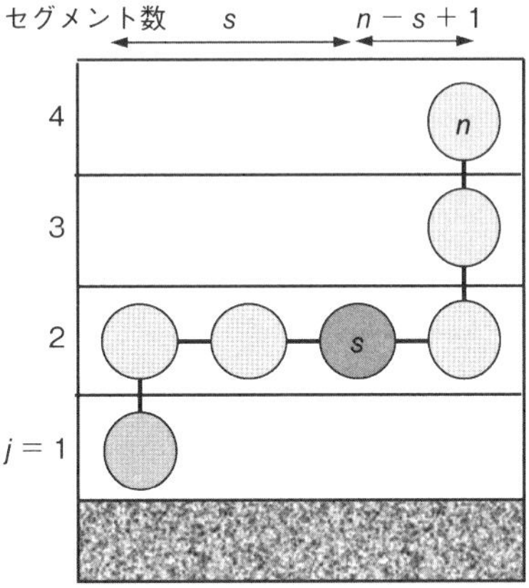

図 8・14　末端セグメントが s である二つの鎖〔s の左側部分（s 個の単量体）と右側部分（$n-s+1$ 個の単量体）〕を s で結合させて一つの鎖をつくる（n 個の単量体から成る）．

＊［訳注］（8・16）式の係数の説明．

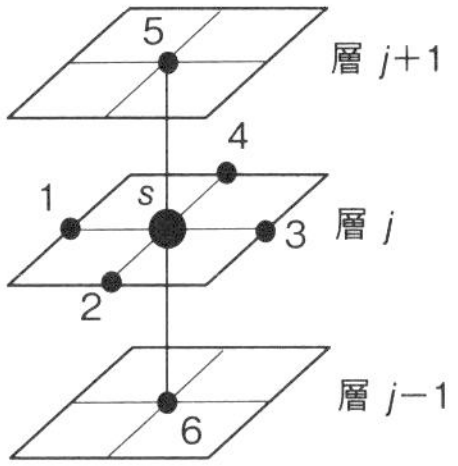

末端のセグメント s が層 j に存在するとすると末端から数えて 1 個手前のセグメントは上図の格子 1〜6 のどれかになければならない．
層 j の上には 4 つの格子点があり，層 $j+1$ と層 $j-1$ の上には 1 個ずつの格子点がある．したがって，層 $j+1$，層 $j-1$ に末端から数えて 1 個手前のセグメントがある確率は，それぞれ $\frac{1}{6}$，層 j にある確率は $\frac{4}{6}$ になる．

$$\phi(j\,;\,s) = \frac{C}{G(j)}\,G(j\,;\,s)\,G(j\,;\,n-s+1) \qquad (8\cdot17)^{*}$$

ただし，C は規格化因子である．

したがって，層 j に対する，セグメントの体積分率への寄与の合計は，鎖中の層 j にあるすべてのセグメントの和をとることにより求めることができる．

$$\phi(j) = \sum_{s=1}^{n} \phi(j\,;\,s) \qquad (8\cdot18)$$

この定式化は高分子溶液と平衡にある体積分率プロファイルを計算するために拡張することができる．この結果，吸着層の量や厚さ，領域といった吸着層を特徴づけるために必要なすべてのパラメーターを実験と対比させて評価することが可能になる．

図8・15の体積分率プロファイルは理想溶媒(フローリーのパラメーター $\chi = 0.5$)中の50個のセグメントから成る鎖に対する計算結果である．以下の二つの場合に大別さ

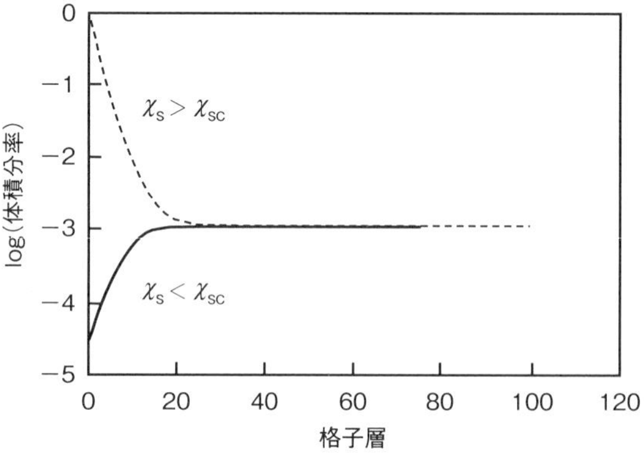

図8・15　50個のセグメントから成る鎖に対してSFモデルを用いて計算した体積分率プロファイル．χ_s の二つの値，$\chi_s < \chi_{sc}$，$\chi_s > \chi_{sc}$ を用いた．この研究に対する詳細な説明はFleerらの著作[1)]を見よ．

＊［訳注］　図8・14は

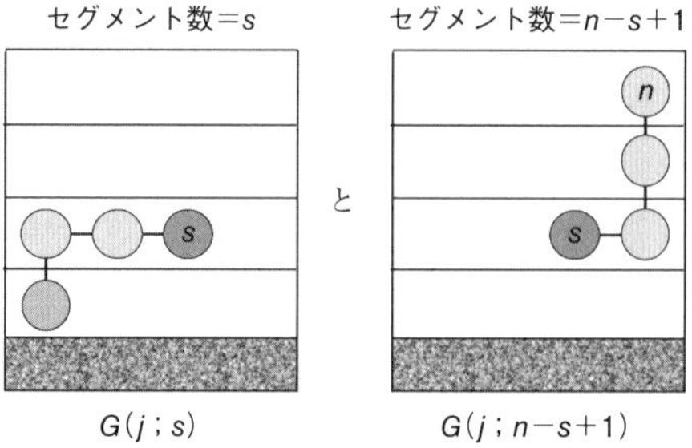

を結合させたもの．

れる.

- 表面のフローリーのパラメーター χ_s が臨界値 χ_{sc} より大きい場合，吸着が起こり体積分率プロファイルはバルク溶液濃度(1000 ppm)に向かって単調に減少する.
- $\chi_s < \chi_{sc}$ の場合，枯渇が起こり，表面におけるセグメント濃度はバルク濃度より低い.

末端で付着した鎖に対する体積分率プロファイル(図 8・10)と異なり，鎖全体が完全に脱着する. SF 理論の詳細な解説については文献[1]を見よ.

8・3・6　物理吸着のスケーリング理論

8・3・4 節で取上げたスケーリングアプローチを物理吸着鎖のモデル化に用いることができる. 基本的なアプローチは，吸着層を高分子溶液に"自己相似"なものとして扱うことである. 図 8・16 に示すように，三つの領域が考えられる

1. 近接領域. 事実上トレイン層で，単量体の長さ l のオーダーの幅をもつ. 表面からの距離 z すなわち，$z \leq l$ に対して ϕ はほぼ一定である.
2. 中央領域. 準希薄高分子溶液に似ている. 準希薄溶液中の高分子の局所的な体積分率は次式で与えられる.

$$\phi \approx n/R^3 \tag{8・19}$$

ここで，n はセグメント数，R は高分子の末端間距離である.

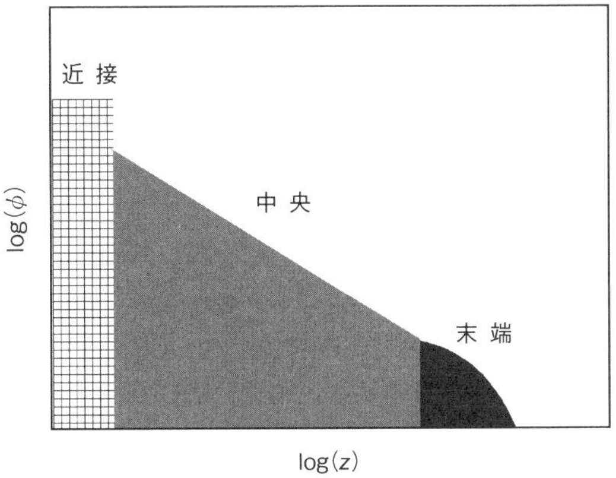

図 8・16　物理吸着した高分子層のスケーリングモデル. 三つの領域を示す. 近接(模様部)，中央(灰色)，末端(黒).

また，良溶媒中では $R \propto n^{3/5}$ であるから（第７章），

$$\phi \approx R^{5/3}/R^3 = R^{-4/3} \qquad (8 \cdot 20)$$

になる．粒子表面から距離 z における体積分率は鎖が存在する空間とみなすことができる．したがって，

$$\phi \propto z^{-4/3} \qquad (l < z < d \text{ のとき}) \qquad (8 \cdot 21)$$

3.　層の縁である末端領域（distal region）は指数関数的減衰として近似される．

$$\phi \propto e^{-z} \qquad (d < z < \text{span のとき}) \qquad (8 \cdot 22)$$

$d < z <$ span は末端領域を表す．

8・4　実験的側面

8・4・1　体積分率のプロファイル

実験的な体積分率プロファイルを得るためのアプローチはいくつかあるが，粒子に対して最も成功した方法は中性子小角散乱（SANS）であり，巨視的な表面に対しては中性子反射である．代表的なアプローチは，散乱データに理論的なプロファイル形を適合させることである．図8・17にこのようなデータに適合させた後に得られたプロファイルの例を示す[9]．この系は半径約60 nmのポリスチレン（PS）ラテックス上に吸着した，モル質量が110 kg mol^{-1}のポリエチレンオキシド（PEO）である．

二つの異なるプロファイル形は8 nmまでは非常に類似している．8 nmを超えると，

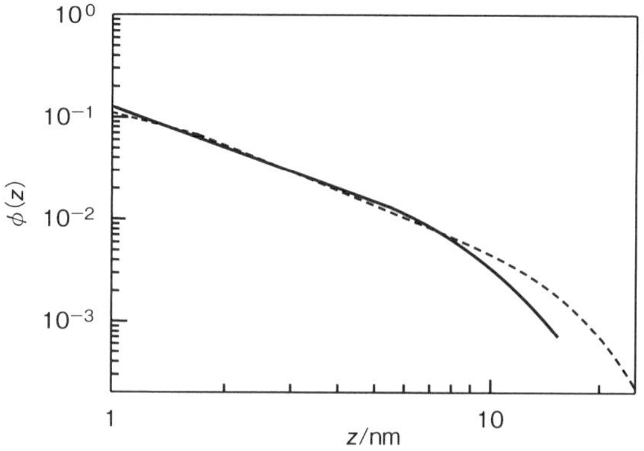

図8・17　水中のポリスチレンラテックスに吸着したPEO 110 kg mol^{-1} に対する体積分率プロファイルの実験値．SFモデル（------），スケーリングプロファイル（———）にSANSデータを適合させて求めた．

テイル領域が重要になる．これはSFアプローチによって明確に計算できるが，スケーリングでは近似にすぎない．SANSの感度は約0.001の体積分率である．したがって，長い鎖についてはスケーリング近似では鎖のスパンを過小評価する．

8・4・2 吸着等温線

吸着等温線はSFモデルから計算できるが，スケーリング理論からは直接には得られない．代表例を図8・18に与える．

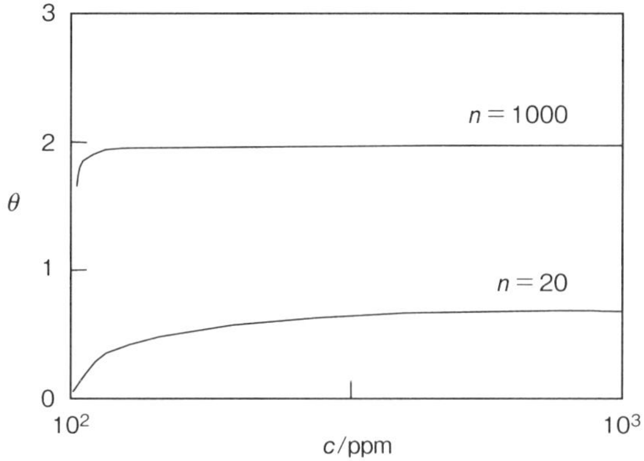

図8・18 二つの鎖長に対してSFモデルを用いた理論的な等温線（下の曲線: $n=20$, 上の曲線: $n=1000$）．χ_sの値は1.0, χ_{sc}の値は0.5である．θは表面サイト当たりの吸着セグメント数である．

短い鎖の場合は表面に対し低親和性の等温線になるが，これはラングミュアの等温線に似ている．長い鎖の場合は親和性が高くなるが，これは単分散高分子では一般的で，飽和濃度以下では，添加高分子が事実上すべて溶液から表面へ移動する．一定質量濃度における吸着量(Γ)はモル質量とともに変化するが，この変化の様子は溶媒の性質にも依存する．良溶媒（第7章）では，Γはモル質量Mが低いときはMの増加とともに増加する．しかし，モル質量が非常に高い場合は，鎖長に依存しないプラトー値に達する．θ溶媒（第7章）では，Γは無制限に増加するようである．

上述のことから，吸着量がモル質量に依存し，多分散性の高分子については，さらに複雑になることは明らかである．エントロピー的には長い鎖が吸着する方が有利である．しかし，力学的には短い鎖が最初に界面に到達する．この二つの傾向の競合が意味することは，平衡では，初めに吸着した短い鎖が長い鎖に置き換えられ，希釈してもこれらの鎖は脱着しないことである．この効果はSFモデルで扱うことができ，図8・19

に重要なパラメーターを示す．利用可能な表面積に対する溶液の体積の比は最も重要なパラメーターであり，また，非常に大きな粒子の分散系および単一の平面では，これらの結果は顕著である．

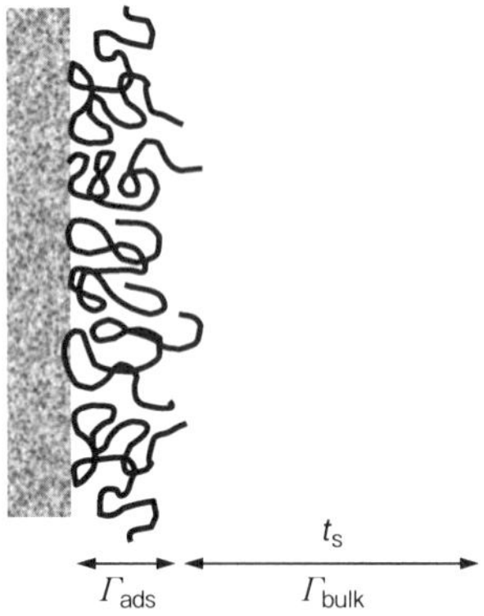

図8・19　表面積と溶液の体積の関係．t_s は高分子溶液の厚さである．

系における高分子の総量は次のように書くことができる．

$$\Gamma_{total} = \Gamma_{ads} + \Gamma_{bulk} \qquad ここで \quad \Gamma_{bulk} = c_p t_s \,[\mathrm{mg\,m^{-2}}] \tag{8・23}$$

ここで c_p は高分子溶液のバルク濃度，$c_p t_s$ は表面の単位面積当たりの溶液の体積に比例する．すなわち，

$$c_p t_s = \rho V_{solution}/A_{interface} \tag{8・24}$$

ここで ρ は高分子溶液の質量密度である．これは図 8・19 に模式的に示される．

多分散の効果は二元系高分子混合溶液を考えると明らかになる．このような状況に対する吸着等温線を図 8・20 に示す．吸着量 Γ を $c_p t_s$ に対してプロットした．前述のように，高分子溶液の濃度が低いところでは，事実上，どちらの鎖の長さでも高分子のすべての部分が吸着される．

これは図 8・21 の中の領域 I である．しかし，溶液濃度が増加して飽和に接近（領域 II）すると，長い鎖は優先的に吸着し，先に吸着した短い鎖は溶液中へ移動する．領域 III では表面は飽和する．この吸着シナリオにおいて，理由は完全には明らかになっていないが，高分子溶液を薄めると非常に興味深い効果が生じる．これは領域 IV と示されているところである．そこでは，長い鎖が表面に残り，完全な脱着はほとんど起こらない．なぜなら，この吸着状態を達成するために必要な，吸着しているのと同じくらいの分子量をもつ高分子溶液の濃度は非常に低いからである．ある意味でこれは不可逆的吸着とみなすことができる．詳細は Fleer らの文献[1]を参照されたい．

多分散性の別の側面は，吸着等温線の立ち上がりが丸くなるということである．これは(ラングミュアの式による)最初の傾きから吸着エネルギーを得ることはうまくいかないことを意味する．

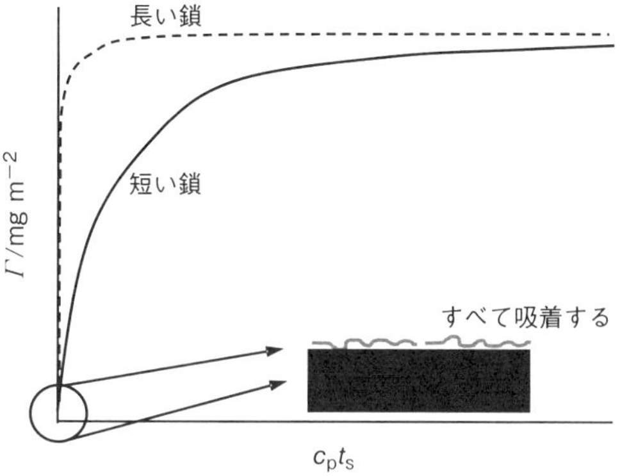

図 8・20 混合溶液中の二つの異なる分子量をもつ高分子の SF モデルによる吸着等温線の模式図．分子量の違いは鎖の長さによる．

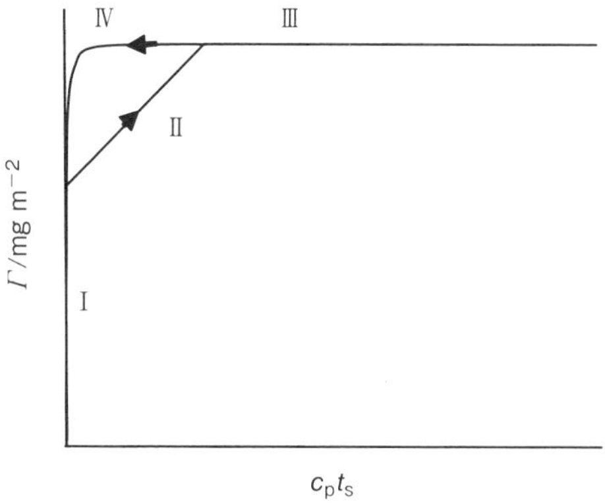

図 8・21 高分子量高分子の二元系混合物からの吸着と脱着．

表面に対して高い親和性をもつ典型的な吸着等温線の実験値を図 8・22 に示す．示されたデータはポリスチレンラテックスに吸着したモル質量 51 kg mol^{-1} で単分散性の高いポリエチレンオキシドに対するものである．等温線は約 0.4 mg m^{-2} で垂直軸からはずれる．これは層の中で高分子間相互作用が作用し始める濃度に一致する．1 mg m^{-2} のオーダーは非帯電の単一重合体に対する吸着量としてきわめて典型的な値である．

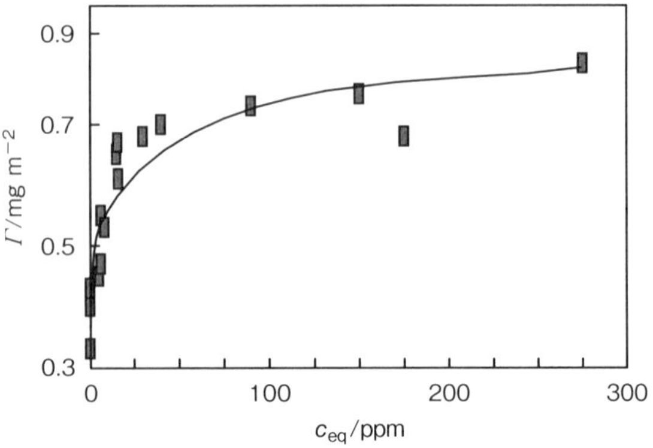

図8・22　水からポリスチレンラテックスに吸着したポリエチレンオキシド 51 kg mol^{-1} の表面に対して親和性の高い典型的な吸着等温線.

8・4・3　吸 着 分 率

吸着分率は高分子全体の中でどの程度セグメントが界面に吸着するかを表す量である．単鎖は表面上に平らに存在するが($\chi_s > \chi_{sc}$)，多重鎖についてはそうではない．自由エネルギーを下げようとするために，エネルギー的に有利になるように表面サイトは満たされるが，同時に鎖はエントロピーを減らさないように表面上で三次元構造を保持しようする．図 8・23 の実験データは，水バルク中からシリカに吸着したポリビニルピ

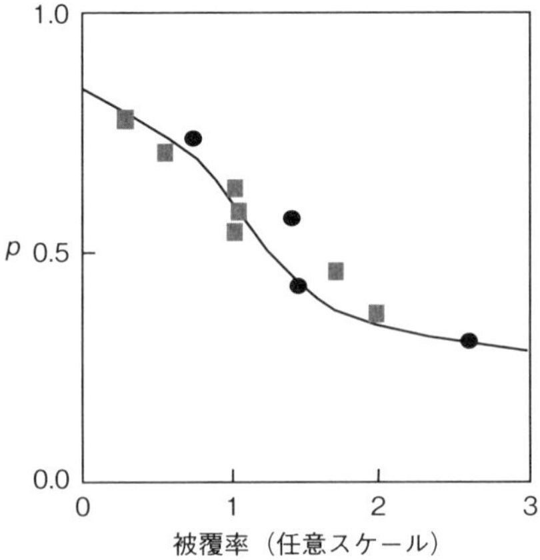

図8・23　水バルクからシリカに吸着した PVP の吸着分率 p の値. ■は NMR, ●は ESR で得られた値.

ロリドン(PVP)の結果である．この結果は核磁気共鳴(NMR)および電子スピン共鳴(ESR)を用いて得られている[1]．これらの方法は，界面(トレイン)におけるセグメントが，ループやテイルのセグメントより動きにくいということを前提にしている．吸着分率を評価するために，FT-IR，微小熱量測定，溶媒NMR緩和，SANSをはじめ，いくつかの方法が用いられている．比較のために，図8・24はSFモデルを用いて得られた吸着分率の理論計算を示す．ここでは，異なる二つの鎖長が用いられている．理論と実験の両方が示すように，低い被覆率では鎖は表面に比較的平らに付着する(完全に平らなコンホメーションでは吸着分率は$p=1$になる)*．被覆率が増加すると表面層における体積分率はほぼ一定でより多くの鎖を組込むので，吸着層は膨潤してループとテイルが形成される．平面の層については，吸着分率pは鎖長に依存しない．ループとテイルに十分な数のセグメントが存在するときのみ，異なる分子量に対するpの値は違う

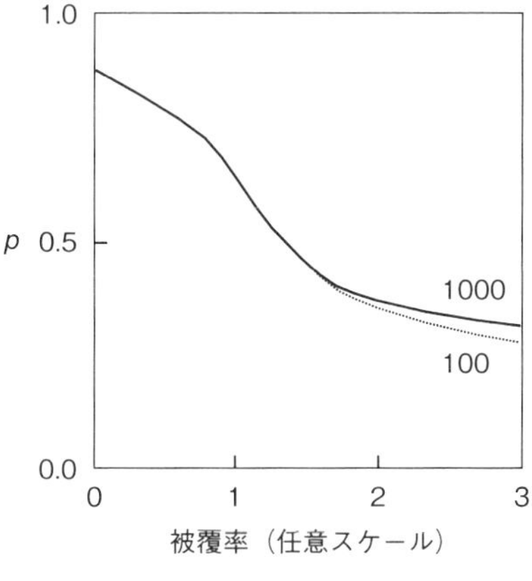

図8・24 吸着高分子の吸着分率pのSF計算による結果．異なる二つの鎖長(セグメント数100)(下の曲線)および(セグメント数1000)(上の曲線)の場合における吸着量を示す．

---

* ［訳注］ 模式図で表すと以下のようになる．

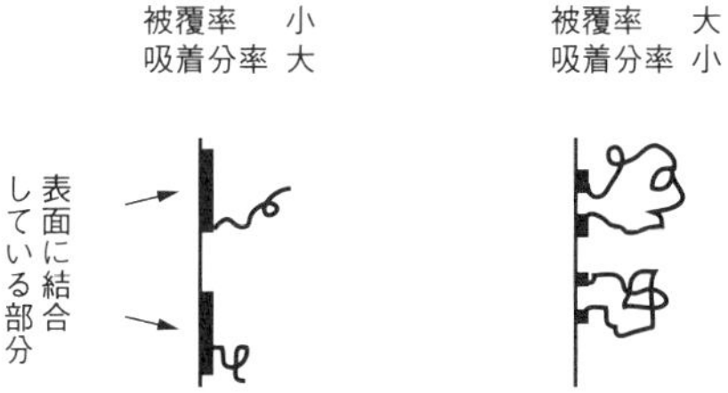

値になる．SF 理論は後者の点を非常にうまく説明し，理論と実験の両方によって吸着層のこの挙動が確認される．

8・4・4 層の厚さ

吸着層の厚さは重要なパラメーターであり，立体安定化剤を設計する際に役に立つ．図 8・25 は流体力学的な層の厚さ δ_H に対するループとテイルの寄与を SF 理論で計算した結果を示す．トレインの寄与は無視できるが，驚くべきことにテイルが δ_H の主要部分であり，鎖長の増加とともに重要になる〔つまり，鎖長が長くなれば，ループの寄与の増加よりテイルの寄与の増加の割合(曲線の傾き)が大きい〕．2 個の粒子が接近して，立体斥力または立体引力が作用しはじめる場合，テイル領域は最初の接点である．

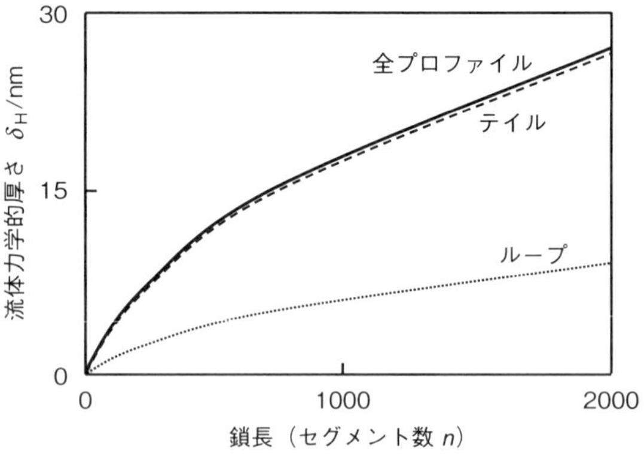

図 8・25 吸着層の流体力学的厚さに対するループ(⋯⋯)，テイル(-----)および全プロファイル(——)の寄与．鎖長の関数として理論的予測を示す．

実験的には動的光散乱(PCS)および粘度測定から δ_H を測定することができる．また，図 8・26 は吸着量に対してポリスチレンラテックスに吸着したポリエチレンオキシドのデータを示す．データは曲線上に乗り，テイルがますます重要になる様子を示している．

この挙動は吸着量および分子量の組合わせによって層の厚さの最大値が決定されることから理解できる．ある分子量に対して，吸着量に最大値(プラトー領域)がある場合は，最大吸着量は到達可能な層の厚さの最大値に反映される．

層の厚さに対するはっきりした分子量依存性は吸着等温線のプラトー領域から一連の試料を測定すればよい．図 8・27 は一連の高分子に対する 1 組のデータを示す．

明らかにデータは(8・25)式のスケーリング理論による予測に従う．

$$\delta_{\mathrm{H}} \propto n^{a} \qquad (8 \cdot 25)$$

これらのデータから得られた指数 a は約 0.8 であったが，他の研究者は約 0.6 という低い値を報告している．比較のために，層の厚さの RMS（根平均二乗）に対するデータ

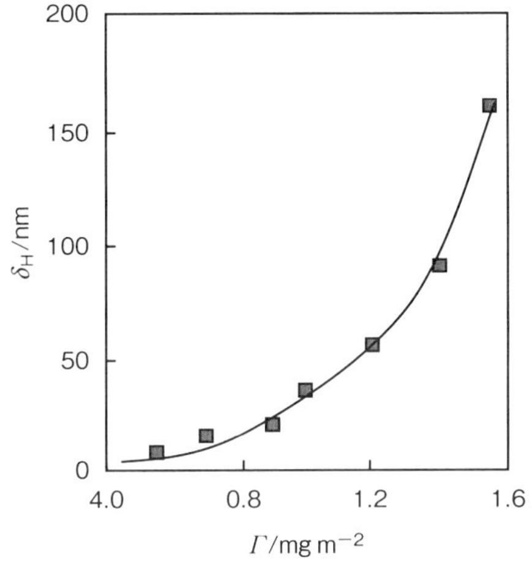

図 8・26 ポリスチレンラテックスに吸着したポリエチレンオキシドの流体力学的層の厚さ．吸着量の関数として示す．

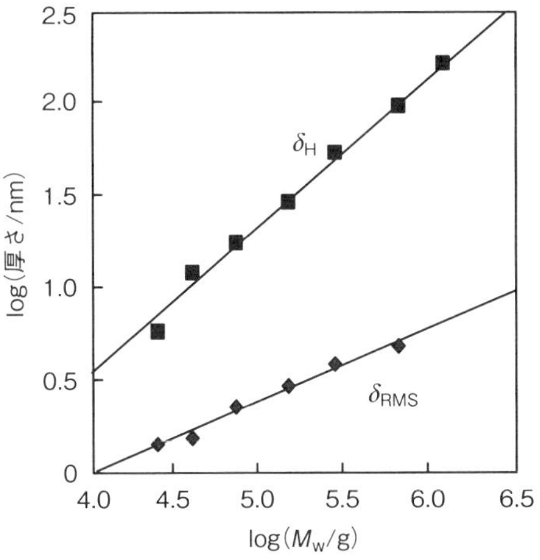

図 8・27 ポリスチレンに吸着したポリエチレンオキシド層の流体力学的厚さ δ_{H} の変化．光子相関分光法で測定したポリエチレンオキシドのモル質量の対数に対してプロットした．直線は最小二乗法による．

も同じ図に示す．これらのデータはSANS[1]または楕円偏光解析法によって得られた体積分率プロファイルから容易に計算される．データはスケーリングモデルにもあてはまるが，ここでは指数は約0.4である．流体力学的厚さ δ_H は上記のようにテイル領域によって決まるが，RMSの厚さは主ループのプロファイルの中央領域によって占められる．図8・28が示すように，SF理論および流体力学に対するパーコレーションモデル*に基づいたこれら二つの厚さパラメーターの理論計算を示す[1]．SF理論の予測と実験の一致はよく，n に対しての流体力学的層の厚さの増加はRMSの場合に比べ大きい．

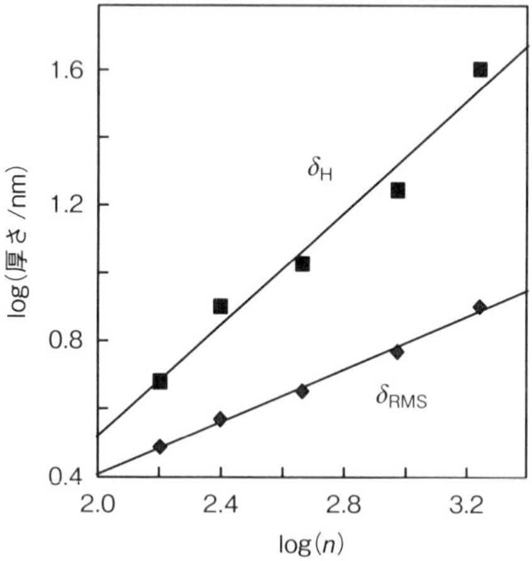

図8・28　SFモデルおよび流体力学的モデルを用いて計算した流体力学的厚さ δ_H の変化を直線で示す．n は単量体の個数．■と◆はそれぞれ実験値．

8・5　共重合体

安定化剤は強く吸着しかつ強く溶媒和する必要があるが，これら二つの条件は両立しない．なぜなら，強い溶媒和は小さな χ 値を意味し表面に対する吸着傾向が低下するからである．したがって，安定化剤としての単一重合体の吸着は多くの場合これら二つの必要条件の兼ね合いで決まる．これら両方の効果を最適化するために，次のような共重合体を選ぶとよい．すなわち，一方のセグメントが強く吸着するが溶解度が低く，他のセグメントは逆の性質をもつ共重合体である．ブロック共重合体の場合は，界面に強く分配するものがあり，吸着ブロックはさらに表面で高分子溶融体を形成することさえ

＊［訳注］パーコレーションモデルは第1章(1・25)式参照.

ある．図 8・29 はこの分配の挙動を示す．ブロック共重合体はトレイン領域を形成し，ここには主として強く吸着し溶媒和の少ないブロックが存在する(A)．ブラシ領域は反対の性質をもつブロックから成る．

図 8・29 の右図(B)はランダム共重合体の吸着を示す．その結果生じる正確な表面構造は，ブロックの相対比率と鎖中の分布に依存するが，一般的には，共重合体の挙動はそれぞれのブロックから構成された二つの単一重合体の中間の挙動を示すことが期待される．これは図 8・30 の SF 計算によって明白に示される．ここでは，構成要素の単独重合体のうち一方が吸着せず，他方のみが吸着する共重合体の例である．吸着量と層の厚さはともにきわめて似た挙動を示す．

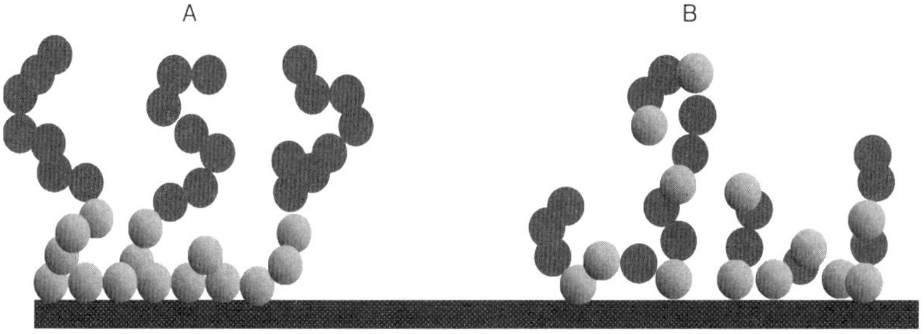

図 8・29　ブロック共重合体(A)とランダム共重合体(B)の吸着の模式図．吸着セグメントは薄い灰色で，非吸着セグメントは濃い色で示す．

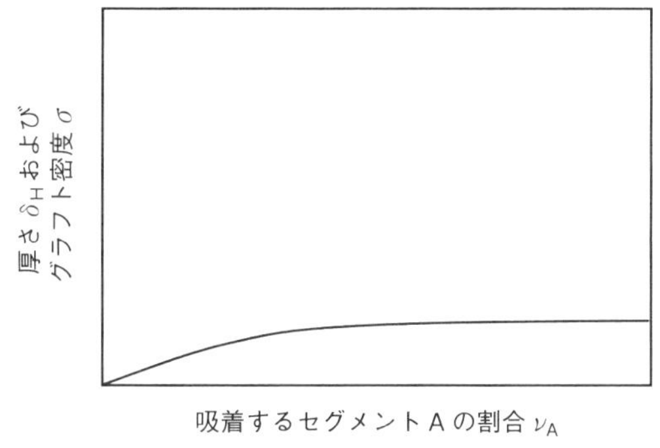

図 8・30　吸着したランダム共重合体の理論的な厚さおよびグラフト密度．SF 理論に基づく．この図の y 軸の尺度は図 8・31 と同じ．

ブロック共重合体については図 8・31 が示すように挙動は全く異なる．図 8・31 は図 8・30 と同じ y 軸尺度でプロットしてある．この場合，アンカーブロック(A)の吸着から獲得したエネルギーとブイブロック(B)を伸ばすことに関連したエントロピーが釣り合う．これら二つの効果が釣り合う場合，吸着セグメントの分率(ν_A)の関数として表した吸着量と層の厚さに極大が生じる．したがって，ブロック共重合体を選ぶ際に，最大の立体効果を得るには，ほぼ $\nu_A \approx 0.2$ に最適のブロック比がある．ランダム共重合体では吸着は $\nu_A = 0$ の場合の枯渇から $\nu_A = 1$ の場合の単一重合体 A の吸着まで図 8・30 のように変化する．

図 8・32 にポリスチレンラテックスに付着したポリエチレンオキシド(PEO)とポリプロピレンオキシド(PPO)の一連の ABA 型ブロック共重合体の実験データを示す．このデータは，理論から予測されるような，吸着単量体のある臨界分率まで吸着量が増

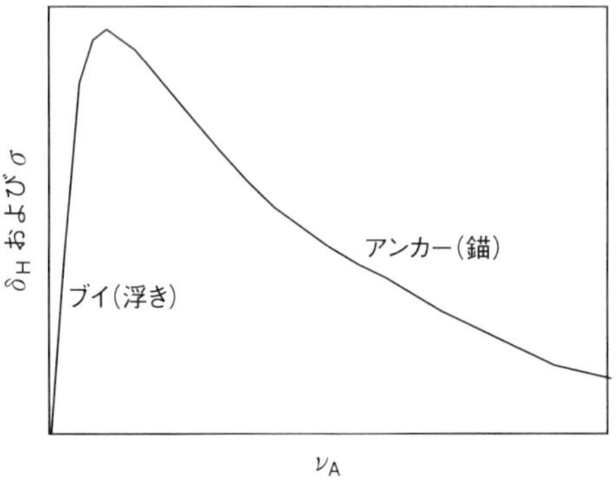

図 8・31　吸着したブロック共重合体の理論的な厚さおよび吸着量．SF 理論に基づく．

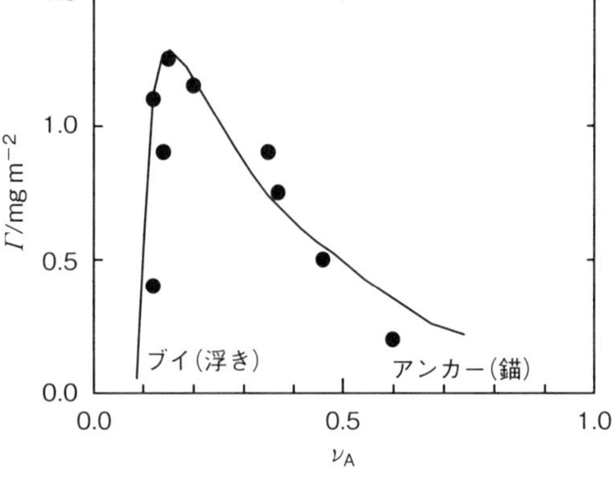

図 8・32　ポリスチレンラテックスに吸着した一連のプルロニック(ABA)ブロック共重合体の吸着量．

加する傾向を明白に示している．これはブロック共重合体系においてきわめて典型的なものである．

8・5・1 液/液界面

SF 理論は浸透可能な界面に吸着したブロック共重合体を研究するためにも用いられる．たとえば，疎水性のブロックが油相に浸透し，親水性のブロックが水相に浸透するエマルションである[1]．図 8・33 はこの分配がどのように起こるかを示す．図 8・34 に示した実験系は，二つの PEO 鎖および 69 個の PPO ユニットのおのおのの中に 96 個の単量体をもつプルロニック PEO–PPO–PEO ブロック共重合体に対するものである．

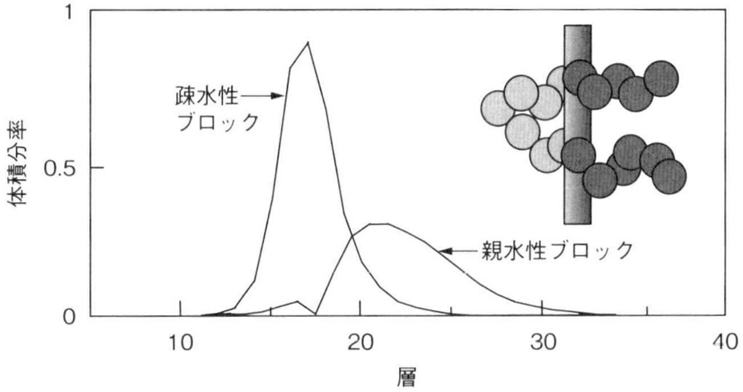

図 8・33 液/液界面における ABA 型ブロックコポリマーの吸着に対する SF 計算．挿入図はセグメントがどのように配列するかを模式的に示した．

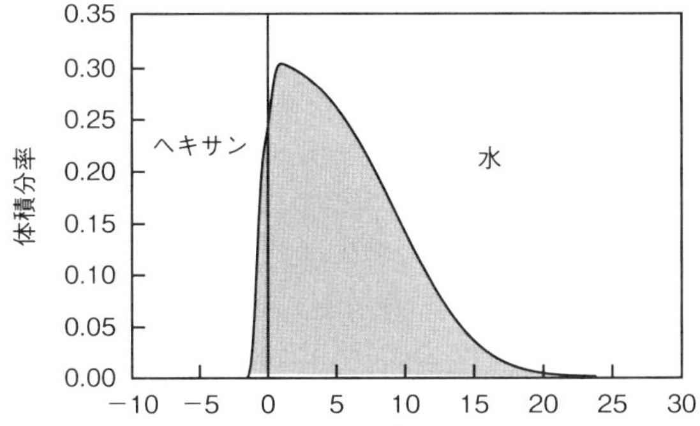

図 8・34 ヘキサン/水界面に吸着した PEO と PPO の ABA 型ブロック共重合体の体積分率プロファイル．中性子反射から得た．

データは中性子反射を用いて得られた．この例では，PPOの油に対する可溶性は高くなく，たとえばアルキル鎖の場合ほど浸透は大きくない．

8・6 高分子ブラシ

8・3節の初めに議論した末端で付着した鎖も基礎的なSF法を用いて研究することができる．比較のために図8・35に8・3節の例に類似した例を示す．

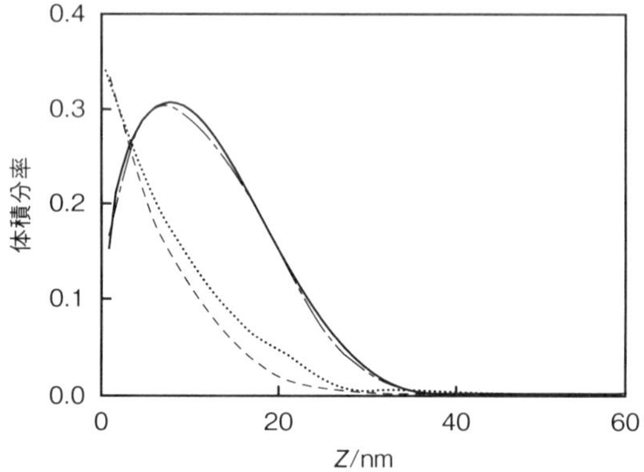

図8・35 シリカに化学的にグラフトしたポリスチレンに対する中性子小角散乱およびSF計算から得た体積分率プロファイルの比較．---(実験値)と——(理論)は純トルエン溶媒($\chi_s = 1.0$)に対応する．また，········(実験値)と---(理論)は，あらかじめ添加したジメチルホルムアミド($\chi_s = 0.0$)の効果に対応する．

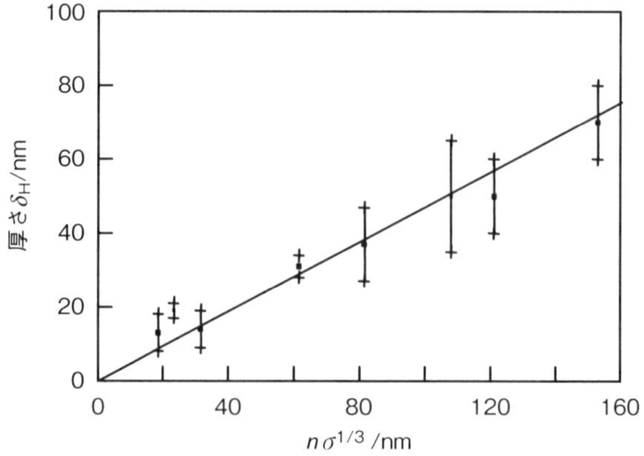

図8・36 シリカに末端で付着したポリスチレンのブラシの流体力学的厚さδ_H．セグメント数nとグラフト密度σの1/3乗の積の関数として表示．

ブラシ系は広く研究されてきたが，図 8・35 にシリカ上にグラフトされたポリスチレン(PS)のジメチルホルムアミド(DMF)中に分散している実験例を示す．この溶媒は良溶媒で，PS の物理吸着はない．これらの条件の下ではマッシュルーム型の吸着が期待される．物理吸着が起こるトルエンではパンケーキ型が期待される．SANS(small angle neutron scattering 中性子小角散乱法)データと SF 計算による予測は驚くほどよく一致している[1]．

上記と同じブラシ系が PCS(photon correlation spectroscopy 光子相関法)と SANS を用いて研究され，ブラシに対するスケーリング理論の予測(8・11 式)と比較されている．図 8・36 からわかるように，さまざまな分子量とグラフト密度 σ をもつ一連の試料に対して普遍的なプロットが得られる．驚くべきことに，ブラシの高さはセグメント数 n に比例するが，これはコイルサイズが $\propto n^{0.6}$ であるような良溶媒溶液における高分子と好対照である．

8・7　ま　と　め

本章で見たように，界面での高分子の構造は溶液中における構造とは非常に異なる．吸着と枯渇という非常に異なる二つのシナリオが可能である．吸着状態では，高分子鎖はもはや球対称ではなく，エントロピーの損失がある．しかし，このエントロピーの損失は吸着によるエネルギーの利得および界面から溶媒を移動することによるエントロピーの利得によって相殺される．吸着した鎖の末端は，溶液中の回転半径に比べて表面からかなり長い距離まで伸び，最も遠方にあるテイルセグメントが粒子の流体力学的挙動と粒子間相互作用の開始点を決定する．多分散性があると等温線の立ち上がりが抑えられ，事実上の不可逆的吸着が生じる場合がある．ランダム共重合体は二つの単一重合体のそれぞれの挙動の中間の挙動を示すが，ブロック共重合体は吸着表面で分離し，アンカー層とブイ層を与える場合がある．一定の鎖の全長に対して最大の厚さを与えるブロックサイズの最適値がある．末端で付着した鎖の場合，吸着表面への高分子の引力に応じて，マッシュルーム型およびパンケーキ型の層の形状が観測される．また，この系の場合，厚さは鎖長に比例する．

枯渇相互作用とコロイドの安定性に対するその効果については第 9 章で扱う．

文　献

1) Fleer, G., Stuart, M. C., Scheutjens, J. H. M. H., Cosgrove, T., Vincent, B., "Polymers at Interfaces", Chapman & Hall, London (1993).
2) Jones, R. A. L., Richards, R. W., "Polymers at Surfaces and Interfaces", Cambridge University Press, Cambridge (1999).

3) Netz, R. R., Andelman, D., *Phys. Rep.*, **380**, 1–95 (2003).
4) Granick, S., Kumar, S. K., Amis, E. J., Antonietti, M., Balazs, A. C., Chakraborty, A. K., Grest, G. S., Hawker, C., Janmey, P., Kramer, E. J., Nuzzo, R. H., Russell, T. P., Safinya, C. R., *J. Polym. Sci. B*, **41**, 2755–2793 (2003).
5) Adamson, A. W., Gast, A. P., "Physical Chemistry of Surfaces", Academic Press, New York (1997).
6) Binder, K., "Monte Carlo and Molecular Dynamics Simulations in Polymer Science", Oxford University Press, Oxford (1995).
7) de Gennes, P.-G. "Scaling Concepts in Polymer Physics", Cornell University Press, Ithaca (1979). 邦訳: "高分子の物理学—スケーリングを中心にして", 久保亮五監修, 高野宏, 中西秀共訳, 吉岡書店(1984).
8) Milner, S. T., *Science*, **251**, 905–914 (1991).
9) Marshall, J. C., Cosgrove, T., Leermakers, F., Obey, T. M., Dreiss, C. A., *Langmuir*, **20**, 4480–4488 (2004).

9

コロイドの安定性に対する高分子の効果

9・1 はじめに

多くのコロイド懸濁液は実際には高分子も含む．高分子は粒子表面に化学的に吸着することもあれば，吸着せずに溶液中に遊離して存在することもある．いずれの場合も，高分子の存在はコロイド懸濁液の安定性に大きく影響する．本章はコロイドの安定性に対する高分子の効果を考察する．これは研究者の関心の高い活発な研究分野であり，以下では最新の研究成果の例についても述べる．

9・1・1 コロイドの安定性

コロイドの安定性とは何か．第1章で議論したように，懸濁液の安定性を考慮する場合にいくつかの段階がある．まず最初の段階では，懸濁液中における一対の粒子間の相互作用に注目する．一般に，懸濁液中における任意の二つのコロイド粒子間にはファンデルワールス力(第3章)がはたらき，二つの粒子が接近すると強い引力が生じる．この結果，もし安定化機構がなければ，粒子は急速に凝集する(非平衡過程)．

不可逆凝集を避けるための安定化機構が存在するときは，粒子間引力が弱くなるために，懸濁液は全体として，たとえば希薄相と濃厚相に相分離して，相平衡あるいは長寿命の(ゲルのような)非平衡状態が実現される場合がある．

コロイドの安定性にはもう一つの意味があり，懸濁液の沈降する傾向と関連する．たとえ粒子が対相互作用に関しては十分に安定化されていても，次の段階では安定化している懸濁液が沈降して，最終的に懸濁液が不安定になる場合がある．本章では，高分子がこれらすべての段階においてどのようにコロイドの安定性に影響するかを考察する．

[9章執筆] Jeroen van Duijneveldt, School of Chemistry, University of Bristol, UK

9・1・2　電荷による安定化の限界

電荷によるコロイド粒子の安定化については第2章と第3章で詳しく議論した．しかし，電荷による安定化(のみ)に依存することには限界がある．効果的に安定化するためには，たとえば極性溶媒が必要であり，電荷で安定化した粒子は塩の添加，特に価数の高い対イオンの添加に大きく影響される．実際，電荷で安定化した懸濁液はもともと不安定であり(凝集に対する速度論的な障壁のみが存在する)，濃厚系あるいは ずり応力が加えられた場合には安定化は困難である．さらに，懸濁液の安定化のために凍結と融解のサイクルを行う場合，凍結から復帰できない場合もある．

9・1・3　相互作用に対する高分子の効果

本章では，まず粒子間相互作用について述べた後，高分子がコロイド粒子間の相互作用に影響を与え，そのために安定であるという三つの重要な機構について考察する．

- **立体安定化**　高分子が粒子表面に付着または化学的に吸着し，高分子の存在によって粒子間に斥力が生じる．
- **枯渇相互作用**　溶液中の非吸着高分子同士が引力をひき起こす．
- **架橋相互作用**　高分子が同時に二つの粒子に吸着することによって粒子間に引力が発生する．

コロイド，特に高分子によるコロイドの安定性の制御の詳細は，以下の教科書を見るとよい．

- 高分子による安定化に関する教科書としては，Napper[1)]を見よ．
- 最近の発展については，Fleer ら[2)]および Jones と Richards[3)]にまとめられている．
- 9・3節に述べる立体相互作用の記述は Russel ら[4)]の方法による．
- 表面力に関する詳細な議論については Israelachvili[5)]を見よ．

9・2　粒子間相互作用ポテンシャル

二つの粒子間の全相互作用ポテンシャルの考察から始める．全相互作用にはいろいろな寄与がある．一般的に，ファンデルワールス引力を考慮しなければならない．特に，極性溶媒中では(これに限らないが)，電荷間の相互作用を考慮する必要がある．最後に，高分子鎖の存在に起因する相互作用がある．一般的に，これらすべての相互作用が同時に重要になる．しかし，本章では，高分子が関与する相互作用の話に限ることにする．反射率がほぼ一定であるような懸濁液を調べると，ファンデルワールス引力が最小になる(第3章)．これは，非水系で容易に確認できる．

高分子鎖はモル質量が高いために大きな自由度をもち，高分子セグメント間に構造的な相関があるため高分子鎖の理論的記述は複雑になる．本章では簡単化したアプローチを用いて定性的な理解を目指し，詳しい記述については文献を挙げるにとどめる．さらに，溶液中の高分子の構造緩和にかかる時間スケールがかなり長くなる場合があることに注意しよう．このときはコロイド粒子間にはたらいている相互作用ポテンシャルは理論的に記述される平衡状態のものではないことを意味する(平衡に達しないので)．この例を以下に挙げる．

9・2・1 表面力の測定

表面間(したがって，粒子間)の相互作用における高分子の役割の基本的な理解において，Israelachvili らが開発した表面力測定装置(surface force apparatus, SFA)の果たした役割は大きい[5)]．SFA では，交差する 2 枚の円柱状の雲母表面が用いられる．雲母が選ばれた理由は，雲母から分子的に滑らかな表面が得られるからである．二つの表面は溶液に浸し接近させる．表面は硬いカンチレバーに取付けられる．また，干渉計測の技術を用いて 2 平面間の距離 D を測定する．レーザービームの偏光を用いてカンチレバーの曲げを検出し，表面力を求める．

この方法により，2 枚の表面間の距離すなわちナノメートルの長さの尺度の関数として，相互作用に関する詳しい情報が得られる．この方法では $F(D)/R$ を測定する．ここで，$F(D)$ は雲母表面間の力，R は雲母円柱の平均曲率半径である．**デルヤーギン(Derjaguin)近似**によれば，この力と平らな表面の間の単位面積当たりの相互作用エネルギー $E(D)$ は，次式で関係づけられる．

$$F(D)/R = 2\pi E(D) \qquad (9 \cdot 1)$$

表面力を測定するこの方法，および他の方法については第 16 章で詳細に述べる．

9・3 立体安定化

立体安定化(steric stabilization)はコロイドの安定化の重要な機構の一つである．この機構には高密度の高分子層によるコロイド粒子の被覆が関与する．粒子を覆った高分子にとって良溶媒の場合，粒子間に強い反発力が生じ，コロイド粒子は安定する．

9・3・1 理　論

高分子層で粒子を覆う最も一般的な方法は，おそらく溶液中の高分子を吸着させることである．その結果生じる吸着層に関する詳細な記述は第 8 章に示した．高分子は表面の χ パラメーターである χ_s 値により吸着するか または枯渇する．χ_s が臨界値より大きい場合，すなわち$\chi_s > \chi_{sc}$の場合吸着が起こり，χ_sが臨界値より小さい場合，高分子は粒子の表面において枯渇する(8章)．図9・1に吸着過程を簡単に示す．

図9・1の左図は吸着等温線であるが，単位表面積当たりの吸着量Γを高分子溶液の平衡濃度c_{eq}の関数として与える．平衡濃度が増加する*とΓはすぐにプラトーに達する．実際には，このプラトーの典型的な値は，粒子表面の1 m^2当たり数mgである．図9・1の右図では高分子の体積分率ϕを表面からの距離zの関数として表したが，これは高分子層の構造を要約している．このような特性を解析的に予測することは容易で

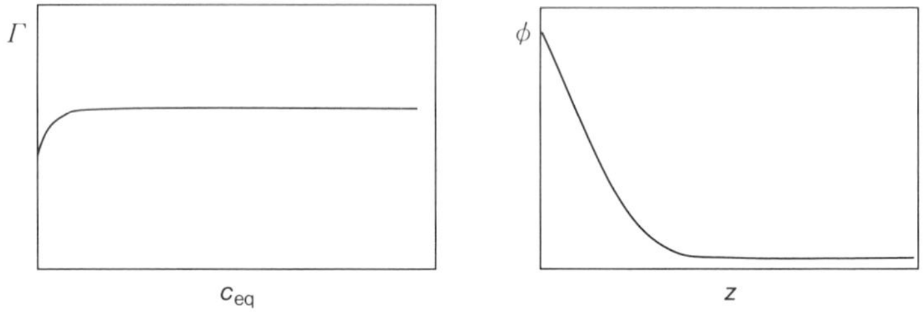

図9・1 高分子の吸着挙動の要約．左図は吸着等温線，右図は高分子の体積分率プロファイル．

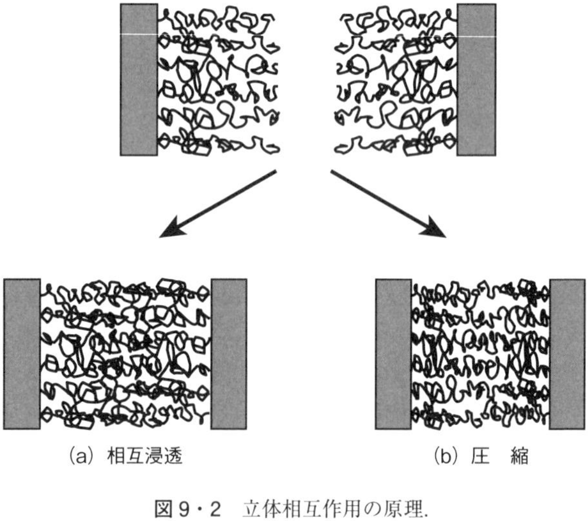

図9・2 立体相互作用の原理．

* ［訳注］ 平衡濃度を増加させる操作としては仕込みの高分子濃度を順に増やす．ある高分子濃度で十分時間が経った後，吸着した高分子量Γを差し引いた，溶液中の残りの高分子濃度が平衡濃度c_{eq}である．

はないが，たとえば第8章で詳述したショイチェンス-フレア(Scheutjens–Fleer)の理論のような数値的な方法を用いて，これらの特性を計算することは可能である．

図9・2は立体相互作用の原理を示す．粒子は吸着または化学的グラフト(p.168, p.186)によって高密度の高分子層で覆われている．第一近似として，それぞれの粒子の高分子層は層の全体にわたって一定の高分子体積分率 ϕ をもつものとして表される．

二つの粒子が接近するとき，粒子表面間距離 D が高分子層の厚さの2倍以下になると二つの高分子層は接触する．各層における高分子濃度を階段関数*として維持しながら，以下の二つのシナリオが可能である．(a)相互浸透：二つの表面が接近するとともに，二つの表面層は徐々に混じり合い，局所的に高分子セグメント濃度が2倍になる(図9・2a)．あるいは，(b)圧縮：表面間の高分子セグメントの濃度が徐々にその初期値から増加する．ただし，この濃度は表面間間隙のいたるところで同じ値である(図9・2b)．

高分子に対する良溶媒(第7章)においては，高分子濃度の局所的な増加は自由エネルギーの増加を伴い，粒子間に立体斥力相互作用を生じさせる．この斥力は表面間距離 D が相互作用をしていない層の厚さの2倍以下，すなわち $D < 2L_0$ になるとはたらきはじめ，$D < L_0$ になると急激に増加する．このとき，高分子層の圧縮が必然的に起こる．この急勾配の斥力によって分散系が立体安定化される．この粒子間距離ではコロイド粒子間になおファンデルワールス引力がはたらくが，距離 $D \approx L_0$ ではたらく引力が(k_BT と比較して)弱い場合，この距離で立体斥力が急激に増加するため分散系の安定性が保たれる(第3章も参照)．

高分子によって被覆された半径 a の二つの粒子間の立体相互作用エネルギー V_{ster} に対して以下のような簡単な解析式がFischerによって導かれている[6]．

$$V_{\mathrm{ster}}/k_{\mathrm{B}}T = 4\pi a\Gamma^2 N_{\mathrm{A}} \frac{\bar{v}_2{}^2}{\bar{V}_1}\left(\frac{1}{2}-\chi\right)\left(1-\frac{D}{2L_0}\right)^2 \qquad (9\cdot2)$$

この式を導く際に，高分子層中においてセグメント密度が一定であると仮定する．また，二つの粒子の高分子層が重なったとき，重なった高分子層のセグメント密度は重なる前のそれぞれの高分子層のセグメント密度の和で与えられると仮定する(線形の重ね合わせ)．したがって，この仮定は二つの層の重なりが弱いとき，すなわち，$L_0 < D < 2L_0$ の範囲においてのみ有効である．(9・2)式の $\bar{v}_2$ は高分子鎖の部分比体積

---

* ［訳注］ 階段関数の例．

$$\theta(x) = \begin{cases} 0, & x \leq 0 \\ 1, & x > 0 \end{cases}$$

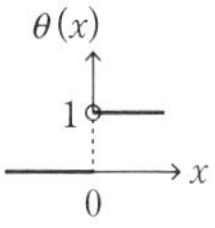

(溶液中で占める単位質量当たりの体積)であり，$\bar{V}_1$ は溶媒分子のモル体積である．(9・2)式で相互作用が表面被覆率 Γ の 2 乗を単位として表せることからわかるように，有効な立体安定化のためには表面の被覆率が高いことが重要である．斥力相互作用のためには，$V_{\mathrm{ster}} > 0$，すなわち良溶媒条件が必要である．つまり，フローリー-ハギンズ(Flory–Huggins)パラメーター $\chi < 0.5$ が必要である．溶媒の性質の役割は 9・6 節でさらに議論する．詳細な理論は，Hesselink，Vrij，Overbeek によって提案されている[7]．立体安定化に関する理論の詳しい概説は Napper の教科書にある[1]．

高分子ブラシ間の相互作用については，アレキサンダー-ドジャン(Alexander–de Gennes)のスケーリング理論から，圧力についての次式が導かれる[8]．

$$P(D) \approx \frac{k_{\mathrm{B}}T}{s^3}\left[(2L_0/D)^{9/4} - (D/2L_0)^{3/4}\right] \qquad (D < 2L_0 \text{ のとき}) \qquad (9\cdot3)$$

この式で s はグラフトした鎖の間の平均距離である．$\Gamma = 1/s^2$ であるから，(9・3)式は $P \propto \Gamma^{3/2}$ を意味する．これはフィッシャー理論(9・2 式)の予想よりわずかに弱い依存性である．(9・3)式は水中における界面活性剤二分子層のデータに非常によく一致する[9]．この結果は，第 16 章で詳しく説明する．

高分子が吸着する場合には，相互作用は平衡条件に依存する．すなわち，吸着量が 2 表面の接近中に常に平衡値に保つように調節されるか(完全平衡)またはこのように調節されないかということである．Fleer らの教科書[2]ではそれらに取組むためのさまざまな可能性，およびショイチェンス-フレア法のような理論的アプローチについて詳しい

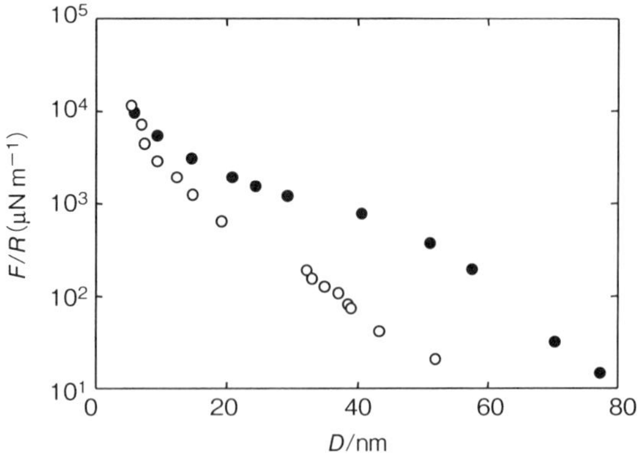

図 9・3　0.1 M KNO_3 中の PEO (M_w = 160 000 g mol^{-1})に対する表面力測定装置で測定した力-距離曲線．●：距離 D を短くしながら測定．○：一度 2 表面を離した後，再び距離 D を短くしながら測定．文献[10]より許可を得て転載．Copyright(1984)アメリカ化学会．

説明がある.

吸着高分子に起因する二つの固体表面間の立体相互作用の一例を図9・3に示す.表面力測定装置で測定した雲母シート間の力–距離曲線である.ここで,10 mg L^{-1} のポリエチレンオキシド(PEO)と0.1 M KNO_3 を含む水溶液で $M_w = 160\,000$ g mol^{-1} のPEOが雲母表面に吸着している.この高分子については,$R_g = 13$ nm であり,吸着は本質的に不可逆である(Klein と Luckham[10]より).

距離 D を短くしながら測定した結果は上の曲線(●)に従う.斥力は表面間距離 $6R_g$ で目に見えるようになる.一度2表面を離した後,再び距離 D を短くしながら測定した結果は下の曲線(○)に従う.力は以前より弱くなるが,これは平板間の吸着高分子の濃度プロファイルの調節が遅いことによる(典型的な時間スケールは分から時間である).

9・3・2 立体安定化剤の設計

効果的な立体安定性を得るには,いくつかの条件を満たさなければならない.吸着する高分子に対しては,

- 高い表面被覆率 Γ
- 強い吸着性 $\chi_s > \chi_{sc}$
- 安定化剤の高分子鎖に対する良溶媒 $\chi < 0.5$
- 低い未吸着高分子濃度 $c_{eq} \approx 0$

強い斥力は表面被覆率が高いときにのみ得られる.実際,表面被覆率が低いときは架橋相互作用がはたらく(以下参照).吸着する高分子は,吸着等温線(図9・1)のプラトー領域にある必要がある.表面被覆率が高くなるためには強い吸着が必要であり,有効な斥力のためには良溶媒条件が要求される.最後に,未吸着高分子の濃度が低いことは以下に説明する枯渇引力相互作用を避けるために望ましい.単独重合体を用いて立体安定化が可能になる場合もあるが,一般には共重合体を用いる方が効果的である.

実際には,2種類の異なる単量体から成る共重合体が用いられる.ここで,粒子に強く吸着する単量体をA,粒子に吸着せず溶媒によく溶ける単量体をBとする.以下のような構造が考えられる.

- ランダム共重合体 A/B
- BAB ブロック共重合体
- $A-(B)_n$ グラフト共重合体
- 化学的にグラフトした高分子 B
- 尾部 B をもつ界面活性剤

A/B ランダム共重合体の合成は容易であるが，この構造は厚く高密度の安定な層をつくるためにはあまり有効ではない．BAB 型ブロック共重合体を用いる方が，A が吸着し，二つの B が溶液中に突き出して立体的に安定化するので有効である(8・5 節)．同様に，$A-(B)_n$ 型グラフト共重合体を用いることができる．そこでは，主鎖である A は吸着し，B が再び溶液中に突き出る．さらに，B 型高分子は粒子表面に対して末端グラフトが可能である．この利点は高分子が共有結合で吸着するので脱着しない点である．しかし，未反応の高分子の除去が要求される場合は時間がかかる．界面活性剤も同様に用いることができる．この場合は界面活性剤の頭部基が粒子に吸着し，尾部基が立体安定化のための層を形成する．

粒子コアに比べて薄い高分子層によって懸濁粒子間に立体相互作用が生じると，粒子間に剛体球相互作用に近い理想的な斥力相互作用がはたらく懸濁液が得られる．十分に研究された二つの系は，(a) ポリヒドロキシステアリン酸(PHS)のグラフト共重合体で安定化したポリメタクリル酸メチル(PMMA)[11]と，(b) ステアリルアルコールのグラフト層で安定化したシリカ[12]である．両方の場合とも，粒子の屈折率に近い屈折率をもつ非水溶媒を用いてファンデルワールス引力を最小限に抑える．

9・3・3 限界溶媒

上述のように，高分子の有効な立体安定化のためには，コロイドの安定化のための高分子鎖にとって良溶媒が必要である．いい換えれば，θ 温度(ここで，$\chi = 0.5$)に近づくと，立体安定化が不可能になると予想される[1]．$\chi = 0.5$ 近傍の溶媒を**限界溶媒**という．重要な例は，水中において PEO で安定化した粒子の安定性である．この場合，高温では水溶液が PEO に対して良溶媒でなくなるので，温度を上げると(塩濃度によるが)凝集が観測される場合がある．

Russel ら[4]のアプローチに沿って，高分子層間相互作用を述べる．このアプローチはドジャン-アレキサンダーモデルから出発し，各高分子層が一定の高分子濃度をもつとみなす．すなわち，距離に対する階段関数で各高分子層を表す(くわしい密度プロファイルは第 8 章で述べた)．このアプローチでは，N 個のセグメントの高分子から成る高分子溶液のヘルムホルツ自由エネルギーは以下のように書かれる．

$$\frac{A}{Mk_{\mathrm{B}}T} = \ln\frac{\delta n}{N} - 1 + \frac{1}{2}Nv\delta n + \frac{1}{6}Nw\delta n^2 \qquad (9 \cdot 4)$$

ここで，δn は高分子セグメント密度，$M = \delta n\,V/N$ は単位体積当たりの高分子鎖の数，$w^{1/2}$ は高分子セグメント当たりの物理的な体積，またセグメント当たりの排除体積

$v = w^{1/2}(1-2\chi)$ を通して溶媒の性質が考慮されている．以上より，厚さ L_0 のグラフト高分子における鎖当たりのヘルムホルツ自由エネルギーの近似式が導かれる．

$$\frac{A_{\text{chain}}}{k_B T} = \frac{3}{2}\left(\frac{L_0^2}{NI^2} + \frac{NI^2}{L_0^2} - 2\right) + \frac{1}{2}Nv\delta n + \frac{1}{6}Nw\delta n^2 \qquad (9\cdot5)$$

高分子層の厚さは，層中の高分子総量が以下のように一定であるという条件のもとで(9・5)式から求められる．

$$\delta n L_0 = N\Gamma N_A/M_w$$

Russel らによるアプローチでは，二つの高分子層の線形の重ね合わせが仮定される．その結果，一つの鎖当たりの立体相互作用エネルギーを，表面間距離 D の関数として表せる．立体相互作用に対する溶媒の性質の役割を説明するために，この理論を用いていくつかの結果を得た．図 9・4 には予想される相互作用曲線を示す(一つの高分子鎖当たりの相互作用エネルギーを A_{chain} とした)．

この計算はシリカ球(直径 88 nm)の懸濁液の挙動をモデル化するために行われた．シリカ球には $M_w = 26\,600\ \text{g mol}^{-1}$ のポリスチレン(PS)が，適度に高い適用範囲 $\Gamma = 2.3\ \text{mg m}^{-2}$ で末端グラフトされた．粒子はシクロヘキサン(PS の限界溶媒)中で懸濁した[13]．この溶媒中で，このサイズの PS の R_g は 4.4 nm である．

図 9・4 に種々の χ パラメーターの値に対する相互作用曲線を示す．良溶媒 $\chi = 0$ で

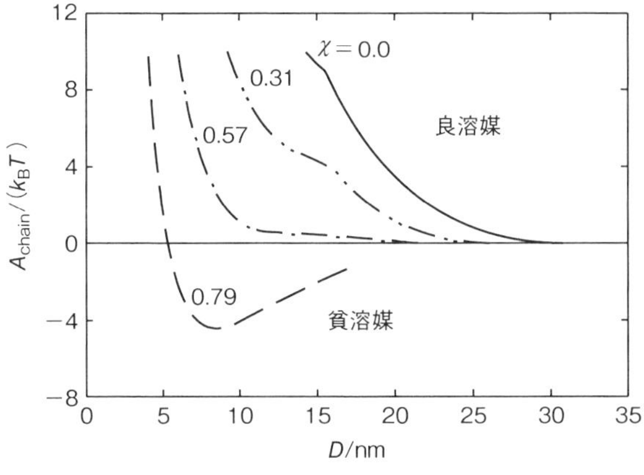

図 9・4 平均場理論から計算した立体相互作用のヘルムホルツエネルギー〔(9・5)式〕に対する溶媒の性質の効果．ポリスチレンで安定化したシリカ．詳細は本文参照．溶媒 χ パラメーターは 0.0，0.31，0.57，0.79．

は，表面間距離が 30 nm より短くなるとはたらきはじめる斥力相互作用が現れる．θ 溶媒 $\chi = 0.5$ の近くでは安定化層は若干収縮し，その結果，斥力のはたらき始める距離 D は短くなるが，短い距離でなお鋭く上昇する．最後に，$\chi = 0.79$ の場合，中間の距離で引力相互作用が得られる．θ 溶媒よりわずかに貧溶媒の条件でも純粋な斥力相互作用が予想される．これは安定化剤層において高分子セグメントの物理的な充塡率(理論では w で表される)が高く，負の排除体積(貧溶媒 $\chi > 0.5$ では $v < 0$ になり，高分子は密につまった状態になる)を相殺するからである．

実験的には，ここで議論した粒子はシクロヘキサン中の PS の θ 温度 34 °C より少し低い温度で凝集することが観測されている[13]．粒子濃度が低い場合は，フラクタル状(p.15)で密でない凝集が形成されるが，粒子体積分率が約 0.1 では密に詰まったゲルが得られる．

図 9・4 のような理論曲線が示すように，温度変化による粒子間相互作用の制御は容易ではない．粒子が凝集しても，再加熱して溶媒の性質を改良することにより凝集した粒子を再分散できることが予想される．実際，安定化の鎖が短い(たとえば，ステアリルアルコールがグラフトしたシリカ)場合，このような傾向が見られる．しかし，安定化のための鎖が長い高分子で処理した粒子(たとえば，ここで議論する PS 処理粒子)の場合は，ある時間凝集した後の再分散は困難なことが多い．これは，おそらく隣接する粒子間における架橋の形成(9・5 節)または高分子鎖の絡み合いの結果である．また，図 9・3 では吸着高分子に対して立体相互作用における時間依存効果が見られる．

9・4　枯渇相互作用

遊離の(非吸着)高分子を溶液に添加すると，コロイド粒子間にいわゆる枯渇相互作用(depletion interaction)が生じる．この相互作用を理解するために，枯渇相互作用に対する朝倉–大沢(AO)モデルについて示そう．粒子を直径 d の剛体粒子とみなし，高分子を直径 $2L_0$ の小球で表す．この説明では高分子コイルは互いに相互作用をせず，高分子溶液の浸透圧 Π は高分子の数濃度 n_{pol} からファント ホフの法則を用いて次のよう

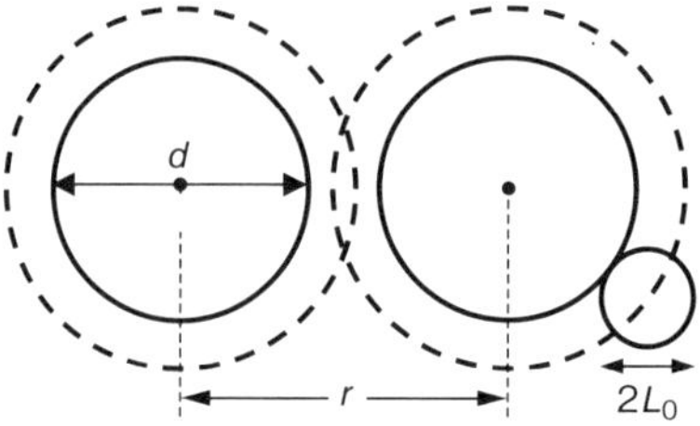

図 9・5　枯渇相互作用に対する 朝倉–大沢(AO)モデル．

に計算できる.

$$\Pi \approx n_{\mathrm{pol}} k_{\mathrm{B}} T \qquad (9 \cdot 6)$$

しかし，高分子コイルはコロイド粒子と剛体球相互作用を行うから，図 9・5 の破線の円で示したように各コロイド粒子は周囲に形成される厚さ L_0 の層から排除される．これを枯渇層という．

二つの粒子が $2L_0$ より短い表面間距離まで接近すると枯渇層が重なる結果，高分子が利用できる自由体積が増加する．高分子の浸透圧のために，粒子間の実効引力（“斥力による引力”）が生じる．高分子の分子サイズによってこの引力の作用範囲が決まり，引力の強さは高分子濃度を変えることによって制御できる．以上から，枯渇相互作用のポテンシャルエネルギー V_{dep} は次式で与えられる．

$$V_{\mathrm{dep}} = -\Pi V_{\mathrm{ov}} \qquad (d < r < d + 2L_0 \text{ のとき}) \qquad (9 \cdot 7)$$

ここで，r は 2 個の粒子の中心間距離であり，枯渇層の重なりの体積 V_{ov} は次のように与えられる．

$$V_{\mathrm{ov}} = \left(1 - \frac{3r}{2d\,(1+\xi)} + \frac{1}{2}\left[\frac{r}{d\,(1+\xi)}\right]^3\right) \frac{\pi}{6}\, d^3 (1+\xi)^3 \qquad (9 \cdot 8)$$

ここで，$\xi = L_0/d$ は高分子とコロイドのサイズ比である．

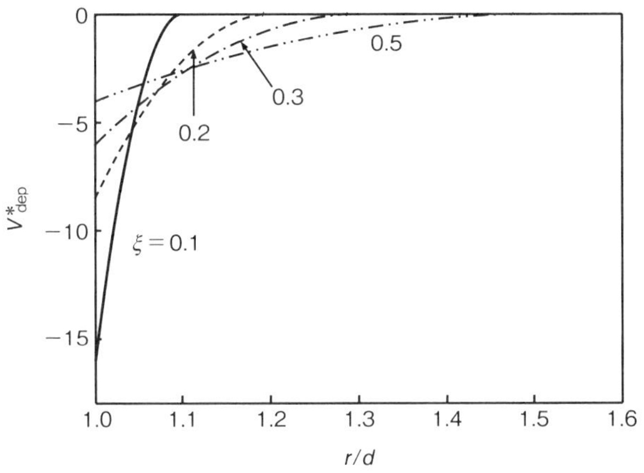

図 9・6 種々の高分子とコロイドのサイズ比 ξ に対する枯渇ポテンシャル（9・7 式）．横軸は図 9・5 の r を粒子直径 d で割ったもので，$r=d\left(\frac{r}{d}=1\right)$ のとき両粒子が接触．

いくつかのξの値に対するポテンシャルの例を図9・6に示す．ここで，縦軸は$V^*_{\mathrm{dep}} = V_{\mathrm{dep}}/\Pi v_0$であり，相互作用ポテンシャルを浸透圧および高分子コイルが存在できる体積$v_0 = 4\pi L_0{}^3/3$で割ることによって無次元化してある．また，横軸は粒子間距離を粒子直径で割ることによって無次元化してある．高分子サイズが小さくなると，r/dのわずかな変化でV^*_{dep}，すなわち枯渇ポテンシャルが大きく変化する．一般的には，高分子の回転半径を高分子コイルのサイズ(枯渇層の厚さ)とみなす($R_{\mathrm{g}} = L_0$)[4]．

AOモデルはかなり近似的なものであるが，有用な予測が得られる．それらのうちのいくつかについて以下に取上げる．枯渇相互作用の詳細な記述はFleerらの文献[2]を参照されたい．これは活発な研究領域である．たとえば，文献[14],[15]およびこれらの文献にある引用文献も参照されたい．

枯渇機構によって，非常に制御された方法で粒子間引力のスイッチを入れることができるようになり，また引力の作用範囲と強さを独立に変えることができるようになった．その結果，相転移が起こることが可能になり，コロイド粒子の濃度と配列が異なるさまざまな相が現れる．ここでは，AOモデルと高分子の自由体積に対するスケール粒子理論(剛体球の2体相関関係を計算する理論)とを組合わせて得られたいくつかの理論的な予測を示す[16]．図9・7に，サイズ比率$\xi = 0.1$および$\xi = 0.4$に対して計算した相図を示す．高分子濃度はコイルの体積分率として，$\phi_{\mathrm{coil}} = v_0\, n_{\mathrm{pol}}$で表される($n_{\mathrm{pol}}$はp.198)．単分散の剛体球は粒子体積分率$\phi_{\mathrm{p}} > 0.5$でコロイド結晶を形成するので，純粋なコロイド懸濁液には，すでに流体から固体への転移がある．これは立体的に安定したPMMAコロイドを用いて実験的に確認されている[17]．ただし，粒子が狭いサイズ分布をもつことがここで仮定されていることに注意しよう．多分散性が約10％を超えると結晶は得られない．

(コロイドと比較して)小さな高分子(短距離引力，$\xi = 0.1$)を添加すると，希薄な流体が高密度の固体と共存し，互いに混ざらない不混和領域ができる．やや大きな高分子(長距離引力，$\xi = 0.4$)を用いると，質的に異なる挙動が出現する．すなわち，高分子とコロイドの中程度の濃度における気体−液体転移および3相(気体，液体，固体)がすべて共存する領域が現れる．化学ポテンシャルが3相間で等しいという要請から，コロイドだけでなく高分子濃度も3相において異なることに注意しよう．

実験的研究の結果，これらの予測は確認されている[18]．しかし，実験的には(高分子濃度が高く)引力が大きい場合は，凝集体(粒子濃度が低いとき)またはゲル(粒子濃度が高いとき)のような非平衡状態が観測されることが多い．これらの非平衡状態は長寿命であり，実際に製品が(たとえば，物理結合により弱く結合した弱ゲル)設計される場合がある．中程度の高分子濃度では，生成したゲルが弱くシネレシス(syneresis，ゲルからの液体の分離)が起こり，突然の崩壊が観測されることが多い[19]．

枯渇相互作用に関して注意すべき重要な点がある．数 mg mL^{-1} 程度の高分子濃度が低いとき相分離が生じる場合がある．安定化剤の厚い高分子層で立体的に安定化した粒子を用いる場合，非吸着の高分子が安定化層に浸透することができるので，枯渇効果が著しく低下するので粒子間引力が減少する．この枯渇効果の減少は粒子の再安定化[2]につながる．ここで高分子濃度を増加させると枯渇効果が生じ再凝集が起こる場合がある．

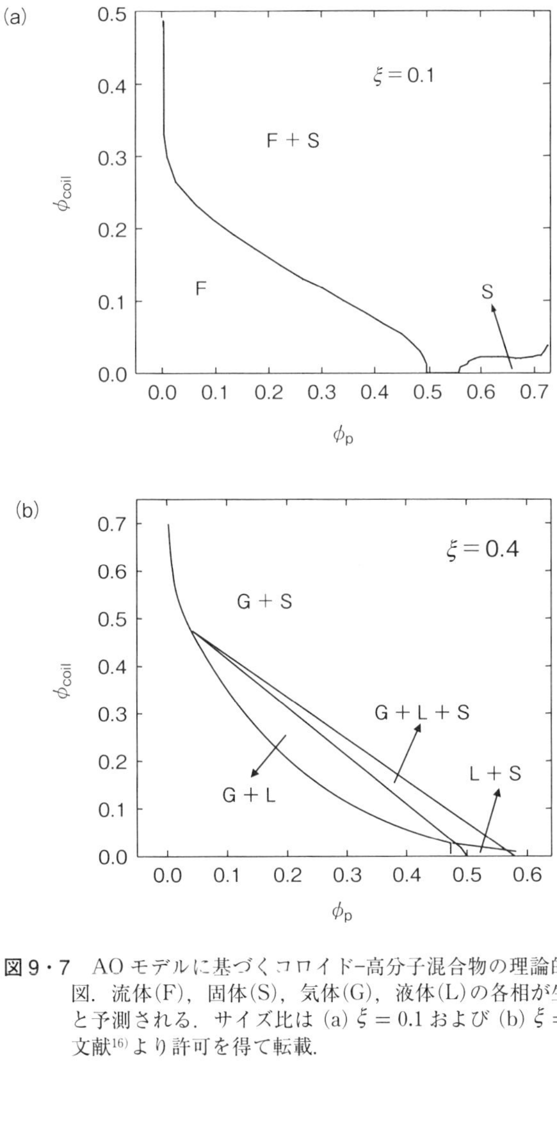

図 9・7 AO モデルに基づくコロイド–高分子混合物の理論的な相図．流体(F)，固体(S)，気体(G)，液体(L)の各相が生じると予測される．サイズ比は (a) $\xi = 0.1$ および (b) $\xi = 0.4$．文献[16]より許可を得て転載．

ここで議論したAOモデルは“コロイド限界”$\xi<1$が何に対応するかを説明するのに好都合である．しかし，反対の限界$\xi>1$，すなわち大きな高分子の溶液に小さい粒子を加える場合を考えることもできる．これは，たとえばタンパク質の結晶化実験に関連する．そこでは，溶液に高分子を加えて結晶化を促進させることが一般に行われる．これは“タンパク質限界”とよばれ，希薄な(気)相と濃厚な(液)相への分離が生じる．しかし，異なる理論的記述が必要である．なぜなら，一般的に高分子層の重なりが生じる濃度より高い高分子濃度が関与する，すなわち$\phi_{\mathrm{coil}}>1$が成り立つからである[20)~23)]．

本章はコロイド粒子間相互作用を制御する際の高分子の役割に注目してきた．しかし，高分子の場合以外でも，枯渇型の相互作用が一般に生じることに留意すべきである．複数の型の懸濁粒子を含む懸濁液においては，大きな粒子間に枯渇引力をひき起こす粒子(一般的には，小さい粒子)を考えることは有用である．枯渇剤はたとえば小さな粒子，あるいは界面活性剤ミセルから成る場合がある．しかし，このような系の理論的記述は，ここで議論した理想化された高分子の場合より困難である．なぜなら，小さな物体自体の間の相互作用は通常無視することができないからである．

一例は剛体球の混合であり，サイズ比が5倍以上ある粒子の場合このような枯渇相互作用の結果，相分離が予想される．このような相分離が生じるためには，一般的には全体的に高い濃度が必要である．固体の体積で表して50％濃度が必要である[24)]．

9・5　架橋相互作用

最後に架橋相互作用の場合を考察する(図9・8)．表面被覆率Γが低い場合，吸着する高分子は1個以上の粒子の表面に付着する場合がある．粒子間相互作用に対するこの効果は架橋相互作用(bridging interaction)とよばれる．良溶媒条件下では立体相互作用は斥力であるのに対し，架橋相互作用は単一重合体が吸着する場合，引力になることがある[4),5)]．

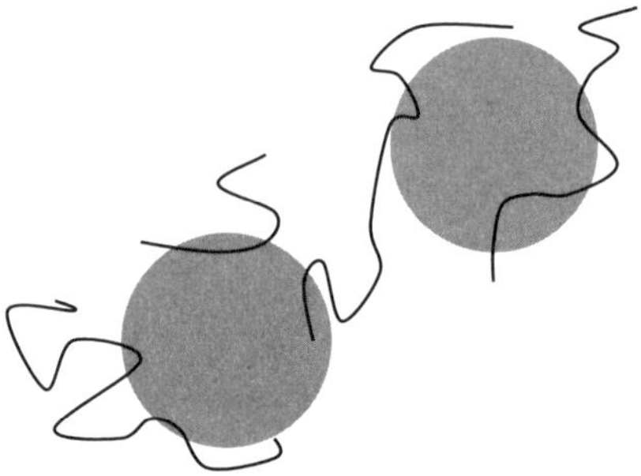

図9・8　架橋相互作用の原理．

分散系を凝集させるための高分子凝集剤は架橋相互作用を最大化するように設計される．A ブロックで粒子に吸着する ABA トリブロック共重合体はこのような挙動を示す分子である．高分子凝集剤として高分子電解質が用いられることが多く，高分子の電荷が標的となる粒子への吸着を促進する．直観には反して，粒子と同符号の電荷をもつ高分子で架橋凝集させることも可能である．この場合，吸着は Ca^{2+} のような対イオンによって調節する．

高分子凝集剤はさまざまな分野で用いられている．たとえば，廃水処理，ビールやワインのような飲料の浄化，さらに鉱物加工の中で用いられている．凝集すると懸濁微粒子は沈降しやすくなり，結果として生じる凝集体は容易に沪過することができる．

これまで，立体相互作用，枯渇および架橋の効果を個別に論じたが，実際は複数の機構を考慮しなければならない場合がある．同じ吸着高分子が立体相互作用と架橋相互作用の両方を生じる場合もあれば，弱く吸着する高分子が架橋相互作用と枯渇相互作用の両方をひき起こす場合もある．

複雑なシナリオの可能な例として，図 9・9 を見てみよう．水性ポリスチレン(PS)ラテックス粒子に対する安定性の地図を pH に対して示す．この粒子はグラフトポリエチレンオキシド(PEO)鎖が末端にグラフトされ，ポリアクリル酸(PAA)が添加される($M_w = 14\,000\ \mathrm{g\,mol^{-1}}$)[25]．$W_2$ は添加される PAA の質量分率である．低い pH では，PAA は PEO とコアセルベート(coacervate)を形成し，PAA 濃度が低いときは架橋凝

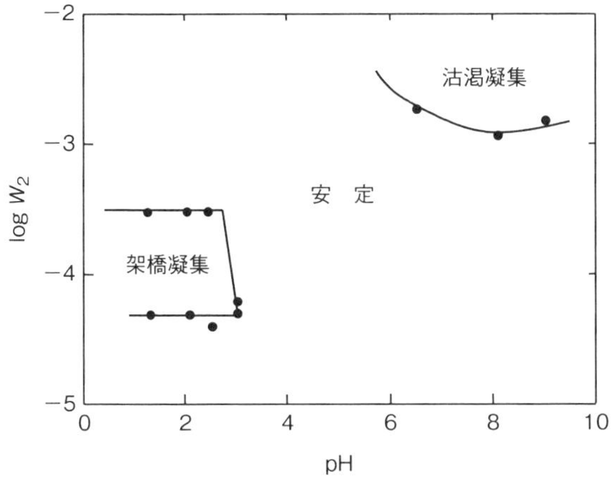

図 9・9 PEO 鎖で安定化した PS ラテックス粒子の PAA 添加による安定性の地図．W_2 は PAA の質量分率である．pH の関数として表した．文献[25]より許可を得て転載．

集が起こる．高い pH では PEO で被覆した粒子に PAA は吸着しないが，添加 PAA の濃度が十分高いときは枯渇凝集が生じる場合がある．いずれの効果も凝集をひき起こすのに十分でない中間の pH 領域が存在する．

9・6 まとめ

多くの製品および製造過程にコロイド懸濁液が関与するが，高分子も溶液中に存在して粒子へ吸着することが多い．これらの高分子の存在は凝集状態に大きな影響を及ぼし，その結果，懸濁液の流動性（レオロジー，第 12 章）に影響を及ぼす．本章では固体球状粒子の挙動に対する高分子の影響について論じたが，この型の相互作用は一般的で，エマルション液滴や非球形（棒状および板状）粒子の挙動にも適用できる．

実際の応用の目的に対してはさまざまな可能性がある．インクの場合のように，安定な微粒子懸濁液が必要な場合，十分な立体安定化が必要である．しかし，大きな粒子の場合は，粒子相互作用ポテンシャルによって安定化していても一般的には沈降する傾向がある．同様に，水中油型エマルション液滴は浮上する傾向がある．枯渇相互作用によって生じる弱い凝集は，弱いゲルネットワークを形成することによって，沈降または浮上状になることを防ぐのを促進する．最後に浄水のような応用があるが，そこでは粒子の急速で強い凝集が必要であり，高分子凝集剤を用いる場合がある．

文献

1) Napper, D. H., "Polymeric Stabilization of Colloidal Dispersions", Academic Press, New York (1983).
2) Fleer, G. J., *et al.*, "Polymers at Interfaces", Chapman & Hall, London (1993).
3) Jones, R. A. L., Richards, R. W., "Polymers at Surfaces and Interfaces", Cambridge University Press, Cambridge (1999).
4) Russel, W. B., Saville, D. A., Schowalter, W. R., "Colloidal Dispersions", Cambridge University Press, Cambridge (1989).
5) Israelachvili, J., "Intermolecular and Surface Forces", 2nd ed., Academic Press, London (1992). 邦訳："分子間力と表面力"，第 3 版，大島広行 訳，朝倉書店(2013).
6) Fischer, E. W., 'Elektronenmikroskopische Untersuchungen zur Stabilität von Suspensionen in makromolekularen Lösungen', *Kolloid Z.*, **160**, 120–141 (1958).
7) Hesselink, F. T., Vrij, A., Overbeek, J. T., 'Theory of stabilization of dispersions by adsrobed macromolecules. 2: Interaction between two flat particles', *J. Phys. Chem.*, **75**(14), 2094–2103 (1971).
8) de Gennes, P. G., 'Polymers at an interface—a simplified view', *Adv. Colloid Interface Sci.*, **27**(3–4), 189–209 (1987).
9) Israelachvili, J. N., Wennerström, H., 'Entropic forces between amphiphilic surfaces in liquids', *J. Phys. Chem.*, **96**(2), 520–531 (1992).

10) Klein, J., Luckham, P. F., 'Forces between two adsorbed poly(ethylene oxide) layers in a good aqueous solvent in the range 0–150 nm', *Macromolecules*, **17**, 1041–1048 (1984).
11) Antl, L., *et al.*, 'The preparation of poly(methyl methacrylate) lattices in nonaqueous media', *Colloids Surfaces*, **17**(1), 67–78 (1986).
12) van Helden, A. K., Jansen, J. W., Vrij, A., 'Preparation and characterization of spherical monodisperse silica dispersions in non-aqueous solvents', *J. Colloid Interface Sci.*, **81**(2), 354–368 (1981).
13) Weeks, J. R., van Duijneveldt, J. S., Vincent, B., 'Formation and collapse of gels of sterically stabilized colloidal particles', *J. Phy.-Condensed Matter*, **12**(46), 9599–9606 (2000).
14) Tuinier, R., Rieger, J., de Kruif, C. G., 'Depletion-induced phase separation in colloid–polymer mixtures', *Adv. Colloid Interface Sci.*, **103**(1), 1–31 (2003).
15) Fleer, G. J., Tuinier, R., 'Analytical phase diagrams for colloids and non-adsorbing polymer', *Adv. Colloid Interface Sci.*, **143**(1–2), 1–47 (2008).
16) Lekkerkerker, H. N. W., *et al.*, 'Phase-behavior of colloid plus polymer mixtures', *Europhys. Lett.*, **20**(6), 559–564 (1992).
17) Pusey, P. N., van Megen, W., 'Phase-behavior of concentrated suspensions of nearly hard colloidal spheres', *Nature*, **320**(6060), 340–342 (1986).
18) Ilett, S. M., *et al.*, 'Phase-behavior of a model colloid–polymer mixture', *Phys. Rev. E*, **51**(2), 1344–1352 (1995).
19) Starrs, L., *et al.*, 'Collapse of transient gels in colloid–polymer mixtures', *J. Phys. Condensed Matter*, **14**(10), 2485–2505 (2002).
20) Bolhuis, P. G., Meijer, E. J., Louis, A. A., 'Colloid–polymer mixtures in the protein limit', *Phys. Rev. Lett.*, **90**(6), art. no. 068304 (2003).
21) Sear, R. P., 'Phase separation in mixtures of colloids and long ideal polymer coils', *Phys. Rev. Lett.*, **86**(20), 4696–4699 (2001).
22) Mutch, K. J., van Duijneveldt, J. S., Eastoe, J., 'Colloid–polymer mixtures in the protein limit', *Soft Matter*, **3**(2), 155–167 (2007).
23) Mutch, K. J., *et al.*, 'Testing the scaling behavior of microemulsion–polymer mixtures', *Langmuir*, **25**(7), 3944–3952 (2009).
24) Dijkstra, M., van Roij, R., Evans, R., 'Phase diagram of highly asymmetric binary hard-sphere mixtures', *Phys. Rev. E*, **59**(5), 5744–5771 (1999).
25) Cawdery, N., Milling, A., Vincent, B., *et al.*, 'Instabilities in dispersions of hairy particles on adding solvent-miscible polymers', *Colloids Surfaces (A): Physicochem. Eng. Aspects*, **86**, 239–249 (1994).

10

表 面 の ぬ れ

10・1 はじめに

表面科学とコロイド科学は互いに密接な関係にある．なぜなら，大きな表面の性質を支配する物理化学と小さな表面に関する物理化学は同じものであり，どちらも分子間相互作用および分子集合体間の相互作用を説明するからである．この結果，表面上に置かれた物体と広がった固体表面の間の相互作用を，表面の知識とコロイドの知識の両方を用いて正しく説明することができる．本章ではすでに確立されている ぬれ の理論の枠組と解釈について述べ，さらにこれらに基づいて ぬれ現象 に関する実用的な面を理解する．固体表面上に液体を置くと，どの液体もある程度は広がるので，基本原理は簡単である．ここでは液体も固体もともにバルク相として記述するが，二つのバルク相が互いに接触して相互作用をする領域では，局所的な相互作用が重要になる．高分子，界面活性剤あるいはグリースや油染みが固体表面に吸着するとき，この吸着，および吸着が表面に接する液体に対して及ぼす効果について考えよう．明らかに，このような表面修飾の範囲は分子または高分子サイズのことにすぎないのに，表面における液滴の挙動が劇的な影響を受けて巨視的に観測される．ぬれ は表面が他の物質によって覆われることであるが，この研究は工業的に重要であり，科学的に興味があり，挑戦しがいのある分野である．

この章で展開する基本的な前提は，与えられた蒸気のもとで固体と接触する液体の挙動はこれら 3 成分のすべてに依存するということである．この挙動に対する法則は十分に解明されてはおらず，多くの場合は経験則であるが，その背後には科学的な根拠がある．以下では，これらの法則がいかに発展したか，および相互作用に関する科学的背景を明らかにする．

［10 章執筆］ Paul Reynolds, Bristol Colloid Centre, University of Bristol, UK

10・2 表面および定義

通常，ぬれ は液体状の物質による固体表面の被覆を意味する．この場合，液体は固体表面上を動くことができると仮定する．つまり，液体表面は動的な表面であり，一方，固体表面は動かない．おもしろいことに，固体および液体の基本的な性質である表面エネルギーと表面張力は同じ単位，つまり同じ次元をもつ．Adamson と Gast[1)] による単位と次元に関する興味深い議論がある．重要なことであるが，表面張力と表面エネルギーの定義から蒸気は除かれておらず，相互作用全体にわたって重要な要素になっている．さらに，蒸気を考慮する必要性から，表面張力と表面エネルギーは温度，圧力，蒸気相の分圧に依存して変化する．

真空が存在しない場合，次の四つの表面を考えることができる．

- 液体/蒸気 表面張力
- 液体/液体 界面張力
- 液体/固体 表面エネルギーまたは界面張力
- 固体/蒸気 表面エネルギー

表面張力と表面エネルギーの単位は両方とも $\mathrm{N\,m^{-1}}$ (N/m) であり，$\mathrm{J\,m^{-2}}$ ($\mathrm{J/m^2}$) と表すこともできる．表面張力と表面エネルギーは次元的には同じで値も等しいが，10・3 節，10・4 節で述べるように定義は異なる．

上で分類した表面または界面のそれぞれが，表面の ぬれ がもつ全体的な性質に寄与する．その結果，固体に接する液体の場合では，物質の種類と条件に応じて液滴の形が明確に決まる．このような挙動を記述するために，物質のどの性質が ぬれ を制御する上で重要であるかを考えよう．

10・3 表 面 張 力

蒸気と接する液体表面から始めよう．この表面は非常に動的である．すなわち，絶えず液相から気相に向かって分子が飛び出し，気相から分子が液相に飛び込む．界面領域のモデル化は難しい問題であり，“ギブズの分割面”として知られる仮想的な面に基礎をおくモデルが必要になる．ギブズの分割面によって，表面過剰量に対する式の基礎が与えられる(4・3・2 節)．残念なことに，多くの初等教科書では，液体は互いにすべての方向に放射状に相互作用し，かつ互いに等価な球の集団として模式的に示される．液体の表面では，その外側にはほとんど分子が存在しないために，表面から気相に向かう方向と表面から内側の液相に向かう方向が等価でなくなる．この結果，表面内に力すなわち張力が生じる．液相表面に存在する分子にはたらく分子間相互作用の力が，気相側では“存在しない”からである．このような説明は模式的には満足すべきものであるが，科学的には厳密ではない．にもかかわらず，表面張力が分子間相互作用の力のみに依存することが示される．

しかし，表面の性質に関連する測定が可能なので，表面張力の定義が導かれる．表面張力に対して二つの定義を書くことができる．これらの定義を完全に理解するには考え方の切り替えが若干必要である．表面張力の通常の定義は以下の通りである．

表面張力は液体の表面上で単位長さの直線に垂直にはたらく力である．または，**表面張力は単位長さ当たりの力であり，表面積を単位面積だけ広げるため移動する距離を表面張力に掛けたものは，表面積を単位面積だけ広げるために必要な仕事と大きさが等しく符号が逆である．**

後者の定義からわかるように，表面張力は単位面積当たりの表面エネルギーと解釈できる．また，表面張力のために，表面にはその面積を減らして低エネルギー状態へ移行する傾向がある．表面張力についての解説は第 4 章にある．

10・4　表面エネルギー

バルクから表面へ分子を運ぶ仕事によって一つの表面がつくられると考えられる．したがって，**その表面積を単位面積だけ増加させるのに必要な仕事は，表面自由エネルギーである．**もちろん，この表面には収縮しようとする傾向があり，このために，少なくとも表面の分子状態によって上記の考えが説明される．なぜなら表面に張力のかかった状態を実際に見ることができるからであり，この状態を表面張力のはたらいている状態と定義する．

10・5　接　触　角

液体を固体表面上に置くと液体は広がり，連続的な膜を形成するか，または分離した液滴を形成する．液滴の場合，さまざまな挙動が観測される．すでに述べたように，一定の温度，圧力の条件下で，固体表面上の液滴は決まった形状を示す．図 10・1 には固体(s)，液体(l)，蒸気(v)が互いに接触する 3 相接触線において，液体のなす接触角(θ)

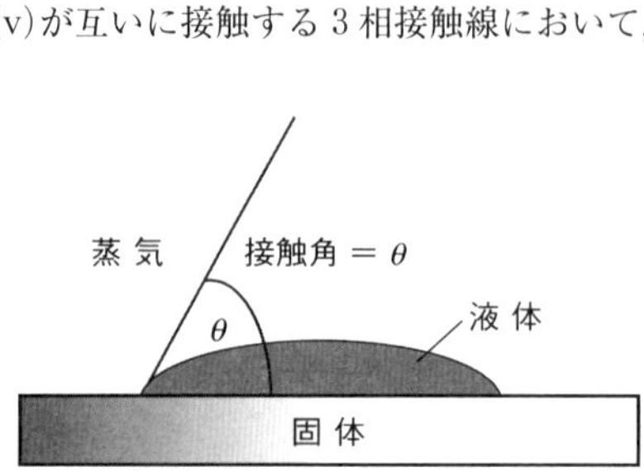

図 10・1　固体，液体，蒸気の 3 相線における接触角．

を示した.

接触角をさらに基本的な力で解釈すると接触角の本質が明らかになる. 図 10・2 に示したようにそれぞれの表面にはたらく張力を考えよう.

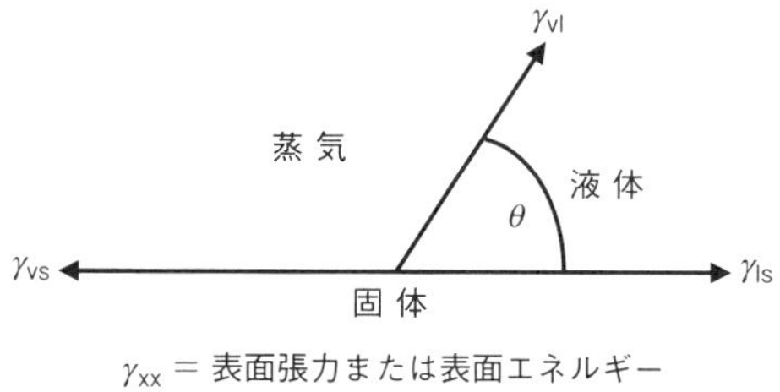

図 10・2　固体表面上の液滴にはたらく張力の釣り合い.

3 相の接触点にはたらく張力を考えて, 固体表面に沿う張力成分を力の釣り合いの式に代入すると, 三つの張力(γ)が存在することがわかる. 一つは蒸気/固体間にはたらく固体の表面張力(γ_{vs})で, これは次の二つの張力と逆向きにはたらく. すなわち, 液体/固体間の界面張力(γ_{ls})と, 蒸気/液体間にはたらく液体の表面張力(γ_{vl})の固体表面に沿う成分である. γ_{vl} の固体表面に沿う成分は γ_{vl} に接触角の余弦(cosine)を掛けたものである. これらの力の釣り合いから**ヤングの式**(Young's equation)[2] が得られる(10・1式).

$$\gamma_{ls} + \gamma_{vl}\cos\theta = \gamma_{vs} \qquad (10\cdot1)$$

接触角は固体/液体表面に関して有用で基本的な情報を与えるが, 蒸気相の存在下で定義されることを忘れてはならない. 蒸気相は無視されることが多いが, 蒸気分圧と成分が変わると, 接触角が非常に大きな影響を受ける場合がある.

10・6　ぬ　　れ

ここまでに与えた定義を用いて, ぬれ そのものを議論できるところまできた. 接触角がゼロになる液体の場合, “完全な ぬれ”といい, 液体は固体表面上に自発的に広がる. 別の可能性は“部分的な ぬれ”であり, 接触角は 0° と 90° の間にある. 90° の場合は ぬれ と 非ぬれ の間の明確でない境界上にあるが, にもかかわらず, ぬれ と 非ぬれの区別は重要である. 次に, 液体の接触角が 90° と 180° の間にある場合は 非ぬれ の条件に対応する. 最後はもちろん 180° の場合であり, “完全な 非ぬれ”の表面である. 以上の様子を図 10・3 に模式的に示した.

ぬれ の挙動はほとんどの場合, 接触角を用いて議論するのが便利である. ぬれ の一般原理は図 10・4 に示したように, 固体と液体の表面がもつ固有の性質で定義すること

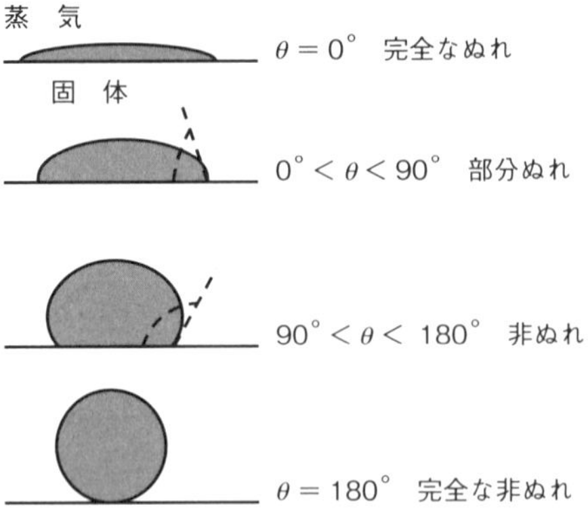

図 10・3 種々の接触角の値に対応する ぬれ.

ができる.

3種類の異なる液体，すなわち，水銀，水，デカンを考えよう．表面張力はそれぞれ 484，72，24 mN m^{-1} である．これらの液体をある物質の水平な平面の表面上に置く．まず最初に，高エネルギー表面である酸化マグネシウムを考える．酸化マグネシウムの表面エネルギーは 1200 mN m^{-1} であるので，接触角は有限になり，ぬれ が予測される．しかし，これらの三つの液体は，低い表面エネルギーの固体では異なる相互作用を示す．たとえば，307 mN m^{-1} の表面エネルギーをもつシリカでは，水とデカンはシリカ

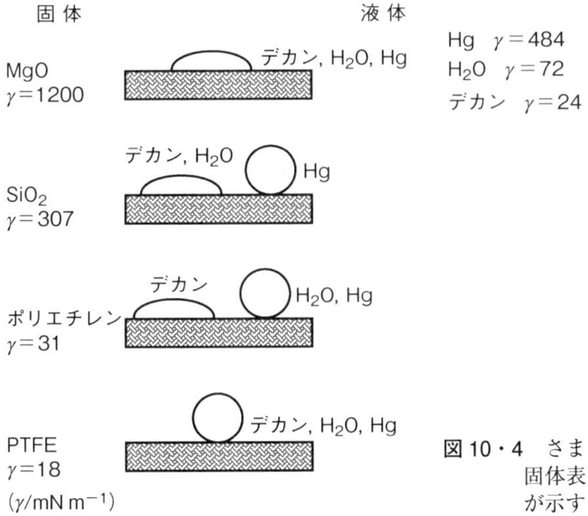

図 10・4 さまざまな表面エネルギーの固体表面において3種類の液体が示す ぬれ の差異.

表面をぬらすが，水銀はシリカ表面をぬらさない．このように，シリカの表面エネルギーより高い表面張力をもつ水銀はシリカ表面をぬらさないが，水とデカンはぬらす．31 mN m^{-1} の表面エネルギーをもつポリエチレンでは固体表面の表面エネルギーがさらに低下して，デカンだけが表面をぬらし，水銀と水はぬらさない．水銀と水はポリエチレンの表面エネルギーより高い表面張力をもつからである．最後に，表面エネルギーの低い固体であるポリテトラフルオロエチレン(PTFE)の場合は，三つの液体すべてが非ぬれを示し，これら三つの液体はすべてPTFEの表面エネルギーより高い表面張力をもつ．

上述の観測から以下の規則が導かれる．すなわち，**低い表面張力をもつ液体は高い表面エネルギーをもつ固体をぬらす**．

明らかに接触角の大きさは表面張力と表面エネルギーの大きさが支配する，ある基本原理に従う．この基本原理を完全に記述することは本章の範囲外であるが，隣接する物質における分子間相互作用を記述する**ハマカー定数**(Hamaker constant)の考察が必要になる[3]（第3章，第16章）．この考え方は観察された挙動を経験的な見地から記述するために後でくわしく述べる．

物質と接する種々の液体に対して測定された接触角を比較すると，一般的なことがわかる．たとえば，表10・1によると，液体が異なる固体物質に接触すると異なる接触角

表10・1　固体表面上の液体の表面張力と接触角

液　体	γ(mN m^{-1})	固　体	θ(度)
Hg	484	PTFE	150
水	73	PTFE	112
		固形パラフィン	110
		ポリエチレン	103
		人間の皮膚	75〜90
		金	66
		ガラス	0
ヨウ化メチル	67	PTFE	85
		固形パラフィン	61
		ポリエチレン	46
ベンゼン	28	PTFE	46
		グラファイト	0
n-デカン	23	PTFE	40
n-オクタン	2.6	PTFE	30
テトラデカン/水	50.2	PTFE	170

を示す．

表 10・1 からわかるように，たとえば水が PTFE のような低エネルギーの固体表面からガラスのような高エネルギーの固体表面まで種々の表面に接触する場合，水の接触角の値は広範囲にわたる．

これらのデータにはさらに別の傾向がある．たとえば，PTFE に対する接触角は，単独液体では水銀に対する大きな値(150°)から *n*–オクタンに対する小さな値(30°)まで変化する．このときこれらの液体の表面張力は水銀に対する値 484 mN m^{-1} から *n*–オクタンに対する値 2.6 mN m^{-1} まで変化する．上記の観察に基づくと以下のような仮の法則が導かれる．

表面張力の高い液体は大きな接触角をもつ傾向があるが，極性固体は小さな接触角をもつ傾向がある．

10・7 液体の拡張と拡張係数

観察したことは論理的に組織化できるというアイデアを，完全ぬれ(接触角ゼロ)という特別の場合にもう少し発展させよう．

接触角 θ が 0 の場合，ヤングの式は以下の式に帰着する．

$$\gamma_{vs} - \gamma_{ls} - \gamma_{vl} = 0 \qquad (10 \cdot 2)$$

実際の ぬれ の場合，自発的な拡張係数 S として(10・2)式を評価できる．左辺を S とおき，**拡張係数**(spreading coefficient)とする．S が正の場合は自発的な ぬれ が起こり，S が負の場合，接触角は 0 でない値になる．

実際の問題を考えるとき，係数 S には興味深い性質がある．一例は特定の固体物質と接触するパラフィンの同族列の ぬれ性 である．すなわち，炭素数を変化させたとき，S は大きな負の値から小さな負の値まで徐々に変わり，ゼロになったとき広がりが生じる．たとえば，ヘキサンは水の上で広がるが，デカンは広がらない．完全な ぬれ は表面エネルギーと表面張力が等しいときに起こる．この観測を用いて表面の特性評価ができる[4)]．

10・8 凝集と付着

自発的な拡張の条件($\theta = 0°$)から凝集と付着を定義するために，表面エネルギーを用いることもできる．**凝集***(cohesion)は単に物質の凝集性をひき起こす相互作用を定義し，**付着**(adhesion)は他の物質に接触するときの付着性をひき起こす相互作用を定義

* ［訳注］ 本書では cohesion と aggregation に同一の訳語“凝集”を用いる．

する．ただし，このような定義は化学結合の場合は意味がない．固体と液体の付着仕事は，固体を液体から分離するのに必要な仕事として定義される．このように，付着仕事は蒸気/液体界面および蒸気/固体界面の消失が固体/液体表面の生成に関与する．**デュプレの式**(Dupré equation，10・3 式)はこれを定義し，図 10・5 にはこの過程の模式図を示す．

$$W_{\mathrm{ls}} = \gamma_{\mathrm{vs}} + \gamma_{\mathrm{vl}} - \gamma_{\mathrm{ls}} = W_{\mathrm{a}} \qquad (10\cdot3)$$

この式で，W_{a} は**付着仕事**であり，W_{ls} は液体表面から固体を分離するために必要な仕事である．すべての量が単位表面積当たりの量として定義されていることに注意しよう．

同様に，凝集(同種の液体同士)は二つの液/蒸気界面の消滅かつ一つの液/液界面の生成に対応する．液体(または固体)の凝集には液体のそれ自身からの分離の逆過程が関与する．このことから明らかに**凝集仕事** W_{c} は次のように書ける．

$$W_{\mathrm{c}} = 2\gamma_{\mathrm{vl}} \qquad (10\cdot4)$$

付着と凝集の間にはもう一つの全く単純な関係がある．この関係は接触角を考慮することにより以下のように表される．

$$\cos\theta = -1 + 2\left(\frac{W_{\mathrm{a}}}{W_{\mathrm{c}}}\right) \qquad (10\cdot5)$$

この結果，接触角は液体の液体自身の凝集と，液体の固体への付着の競合に支配される．図 10・6 にはいくつかの簡単な結果を模式的に示す．接触角が 0° の場合，凝集仕

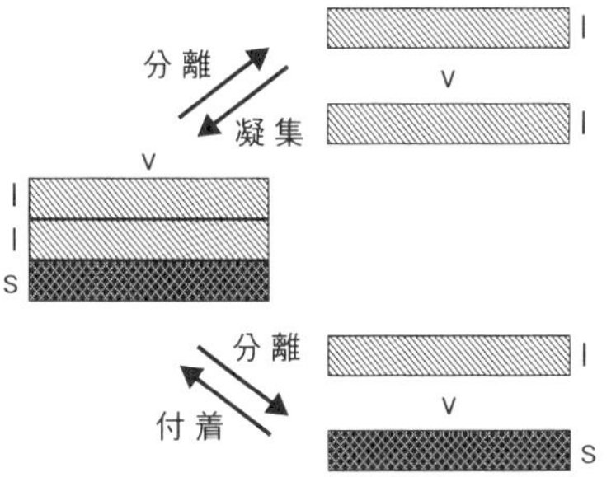

図 10・5　固体–液体間の分離および付着と凝集．付着は液体からの固体の分離の逆過程であり，凝集は同一種類の液体が 2 つに分離する過程の逆過程である．

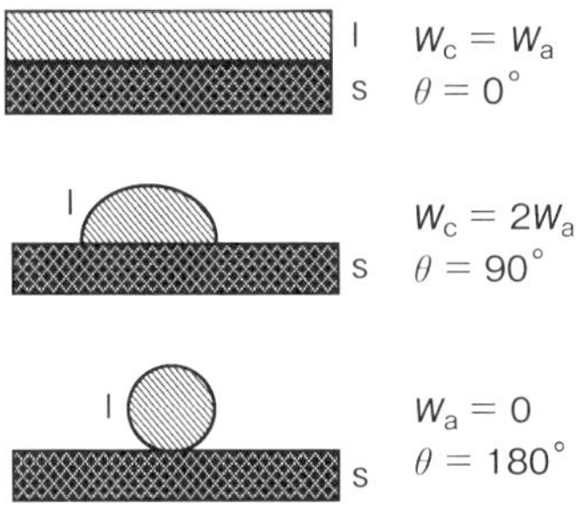

図 10・6　固体と液体に対する凝集仕事 W_{c} と付着仕事 W_{a} の間の簡単な関係．

事は付着仕事に等しい．90°の場合は ぬれ と 非ぬれ の間にある条件であるが，凝集仕事は付着仕事のちょうど2倍に等しい．完全非ぬれ の場合は，付着仕事は0である．

以上のことから物質中の凝集や付着の破壊現象が容易に理解される．

10・9 表面上の二つの液体

これまで，単一の液体がその蒸気と平衡にあるときの液体による一つの表面の ぬれ を考察してきた．しかし，二つの混じり合わない液体が固体表面にあり，特異的に表面をぬらすという工業的に重要な場合がある．これを図10・7に模式的に示すが，液体Aと液体Bが固体Sを特異的にぬらす．

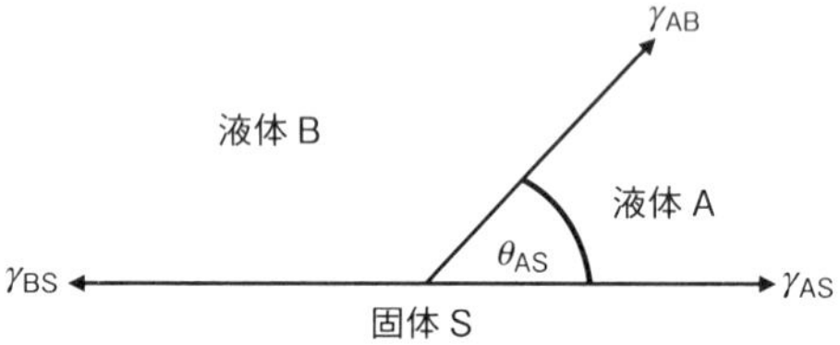

図 10・7 固体表面上の二つの非混和性液体．

これは工業的に重要である．なぜなら，互いに混じり合わない二つの液体がある表面上で接触することは非常に多く，実例を見つけることは難しくないからである．

適切な表面張力とその作用方向を図示できる．これから明らかなように，以前にヤングの式を導いたときと同じように力を分解できる．ここではヤングの式(10・6式)は，互いに接触しかつ固体表面とも接触する二つの液体に適用される．

$$\gamma_{BS} = \gamma_{AS} + \gamma_{AB}\cos\theta_{AS} \qquad (10\cdot6)$$

図10・7では，液体Aの方が液体Bよりも強く固体をぬらすが，その理由は，Aに対する接触角がBに対する接触角よりも小さい，すなわち，$\gamma_{BS} > \gamma_{AS}$ だからである．

これから ぬれ に関する別の規則が導かれる．すなわち，固体表面上の二つの非混和

表 10・2 二つの非混和性液体による表面の ぬれ の差異

固　体	液体 A	液体 B	θ_{AS}/(度)
Al_2O_3	水	ベンゼン	22
PTFE	水	デカン	180
Hg	水	ベンゼン	100
ガラス	Hg	ガリウム	0

性液体の場合，一般に，小さい固体/液体の表面張力または表面エネルギーをもつ液体が固体を優先的にぬらす．

固体表面をぬらす二つの非混和性液体に関するさまざまな研究結果を表10・2に示す．ここで対象になる固体は，アルミナ，PTFE，水銀(表中で水銀を液体として扱っている場合もあることに注意)およびガラスである．表10・2の角度θ_{AS}は固体表面で液体Aの示す接触角である．つまり，図の第1行にあるアルミナ上の水とベンゼンの例では，液体Aは22°の接触角を示す水であり，ベンゼンが第二の液相として存在する．したがって，ここで，水の方がよい ぬれ を示す．すなわち，優先的に固体(アルミナ)をぬらす．第2行の例ではPTFEが液体Aである水に全くぬれない．したがって，水はデカンが存在する場合はPTFEをぬらさない．第3行の水銀表面上の水とベンゼンの場合は，水は100°の接触を示すので，水銀表面は水にぬれない．これらの二つの結果は，水がぬれない相であることを示すが驚くにあたらない．しかし，接触角の大きさを考えると，この現象は固体表面上の単一の液体についてのわれわれの知識からは必ずしも予測されるものではない．ベンゼンが存在する場合，水銀上の水の接触角は100°であるが，この値は ぬれ と 非ぬれ を区別する値90°と大きくは違わない．デカンの存在下においてPTFE上の水の示す完全な 非ぬれ の値180°は，単一の液体の場合はきわめてまれである．おそらく，最も驚くべき結果は，液体として水銀とガリウムがガラスに接触するとき，水銀の接触角がゼロになり，ガラス上に理想的に広がるということである．

たとえば，はじめに油やグリースが，繊維表面またはセラミック表面などに付着していた場合の洗浄作用を考えると，明らかに，表面から油を取除くことができるようにエネルギー，すなわち表面エネルギーを変える必要がある．また，一般に水溶液が界面活性剤とともに用いられるが，この場合は後で考察する．

ほかにも工業的に重要な場合があり，工業的に製造する場合もある．エマルションを安定させるために小さな固体微粒子を用いてエマルションを調製する場合，エマルション内外の二つの非混和性液体A，Bの固体表面に対する ぬれ に必ず差異がある．これはピッカリングエマルション(Pickering emulsion)といい，液滴のまわりの微粒子の充塡がエマルションの型，すなわちW/O型またはO/W型のどちらになるかを決定し，粒子は凝集と合一を防ぎ，エマルションを安定化する．ここで，粒子をよくぬらす液相が外部相になる．

この規則と**バンクロフトの規則**(Bancroft's rule)[1]を比較しよう．バンクロフトの規則では，界面活性剤の溶解性が高い相が連続相になる．これは，界面活性剤の疎水鎖断面積に対する頭部基面積の比に基づいた単純な幾何学的な議論から導かれ，エマルションの型(すなわち安定性)を決定する．したがって，もし油より水が粒子をよくぬらす場合，水の方が大きな粒子表面積を被覆する．このため，多数の小球が大きな球を囲むと，小球と小球の隙間に小球表面をぬらす配向した水の楔(くさび)がぴったりと適合する．一方，そこでは油は粒子表面積の一部のみを被覆する．その結果，水中油滴型エマルションが生じる．これを図 10・8 に模式的に示す．シリカはこの効果のよい例であるが，カーボンブラック(水より油によくぬれる)からは油中水滴型エマルションが生じる．

ほかにも多くの重要な例がエレクトロニクスとパーソナルケア産業で見いだされる．ハンダ付け過程では，固体金属表面上で液体金属が流れながら固体表面に接するが，この流れによって不純物を可溶可し，固体/液体金属界面から不純物を取除く．温度が高くかつ変動するので，この過程は複雑であり，流束の界面エネルギーおよび表面張力の変化をひき起こす．さらに，この流体の中に可溶化した不純物の量が変わるとともに，液体金属/融解した金属界面 および 液体金属/固体金属界面の特性が変わる．

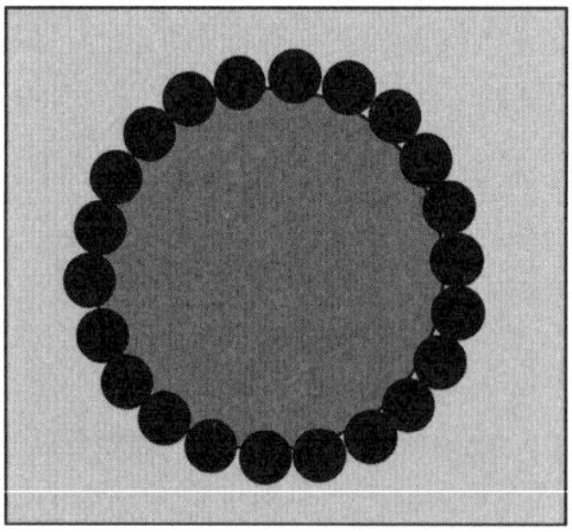

図 10・8　ピッカリングエマルション．粒子による液滴の安定化．小粒子は内部相よりも連続相によくぬれる．粒子の充塡が進むと安定したエマルション配置が得られる．

パーソナルケアへの応用においては，たとえば洗濯機における過剰の泡の生成は重要な問題である．消泡剤は粒子を含む液体ケイ素であることが多いが，特にシリカが一般に用いられる[5),6)]．水とケイ素によるシリカ表面の ぬれ に差異があるために消泡剤は有効であり，泡の薄膜が不安定化する．

10・10　洗 浄 作 用

二つの不混和液体が表面をぬらす典型的な例は，日常生活における洗浄作用である．繊維(固体)表面上の油のしみ(液体)を洗浄水に浸すと，油のしみは不混和相(水)に接する．油/水/固体界面の洗浄作用は界面活性剤の吸着によって影響を受けるが，表面張力の力線は図 10・7 で述べた方法とほぼ同じ方法で分析できる．ここで大きな違いは，洗浄水から界面活性剤が油と繊維表面に吸着するとともに，界面エネルギーと表面張力が時間的に絶えず変化している点である．したがって，この機構の動力学が非常に重要になるが，特に重要なことは，繊維/油界面が界面活性剤の吸着によって変化する速度である．これは界面活性剤が油滴によって拡散するために時間がかかり，ほかの表面に

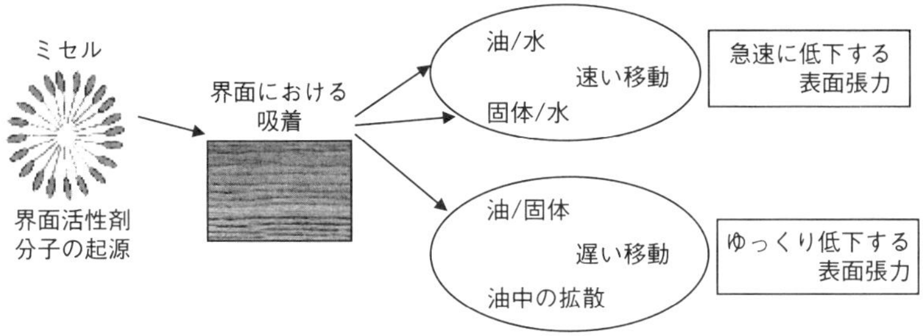

図 10・9 洗浄過程の模式図.

対する吸着より遅くなる過程である．この過程は巻き上げ機構をひき起こし，油滴が分離する．これを図 10・9 に模式的に示す．

界面活性剤分子の起源は，洗剤中のミセルである．ミセルは適当な表面へ拡散し吸着する．油滴の巻き上げが生じると，表面張力のバランスが変わり接触角が変化する．その結果，油滴に新しい表面が生じ，界面活性剤の吸着が促進される．この結果，繊維表面上への油滴の再吸着が抑制され，最終的に液滴が分離できるようになる(図 10・10)．この過程は洗浄中の撹拌または高温にすることによって大幅に促進される．

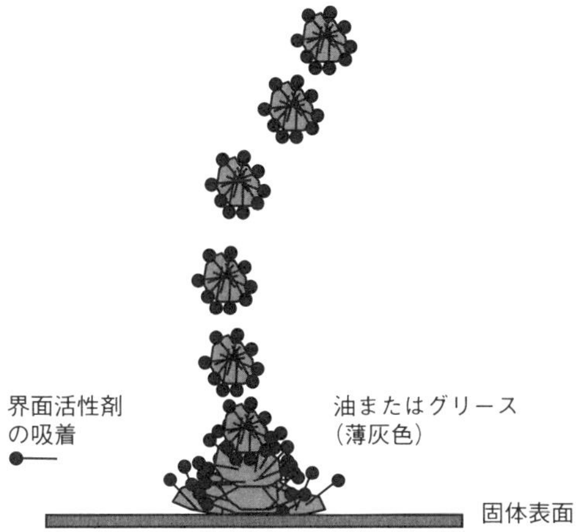

図 10・10 洗浄における巻き上げ機構.

10・11 液体表面上における混じり合わない液体の広がり

一つの液体を他の液体の表面に置くと，二つの非混和性液体に対しても広がりが観察される場合がある．ある液体上に別の液体がつくるレンズはいわゆる“一般化された

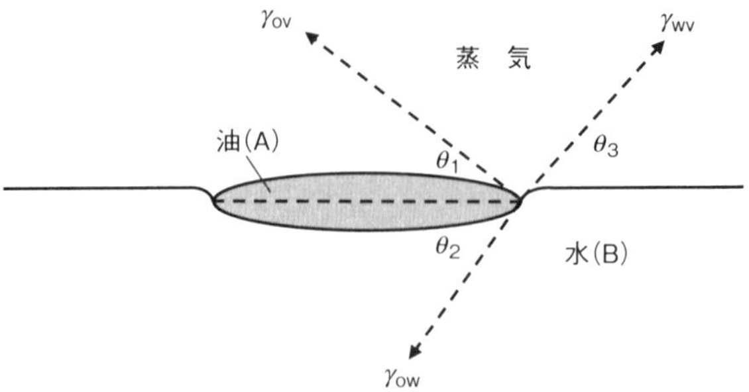

図 10・11 混じり合わない液体の液体レンズに対する表面張力.

ヤングの式"(10・7 式)で記述できる. 図 10・11 に示すように, 関与する表面がすべて変形可能であるのでこの式が使える. この条件下では, それぞれの接触角を水平方向に分解しなくてはならない.

$$\gamma_{wv}\cos\theta_3 = \gamma_{ov}\cos\theta_1 + \gamma_{ow}\cos\theta_2 \qquad (10 \cdot 7)$$

この状況は比較的複雑である. なぜなら, 液体が時間とともに広がるとき, この液体の体積が一定であるために, すべての接触角が変化するからである. すでに用いた定義と式を再び用いて, 付着仕事(液体 A と B の間の W_{AB})と凝集仕事(＝拡張する液体の表面張力の 2 倍 $2\gamma_A$)に関係する力の釣り合いから, ある液体の他の液体上における拡張係数を見積もることができる. すなわち,

$$S = W_{AB} - 2\gamma_A = \gamma_B - \gamma_A - \gamma_{AB} \qquad (10 \cdot 8)$$

液体 B 上に液体 A が広がるためには, A と B の間の付着仕事が拡張する液体 A の凝集仕事より大きくなければならないのは明らかである. これら二つの量の差は液体 B の上にある液体 A の拡張係数 S になる. すでに示したように, S の値が正の場合は広がり, 負の場合は拡張は起きない.

表 10・3 液体が別の液体の上にあるときの液体の拡張係数(図 10・11 における液体 A が $\gamma = 72.5\ \mathrm{mN\ m^{-1}}$ の水面上にある)

液体 A	γ_A ($\mathrm{mN\ m^{-1}}$)	γ_{AB} ($\mathrm{mN\ m^{-1}}$)	S ($\mathrm{mN\ m^{-1}}$)
オクタノール	27.5	8.5	36.5
オレイン酸	32.5	15.5	24.5
ブロモホルム	41.5	40.8	−9.8
流動パラフィン	31.8	57.2	−16.8

表10・3は液体が別の液体上を広がる場合の例である．液体Aは水面上を広がる液体(オクタノール，オレイン酸，ブロモホルム，流動パラフィン)であり，これらの界面張力と表面張力を示す．

各場合における水の表面張力は72.5 mN m^{-1}であり，液体Aの表面張力の範囲は27.5 mN m^{-1}から41.5 mN m^{-1}までしかない．しかし，界面張力(γ_{AB})は劇的に変化する(8.5 mN m^{-1}から57.2 mN m^{-1}まで)．拡張係数は(10・8)式から得られ，表の2例では拡張係数は正(広がる)であり，残りの2例では負である(広がらない)．

拡張係数は系統的に変化するが，複雑なこともある．その一つは水面上のベンゼンの挙動である．

少量のベンゼンを水面に置くとレンズが形成され，広がる．しばらくすると，ベンゼンは元に戻り最初のレンズを再形成する．ベンゼンに対する水の溶解度とベンゼンに対する水の溶解度に限界のあることがわかる．ベンゼン滴が水面に置かれた後に平衡に達するまである時間がかかる．表10・4からわかるように，水とベンゼンの表面張力の初期値からは拡張係数8.9 mN m^{-1}が得られ，このとき水/ベンゼンの界面張力は35 mN m^{-1}である．しかし，一定時間の後，ベンゼンが水を取込むと，ベンゼンの表面張力がごくわずか低下して拡張係数が増加する．さらに時間が経つと，水中でベンゼンが平衡に達し，水の表面張力は62.2 mN m^{-1}にまで低下する．このとき拡張係数の最終値は負(−1.6 mN m^{-1})になり，水面上をベンゼンは広がらない．ベンゼンの水中への溶解および水のベンゼン中への溶解速度が異なるため，ベンゼンははじめ水面上を広がるが，最終的には広がらないことになる[1]．

表10・4 水面上のベンゼンの広がり

	γ_{water}(mN m^{-1})	$\gamma_{benzene}$(mN m^{-1})	S(mN m^{-1})
初期値 γ_{WB} = 35 mN m^{-1}	72.8	28.9	8.9
	72.8	28.8	9
最終値	62.2	28.8	−1.6

蒸気相の成分と圧力(分圧)が拡張挙動に重要な影響を及ぼすことは明らかである．洗浄の場合や，固体表面上の二つの非混和性液体への可溶化した不純物は力の釣り合いに著しい影響を及ぼし，その結果は予想通りではない場合がある．ハンダ付けの例のような現実の状況における可溶化した不純物の役割を考えると，付着または凝集させたいときに，条件を設定するための微妙な挙動のバランスを予測することは非常に難しい．

10・12 固体表面の特性評価

固体表面の特性を評価する一つの方法は，種々の表面張力をもつ一連の液体を用いることである．そのために液体の同族列を用い，どの液体がぬれ，どの液体がぬれないか観察する．ぬれ に関する一般的な規則は 固体/蒸気界面の界面エネルギーが 液体/蒸気界面の表面張力より大きくなるということである．流体については，このような ぬれ の序列を得ることができるが，これは広がりのない条況(図 10・3 の完全な非ぬれ)を基準にして固体の表面エネルギーを評価するよい方法である．しかし，表面上の液滴に液体の同族列を用いると，さらによい方法が得られる．すなわち，液体の表面張力に対する接触角の余弦のプロットから表面の特性評価ができる．図 10・12 に一例を示したが，直線の関係がある．これを**ジスマンプロット**(Zisman plot)という[4]．種々の同族列に対する接触角の余弦を外挿すると同一の交点に向かう．したがって，界面エネルギーはこの外挿値で特徴づけられることが示唆される．この外挿値を図 10・12 の(γ_{ls}の)"臨界表面張力"(γ_c)ということができる．しかし，この結果は半経験的なものとして扱うべきである．

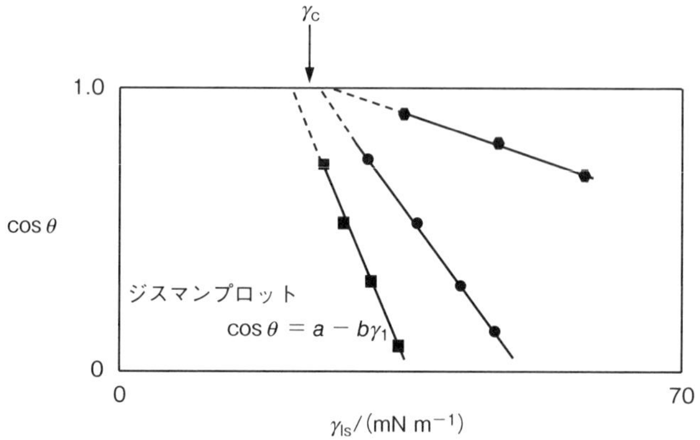

図 10・12 固体表面上における液体の同族列(■ ● ⬢)に対するジスマンプロットの模式図.

10・13 極性成分と分散成分

ハマカー定数は表面張力のように分子間力と関係がある．分散力が支配的な非極性物質の場合，液体の表面張力特性は次の式[1]を用いて直接ハマカー定数[1),3)]から計算できる．

$$\gamma_i{}^{\mathrm{d}} = \frac{A_{ii}}{24\pi(r_i{}^0)^2} \qquad (10 \cdot 9)$$

表 10・5　表面張力の計算値(calc)と実験値(exp)の比較

物　質	$\gamma_{calc}{}^{d}$(mN m^{-1})	$\gamma_{exp}{}^{d}$(mN m^{-1})
n-オクタン	21.9	21.6
n-ヘキサデカン	25.3	27.5
PTFE	18.5	18.3
ポリスチレン	32.1	33
水	18	72.4

ここで，A_{ii} はハマカー定数であり，$r_i{}^0$ はハマカーの表現[7]を積分するときに用いる距離パラメーターである．いくつかの値を表 10・5 に示した．

分散力のみに基づくと，非極性物質(*n*-オクタン，*n*-ヘキサデカン，PTFE，ポリスチレン)の場合，計算から得られた予測値がほとんど正確に実験的に得られた値と一致することがわかる．物質が水のような極性をもつ場合，計算値と実験値の間に大きな相違が見られる．さらに，(10・10)式のように接触角を計算できる[7]．

$$\cos\theta = -1 + 2\phi\left(\frac{\gamma_s}{\gamma_{lv}}\right)^{1/2} - \frac{\pi_{sl}}{\gamma_{lv}} \qquad (10 \cdot 10)$$

ここで，ϕ は相対的な分子の大きさや極性など，対象とする分子に依存する定数であるが，非極性条件の下ではほぼ 1 である．(10・10)式には付加項として表面圧 π_{sl} がある．これは固体/蒸気界面において，蒸気の吸着によって固体の表面エネルギーを低下させる．極性力が結果に著しく影響することは明らかであるので，これらの式を用いる際は注意が必要である．

10・14 極 性 物 質

極性物質は，追加の寄与を全表面張力に加えることにより同様のやり方で扱うことができる[8]．表面張力は個別の独立した項に分けることができる．最も簡単な方法は分散成分 γ^d と極性成分 γ^p の和で表すことである．

$$\gamma = \gamma^d + \gamma^p \qquad (10 \cdot 11)$$

必要があれば，表面張力をたとえば水素結合のような他の成分に分割することもできる．このように全表面張力は個々の寄与に細分割される．無極性媒質の場合は，表面張力は単に分散成分からのみ成る．

別の方法は一組の半経験的な式を用いることである．これらの式は，一般に幾何学平均の項またはそれから導かれる項を含み，種々の物質のハマカー定数を結合させるために用いる．(10・12)式は，2成分AとBからの寄与を結合する有用な表現である．

$$\gamma_{AB} = \gamma_A + \gamma_B - 2(\gamma_A{}^d \times \gamma_B{}^d)^{1/2} - 2(\gamma_A{}^p \times \gamma_B{}^p)^{1/2} \qquad (10 \cdot 12)$$

したがって，液体の表面張力成分は，その液体と混じり合わない表面張力が既知のプローブ液体に対する界面張力の測定から得られる．液体と固体の極性成分と分散成分を接触角と関係づける半経験的な式がほかにもある．これらのモデルは，たとえば幾何平均定理のようなハマカー定数を組合わせる方法に基づく[7]．その一例は**オーエンス-ウェンツモデル**(Owens-Wendt model)（10・13式）である．

$$1 + \cos\theta = 2(\gamma_s{}^d)^{1/2}\left[\frac{(\gamma_l{}^d)^{1/2}}{\gamma_{vl}}\right] + 2(\gamma_s{}^p)^{1/2}\left[\frac{(\gamma_l{}^p)^{1/2}}{\gamma_{vl}}\right] \qquad (10 \cdot 13)$$

この表現を用いて固体の表面エネルギーとその分散成分と極性成分の両方からの寄与を求めることができる．最も単純な方法は，分散成分 γ^d 項と極性成分 γ^p 項が既知である極性液体と非極性液体の二つのプローブ液体に対する接触角を測定することである．ここで，連立方程式は解くことができ，固体の表面特性を評価することができる．

表10・6は一連の物質に対する分散成分と極性成分に関して得られた数値を示す．たとえば，PTFEはきわめて非極性で，ほぼ完全に分散的である．ポリエチレンも非極性で，この場合も分散成分の寄与のみがある．ポリメタクリル酸メチル(PMMA)と，ポリエチレンテレフタレート(PET)は極性成分からの寄与もある[9]．

表10・6　固体表面に対する表面張力成分

表　面	γ(mN m^{-1})	γ^d(mN m^{-1})	γ^p(mN m^{-1})
PTFE	18～22	18～20	0～2
ポリエチレン	33	33	0
PMMA	41	30	11
PET	44	33	11

10・15　ぬれ性の境界線

ここまでは，固体上に液体を置くとき，ぬれが生じるかどうかに関する規則があると考えてきた．この規則は液体の表面張力と固体の界面エネルギーの知識に由来する．つまり，“固体の界面エネルギーより低い表面張力をもつ液体はその固体をぬらす．”実際にはこの規則が常に成り立つとは限らない．したがって，これは不変の規則ではない．

ぬれ の二次元地図は，表面張力の成分を使ってプロットした図上で ぬれ がどこに生じるかを示すことで表される．これを説明するために，オーエンス-ウェンツモデルを用いたプロット図が構築されている．

この方法は，接触角を求め，そこから ぬれ の程度を理解するためのものである．まず，物質内および物質間に存在する力を考えると，表面張力(および界面エネルギー)は単一成分のみから成るのではなく，個々の成分の和，たとえば分散成分と極性成分の和であることがわかる．これらの成分は経験的な式によって表され，ぬれ の二次元地図をこれらの成分を用いて描くことができる．

必要な情報を得る実験プログラムは比較的単純で，10・14 節に述べた方法による．二つの標準基板，たとえば，ガラスとポリ塩化ビニル(PVC)上の溶液の接触角を測定する．表面のうちの一つは極性で，他方は非極性である．次に，基板上で二つの標準液体(たとえば，ヨードメタンと水)の接触角を測定し，さらに目的の液体の接触角を測定する．この情報から極性成分と分散成分をオーエンス-ウェンツの式を用いて接触角を求める．未知試料については，これらの成分のそれぞれを互いに対してプロットする．プロットの例を図 10・13 に示す．

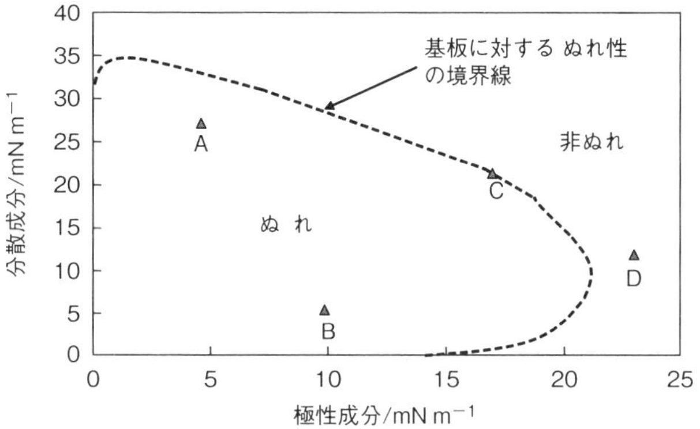

図 10・13　さまざまな液体による基板の ぬれ を表す境界線．
領域の説明は本文参照．

分散成分を y 軸に沿ってプロットし，極性成分を x 軸に沿ってプロットする．A, B, C, D の 4 点が図 10・13 にプロットされている．境界線，すなわち，“ぬれ性 の境界線(wettability envelope)”も示してある．この境界線は接触角が 90° の場合のオーエンス-ウェンツモデルを適用すると描ける．すなわち，x, y 両軸とこの境界線で囲まれる領域の内部では接触角は90°未満であり，この領域の外部では90°を超える．四つの液体の中でAとBが基板をぬらすことがわかる．これから明らかなように，二つの物質AとBの全体としての表面張力は異なるが，この図にプロットすることができ，両方とも基板をぬらす．極性成分の寄与と分散成分の寄与の値はすでに計算されているが，この図を描くことによって，初めて ぬれ性 を理解できるようになる．さらに，液体Dの場合は境界線の外部に位置するので，基板をぬらさないことがわかる．液体Cの場合には，接触角が90°になるので，ぬれ と 非ぬれ の境界にある．

ここで述べたアプローチと溶解パラメーター*の計算をここで比較することが可能である．ヒルデブラントの溶解パラメーター (Hildebrandt solubility parameter)[3]は溶解度に対して単一の値を与えるが，さらに，ハンセンの溶解パラメーター (Hansen solubility parameter)[3),10]すなわち部分溶解パラメーターのように，ヒルデブラントの溶解パラメーターを成分に分解することができる．部分溶解パラメーターの場合は，3成分パラメーターに関する座標系を用いて，詳細な溶解性の地図を作製し，種々の溶媒中における物質，たとえば，高分子の溶解性に対して理解を深めることができる．したがって，物質の溶解性が極性，分散，水素結合の三つの座標軸をもつ三次元の地図上に表される．ここで，同じ原理が適用されるが，表面張力を用いる目的は ぬれ性 が表面張力の成分によってどのように影響を受けるかを見るためである．これは液体による基板の ぬれ挙動 に関するもう一つのの視点と予測法を与える．

10・16 測 定 法

接触角，界面張力および表面張力の測定が可能になることは最も重要であり，これ自体が大きな目的である．以下に，重要な技術のうちのいくつかについてその特徴を述べる．もし，読者が詳細な記述を必要とする場合は，各測定法についての文献を参照されたい[1]．

毛管上昇実験は表面張力と接触角の両方の測定に用いることができる．それぞれの場合に用いられる正確な実験からは接触角に対して ±0.1°の高い精度で得ることができる．これは学術的な意味で優れている．一方で，市販の設備は産業への応用に対して迅速に対応する能力をもつ．接触角の測定は通常の画像化技術，すなわちコンピューター

* ［訳注］ 溶解パラメーターとは，ある物質の他の物質に対する溶解度を図のようなベクトルで表す．ヒルデブランドの溶解パラメーターはこのベクトルの長さに対応するのに対し，ハンセンの溶解パラメーターは3成分の割合，つまりベクトルの向きも問題にする．

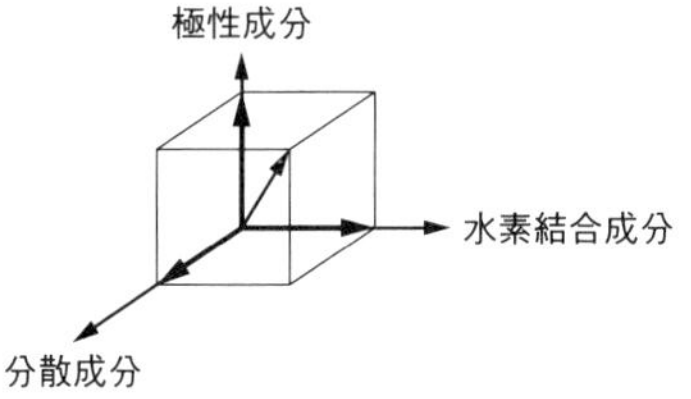

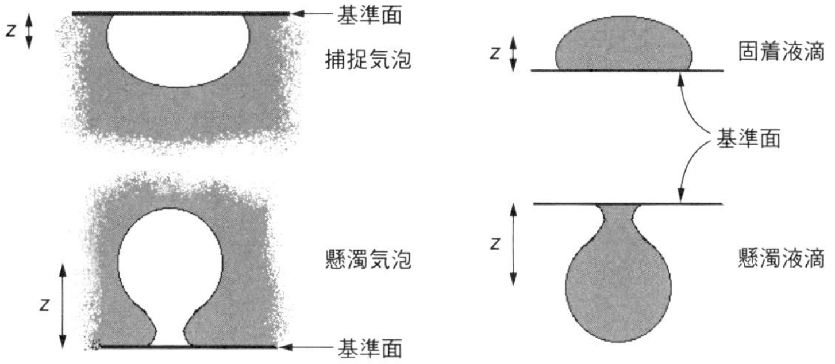

図 10・14　軸対称液滴形状の解析による液滴と気泡のプロファイルの測定．z は基準面から気泡および液滴の質量中心までの距離を表す．

への取込みによって行われる．**デュヌイの輪環**(Du Nouy ring)は表面張力測定のための合理的な方法であるが，界面張力測定に対してもなお最も適切な方法である．ほかに**スピニングドロップ法**(spinning drop)は界面張力測定法であるが，きわめて低い界面張力に対してのみ有効である．**最大泡圧法**(maximum bubble pressure technique)では表面張力の時間依存性を研究することができる．短い時間内では界面活性剤溶液中に生じた気泡は純粋溶媒に近い値を示すが，長時間経つと平衡値が得られる．

液滴および気泡の形状の解析を必要とする測定法は近年進歩したが，これは液滴および気泡のプロファイルの像に適用したときの計算法が大きく改善されたことによる．図 10・14 に示したように，軸対称液滴形状解析[11]として知られている方法は，捕捉気泡，固着液滴，懸濁液滴，懸濁気泡の測定されたプロファイルに対して適用できる．この測定法の原理は以下の式が示すように，**ラプラスの式**(Laplace equation)が与える曲面で隔たれた圧力差と，気泡または液滴にはたらく重力との釣り合いである〔(1・31)式参照〕．

$$\gamma\left(\frac{1}{R_1}+\frac{1}{R_2}\right) = \Delta p_0 + \Delta\rho g z \qquad (10 \cdot 14)$$

この式を用いると，液滴の形状は界面の表面張力 γ に依存するので，ラプラス圧と重力の釣り合いをもとに液滴の形状に関する考え方を発展させることができる．形状を決定する式は表面張力，気泡または液滴の二つの主曲率半径 R_1 と R_2，および界面を横切る圧力低下 Δp を用いて表現される．この圧力低下には二つの寄与がある．すなわち，基準面での圧力差 Δp_0 および表面上の任意の点における重力成分から生じる付加的な圧力である．これは，基準面からの気泡または液滴と連続相間の密度差($\Delta\rho$)および基準面から質量中心までの垂直距離 z で与えられる．この基準面は z の値を決める基本水準線であるので，その位置を確定する必要があり，また z の正確な値を決定するための校正が必要である．主曲率半径を用いて，密度差，基準面からの高さ z，およびその高さにおける曲率に関するデータから表面張力を計算することができる．その解析には複雑な一階微分方程式が含まれるが，数値的に解いて結果を導くことができる．測定したプロファイルから，表面張力，接触角，液滴の半径，液滴の体積と表面積のようなパラメーターを得ることが可能である．

この方法は新しいわけではなく，100 年以上も前に Bashforth と Adams が作表した計算結果にさかのぼる[12]．この表は液滴あるいは気泡の直径，高さ，半径の観測値から修正をするための参照表である．これらの値を用いて表面張力を計算することができる．

多くの機器が市販されているが，測定は迅速で単純であり，豊富な情報が得られる．この測定方法では液滴および気泡を光学的に観察するので，サイズの絶対値がわかるように倍率を校正する必要がある．推奨方法はサファイア製の球を用いて，既知の大きさの物体を測定することである．注意すべきことは，この方法では液滴および気泡が軸対称であることが要求される．この条件は固着液滴を除く，すべての場合に満たされる．固着液滴では多くの場合，表面上に広がった液滴は何回かジャンプしたのち軸対称性を保つことが観測されている．液滴の形状の決定には多くの要因，たとえば，表面の粗さ，表面上の油や汚染物質，露出した種々の表面エネルギーの領域が関与している．この結果，液滴が軸方向に対称ではなくなる可能性がある．したがって，これらの実験を行う場合にはある程度の注意が必要である．

市販の光学的測定装置を用いるもう一つの利点は，解析系に対して画像がすでに得られているときに，それを利用できる点である．したがって，たとえば表面に接する高温融解金属の写真を解析して，表面張力と接触角に関する情報を得ることができる．

10・17 まとめ

本性で扱った ぬれ のテーマは興味深い研究分野である．ぬれ 全体の問題の中の一部分を概観したにすぎないが，さらにこの分野の文献を深く読むと，理解すべきことが多く存在することがわかる．本章で示された式と議論の多くが半経験的なものであった．これは，ぬれ がまだ発展途上の科学であるということであろう．おそらく，われわれの ぬれ に対する十分な理解が実験的な発展より遅れたのは，テーマが工業過程に対して限りない有用性をもつからである．当然であるが，本章で扱わなかったテーマは数多くあり，中でも特に重要なテーマは動的なぬれ現象 である[13]．これは，生産加工に対して大きな意味をもつ研究テーマである．

文　献

1) Adamson, A. W., Gast, A. P., "Physical Chemistry of Surfaces", 6th ed., Wiley, New York (1997).
2) Young, T., *Phil. Trans. R. Soc.* (*London*), **95**, 65 (1805).
3) Barton, A. F. M., "CRC Handbook of Solubility Parameters and Other Cohesion Parameters", 2nd ed., Chapters 1 and 2, CRC Press, Boca Raton, FL (1991).
4) Zisman, W. A., *Adv. Chem. Ser.*, **A43**, 1 (1964).
5) "Defoaming, Theory and Industrial Applications" (Surfactant Science Series vol. 45), ed. by Garret, P. R., Dekker, New York (1993).
6) Schulte, H. G., Hofer, R., "Surfactants in Polymers, Coatings, Inks and Adhesives" (Applied Surfactant Series vol. 1), ed. by Karsa, D. R., Blackwell, Oxford (2003).
7) Girifalco, L. A., Good, R. J., *J. Phys. Chem.*, **61**, 904 (1957); Good, R. J., *Adv. Chem. Ser.*, **43**, 74 (1964).
8) Fowkes, F. M., *J. Phys. Chem.*, **66**, 382 (1962); Fowkes, F. M., *Adv. Chem. Ser.*, **43**, 99 (1964).
9) Van Krevelen, D. W., "Properties of Polymers, Their Correlation with Chemical Structure; Their Numerical Estimation and Prediction from Additive Group Contributions", 3rd ed., Elsevier, Amsterdam (1990).
10) Patton, T. C., "Paint Flow and Pigment Dispersion", 2nd ed., Wiley-Interscience, New York (1979).
11) "Applied Surface Themodynamics" (Surfactant Science Series vol. 63), ed. by Neuman, A. W., Spelt, J. K., Dekker, New York (1996).
12) Bashforth, F., Adams, J. C., "An Attempt to Test the Theories of Capillary Action", Cambridge University Press, Cambridge (1883).
13) Blake, T. D., "Wettability", ed. by Berg, J. C., Dekker, New York (1993).

11

エアロゾル

11・1 はじめに

エアロゾル(aerosol)はコロイド科学，薬学，燃焼，大気化学・物理を含む広範囲の研究領域において重要な役割を果たしている．エアロゾルは分散相，すなわち固体または液体の粒子と，分散媒である周囲の気体から成る混合相の系として定義される．分散相はエアロゾルの全体積のほんの一部ではあるが，“エアロゾル”および“粒子”という用語はどちらも粒子相を意味するために用いられることが多い．粒径は nm のエアロゾル核から 100 μm の雲の粒，粉じん粒子，海塩泡沫(ほうまつ)に至るまで 5 桁に及ぶ．これは，体積と質量の範囲が 15 桁にわたることに相当する．

機械的作用による分散で直接生成されるエアロゾルは一次エアロゾルといい，一般的な大気の例では粉じんと海塩が含まれる．二次エアロゾルは化学過程，すなわち一次エアロゾル上で低揮発性合成物が凝縮することによって形成される．これは気体-粒子転換(gas-to-particle conversion)とよばれる．自然大気中のエアロゾルはほとんど一次エアロゾルに由来し，その量は 1 年当たり 3100 テラグラム(10^{12} g) (3100 Tg/年)と見積もられている．これらは砂漠の砂，海水のしぶき(海塩泡沫)，岩石の風化作用，土壌の浸食，バイオマスの燃焼，火山などから生じる．化学成分はアルミノケイ酸塩，鉱石，粘土，金属ハロゲン化物，硫酸塩，元素状炭素，有機炭素などである．大気中のエアロゾルに対する人為的発生源からの寄与は約 450 Tg/年と見積もられている．人為的に排出されるエアロゾルには一次と二次の両方のエアロゾルがあり，自然発生の場合よりも地理的に局地化され，化石燃料の燃焼，重工業，輸送などに由来する．化学成分は硫酸塩，硝酸塩，有機化合物，重金属などである．

粒子は大きさによって分類される(図 11・1)．直径 0.1 μm 未満の粒子は核形成モー

［11 章執筆］ Nana-Owusua A. Kwamena, Jonathan P. Reid, School of Chemistry, University of Bristol, UK

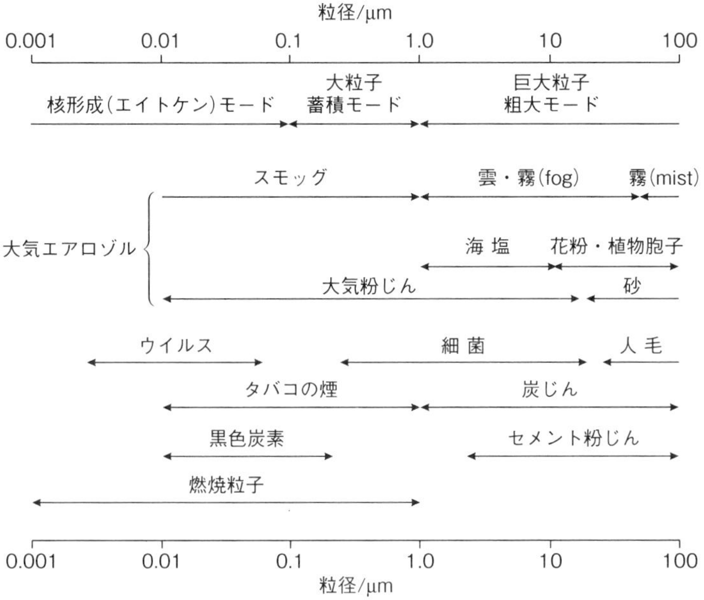

図 11・1 大きさによる粒子の分類と一般的な例.

ド粒子(エイトケン核, Aitken nuclei)といい, 気体-粒子転換によって生成される. 凝縮と凝析によって核形成モード粒子が成長すると蓄積モード粒子(大粒子)ができる. そのサイズは 0.1～1 μm の範囲にある. 不完全燃焼によって生成された粒子は核形成モードおよび蓄積モードの粒子になる. 有機成分や硫酸塩および硝酸イオンは一般に直径 1 μm 未満の粒子で見いだされる. 1 μm より大きな粒子は粗大モード粒子(巨大粒子)といい, 花粉, 粉じん, 海塩エアロゾルが含まれる. 粒子濃度は 1 立方センチメートル当たりの粒子数(粒子数 /cm^3)または 1 立方センチメートル当たりの質量(通常 μg/cm^3)で表される. 大気中の典型的な粒子濃度は, 核形成モード粒子と蓄積モード粒子の場合, 10～1000 cm^{-3} であり, 粗大モード粒子では 1 cm^{-3} 程度である.

一般的に, エアロゾルの粒径分布と濃度から, エアロゾルの起源がわかる. たとえば, 粒子濃度は海上で最小であり, 都市部で最大である. 平均濃度はそれぞれ 100 cm^{-3} ないし 1×10^5 cm^{-3} 以上である. 粒子濃度は通常, 蓄積モードが最大であるが, エアロゾルの体積分布($\mu m^3\ cm^{-3}$)と質量分布($\mu g\ cm^{-3}$)では粗大モードにピークがある. 小さい粒子ほど 表面積/体積比 が大きく, 数密度が高いために表面分布($\mu m^2\ cm^{-3}$)は蓄積モードにピークがある. 実際, 酸性雨の起源やオゾンホール形成のようなさまざまな重要な分野にわたる大気化学において, 蓄積モードは主要な役割を果たしている．さらに，蓄積モードは地球の放射バランスにも影響する．これは蓄積モード粒子が太陽と地球からの光を直接散乱し，雲の反射能と寿命に対してエアロゾルが影響を与えるからである[1]．

疫学的研究から，以前の予想より低い大気中のエアロゾル粒子濃度で死亡率と罹患率が上昇することがわかり，エアロゾルが人間の健康に大きな打撃を与えることが明らかになった[2]．発がん性物質を吸着し凝縮する可能性のある粒子の場合，毒性を判断するうえで化学組成は重要であるが，物理的性質も重要である．気道の奥深くまで侵入できる微粒子(直径 1 μm 以下)の場合，毒性と粒子のサイズ，形，電荷，可溶性の間に相関がある．大気汚染を考えるとき，直径 2.5 μm 未満の粒子は PM 2.5 とよばれ，吸入性粒子の範囲にあり，気管の奥深くまで侵入できるので呼吸器，肺，心血管の疾患の進行速度を上昇させる[2),3]．

エアロゾルの寿命は秒から数日までの時間の長さにわたる．この間にエアロゾルは別の気相または凝縮相の物質と相互作用し，化学的または物理的な変換あるいは経時変化をする場合がある．これらの変換は凝縮成長や蒸発損失，また微量の気相反応物質との不均一反応(1 相における均一反応と異なり，2 相にわたる反応)によって起こる場合がある．さらに，相対湿度(RH)の変化および衝突による粒子の凝集の結果，エアロゾルの粒径分布の変化や混合状態の変化が起こる．粒子の断面が 10 μm を超える場合は凝集が起こり，成長速度に大きく影響する．逆に，エイトケン核の拡散定数は大きいので，凝集による急速な拡散損失が起こる．凝集によって液体ホストが固体を含むようになると，外部混合粒子*から内部混合粒子*への転移が起こる．ここで，外部混合エアロゾルの集団は異なる組成をもつ粒子の分布から成るが，各粒子の組成は均一である．一方，内部混合エアロゾルの集団ではおのおのの粒子が不均一な組成をもち，この組成が同時に粒子集団の全体にわたる組成を表している．

ほとんどの粒子のおもな損失機構は衝突，拡散，重力沈降による乾性沈着である．小さい粒子は浮力がはたらき，気流のため上昇する．これらの小さい粒子の損失は，気流によって粒子が表面に接近して衝突するときに起こる．対照的に，粗大粒子のおもな損失過程は重力沈降である．中間サイズの粒子はブラウン運動によって動くが，最終的には重力によって沈着する．質量の大きな粒子が物体に衝突するのは，粒子のもつ大きな慣性のために気流が物体周囲で向きを変えてもそれに適応できないためである．このようにして，大気中の粒子濃度の勾配ができ，粒子が沈着する表面があるとその近くでは粒子濃度は低い．大気中では，直径が 0.1〜10 μm の粒子の場合，もともと存在する雨滴との合体による湿性沈着と流出が，もう一つの重要な損失機構である．

---

* ［訳注］ **内部混合粒子**とは，粒子内に複数の成分が混合している状態(内部混合)にある粒子．**外部混合粒子**とは，成分の異なる粒子が混合している状態(外部混合)にある粒子．

粒径，濃度，組成，形態，相が大きく変化するので，エアロゾルの詳細な特性評価は難しい課題である[4)～6)]．理想的には，粒子の物理的，化学的性質のすべてが測られることである．たとえば，粒径の分布である．エアロゾルの分析を困難にしているのはエアロゾル粒子のもつ高度に動的な性質であり，粒子のサイズと組成が時間的に急速に変化する．これはエアロゾルの表面積が大きく，周囲の気相との相互作用が大きいことに起因する．したがって，エアロゾルの分析には明らかに妥協が必要になる．広範な研究分野にわたってエアロゾルの組成と反応性を制御する熱力学的および速度論的因子を理解するためには，エアロゾルの粒径，濃度，組成の測定方法の確立が必要不可欠である．したがって，まずエアロゾルの生成とサンプリング，粒径分布の特性評価，エアロゾルの化学組成の測定のために利用可能な種々の方法の概要を解説する．次に，エアロゾルの平衡時における粒径と組成を求める熱力学的な因子を導入し，最後に**エアロゾルの変質**(大きさ，構造，組成の変化)の速度論を考察する．

11・2　エアロゾルの生成とサンプリング

エアロゾル分析法の校正・検査および制御された実験室条件下で詳細な実験を行うために重要なことは，制御された粒径分布と組成をもつエアロゾルの生成である[7)]．粒子サイズ分布は単分散と多分散に分類できる．サンプリング系の検査と粒径測定器の校正のためには，既知の粒径，形状，密度，組成をもつ単分散エアロゾルが必要である．多分散エアロゾルに含まれる粒径，形状，密度，組成は広範囲にわたる．エアロゾルの生成法に対しては，一様な濃度，組成，粒径をもつ再現性のある粒子の生成が要求される．現在用いられているエアロゾルの生成とサンプリングの種々の分析法に関するさらに詳しい文献として，McMurry[8)]および Finlayson-Pitts と Pitts[7)]の総説をみよ．

11・2・1　エアロゾルの生成

多分散液体エアロゾルを生成するための最も一般的な装置は，図11・2に示したような圧縮空気噴霧器である．圧力が30～250 kPaの圧縮空気がノズルまたはオリフィス(開口部)から高速で噴出される．ノズル出口の領域では**ベルヌーイ効果**(Bernoulli effect)(流体の速度が大きくなると，流体の圧力は小さくなること)によって圧力が低くなり，液体がリザーバーから気体流に引き込まれて液体噴流が液滴になって分散する[4)]．こうしてできたエアロゾルの流れをある表面に当てると，大きな粒子は衝突で失われ，小さな粒子は気流中に残る．この結果，質量中央径(質量濃度を基準として表した粒径分布の中央値)が1～5 μmで粒子濃度が10^7粒子/cm^3の多分散液滴流ができる．超音波噴霧器は圧縮空気噴霧器に比べて高濃度かつ大容量の多分散エアロゾルを発生することができる．圧電性結晶で発生する超音波を液体表面に当てると，表面張力波が表面で形成され，やがて崩壊して高密度のエアロゾル雲ができる．

直径が 5 μm 以上の液滴をつくるには，一般に振動オリフィスエアロゾル発生器(VOAG)が用いられる[4]．液体噴流は力学的撹乱に対して不安定であるから，噴流に対して規則的な力学的振動を与えて液体が狭いオリフィスを通過すると単分散の液滴が発生する．液滴の大きさは圧電性結晶から生じる振動の周波数とオリフィスのサイズに依存する．直径の初期値が 5〜200 μm の液滴は 10〜500 cm^{-3} の濃度で容易に得られる．エアロゾルを空気の流れの中で分散させない限り，凝集の結果，粒径が急速に増加する場合がある．

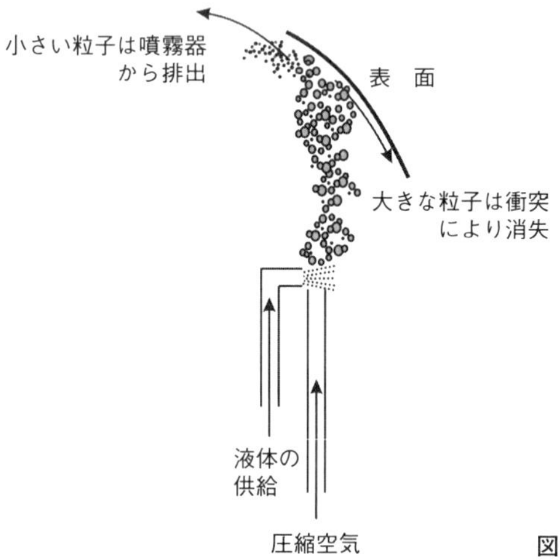

図 11・2　圧縮空気噴霧器．

均質核形成を用いて，1 μm 以下の粒径をもつ多分散液状有機エアロゾルを生成することができる．低揮発性液体で満たした容器を加熱する．不活性気体が熱した容器を通り抜けるとき，液体の蒸気で気体が飽和する．熱した領域を過ぎると，気体は冷えて過飽和状態になり，蒸気が凝縮してエアロゾルを形成する．

噴霧器または VOAG を用いて，揮発性溶剤に溶解した塩溶液を霧状にすると，固体粒子が生成される．揮発性溶剤の蒸発によって固体粒子が生成されるが，その最終的な直径は，液滴の最初の体積と固体物質の質量分率によって決まる．粒子の懸濁液体を霧状にすると，単分散固体粒子の制御された発生源になる場合もある．たとえば，直径が 0.01〜100 μm でサイズの標準偏差がたった数パーセントである単分散のポリスチレンやポリビニルトルエン ラテックスの球を工業的に得ることができる．溶媒中に分散し霧状にすると，溶媒の蒸発後に単分散の球が残る．

固体粒子を生成する最も単純な方法は，高速気流の中への重力送り(ポンプを用いずに重力による自然落下を利用した粒子の移動)によって乾燥粉体を分散させることである．100 g m^{-3} 以下の濃度が得られるが，これは粒径範囲，形状および粉体の含水率に依存する．1 μm から 100 μm の間の粒径はこの方法で分散することができる．乾燥した疎水性の粉体は，湿った親水性の粉体より分散しやすい．分散すべき粉体の凝集は大きな問題であるが，直径 200 μm のビーズから成る流動層に粉体を導入することによって克服することができる．

多成分のエアロゾルは混合成分の溶液を霧状にすることによって生成される．あるいは，低揮発性のエアロゾルを生成し，別の化合物でエアロゾルを被覆することによって，混合成分のエアロゾルが得られる場合もある．低揮発性のエアロゾルは，通常噴霧器によって生成され，次に別の低揮発性化合物を含む熱した容器を通過させる．熱した領域を通過すると，低揮発性気体は既存のエアロゾル上に凝縮する．結果として生じるエアロゾルがコア-シェル構造なのかあるいは内部的に混合しているかどうかは，成分の蒸気圧の相対的な差と，熱した領域の温度に依存する．さらに，被覆の厚さは熱した容器の温度を変えることによって調節することができる．

11・2・2 エアロゾルのサンプリング

エアロゾルをサンプリングする際に，サンプリング注入口における粒子損失を最小限に抑えることが重要である．したがって，粒子の大きさや慣性にかかわらず，等速サンプリングが達成されなければならない．サンプリング注入口は気流に平行に配置しなければならない．また，注入口における気体の速度は注入口に接近する気体の速度と同じである必要がある．これが維持されない場合，注入口を通り抜ける粒径分布中にひずみが生じる場合がある．注入口を通って低圧の測定機器に注入されるサンプリング粒子は，凝縮相と気相間における揮発性成分の分配に著しい影響を及ぼす．有機成分や水のような揮発性成分を失うと，組成だけでなく粒径や相が変化する場合がある．

エアロゾルをサンプリングする場合，分析のために特定の粒径範囲を選ぶのがよい．図 11・3(a) に示すように，エアロゾルの注入口はある空気力学的直径*より小さな粒子のみが通過できるように粒径分布に鋭いカットオフサイズを与えることができる．衝撃装置は粒子の慣性によって粒子を分類する(図 11・3b)．気流に対し 90° の位置に基板を置き，この基板に向かうノズルまたは円形噴流によって粒子が加速される．限界サイズより大きな粒子は流れの流線を横切るのに十分な慣性をもち基板に衝突する．一方，小さい粒子は流線に乗って基板を迂回するため基板に衝突しない．順に小さなカットオフサイズをもつ多数の衝撃装置を直列に配置し作動させると，エアロゾル試料を分

---

* ［訳注］ 不規則な形状の粒子と等しい終末沈降速度(空気等の流体の抵抗と重力が釣り合う速度)を示す仮想的な球(密度 1 g/cm^3)の直径．

画(分級)することができる．これはカスケード衝撃装置とよばれる(図 11・3b)．

衝撃装置を用いると，10 μm 以下の直径の粒子に対して正確に粒子濃度を測定することができる．また，典型的な分級では 10，2.5 ないし 1 μm の直径の粒子が分離できる．低圧カスケード衝撃装置を用いると，ナノ粒子の範囲にある粒子の抽出が可能であり，50 nm 以下の粒径を日常的に研究することができる．特に基板が固体の場合，粒子の一部は基板に衝突すると弾み，エアロゾル流の中で再飛散する場合がある．これは油またはグリースで基板を覆うことにより最小限にすることができる．あるいは，この問題は，基板を仮想衝撃装置として知られる受信管に取り替えることにより完全に回避される．

粒子の平行な流れを得るためには，ノズルから噴射され粒子の流れが拡がる前に，流れの軸のまわりに対称的に流れの圧縮と膨張が繰返される．これを空気力学的レンズ[9)]

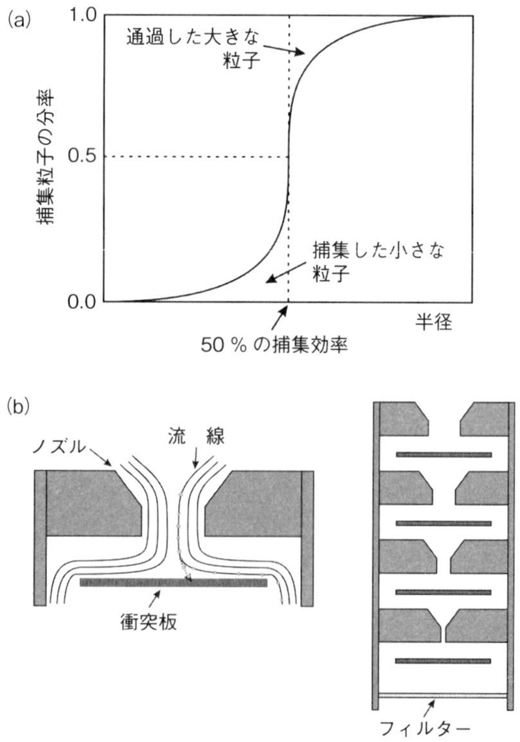

図 11・3 (a) 注入口は指定されたサイズより大きな粒子を集めるように設計され，鋭いカットオフサイズがある．(b) 衝撃装置とカスケード衝撃装置．

とよぶ．こうして臨界サイズより小さい粒子は，たかだか数 mm のビームウエスト(ビーム幅が最小になる位置)をもつ流れの軸領域に集めることができる．

エアロゾル試料は一般に繊維フィルターまたは多孔質膜フィルターに集められる．フィルターはさまざまな種類の物質から作られ，収集効率は 99 % を超える．粒子の除去は繊維表面への粒子の衝突と吸着の結果として起こるが，この衝突と吸着は，さえぎり(interception)，慣性による衝突，拡散あるいは静電的相互作用によって生じる[10]．繊維フィルターはガラス，プラスチックあるいはセルロースの繊維から成る．また，繊維は 1 μm から 100 μm の範囲の直径をもち，絡み合ったマットを形成する．多孔質膜フィルターに用いられる物質の例にはテフロン，ポリ塩化ビニル，焼結金属などである．

拡散デニューダー(除去管)は半揮発性物質のサンプリングのために用いられる．サンプリングされたエアロゾルは導管を通過して気体成分は除去される．この除去は導管壁への気体成分の拡散，および目的の気相成分を効果的に除去するための共反応物との反応によって行われる．エアロゾル粒子は気体成分の除去の影響を受けない管を通過してフィルターに集められる．これにより気相と凝縮相における揮発性成分を除去できる．

11・3 粒子濃度と粒径の測定

エアロゾル分布の評価のためには粒子の個数濃度，質量濃度および粒径分布を測定することが重要である．一般的な方法のうちのいくつかの長所と短所を以下に述べる．

11・3・1 数濃度の測定

数濃度は単位体積当たりの粒子数(すなわち，粒子数 /cm^3)のことである．最も一般的に用いられる計数器は図 11・4 に模式的に示した凝縮粒子計数器(CPC)であり，凝縮核計数器(CNC)としても知られている．一般に市販されている計数器は三つの部分，すなわち飽和器，凝縮器および粒子検出領域から成る．飽和器は高温のアルコール(通常 *n*-ブタノール)を含むが，これは親水性粒子と疎水性粒子の両方の表面上で容易に凝縮する．加熱された流れが飽和器を出て凝縮器に入ると過飽和状態に達する．粒子サイズは急速に成長し，光散乱によって粒子を検出できるようになる，これは個々の光散乱事象を観測するか，あるいは間接的に光減衰を検出する．10^4 cm^{-3} 未満の粒子濃度のとき単一粒子計数が可能である．

直径 10 nm 以上の個々の粒子は CPC を用いて容易に検知することができる．直径 10 nm 未満の粒子を検出するには，検出できる大きさの粒子に成長させるために数百パーセントの過飽和が必要になる場合がある．CPC の改良型が雲凝結核計数器(CCNC)である．この装置によってエアロゾル粒子が雲凝結核として作用できる濃度

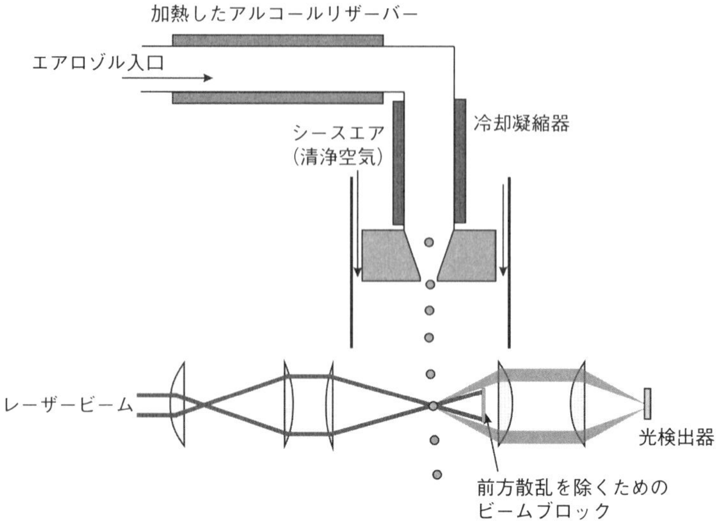

図 11・4　光散乱式粒子計数器．粒子は光学散乱によって粒子数を計測する前に凝縮成長させる．

を測定する．すなわち，濃度 0.01～1％の水が過飽和した環境中において，エアロゾル粒子が雲水滴の形成を促進する濃度である．

11・3・2　質量濃度の測定

質量濃度(一般的には，$\mu g\ cm^{-3}$)は，特に大気の規制基準を適用する際にエアロゾル量の重要な目安になる．最も一般的な方法ではフィルターの質量を記録するが，これは設定時間内に既知の体積の空気をサンプリングする前後で，温度と相対湿度が一定の条件下で行われる．特定の粒径より大きな粒子は測定器の入口段階で除去される．カスケード衝撃装置を用いると多くの画分のサンプリング粒径範囲内における累積質量分布の測定が可能になる．質量分布における不確実性(測定誤差)は，フィルターからの水の脱吸着，半揮発性物質の蒸発による損失，および測定中における粒子の損失による．検知することができる質量濃度の下限は約 $2\ \mu g\ m^{-3}$ である．

圧電性結晶を用いる測定は質量濃度を求めるための高感度な方法である．結晶振動の共鳴振動数は物質の種類と厚さに応じて変わる．結晶の質量が増加すると共鳴振動数が変化し，既知の体積の空気から付着した質量を見積ることができる．10 MHz の共鳴振動数の場合，$1000\ Hz\ \mu g^{-1}$ の感度が一般に達成される．このような測定装置は，$10\ \mu g\ m^{-3}$ から $10\ mg\ m^{-3}$ の範囲の質量密度に対して用いられる．

11・3・3　粒径の測定

報告されている粒径は用いた測定法に依存し，幾何学的な直径は測定法によって異なる場合がある．実際，異なる測定法によって報告された粒径を相互に変換して比較することは容易ではなく，粒子形状，屈折率および密度の測定は，このような変換を行う際に重要である．粒子の空気力学的直径とは，粒子と同じ沈降速度をもつ単位密度($1\ g\ cm^{-3}$)と等価な粒子の直径である[11]．空気力学的直径は，$1\ g\ cm^{-3}$以上の密度をもつ粒子の場合は，粒子の幾何学的な直径より大きくなり，また粒子形状，密度および大きさに依存する．非球形粒子の場合は**ストークス直径**(Stokes diameter)を定義することが一般的である．ストークス直径とは，粒子と同じ密度と同じ沈降速度をもつ球の直径である．さらに非球形粒子については，**等価直径**が用いられる．等価直径とは非球形粒子と同じ空気力学的直径を示す球の直径である．

上述のカスケード衝撃装置および空気力学的粒子径測定器(APS)は，空気力学的直径によって粒子を分別する．APS はノズルを通して加速された気体流において，異なる大きさの粒子が示す異なる慣性を利用して動作させる．ノズルによる粒子の加速は，粒径および密度が減少するにつれて増加する．単一粒子の速度は図 11・5 に示すように，二つのプローブレーザービーム間の粒子飛行時間の測定から推定する．ここで，サイクル時間を特定するために散乱光を用いる．APS によって検出できる最小粒径は 0.2 μm であるが，粒径についての高解像度の情報がリアルタイムで得られる．衝撃法および APS の両方の場合，粒径を分別するのに必要な圧力低下によって粒子形状の変形と同じく相対湿度と粒径の変化がひき起こされる場合がある．

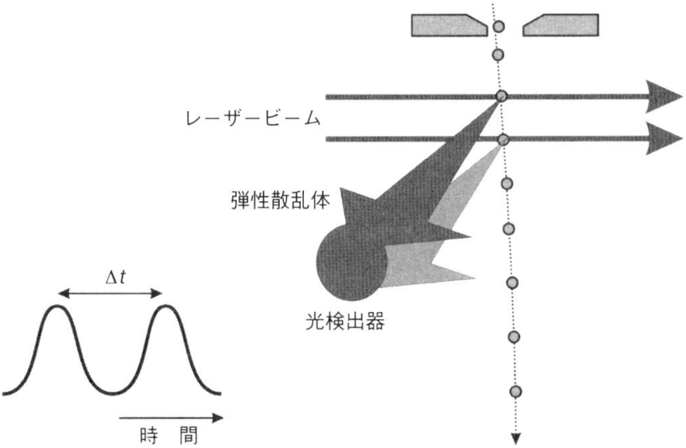

図 11・5　空気力学的粒径測定器．粒子が二つの検出レーザービーム間を移動するのに必要な時間から空気力学的粒径を決定する．

粒径測定のための静電的方法によって，粒子の電気泳動移動度が得られる．電気泳動移動度の大きさは粒子形状と大きさに依存するが密度には依存しない．一般に微分形移動度粒径測定器(DMPS)を用いて測定される．それは，微分形移動度分析器(DMA，静電分級器ともいう)および粒子検出器から成る．粒子検出器としては通常CPCを用いる．サンプリングされたエアロゾルは両極荷電装置の正負のイオン雲に接し，粒子は単位電荷の ±1, ±2, … 倍の電荷をもつようになる．ただし，エアロゾルの平均電荷はほぼゼロである．粒子は両極荷電装置から出て2本の同心の金属円筒から成る静電分級器(図11・6)の中へ流れ，2円筒間の環状空間中を流れる清浄な空気の層流に入る．このような2円筒が共軸になる設計では，内筒は粒子の回収ロッドとしてはたらき，負電圧(0〜10 kV)に維持され，外筒は接地される．粒子は2円筒間の電場によって移動し，粒子の電気泳動移動度により決まる粒子軌跡を描く．狭い移動度範囲内にある粒子だけがDMAの出口で小さなスリットを通して出ていく．粒径分布は分級器電圧を変えながらDMAから出る粒子の数を検出器で計測することによって測定する．粒径分布の測定のために分級器電圧を走査型移動度粒径測定器(SMPS)として連続的に走査することもできる．

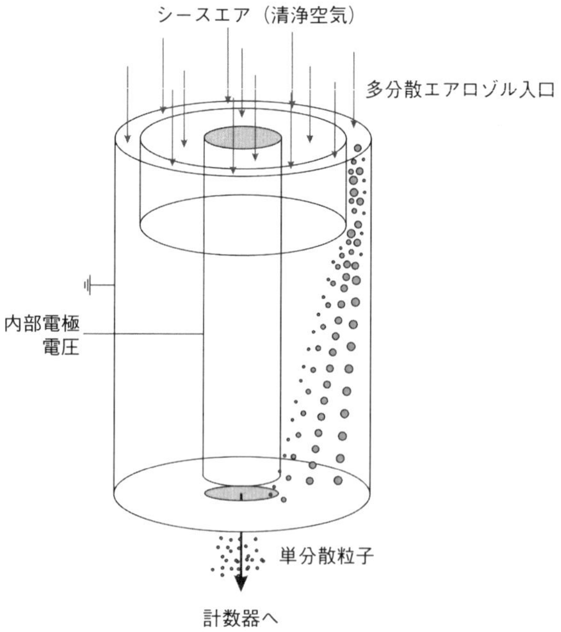

図11・6　微分型電気泳動移動度測定装置(DMA)の模式図．

直径範囲 3 nm〜1 µm にある粒子濃度は DMPS と SMPS によって測定できる．測定する粒子濃度に課された上限は粒径によるが，$2\times10^{8}\ \mathrm{cm}^{-3}$ の高濃度になる場合がある．粒径範囲の下端では，粒子拡散が多くなるために拡散損失が起こり，粒径分布が広がる．さらに，直径 3 nm の粒子の約 1 %は帯電している場合がある．このために検出感度が低くなることがある．

粒子による散乱光の強度は，光学的サイズの測定に用いることができる．それは，粒子の屈折率，形状および粒径に依存する(第 13 章)．光散乱式粒子計数器(OPC)では，個々の粒子からの散乱光の強度を一定(80°および 100°)の立体角に対して積分したものが記録される．粒径は校正曲線から求まるが，校正曲線は既知の大きさと屈折率をもつ単分散球状粒子から得，粒径の単調な関数である(たとえば，図 11・7)[12]．光源は単色レーザーまたは白色光源であり，検出できる最小直径はそれぞれ約 50 nm と約 200 nm である．粒径範囲が 0.1〜10 µm にある粒子を測定できる装置では，ふつう最大で粒径を 50 区分にわけた各画分ごとの濃度を測定し記録する．エアロゾル濃度が $1000\ \mathrm{cm}^{-3}$ を超えると，同時計数誤差が生じる場合がある．OPC は，10 nm 未満に至るまでの粒径を測定するために CPC と組合わせることができる．

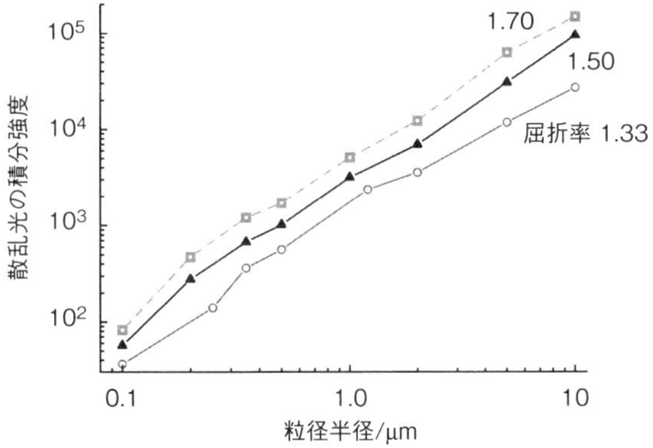

図 11・7　粒径と屈折率の変化による球状粒子からの散乱光強度変化の例．ミー (Mie)散乱計算*は記号で示した粒子半径に対して行った．また，図を見やすくするために線を引いてある．照射するレーザー波長は 650 nm であり，光散乱は前方散乱方向から測って 80°と 100°間で積分する．屈折率が未知かまたは粒子が大きい場合，誤差が著しく大きくなる場合がある．

---

*　［訳注］　ミー散乱とは，光の波長程度以上の大きさの球形粒子による散乱．

11・4　粒子組成の測定

エアロゾル組成は，フィルター上にゾルを集めた後，分析し測定する．そこでは，エアロゾルの化学種と大きさの構成を識別し計量するために一連の確立された技術を用いるが，このような測定はサンプリング，輸送，貯蔵の間に生じる人為的誤差(アーティファクト)の影響を受けやすく，この誤差は微粒子の損失(蒸発や化学反応)によって生じる．リアルタイムのその場(*in situ*)分析が望ましいが，エアロゾル組成を直接にオンライン測定できる技術は，現在ほとんどない．

11・4・1　オフライン分析

一連の分析技術を用いて，フィルターまたは衝撃装置基板上に集められたエアロゾル粒子を分析する．分析技術は集められる少量の物質を検査するために十分に敏感である必要がある．試料を集めるのに必要な時間は，エアロゾル質量とサンプリング速度による．一般的にはサンプリング時間が1日以上になる場合もある．さらに，用いるべきフィルターまたは衝撃装置基板の型は分析試料および使用する分析技術の性質による．たとえば，一般に大気エアロゾル中の全炭素は有機化合物炭素(OC)と元素状炭素(EC)に分けられ，サンプリングのためには，11・2・2節で示したフィルター基板の代わりにアルミホイル基板を用いなければならない．全炭素が燃焼で放出される二酸化炭素の量により測定されるので，炭素を含まない基板が不可欠である[8]．イオンクロマトグラフィーによって試料を分析する場合，あらかじめ清潔にしたテフロンまたはマイラー（Mylar，デュポン社の開発したポリエステル膜)基板を用いる．

テフロン膜フィルターは蛍光X線(XRF)分析あるいは陽子励起X線分析法(PIXE)のような非破壊的技術にも用いられる．これらの分析法は両方とも迅速，非破壊的かつ高感度であり，エアロゾルの元素分析のための強力なアプローチである．PIXEのおもな利点は，きわめて高い分解能である．これは，陽子ビームの焦点サイズを数十μmにしぼることができるからである．一般的には，20種までの元素を単一のPIXEスペクトルから測ることができ，1 ng m^{-3}の元素濃度をPIXEによって分析できる[6]．XRFを用いると45種までの元素を分析することができるが，軽元素はX線による加熱または測定に必要な真空条件によって失われる場合もある[13]．X線光電子分光法(XPS)は非破壊技術で，エアロゾル試料での元素組成，構造および酸化状態を検出し，表面分析に特に有用である[14]．

原子吸光分光法(AAS)と原子発光分光法(AES)を用いてもエアロゾル粒子の元素分析が可能である．AASとAESの一つの短所は，分析のために試料が溶液状態になければならないことと，適当な溶媒と試薬を選ぶ際に，化学的および空間的な干渉を考慮しなければならない点である[14]．元素のさらに高感度のトレース(極微量)分析のためには，誘導結合プラズマ質量分析法(ICP–MS)を用いることができる．ICP–MSの検出限界はAASより優れ，同位体組成が同定できる[13]．水素炎イオン化検出器(FID)または質量分析計(MS)のいずれかを備えたガスクロマトグラフィーを用いて，エアロゾルの揮発性有機成分を分析できる．低揮発性の有機エアロゾルの場合，高速液体クロマトグラフィー（HPLC)と吸収検出器，蛍光検出器または質量分析計を組合わせることができる．

レーザー誘起破壊分光法(LIBS)はエアロゾル試料，特に重金属元素の“指紋”を得るためのリアルタイム技術である．十分なエネルギーのレーザービームを用いてプラズマを生成し，エアロゾルから放出される元素成分を励起する．さらに，元素からの時間分解発光スペクトルを記録する．試料調製は必要ではなく，LIBSは多元素検出と単一粒子分析に使用することができる[15]．レーザー顕微質量分析法(LMMS)はパルスレーザービームを用いて，アブレーション(レーザー爆蝕)によって元素イオンと分子イオンを生成する．この結果，元素成分だけでなく分子成分の指標が得られる．レーザー照射は単一の粒子に制限できるので単一粒子測定であり，質量分析によってイオンを検知する．したがって，粒子表面の組成とバルク組成を識別することができ，トレース量の有機化合物炭素OC成分を検出できる[6]．

ラマン分光法と赤外分光法(IR)はエアロゾルの分子組成の特性を明らかにする有用な技術である．赤外分光法では，懸濁したエアロゾル集団にIRビームを通すことによってエアロゾル集団の化学組成と相を検出できる．赤外分光法による分析は大気圧で行うことができるので，揮発性種の濃度が測定できる．ラマン分光法は，μmサイズのエアロゾル中に存在する化学結合と官能基に関する情報を与える非破壊技術である．

個々の粒子の形態と元素組成に関する情報は，透過型電子顕微鏡法(TEM)またはエネルギー分散分光法(EDS)と組合わせた走査型電子顕微鏡法(SEM)によって得ることができる．環境制御型走査電子顕微鏡法(ESEM)は $0.1 \sim 1 \times 10^3$ Paの圧力で操作できるが[16]，これは従来型のSEMに必要な圧力 10^{-4} Paよりはるかに高く，揮発性成分の損失に伴う問題が解決される．さらに，ESEMは次のような長所をもつ．すなわち，試料調製をほとんど必要とせず，粒子の自然な状態をある程度模倣する環境の中で顕微鏡像が得られ，水和/脱水和のような動的実験をその場(*in situ*)で行うことができる[17]．いずれの顕微鏡法の場合も，統計的にかなりの数の粒子からデータを集めることは時間がかかる．

11・4・2 リアルタイム分析

リアルタイムのオンライン分析を用いると，サンプリングにおいて人為的誤差が回避でき高価な検査法が必要でなくなるという利点があるにもかかわらず，高時間分解能で直接その場(*in situ*)でエアロゾル組成を測定するための技術は数少ない．たとえば，$0.5\,\mu g\,m^{-3}$ より多い元素状炭素 EC の量は光音響煤(すす)センサー*1で計量できる．カーボンブラック粒子はレーザービームからエネルギーを吸収して周囲の気相に熱を伝達する．レーザービームの変調によって，熱伝達の変調をひき起こし，マイクロホンで検知する．多環芳香族炭化水素(PAH)はレーザー励起蛍光検出器を用いて計量できる．試料は N_2 レーザーで照射され，PAH 濃度は一般に $1\,\mu g\,m^{-3}$ 以下の感度を備えた蛍光によって測定できる．

粒子集団の分析の短所は，同時に単一粒子の粒径と組成を測定することができないという点である．種々のエアロゾル成分の混合状態を検出するために，成分組成に対するサイズ分解測定は不可欠である．無機および有機化合物を検出する多様な質量分析法の最近の進歩によって単一粒子測定装置が開発され，リアルタイムで粒径，元素組成および化学形態別分析*2(スペシエーション)の同時分析が可能になった(図 11・8)[18)~20)]．粒径は光学的方法を用いて，積分散乱強度または 2 つの検出レーザー間の移動に必要な時間のいずれかにより求める．次に，高エネルギーパルスレーザーを用いたレーザー脱離イオン化法によってエアロゾル成分を脱着しイオン化する．あるいは，試料中の合成物は高温で処理した後に電子イオン化法または化学イオン化法のいずれかによって脱着できる場合もある．化学イオン化法は，親化合物の質量の測定が可能なソフトなイオン化技術であるため使用されことが多い．検出は飛行時間型質量分析法(TOF–MS)が通常用いられる．二重極性飛行時間型分光器はイオン化段階で形成される正負両方のイオン

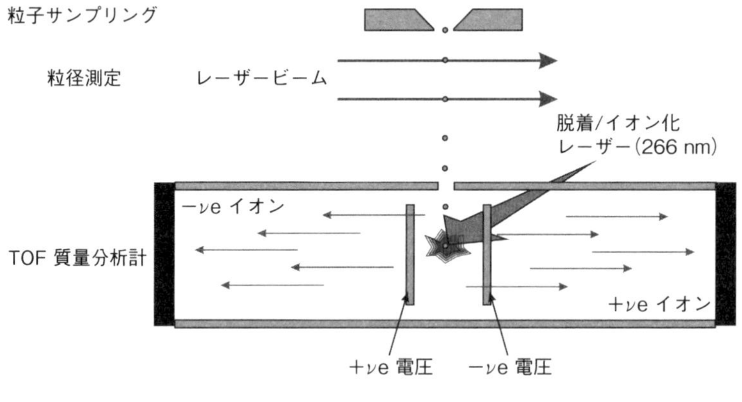

図 11・8　単一粒子の飛行時間型質量分析計．サンプリング，粒径測定，質量分析計の各段階を示す．

---

*1 ［訳注］ 光音響効果(粒子に光を照射すると音波を発生)を用いた煤のセンサー．
*2 ［訳注］ 元素が種々の化学形態を示す場合，それぞれを分離して分析する方法．

に関する情報を同時に与え，これから化学形態別分析と組成に関する重要な情報が得られる．主要な化学種の識別は親物質の特定に特に有用である．ほとんどのリアルタイム質量分析計は 0.2～5.0 μm の直径の粒子を検出できる[18]．ただし，現在では 50 nm の粒子の分析も可能な場合がある[21),22]．このように，試料中に含まれる元素状炭素，有機炭素，硫酸塩，硝酸塩，海塩，粉じん，および金属情報が得られる．

質量分析法による定性分析は今では一般的な測定であるが，定量分析は困難な場合がある．特に有機化合物の場合にそうであり，レーザー脱離/イオン化段階で広範囲におよぶフラグメンテーション(開裂)が起きる．エアロゾル粒子の気化が不完全な場合，粒子内部よりも粒子表面上の化学種(セル)に対して高感度になる．別の方法としては，脱着とイオン化を 2 段階で行い，各段階で個別のレーザーを用いる．低い放射照度で十分であるので，脱着した化合物の開裂を抑制できる．

蛍光検出法を用いて細菌エアロゾルと他のエアロゾルを区別することができる．UV レーザーによる単一粒子の照射によって，細菌試料のマーカーとして使用されるフラビンおよびトリプトファンやチロシンのようなアミノ酸からの蛍光指標に対するリアルタイムで *in situ* 検出が可能になる[23]．弾性光散乱を並行して用い，粒子形状，屈折率および大きさを測定することができ，この結果，生物学的エアロゾルの詳細な分類が可能になる．

単一粒子を非破壊的にサンプリングするための多くのアプローチが開発されている．単一粒子測定は制御された実験室内におけるエアロゾル特性の測定に対して特に強力である．単一の固体または液体粒子のサンプリングは静電気的捕捉，音響捕捉または集束レーザーを用いて行われる．静電浮遊法は個々の電子の電荷を測定するために 20 世紀

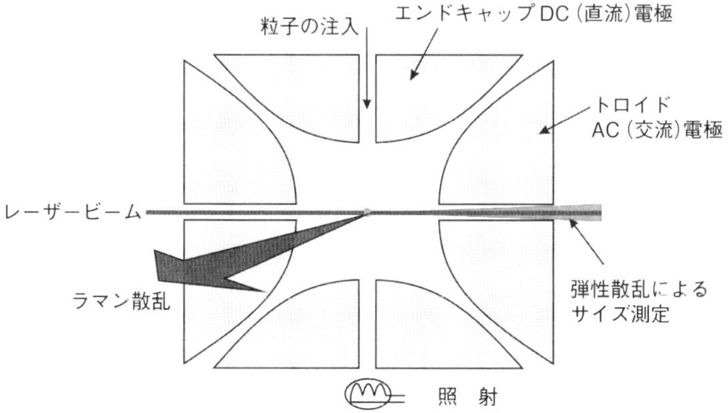

図 11・9 電気力の釣り合い．単一の荷電粒子を捕捉すると，単一粒子の分光学および動力学の研究が可能になる．

初頭にミリカン(Millikan)によって最初に行われ，単一のエアロゾル粒子を捕捉して特性評価をするための強力な測定法になっている．現在の装置は上部電極と下部電極間の電位差を変えることにより重力と釣り合いを保つだけでなく，交流振動数によって水平面内に粒子を閉じ込める(図 11・9)[24]．電荷，質量，大きさは通常の方法で測定できる．

光学的な浮遊は単一の集束レーザービームで達成することができる[25]．粒子にはたらく光放射圧の力の方向はレーザービームの伝搬方向にあり，重力と釣り合う．安定した捕捉を達成するようにレーザー出力は能動フィードバック機構によって制御され，粒径の変化に対してレーザー出力が一定になるようにする．また，捕捉するポテンシャルの井戸の深さは粒子の質量に等しい．最近では，光透過率の高い単一の粒子が三次元単一ビーム勾配力光捕捉法で捕捉されるようになった．これは一般に光ピンセットとよばれる(第 14 章)．高い開口数の顕微鏡対物レンズで強く集束したレーザービームでは，ビームウエストの近くに強い電場勾配があるのが特徴である．このために，粒子は最も高い光度の領域の方へ引き寄せられる．これらの条件のもとでは，電場勾配力は散乱力*より何桁も大きくなる．また，安定な電場勾配による捕捉が可能になり，粒子を三次元的に強く閉じ込める．このような捕捉を用いると，並列の光捕捉の中に閉じ込められた多数の粒子を測定し，操作することができ，エアロゾル粒子の特性と動力学の比較測定および粒子凝集の研究が可能になる．

静電気的，光学的あるいは音響的に捕捉した粒子については，非破壊的な分光学的技術を用いて広範囲の粒子の *in situ* 検出が可能である．ラマン，蛍光および赤外分光法はおそらく最も一般的に用いられる方法で，液滴組成に対する明白な光学的指標を与える．トレースの *in situ* 分析の一般的な感度は，ラマン散乱では 10^{-3} M である．液滴からの誘導ラマン散乱が，形態に特有の波長で観測されるが，これを用いるとナノメートルの精度で球状液滴の大きさを検出できる[25]．多くの捕捉技術と分光学的技術を組合わせると，組成に関して時間および空間的に，長期間にわたる単一粒子の動力学に関する詳細な研究が可能になる．

11・5 エアロゾルの平衡状態

エアロゾル粒子の大きさと組成を決定づける熱力学的因子と速度論的因子を考察しよう．エアロゾルの平衡状態をまず考える．特に，気相と凝縮相の間における水の分配を考察する．これはエアロゾルの相挙動を解釈するためのモデル系として優れており，かつ適切である．水は大気エアロゾルの重要な成分で，相対湿度が変化すると粒径と組成が変化する．この結果，気候に対するエアロゾルと雲の放射効果，不均一反応における

* ［訳注］ 粒子にはレーザー光の強度の勾配に比例する勾配力(光の進む向き)と散乱光のエネルギー束に比例する散乱力(光の進行方向と逆向き)がはたらく．

エアロゾルの役割，および健康への浮遊粒子の効果が影響を受ける．この節では，粒子と水蒸気の相互作用の背景にある熱力学原理について述べる．まず，吸湿成長に関するケーラー理論(Köhler theory，11・5・2節)によってエアロゾル粒子の相挙動およびぬれ粒子 の大きさの相対湿度依存を最初に検討する．

11・5・1　潮解と風解

エアロゾル相に関する知識はエアロゾルの光学的性質の同定，および不均一反応速度の予測のために重要である[26),27)]．液体エアロゾル全体にわたって反応物が自由拡散を行うので，表面およびバルクの化学過程はともに重要である．しかし，固体エアロゾル粒子が関与する場合は，不均一反応の機構の大部分は表面過程に制限される．図11・10に示すように溶解性固形無機塩の状態は周囲の環境の相対湿度(relative humidity, RH)に依存する．RHは与えられた温度において飽和水蒸気圧に対する水の蒸気分圧の比率として定義される．

低いRHでは，塩はある乾燥粒子直径 D_{dry} をもつ固体粒子として存在する．RHが増加して潮解RH（deliquescence RH)に達するまでは粒子は乾燥状態を保つ．ここで，乾燥粒子が自然に水を吸収して塩溶液の液滴を形成するRHが潮解RHである．潮解

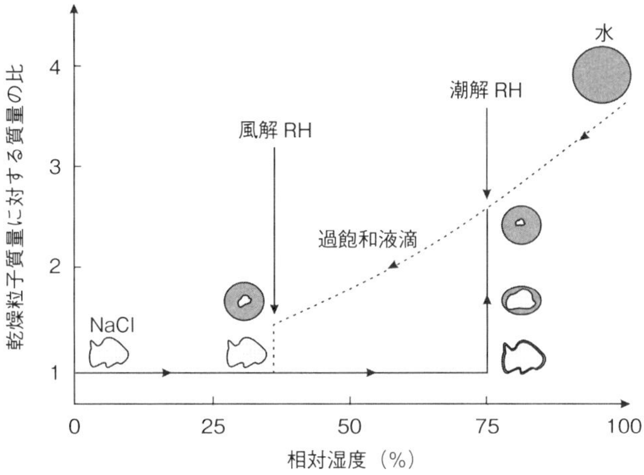

図11・10　相対湿度(RH)の変化に伴う溶解性無機塩粒子(塩化ナトリウム)の相対的な粒子質量の変化．粒子が相を変える相対湿度を示す．Reid, J. P., Sayer, R. M., 'Heterogeneous atmospheric aerosol chemistry: laboratory studies of chemistry on water droplets', *Chem. Soc. Rev.*, **32**(2), 70–79(2003)より許可を得て再掲．Copyright (2003)英国王立化学会．

RHでは，溶質で飽和した溶液滴が形成され，その塩濃度は水における溶質の溶解度で決まる．したがって，潮解RHは各無機塩あるいは有機化合物に特有の量である．また，混合粒子の潮解RHは個々の成分のRHより低くなる傾向がある．固体の多成分エアロゾルの場合は，各成分の溶解度がわかると，固体と水相間の化学種の分配を予測することができる[28)]．

RHがさらに増加すると溶液滴は成長し続け，液滴の平衡粒径が乾燥粒径と相対湿度で決まる．RHの変化によるぬれた粒子の平衡粒径の変化 $D_{\mathrm{wet}}(\mathrm{RH})$ はケーラー理論によって記述され，RH依存成長因子すなわち $D_{\mathrm{wet}}(\mathrm{RH})/D_{\mathrm{dry}}$ として報告されることが多い．RHが下がると蒸発によって溶液滴は水を失うが，潮解RH以下のRHでは，溶液滴は過飽和溶液のままである．結晶化は相変化をひき起こすゆっくりとした塩核形成に依存するが，これは熱力学の原理からは予測できない．このように，液滴は過飽和準安定状態にとどまり，これはRHを下げていくときに潮解RHよりかなり低いあるRHで臨界過飽和に達するまで続き，このRHで風解(efflorescence)が起こる．多成分液滴の風解の予測は潮解挙動の予測よりはるかに難しい．たとえば，多成分液滴は一つ以上の風解点を示す場合があり，そのおのおのが各成分の風解点に対応する．

すべてのエアロゾル種が潮解あるいは風解挙動を示すとは限らない．多くの有機エアロゾル成分は乾燥条件から湿潤条件までRHの全範囲にわたって水を連続的に取り込むが，これは，硫酸エアロゾルに類似の挙動である．一方，ある非水溶性有機エアロゾルは100％に近いRHにおいても水を全く取り込まず，RHの全範囲にわたって固形粒子のままである．

11・5・2 ケーラー理論

ケーラー理論(Köhler theory)を用いて，平衡における水を含んだ粒子の平衡粒径がRHとともにどのように変化するか記述できる．ただし，液滴が蒸気相と平衡にあるためには液滴の蒸気圧は周囲のRHに等しくなければならないことを認識する必要がある．溶液滴の蒸気圧を求める場合に考慮しなければならない二つの競合効果がある．**ケルビン効果**(小さい液滴ほど蒸発しやすい効果)と**溶質効果**である．**ケーラー方程式**(11・1式)を用いて，特定のRHにおける平衡粒径に対してケルビン効果と溶質効果の組合わせがどのように影響を与えるかを説明できる．

$$\mathrm{RH} = a_{\mathrm{w}} \exp\left(\frac{2V_{\mathrm{w}}\gamma}{RTr}\right) \qquad (11 \cdot 1)$$

ここで，a_{w} は液滴と同じ溶質モル濃度をもつ等価バルク溶液における水の活量，V_{w} は溶液中の水の部分モル体積，γ は溶液の表面張力，r は液滴の半径，R は気体定数，T は温度である．左辺は右辺の液滴の蒸気圧と釣り合わなければならない周囲の環境の

RH である．指数前因子は蒸気圧に対する溶質効果の影響を表し，指数部分はケルビン効果による表面曲率の影響を表す．これら二つのそれぞれの寄与，およびこれらを結合した効果を図 11・11 に示す．

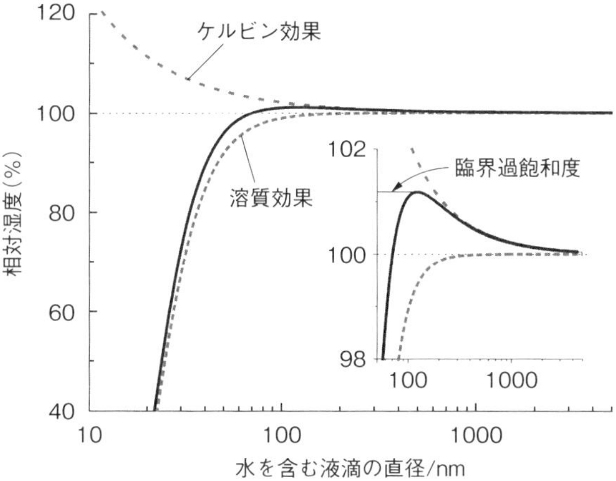

図 11・11 塩化ナトリウム水溶液における液滴直径の RH 依存に対するケーラープロット(――)．液滴を生成する乾燥粒子は直径 10 nm の塩化ナトリウム粒子である．ケルビン効果および溶質効果からの蒸気圧への寄与は別々に示してある(それぞれ，上部の- - -と下部の----)．100 %の RH 近傍における変化の拡大図を内挿図に示した．詳しくは次ページ参照．

溶質効果は溶質の存在が液滴の蒸気圧をどのように低下させるかを説明する．この効果は溶質濃度に比例し，粒径に反比例する．環境の RH が低下すると，液滴が平衡にあるためには溶液滴の蒸気圧は減少しなければならない．水が蒸発すると液滴サイズが減少して溶質のモル分率が増加し，水性成分の蒸気圧が低下する．高い RH では，溶質が希薄な場合，蒸気圧の低下は理想溶液に対するラウールの式(Raoult equation)から求めることができる．ラウールの式は溶液の蒸気圧を純水の蒸気圧と溶液中の水のモル分率で表す式である．しかし，RH が減少し溶質濃度が増加すると，溶液の理想性をもはや仮定することはできず，溶質–溶質相互作用と溶質–溶媒相互作用の差を考慮しなければならない．実在溶液の挙動は溶媒のモル分率と溶媒の活量係数の関係式を考慮する必要がある．

$$a_{\mathrm{w}} = \gamma_{\mathrm{w}} \times x_{\mathrm{w}} \qquad (11\cdot2)$$

大きな液滴サイズの極限($r \to \infty$)では，液滴の平衡蒸気圧は溶質効果のみで決まる．

ケルビン効果は液滴蒸気圧に対する表面曲率の影響について記述するが，粒径が減少するとともに顕著になり，直径1µm（1000 nm）以上の粒子では比較的重要ではなくなる[28]．ケルビン効果によって平面のときの蒸気圧以上に液滴蒸気圧が上昇し，エアロゾル粒子の吸湿性挙動に対して大きな影響を及ぼす．溶質効果とケルビン効果の両方の寄与を考慮する場合，図11・11の拡大図からわかるように，平衡サイズの実現に必要なRHは100％を超える場合がある．RHの増加とともにエアロゾル粒子が小さいの粒子から成長する場合，粒子が活性化（粒子の成長が起こる状態になる）され活性直径（成長の起こる直径）より大きくなるためにはRHが臨界過飽和度を超える必要がある．臨界過飽和度に達しない場合，エアロゾル粒子は大きな粒子に自然に成長せず，活性化されることはない．表面張力の影響，さらに溶質の寄与を通じて臨界過飽和度はエアロゾル組成に影響を受ける．雲凝結核の活性化に必要な過飽和度を計測することは，大気中の雲の特性と寿命に対するエアロゾルの影響を理解するために重要である．

11・5・3　吸湿成長の測定

吸湿成長の研究から，含水エアロゾル粒子の吸水挙動と混合状態についての情報が得られる．この結果，事実上，特定のエアロゾル成分に対する含水量の直接測定とケーラーの式のパラメーター化が可能になる．粒子組成と相対湿度はエアロゾルの含水量を決める．単一粒子の大きさのRH依存または粒子集団に対する測定における粒径分布を記録して，RHによる成長因子の変化を測定できる．無機化合物はほとんど吸湿性である．有機エアロゾルは一般に粒子の含水量に影響を及ぼすことが知られているが[29]，有機エアロゾルの吸湿性は十分には明らかにされていない[30]．吸湿成長の測定は，粒子が準飽和および過飽和条件下にある水蒸気とどのように相互作用するかを研究する際に重要である．微量天秤(びん)を用いて吸湿成長に関する情報を得ることができるが，これはRHの変化によるフィルターまたは衝撃装置基板上の粒子の質量変化に対する天秤の感度に基づく．しかし，基板上の微粒子が周囲の蒸気と平衡に達するために必要な時間が長いためにこの方法の適用範囲は限界がある．

µm以下の粒径の粒子の吸湿成長を測定する場合，標準的でさらに一般的な方法は吸湿特性測定用DMA（静電分級器）すなわちHTDMA装置を用いることである[31]．このような測定は無機塩類の吸水に対する有機成分の影響を研究するために用いられることが多く，実験室内外の研究で使用できる点が便利である．エアロゾルは噴霧機を用いて生成し，拡散乾燥機すなわち粒子成分の風解点以下のRHに維持された領域にエアロゾルの流れを通過させて乾燥させる．前段のDMAを用いて多分散サンプルから単分散のエアロゾル集団を選ぶことができる．単分散エアロゾルを，湿度調整器に流入する．湿度調整器から流出したアエロゾルの粒径分布は後段のDMAと凝縮粒子計数器

(CPC)によって測定される．ここで，粒径分布における成長は粒子表面における水の凝結によると仮定すると，粒子成長因子のRH依存は一連のRHにおける測定から決定できる．したがって，電気泳動移動度直径の測定に基づいて観測される粒径変化から，吸水に伴う体積変化に関する情報が得られる．

静電気的捕捉または光捕捉された粒子による単一粒子測定も，混合成分エアロゾル，特に過飽和溶質状態のエアロゾルの吸湿性を研究するために広く用いられてきた．しかし，これらの測定は一般に直径が1 µmより著しく大きな粒子に対してなされており，このとき直径に対する表面曲率の影響は重要ではなく，詳しい解析は溶質効果に対してのみである．

11・5・4 ほかの相

エアロゾルは非混和性の疎水相と親水相を含む場合がある．また，これらは同一粒子内で混合することもあれば，外部的に混合(p.230脚注)し，個別のエアロゾル成分として異なる粒径分布を示す場合もある．汚染された都市の環境では，有機エアロゾル成分が観測されることが多いが，無機成分を含む大量のエアロゾルと外部的に混合し，これは蓄積モード内の大きなサイズのところにピークをもつ．外部的に混合した有機相は燃焼によって生じ，直径約100 nmにピークのある粒径分布を示す．疎水相と親水相が内部混合した無機成分の分配はRHに依存する．塩化ナトリウムのような多くの無機の溶質は，RHが下がると水相に溶けたどのような有機成分も“塩析する”．その結果，疎水相へ分配する有機成分が増加する．

純粋エアロゾルも混合エアロゾルも非平衡状態の過冷却液滴として存在する[27]．過冷却液滴は液滴成分の凝固点以下の温度においても液体状態にある．粒子体積が小さく接触表面がないために，バルクを対象とした研究に比べて広い温度範囲にわたって粒子は過冷却状態にある[32]．このような条件下では，核形成速度が低下して結晶化が抑制される．これは，潮解RH以下での過飽和溶質液滴の形成と同様である．大気中における過冷却粒子の存在はまだ確認されていないが，最近の実験室研究の結果によれば，過冷却エアロゾルがエアロゾル粒子の反応性と寿命を変える場合がある[27),32]．

11・6 エアロゾル変質の速度論

エアロゾルの平衡状態の定義は，多くの複雑な環境中にあるエアロゾルの特性を理解するための中心課題である．しかし，粒子変質の速度論と平衡状態に達する速度を測ることも必要である．医薬品有効成分の送達やエアロゾル成分が揮発性溶媒中で分散する噴霧乾燥のような工業過程など，多くのシナリオでは，エアロゾル系の初期状態は平衡状態から遠く離れている．エアロゾルが生成されると，粒径，温度および組成において急速な変化が生じる．また，粒子の溶媒が蒸発または粒子が成長しているときに，熱移動と物質移動が密接に関係することを理解する必要がある．

11・6・1 定常および非定常な質量移動と熱移動

クヌーセン数(Knudsen number, kn)として知られる相対的な物理的長さの尺度を定義することは有用である．これは拡散する気相分子の平均自由行程と粒子半径の比である．クヌーセン数が小さい場合($kn \ll 1$)は連続体領域とよばれ，平均自由行程は粒子サイズよりはるかに小さく，気相は大きな粒子のまわりで連続流体としての挙動を示す．この極限に対応する条件下では，エアロゾル粒子表面または粒子バルク内の過程と比較して，気相中の拡散は遅く，この拡散が相間の物質移動の律速段階になる．クヌーセン数が大きい場合($kn \gg 1$)は自由分子領域とよばれ，粒子は平均自由行程よりはるかに小さく，気相分子は粒子のまわりで個別に移動する．この極限に対応する条件下では，粒子表面における分子過程(蓄積と吸着)が物質移動の律速段階になる．クヌーセン数が約1のときに，これら二つの極限間の推移が観察され，遷移領域とよばれる．

小さな蓄積モード粒子($\ll 1\,\mu m$)と大きな粗大モード粒子($\gg 10\,\mu m$)に対して，物質移動と熱移動に関連する極限条件をあからさまに区別することができる．前者の場合では，100 kPa 以下の圧力における粒子のクヌーセン数は1より大きい．したがって，大気中における粒子の主要分布については，粒子の変質(p.231 参照)の時間変化を計量するために，粒子表面で生じる分子過程の動力学を理解しなければならない．これとは対照的に，他の多くの領域における雲粒や粗粒子については，気体の拡散が律速段階になる物質移動について知らなければならない．

低揮発性成分を含む液滴の場合は，粒子からの物質流束が遅いため，等温的に蒸発が起こり，蒸発中に失われた潜熱(蒸発エンタルピー)が熱移動によって気相から液滴に戻される．物質流束は蒸発する成分の分圧勾配に依存し，Maxwell の導いた(11・3)式から計算することができる．

$$\frac{\mathrm{d}m_i}{\mathrm{d}t} = -\frac{4\pi r D_{ij} M_i}{R}\left[\frac{p_i{}^0(T_\mathrm{r})}{T_\mathrm{r}} - \frac{p_{i,\infty}}{T_\infty}\right] \tag{11・3}$$

ここで，m_i は液滴中の成分 i の質量，r は液滴半径，D_{ij} は気体 j 中の構成成分 i の拡散定数，M_i は成分 i のモル質量，$p_i{}^0(T_\mathrm{r})$ は表面温度 T_r における成分 i の蒸気圧，$p_{i,\infty}$ は液滴表面から無限遠の距離(温度 T_∞)における分圧である．

(11・3)式から粒子半径の時間依存性が導かれる．液滴からの熱流束と液滴への熱流束が釣り合い，かつ液滴と周囲が温度 T にあるとき，粒子半径の時間依存性は(11・4)式で与えられる．

$$r^2 = r_0^2 - S_{ij}(t - t_0) \qquad \text{ここで} \quad S_{ij} = \frac{2D_{ij}M_i p_i{}^0(T)}{\rho_i RT} \tag{11・4}$$

ここで，ρ_i は液滴の質量密度で，r_0 は液滴半径の初期値である．蒸発は一定速度で起こり，粒子半径の2乗 r^2 が(11・4)式に従って一定速度で減少する．実際，時間とともに変化する粒子質量または大きさを単一粒子について測定することにより，標準技術では検出できないような半揮発性および低揮発性化合物の蒸気圧が測定されるようになった．

蒸気圧が高いかまたは拡散定数が大きいために(たとえば，低圧において)，蒸発する液滴からの潜熱が急速に失われる場合，液滴の表面とバルクの温度が下がる．この結果，液滴からの蒸発成分の蒸気圧が低下し，液滴からの溶媒成分の物質流束が減少する．これを非定常蒸発期間という．最終的に，液滴の温度は一定の湿球温度に達する．湿球温度は液滴からの潜熱損失速度と環境気体から液滴への伝熱速度が釣り合う温度である．その結果，液滴-気相間の溶媒分子の移動は一定になり，液滴は周囲環境の温度以下に抑えられた定常温度に保たれる．このような過程に対しては，初期状態が平衡状態から遠く離れたエアロゾルからの溶媒の蒸発またはゾルの成長の動力学を考える場合，物質移動と熱移動の両方を考慮する必要がある．

11・6・2 エアロゾルによる気体分子の取り込みと不均一反応

多くの場合，粒子は周囲の蒸気と平衡にあり，揮発性成分の蒸気圧は粒子周囲の分圧と等しい．しかし，エアロゾルが微量濃度の気相成分に接触する場合，平衡になる速度を測定することは重要である．気体分子(図11・12の大きな球以外のすべて)の取り込みは不均一反応およびエアロゾル相の経時変化をひき起こす．イオン性中間物，反応物，生成物の溶媒和によって活性化障壁が低くなり，凝縮相で反応物が衝突する結果，気相で生じる均一反応と不均一反応が事実上競合する[33]．たとえば，エアロゾル粒子を含む湿った空気中において二酸化硫黄が急速に酸化して硫酸へ変化するが，この結果，酸性雨が生じる．(ads)は吸着を表す．

$$\mathrm{SO_2(ads) + H_2O \rightleftharpoons H^+(aq) + HSO_3{}^-(aq)}$$
$$\mathrm{HSO_3{}^-(aq) \rightleftharpoons H^+(aq) + SO_3{}^{2-}(aq)}$$
$$\mathrm{HSO_3{}^-(aq) + OH^- + O_3 \longrightarrow H_2O + SO_4{}^{2-}(aq) + O_2}$$

微視的なレベルでは，反応分子は最初，気相中を拡散する必要がある(図11・12に模式的に示す)．反応気体分子は粒子表面に衝突すると，必ず表面に蓄積するが，この過程は物質取り込み係数 α で定量できる．α はエアロゾル表面における分子衝突回数に対する吸着した分子数の比として定義される．なお，反応は粒子表面または液体エアロゾルのバルクのいずれの場合においても生じる．

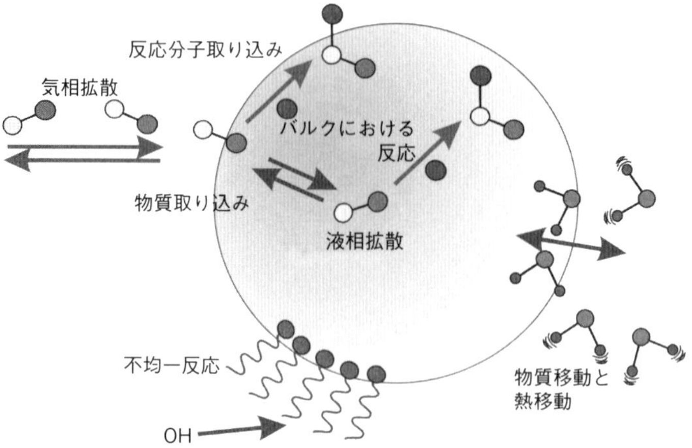

図 11・12　エアロゾル凝縮相への気体分子の取り込みに関係する基本過程.

(11・5)式は(11・3)式から直接導かれるが，最初に気体分子を含有しないエアロゾル粒子上に蓄積した気体分子の単位面積当たりの物質流束(図 11・12 の気相拡散の下の二つの矢印に相当)をこの式を用いて記述することができる.

$$J_{\mathrm{c}} = 4\pi r D_{\mathrm{g}}(c_\infty - c_{\mathrm{S}}) \qquad \text{すなわち} \qquad \frac{J_{\mathrm{c}}}{4\pi r^2} = c_\infty \frac{D_{\mathrm{g}}}{r} \qquad (11 \cdot 5)$$

ここで，粒子表面における気体分子の濃度(c_{S})および粒子から無限に離れた点における気体分子の濃度(c_∞)で分圧を置き換えてある．また，D_{g} は気相における気体分子の拡散定数である．拡散定数と平均自由行程の関係，およびクヌーセン数の定義から，次式が導かれる.

$$\frac{J_{\mathrm{c}}}{4\pi r^2} = c_\infty \bar{c}\, \frac{\Gamma_{\mathrm{diff}}}{4} \qquad \text{ここで} \quad \Gamma_{\mathrm{diff}} \approx kn \frac{4}{3} \qquad (11 \cdot 6)$$

ここで，Γ_{diff} は拡散補正で，気体の拡散によって物質流束または取り込みが遅くなることを説明する．また，$\bar{c}$ は気相中の分子の二乗平均速度である．(11・6)式は拡散律速の気体分子の物質流束を考察するのに適しているが，溶質濃度がエアロゾル凝縮相中の飽和濃度に達する場合は，物質流束は物質取り込みあるいはヘンリーの法則(Henry's law)による飽和 Γ_{sol} によって律速される．これは，(11・6)式に対して拡散補正の代わりに，取り込み係数 γ_{mea}（気相拡散に加えてエアロゾル粒子内部の矢印をすべて含む）を導入することにより考慮することができる．この結果，気体拡散が律速過程ではないことを考えると，気体分子吸着剤の物質流束の評価が可能になる.

$$\frac{J_c}{4\pi r^2} = c_\infty \bar{c} \frac{\gamma_{mea}}{4} \qquad ここで \quad \frac{1}{\gamma_{mea}} = \frac{1}{\Gamma_{diff}} + \frac{1}{\alpha} + \frac{1}{\Gamma_{sol}} \tag{11・7}$$

この式は**抵抗モデル**とよばれ，気相から粒子相に至る気体分子の物質流束を解釈し予測するために広く用いられてきた．気体拡散 Γ_{diff}，物質取り込み係数 α および溶解度 Γ_{sol} はおのおのコンダクタンス（抵抗 $1/\Gamma_{diff}$ など）を与えると考えられる．非反応性取り込みの三つの過程のうちのいずれかが物質移動の律速段階になる場合，コンダクタンスの値は小さくなり，γ_{mea} の決定の際に抵抗 Γ_{diff} に大きな寄与をする．したがって，気体拡散速度が速く凝縮相中の気体分子の溶解度が大きい場合，物質取り込み α によって物質移動速度が制限され，(11・7)式は次のように書くことができる．

$$\frac{J_c}{4\pi r^2} = c_\infty \bar{c} \frac{\alpha}{4} \tag{11・8}$$

水面における水の取り込みに対する物質取り込み係数は大きいと考えられるが($\alpha > 0.1$)，多くの気体分子の係数 α に対して 1 よりかなり低い値が測定されている．これらの条件下では，気体分子の物質取り込みによって凝縮エアロゾル相における化学反応速度およびエアロゾルの経年変化速度が制限される．たとえば，水面上のオゾンとヒドロキシルラジカルの物質取り込み係数 α の下限は 0.002 と 0.004 である．

11・7　ま と め

本章では，エアロゾルの解析から得られるあらゆる情報，すなわち，サイズ，形態，濃度および組成について説明した．エアロゾルが関与する過程は数多くの分野で見られるが，本章で得た豊富な情報によって，その熱力学と速度論に対する理解がいっそう深まるだろう．最近の数十年間で単一粒子を分析する可能性は現実なものになってきたが，エアロゾルの組成と反応性を制御する微視的な要因をかつてないほど詳しく研究することができるようになった．エアロゾル科学には多くの課題が残されているが，特に大気科学に関連して，11・1 節でいくつかの課題について議論した．しかし，多成分および多相の無機/有機/水性のエアロゾルの化学的および物理的性質については解析も理解もいまだ十分でない．現場における計測や実験室での研究にとって新しい解析法の開発は，このような複雑な環境で生じる化学を解く際に重要な役割を果たすことが期待される．

文　献

1) IPCC, “Climate change 2007: The physical science basis–contribution of working group to the fourth assessment report of the intergovernmental panel on climate change”, Cambridge University Press, Cambridge (2007).

2) Anderson, H. R., *Atmos. Environ.*, **43**, 142–152 (2009).
3) Pope, C. A., *Environ. Health Perspect.*, **108**, 713–723 (2000).
4) Hinds, W. C., "Aerosol Technology: Properties, Behaviour, and Measurements of Airborne Particles", John Wiley & Sons, Ltd., New York (1982).
5) "Recent Developments in Aerosol Science", ed. by Shaw, D. T., John Wiley & Sons, Ltd., New York (1978).
6) "Analytical Chemistry of Aerosols", ed. by Spurny, K. R., Lewis Publishers, Washington, D. C. (1999).
7) Finlayson-Pitts, B. J., Pitts, Jr., J. N., "Chemistry of the Upper and Lower Atmosphere", Academic Press, Toronto (2000).
8) McMurry, P. H., *Atmos. Environ.*, **34**, 1959–1999 (2000).
9) Liu, P., Ziemann, P. J., Kittelson, D. B., *et al.*, *Aerosol Sci. Technol.*, **22**, 293–313 (1995).
10) Chow, J. C., *J. Air Waste Manage. Assoc.*, **45**, 320–382 (1995).
11) Seinfeld, J. H., Pandis, S. N., "Atmospheric Chemistry and Physics: From Air Pollution to Climate Change", John Wiley & Sons, Ltd., New York (2006).
12) Bohren, C. F., Huffman, D. R., "Absorption and Scattering of Light by Small Particles", John Wiley & Sons, Ltd., New York (1983).
13) Solomon, P. A., Norris, G., Landis, M., *et al.*, 'Chemical analysis methods for atmospheric aerosol components', "Aerosol Measurements: Principles, Techniques and Applications", ed. by Baron, P. A., Willeke K., John Wiley & Sons, Ltd., Hoboken, New Jersey (2005).
14) Skoog, D. A., Holler, F. J., Nieman, T. A., "Principles of Instrumental Analysis", 5th ed., ed. by Brooks/Cole, Thomson Learning, London (1998).
15) Martin, M. Z., Cheng, M. D., Martin, R. C., *Aerosol Sci. Technol.*, **31**, 409–421 (1999).
16) Stokes, D. J., *Philos. Trans. R. Soc. Lond. Ser. A–Math. Phys. Eng. Sci.*, **361**, 2771–2787 (2003).
17) Livio Muscariello, F. R., Marino, G., Giordano, A., Barbarisi, M., Cafiero, G., Barbarisi, A., *J. Cell. Physiol.*, **205**, 328–334 (2005).
18) Sullivan, R. C., Prather, K. A., *Anal. Chem.*, **77**, 3861–3885 (2005).
19) Sipin, M. F., Guazzotti, S. A., Prather, K. A., *Anal. Chem.*, **75**, 2929–2940 (2003).
20) Noble, C. A., Nordmeyer, T., Salt, K., *et al.*, *Trends Anal. Chem.*, **13**, 218–222 (1994).
21) Lake, D. A., Tolocka, M. P., Johnston, M. V., *et al.*, *Environ. Sci.Technol.*, **37**, 3268–3274 (2003).
22) Su, Y. X., Sipin, M. F., Furutani, H., *et al.*, *Anal. Chem.*, **76**, 712–719 (2004).
23) Kaye, P. H., Stanley, W. R., Hirst, E., *et al.*, *Opt. Express*, **13**, 3583–3593 (2005).
24) Davis, E. J., *Aerosol Sci. Tech.*, **26**, 212–254 (1997).
25) Mitchem, L., Reid, J. P., *Chem. Soc. Rev.*, **37**, 756–769 (2008).
26) Moise, T., Rudich, Y., *J. Phys. Chem. A*, **106**, 6469–6476 (2002).
27) Hearn, J. D., Smith, G. D., *Phys. Chem. Chem. Phys.*, **7**, 2549–2551 (2005).
28) Martin, S. T., *Chem. Rev.*, **100**, 3403–3453 (2000).
29) Saxena, P., Hildemann, L. M., McMurry, P. H., *et al.*, *J. Geophys. Res.-Atmos.*, **100**, 18755–18770 (1995).
30) Swietlicki, E., Hansson, H. C., Hameri, K., *et al.*, *Tellus Ser. B-Chem. Phys. Meteorol.*, **60**, 432–469 (2008).
31) Rader, D. J., McMurry, P. H., *J. Aerosol. Sci.*, **17**, 771–787 (1986).
32) Hearn, J. D., Smith, G. A., *J. Phys. Chem. A*, **111**, 11059–11065 (2007).
33) Ravishankara, A. R., *Science*, **276**, 1058–1065 (1997).

12

レオロジーの実用

12・1 はじめに

本章ではレオロジー研究に関する実用的な取組みについて考察する．この分野の主題は物質の変形と流動の科学である．数学の使用は最小限に抑えて必要な概念を導入し，人為的な誤差がなく，応用範囲の広い測定方法について考察する．また，物質のレオロジーと貯蔵安定性の関係を研究する．最後に，調製設計の際にコロイドと高分子種を加えて必要な流動挙動を得る方法について考察する．

12・2 測定

現代の測定装置によって測定できる範囲には圧倒されるが[1)~3)]，測定結果を列挙するために用いるなじみのない用語や単位は，初めて測定を行う測定者を不安にさせる．これを克服するためには，基礎的な定義を理解することが最良である．

本章の後半では，せん断流における測定のみを考察するが，この種の流動は実験室の装置で最も一般に見られるものである．実際，多くの物質の処理が複合流パターンをもたらし，流れに垂直方向の伸長流あるいは伸長力，さらには乱流が関与する場合がある．常にこれらのことを念頭に置いて測定データを比較し，物質あるいは調製設計に適用すべきである．

12・2・1 定義

変形可能な小さい立方体の試料を考えよう．立方体を安定に保ちながら，立方体上面に力を加える．小さい力であれば，立方体の変形も小さい．図 12・1 に示すように，垂直な面が角度 α 傾くものとする．加えた力により立方体は正味の伸びを示す．均一な

［12 章執筆］ Roy Hughes, Bristol Colloid Centre, University of Bristol, UK

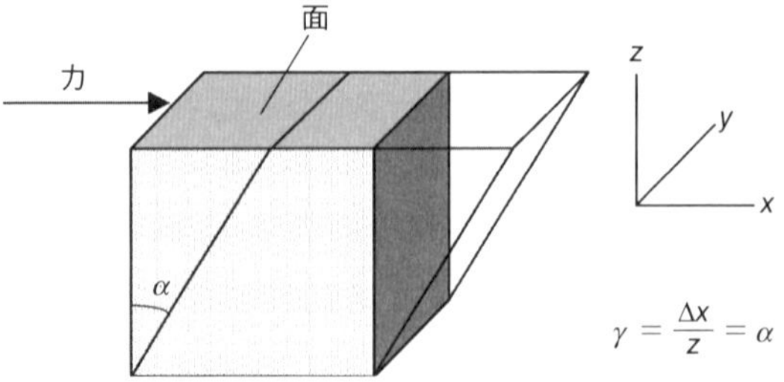

図 12・1　立方体にはたらくせん断応力とせん断ひずみ.

物質の場合は，相対的な変形はアファイン変換(平行移動と線形変換を組合わせた変換)であり，変形が立方体全体にわたって連続的であることを意味する．力と変形の関係は立方体の物理的性質に依存するが，これこそが研究の対象である．原理的には立方体の伸びを測定して加えた力に対する伸びの値を記録することが可能であるが，立方体のサイズが異なると伸びも異なるので，伸びは必ずしも便利な指標ではない．立方体の相対変形は**せん断ひずみ**(shear strain，ずりひずみ ともいう)といい，記号はγで物体のサイズ依存が除かれる．これは立方体の高さzに対する立方体のx方向における増加Δxの比であり，この比は，小さな変形の場合は角変位に一致する無次元量である．さらに，変形をひき起こすのに必要な力は，力が作用する立方体の面の面積に依存する．面積が2倍になると，同じ変形をひき起こすために2倍の力が必要になる．したがって，便利な量として**せん断応力**(shear stress，ずり応力ともいう)を用いるが，これは力を立方体の面の面積で割った量である．その単位はPaまたは$\mathrm{N\,m^{-2}}$であり，記号σで表される．応力をひずみで割った量Gを**せん断弾性率**(shear modulus of elasticity，ずり弾性率ともいう)といい，物質の基本的性質を表す．Gは(12・1)式で与えられる．

$$G = \frac{\sigma}{\gamma} \qquad (12 \cdot 1)$$

σとγが互いに比例する場合，この物質は**線形領域**にあるというが，この場合，せん断弾性率はせん断応力またはせん断ひずみにかかわらず一定値を保つ．このような物質を**フック固体**(Hookean solid)という．

単純な弾性率は剛体物質，あるいはおそらくある種のゲルに対しては適当な指標になる．多くのコロイド，高分子および界面活性剤系は本質的に流体であるから，これらの物質を記述するのに単純な立方体を用いることは難しく，やや複雑なシナリオを視覚化する必要がある．互いに平行な平面壁をもつ容器内の流体を考えよう．図12・2に示すように，容器内の一つの小さな要素のみを考える．

下面を固定して上面に応力を加える．流体を構成する分子が上板と下板に固着する場合，平板間間隙を横切って z 方向に速度勾配が生じる．物質が液体であるから，x 方向の変位は連続的である．もし間隙が小さく，速度変化が線形ならば，ひずみは(12・2)式で与えられる．ひずみは時間 t とともに絶えず増加する．実験開始以後の任意の時刻において，ひずみ γ は，z に対する移動距離 x の比で与えられる．

$$\gamma(t) = \frac{x}{z} \qquad (12 \cdot 2)$$

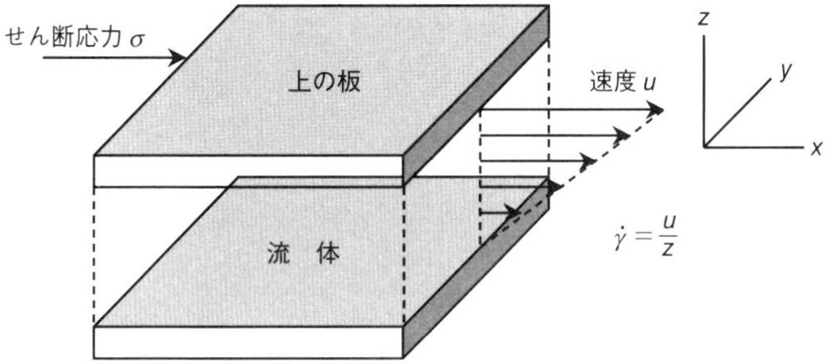

図 12・2　二つの面に対するせん断応力とせん断速度．

速度 u は距離 x の時間に対する変化率であり，(12・3)式のように書くことができる．

$$\dot{\gamma} = \frac{\mathrm{d}\gamma(t)}{\mathrm{d}t} = \frac{1}{z}\frac{\mathrm{d}x}{\mathrm{d}t} = \frac{u}{z} \qquad \left(= \frac{\mathrm{d}u}{\mathrm{d}z} \quad \text{大きな間隙の場合}\right) \qquad (12 \cdot 3)$$

$\dot{\gamma}$ はせん断速度(shear rate)あるいは ずり速度，ひずみ速度(strain rate)といい，一定の速度では，時間によらず不変である．したがって，せん断速度は時間によらず一定であり，時間経過とともに変化する ひずみ よりも便利である．γ の上に付いた点は“ニュートンのドット”とよばれ，ひずみ の時間導関数を表す．せん断速度の単位は秒の逆数 s^{-1} である．実際には使用する測定装置の条件を調節してせん断速度を設定する．

最も重要な関係式は，応力とせん断速度の関係式である．応力 σ をせん断速度 $\dot{\gamma}$ で割った量 η が(12・4)式で与えられるせん断粘度(shear viscosity，ずり粘度ともいう)であり，物質の基本的な性質である．

$$\eta = \frac{\sigma}{\dot{\gamma}} \qquad (12 \cdot 4)$$

σ と $\dot{\gamma}$ が互いに比例するとき，この物質は線形領域にあるというが，このとき，せん断粘度はせん断応力あるいは せん断速度にかかわらず一定値をとる．このような物質を**ニュートン流体**(Newtonian liquid)という．

12・2・2 実験の設計

正しい実験手順は，試料について何を知りたいかということと，実験法の感度および測定範囲を考慮して決める．工業規格に基づいた多くの測定法がある．たとえば，粘性流(viscous flow)はフローカップ粘度計〔ISO またはフォードカップ(Ford cup)〕を用いて検出する．この測定法では，底面に細孔のあるカップを液体で満たし，細孔を通してカップから出てくる流体の流れの時間による変化を検出する．流体にはたらく応力は重力によって生じ，流体の粘度で液体の流出速度が決まる．せん断速度は一つの値を示すのではなく，流体がノズルに接近し流出するときに現れる複雑な流動パターンによる．カップの例を図 12・3 に示す．カップは塗料工業において被覆評価のために広く用いられ，他の分野でも用いられている．たとえば，石油等の掘削の際に用いる流体(掘削流対)は流動点とよばれる固有の温度をもつことが多いが，その測定にも用いられる．ビーカー中の粘性液体では，流出速度は流体にはたらく重力とその粘度に依存する．温度を下げると単純液体の粘度は増加し，ある温度で液体は“見かけ上”流動しなくなる．この温度をこの物質の**流動点**(pour point)と定義する．この条件下では，汲み出しと沪過は困難である．品質管理の手段として，かつ厳しい環境中では，このような方法は重要な役割をもつ．

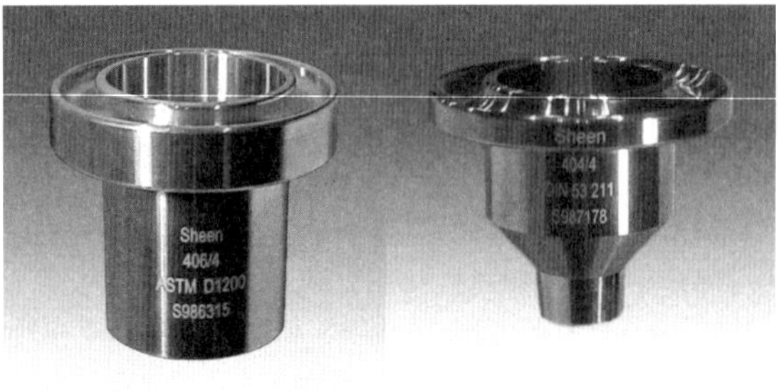

図 12・3 フローカップ(Sheen Instruments Ltd. のご厚意による)．

これらの測定法を用いるのが困難になるのは，特定の調製設計が一連の流動条件のもとでどのように行われるか知りたい場合であり，特に測定法とその性能の関係についての事前の知識をもっていない場合である．理由は測定自体が物質に対して複雑な流動パターンを与え，また，測定の時間スケールが必ずしも適切でない場合があるためである．粘性と弾性(elasticity)はある値を超えると応力とせん断速度の非線形関数になる傾向がある．前述の測定はこれらの現象を研究するためには若干役立つが，物質を開発しさまざまな過程を理解するための手段としては限界がある．

複雑な流動パターンをもつような物質のレオロジー特性を測定する最良の方法は，試料に加えた力または変形を制御することである．われわれが関心をもつコロイド物質は流体，または流体に近い性質をもつ．これは物質はその形状を自ら保つのではなく，形状を保持するために試料セルへ導入する必要があることを意味する．このような試料セルを測定ジオメトリーあるいは単にジオメトリーという．図12・4は測定ジオメトリーのいくつかの型を示すが，多くの変形がある．典型的な試料体積は0.5 mLから50 mL，またはこれより若干大きい．ジオメトリーの選択は重要であり，選択を間違えると無意味なデータしか得られない場合がある．ほとんどの粘度計あるいはレオメーター(粘弾性測定装置)は既知のトルクもしくは既知の速度を加えるのに電気モーターを用いる．試料に印加する応力，せん断速度(ひずみ速度)はモーターに付けられたジオメトリーの形状およびモーターの能力に依存する．

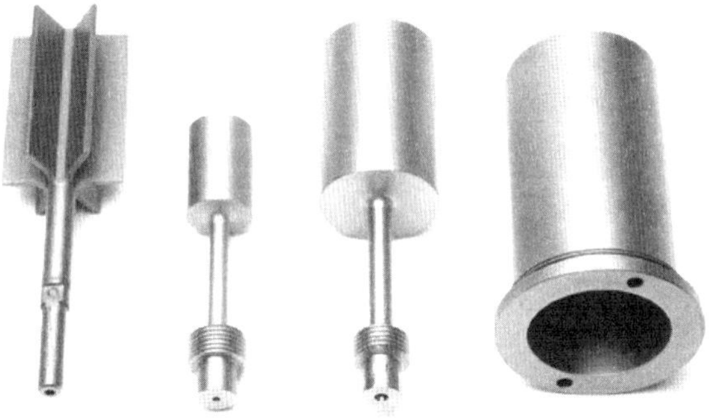

図12・4　Bohlin Instruments社製の種々の測定ジオメトリー．

いま，塗装において吹き付けまたはへラ塗布(ブレードコーティング)について検討し，かつ試料が急速に変形することがわかっているものとする．新しい調製設計が実験室でどのように実行されるか調べるためには，高いせん断速度が要求される．(12・3)式を考慮すると，モーターにより調整した速度uに対して，必要な高いせん断速度を得るためには，(ジオメトリーによって決まる)小さな間隙zが必要である．典型的な高いせん断速度のジオメトリーはムーニー-エワート(Mooney-Ewart)型ジオメトリーで，間隙の小さい共軸円筒(カップ-ボブ)から成る．この粘度計で10000 s^{-1}が得られる．間隙が小さくなると，大きな汚染粒子の影響が顕著になり，粒子がジオメトリー(円筒間)の間隙を架橋することがある．これは極端な場合であり，測定不能になる．粒子が間隙の1/10程度の直径であるような，やや極端な条件がある．このような場合はせん断速度とひずみは互いに比例(アファイン変形)しなくなり，そのために間隙が大きい場合のときに同じ速度で得られる応力とは異なる値になる．同様に，粒子凝集のような不可逆現象の原因となる粒子詰まりや局所的な流れが生じる傾向がある．もし，ある過程を再現しようするならば，このような不可逆現象が望ましい場合もあるが，試料のレオロジー特性に対して適切に制御された測定法にはならない．

正確な測定を行うときに見落とされる問題は壁の**すべり**(slip)である．モーターとジオメトリーの選択によってせん断速度が決まると考えたが，このためには分子が壁に固着しているという仮定が正しくなければならない(12・2・1節)．そうでなければ，ジオメトリー表面および隣接する液体の間にすべり面が形成される．したがって，ジオメトリーが回転すると，隣接する液体よりはるかに速くジオメトリーは移動することになり，せん断は再び非アファイン変換になるためデータの解釈が難しくなる．物質が示すすべり度合いが，せん断表面の速度に対してどのように依存するかについての理解は，驚くほど進んでいない．高濃度の微粒子系あるいは生地のような皮膚形成物質と同様に，エマルションと泡では特にすべり度合いとせん断速度の関係が明らかになっていない．さらに，物質の ぬれ特性 も関与する．したがって，せん断表面に，たとえば砂を吹き付けるかまたは両面粘着テープを貼ってせん断表面を粗くすると，流体と表面間の接触エネルギーを低下させることができる．この結果，“表面の ぬれ性”が増加してすべり面の生成が抑制される．こうして局所的な流動パターンが変化して，表面近傍における流体の力学的性質が変わる．さらに，ジオメトリー物質全体を変更して，ステンレス鋼をプラスチックあるいはガラスにすることができるが，これはジオメトリーが必要な耐化学性を得るために重要である．物質の吸着が測定に対して常に有利にはたらくとは限らない．一例はモル質量の大きな高分子の添加であり，管壁と管内の液体間にはたらく抵抗が低下する．これは石油産業において，長いパイプライン中におけるポンピングのエネルギーと費用を低下させる．しかし，実験室においては，特に混合系における高分子レオロジー測定にジオメトリーの材料物質がどの程度影響されるかについてはよく理解されておらず，ほとんど常に無視されている．

壁のすべりに関連する現象は破壊である．非常に粘着性が高くわずかに弾性のあるスラリー（固体が液体中に浮遊している懸濁液)にこの例が見られる．一般に，実験中にせん断速度が増加すると破壊が生じる．動く面と静止面の間隙を横切る間に速度は減少する．所定の時間後のある時刻において，間隙を横切るある位置でひずみが臨界値に達すると試料は破壊され，急速に移動する表面とゆっくり移動する表面の間にすべり面が生じる．試料が破壊する理由は試料のレオロジー特性に依存するので，いつ破壊するか一般的に予測することは難しい．

ほかに必要な考察の一つは，試料の体積と露出面の面積の比較である．面積が大きく体積が小さいと蒸発効果が促進される．当然，この結果，濃度変化が生じるが，動く表面と静止表面間に膜が形成されて架橋することもあり，物質の見かけの粘度が著しく増加する．

高濃度の高分子溶液はジオメトリーの回転面に垂直な力を及ぼす．物質が中程度のせん断速度でジオメトリーに沿って“はい上がる”のを見ることは珍しいことではない．

12・2・3 ジオメトリー

ほぼ完全なせん断速度を得るためのジオメトリーが常に可能であるとは限らない．たとえば，DIN(ドイツ工業規格)準拠のカップ-ボブジオメトリー（図 12・5 左)は明確なせん断速度をもつが，これは壁の間の狭い間隙中で達成される．ボブが円錐形の底をもつために，ジオメトリーを横切って一定のせん断速度にならず，集められたデータ中に系統的な誤差が生じる．一定速度は狭い間隙と浅い円錐角を用いると達成される．これが円錐-平板ジオメトリー(図 12・5 右)の原理である．円錐が回転するとき円錐の中心より外縁のほうが速く回転するので，速度はジオメトリーを横切って一定ではない．しかし，速度増加が間隙増大に一致するように円錐を傾けることにより，せん断速度を一定にすることができる．円錐の先端は円錐と平板間の摩擦抵抗を防ぐために，もちろん切断する必要がある．円錐の先端から通常約 50 μm から 200 μm の距離で切断するが，明らかにこれは大きな粒子を捕捉できる面積である．

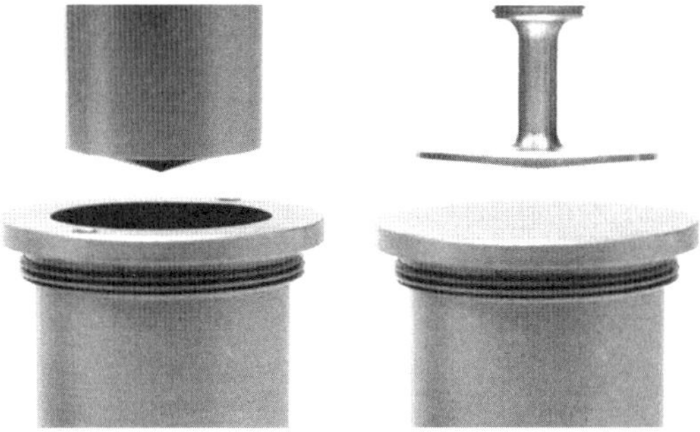

図 12・5　カップ-ボブジオメトリー(左)と円錐-平板ジオメトリー(右)の比較．上部が可動部で下部が固定されている．

レオロジー測定に影響を与えるもう一つの因子を考慮する必要がある．ジオメトリー中の流体にせん断応力を印加すると流線が形成される．小さな立方体要素を考えると，要素を横切って速度勾配ができる．もし，立方体が固いブロックであれば，ブロックの一つの側面は他の側面より速く移動することになる．この結果，らせん運動または渦巻き運動が生じる．低いせん断速度では，粘性力はこの傾向を抑制するが，せん断速度が増加すると小さな渦が形成されるようになる．これらの二次的な流動パターンがある臨界速度で現れる．この臨界速度はジオメトリーおよび試料の密度と粘度に依存する．粘度が低いほど，これらの流動を形成する傾向は大きくなる．二次的な流動の現れるせん断速度は，テーラー数*(Taylor number)を用いて求めることができる．臨界値を超えると特定のせん断速度におけるせん断応力はもはや粘性過程のみの指標ではなく，慣性特性も関係する．

非常に高いせん断速度が試料に印加される場合，流動はおもに渦巻き運動になる．このとき，複雑な乱流パターンが現れ混合が起こる．この出現は粘性力に対する慣性力の比によって決定され，この比を**レイノルズ数**(Reynolds number)という．レイノルズ数が高い場合，流動は粘性力ではなく慣性力によって支配される[1),3)]．

最後に，慎重に採用したジオメトリーであっても，対象とする系が適当でないと何の価値もないデータしか得られないことを指摘しておく．

12・2・4　粘度測定法

試料にせん断速度を印加して，その結果得られるせん断応力(ひずみ速度ともいう)を記録することによって，粘度を測定することができる．ジオメトリーの可動部に瞬間的に速度を印加できるような完全な測定装置があるとしよう．やがて試料を横切る速度勾配が生じて定常状態における応力が記録される．水や油のような液体はニュートン流体(p.257)であり，粘度はせん断速度に依存しない．分子は速度勾配に直ちに応答するので，応力が一定値に達する時間スケールは，問題とする時間スケールから見れば事実上瞬間的とみなせる．しかし，ここにおける議論の主題である複合物質は，単一原子または小分子よりはるかに大きな化学種でつくられている．この結果，系が定常状態に達するための時間スケールは比較的長い．したがって，重要なことであるが，任意のせん断速度において定常状態の粘度を記録する場合，大きな種が応答するのに十分長い時間が必要になる．

定常状態に達する速度は，系を形成する化学種の拡散特性に依存する．与えられた距離を拡散するのに必要な時間は，試料の拡散係数によって制御される．ある固有の拡散時間よりはるかに長い時間スケールで実験を行う場合，対象とする系が定常状態に達していると期待できる．通常，系を形成する化学種のサイズを考え，この分の長さを移動するのに必要な**固有時間** τ を定義する．たとえば，半径 a をもつ単分散粒子の分散系に対しては次のように書ける[3),4)]．

$$\tau = \frac{6\pi\eta(0)a^3}{k_{\mathrm{B}}T} \tag{12・5}$$

ここで，$k_{\mathrm{B}}T$ は粒子の熱エネルギー，$\eta(0)$ は応力が小さいとき，すなわち物質に対する摂動が小さいときの粘度である．すでに示唆したように，分散媒の分子は直ちに応答

*　［訳注］　テーラー数とは回転する流体にはたらく慣性力(遠心力)と粘性力の比の2乗．テーラー数の平方根が回転流体のレイノルズ数〔(1・30)式〕になる．

する．上記の(12・5)式からわかるように，原子のサイズは0.1 nmのオーダーで非常に小さいので，原子の固有時間は1 μmのシリカ粒子の固有時間に比べてはるかに小さい．多くの濃厚微粒子系は真の分子性液体と同程度の短距離秩序を示し，そのオーダーは粒子直径程度になる．したがって，粒子が粒子と同じくらいの距離を移動すると，局所的秩序は失われる．こうして粒子の平均自由行程と局所的秩序の持続時間を特徴づけることができる．

実際には，実験を計画する際に時間が十分に必要であり，定常状態のデータを得るために，系の構造が印加応力に応答するまで待たなければならない．ここで(12・5)式は単に目安を与えるのみであり，低い応力とせん断速度における粘度についての測定値をよく表している．図12・6に示す実験データを用いて，これを説明することができる．この図は四つの異なる既知のせん断速度を，分散系に印加したときに生じる応力を示す．まず気づくように，せん断速度の増加とともに せん断応力が増加する．データをよりはっきり見るために，対数スケールを用いている．低いせん断速度では，応力はゆっくり増加し，1分程度後に定常状態の応答に達する．せん断速度が増加すると急速に定常状態に達し，1000 s^{-1} においては測定器の記録より速く定常状態に達する．

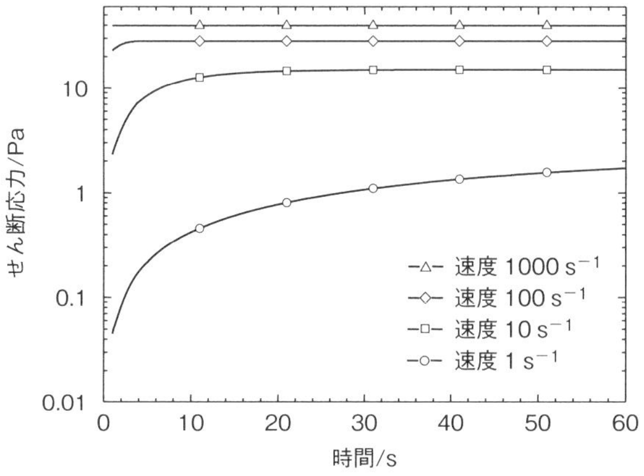

図12・6　時間に対するせん断応力のプロット．

定常状態の応答を達成するためには，装置は各せん断速度で測定するための十分な時間をおくことが重要である．粘度がプラトー値に達したことを感知するためにフィードバック機構を利用できる装置もあり便利であるが，注意して用いるべきである．その理由を示す例は極度に絡み合った高分子溶液からの応答である[5),6)]．図12・7は，低いせん断速度(約1 s^{-1} 以下)および高いせん断速度(約10 s^{-1} 以上)における応力応答を示す．低いせん断速度では，各時刻における応力に応じたせん断速度による粘度は，プラトー値まで増加する．高分子鎖が定常状態の配置に達するために再配置する時間が十分にある．しかし，せん断速度が高い場合，高分子鎖は流れに追随しようとしても相互の絡み合いを変化させて速い流れの速度に応答することができない．その結果，極度に変形した高分子鎖にエネルギーが蓄えられ，同じ速度に達するために大きな応力が必要になる．この結果，粘度–時間曲線にピークが現れる．あるいは，応力のオーバーシュートが生じる．最終的には新しい定常状態のコンホメーションを構築するために十分なせん断エネルギーが系へ与えられ，粘度はプラトー値に達する．

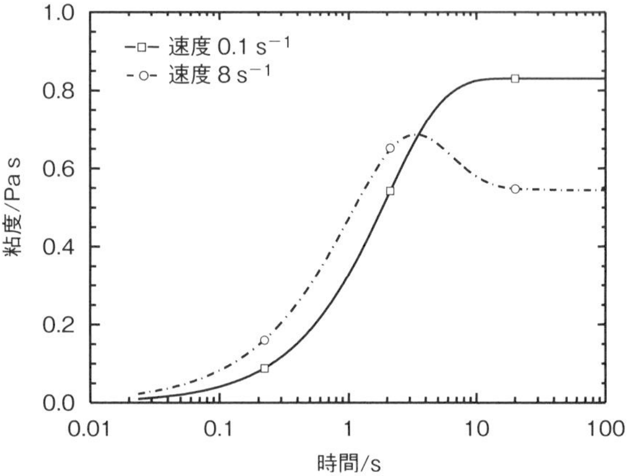

図 12・7　時間依存レオロジーにおける測定の困難さを示す“応力オーバーシュート”の例．

一定のせん断速度を印加すると時間経過ともに粘度が低下し，せん断を停止すると粘性を回復する物質を**チキソトロピー性**の物質という(逆にせん断速度の印加で粘度が増大する場合は，**逆チキソトロピー性**という)．このような単純な分類が必ずしも適切とは限らないことが高分子の例(図 12・7)からわかる．ある一つのせん断速度に対しては時間に依存する応答性を示すが，別のせん断速度においては定常状態の挙動が観測される．両者を明白に識別することは重要である．次節で述べる**ずり減粘**と**チキソトロピー**が混同されることが多く，深刻な調製設計上の問題をひき起こす場合がある．

定常状態の挙動は多くの場合，特性を記述するために最も望ましいが，この状態を達成するのに必要な時間がきわめて長くなる場合がある．低いせん断速度で定常状態の応答が達成されるまでに 1 時間以上かかることはよくある．このような状況下では，情報を得るためにはクリープ試験(12・3・3 節)がはるかに適している．

定常状態の応答を必要としない状況もあることに注意する必要がある．たとえば，試料がトラフ(容器)からブレードコーター(ヘラ塗工機)へ輸送され，流体が急速に変形する過程を考えると，おそらく定常状態の応答はここでは適当な手段ではない．

粘度計で実行可能な実験的方法の一つは，せん断速度の掃引である．この実験では，定常状態の応答にかかわらず，既知の時間内に，せん断速度をたとえば $0\,s^{-1}$ から $500\,s^{-1}$ まで増加させ，その後 $0\,s^{-1}$ に戻るように設計する．この結果，非常に複雑なせん断応力−せん断速度曲線が得られる．この曲線を**チキソトロピーループ**とよぶ．十分に制御された方法で実験を行うことができるにもかかわらず，データの解釈は非常に難しい．定常状態の応答が測定できるにしても，どのせん断速度で起こるのかが不明であるばかりでなく，試料は複雑なせん断履歴を受けている．

レオロジー特性は試料の**せん断履歴**に依存する．これは，応答が過去のすべての変形および試料に加えられた応力に依存することを意味する．これには，さらに試料をジオメトリーに充填することを含む．多くの場合，最良の方法はジオメトリーを充填するために大きなせん断力を印加せず，また試料が回復するために必要な時間，試料を放置することである．ただし，“妥当な時間”の長さについては人それぞれで意見は異なり，これは忍耐を要する問題である．

12・2・5　ずり減粘とずり増粘の挙動

さまざまなジオメトリーを用いて広範囲のせん断速度とせん断応力を扱うことは可能である．したがって，このデータを表すには対数スケールを用いることである．図12・8は異なる二つのシリカ分散系に対する代表例のプロットであり，異なる挙動の型を示す．両方の試料ともせん断速度が減少するとせん断応力も減少する．せん断速度を

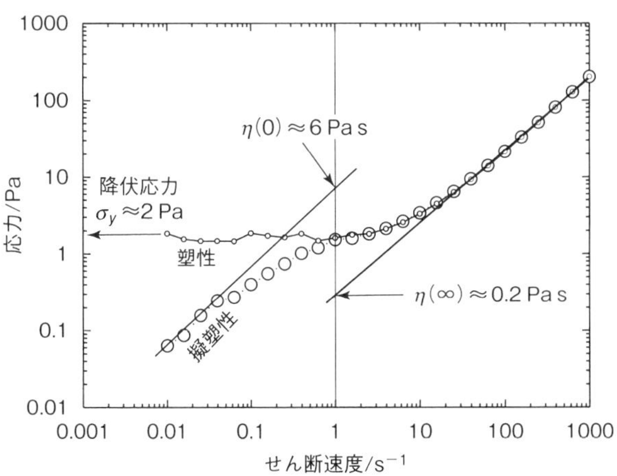

図 12・8　せん断速度に対するせん断応力の両対数プロット．

小さくしていくと，大きな○の曲線は変曲点を通過して，応力は減少を続ける．せん断速度が低いとき，および高いときはデータの傾きは1に近づく．これは，せん断速度が高いときと低いときの両方において，せん断応力をせん断速度で割った量すなわち粘度 η が一定になることを意味する．物質はせん断速度が高いときも低いときも流動し，低いせん断速度における粘度(低せん断粘度) $\eta(0)$ と高いせん断速度における粘度(高せん断粘度) $\eta(\infty)$ が定義される．この型の流動曲線を示す物質を擬塑性(pseudoplastic)物質という．中程度のせん断速度では，データの傾きがせん断速度の増加とともに減少する領域がある．このようにせん断速度の増加とともに粘度が低下する現象をずり減粘という．逆に粘度が上昇する場合をずり増粘という．一方，小さな∘の試料は低いせん断速度では粘性を示さず，降伏応力 σ_y を示す．降伏応力より小さい応力が印加されても流動は生じない．これは塑性(プラスチック，plastic)物質である．

せん断応力–せん断速度 のデータに対し，両対数プロットで得られた曲線が $1\ s^{-1}$ のせん断速度の直線(y 軸に平行)と交差する場合に，その交点を y 軸上に外挿することによって $\eta(0)$ と $\eta(\infty)$ の数値が得られる．これら二つのデータの一つの特徴はせん断速度の高いところにおける粘性挙動の類似性である．もし，データを両線形目盛で再プロットすると，二つのデータはほとんど重なって見え，降伏応力で物質を識別することは困難になる．**降伏応力**(yield stress)はせん断速度とせん断応力の低いところで物質が固体状になることを意味する．降伏応力の存在は貯蔵安定性にとって重要であり，本章の中でさらに考察する．

これらの曲線を十分に特性評価するためには，通常は数学モデルにデータを適合させる．この結果，限られた数の定数を用いて物質の組成依存性を比較できる．流動曲線をモデルに適合させ定数を組成の関数として抽出することによって，系の比較が簡単になり，大量の曲線をプロットして比較する必要がなくなる．これらのモデルは現象を記述するものであり，実際に現象論的モデルとよばれる[3)]．

12・2・5・1 塑性モデル

ビンガム(Bingham)式：
$$\sigma = \sigma_{by} + \eta_{pl}\dot{\gamma} \qquad (12\cdot 6)$$

カッソン(Casson)式：
$$\sigma = (\sqrt{\sigma_c} + \sqrt{\eta_{pl}\dot{\gamma}})^2 \qquad (12\cdot 7)$$

ハーシェル–バークレー(Herchel–Bulkley)式：
$$\sigma = \sigma_{hb} + (\eta_{pl}\dot{\gamma})^{-n+1} \qquad (12\cdot 8)$$

降伏応力はそれぞれ $\sigma_{by}, \sigma_c, \sigma_{hb}$ で与えられ，η_{pl} は塑性粘度(高せん断粘度)である．

12・2・5・2 擬塑性モデル

クロス(Cross)式：
$$\eta(\dot{\gamma}) = \eta(\infty) + \frac{\eta(0) - \eta(\infty)}{1 + (\beta\dot{\gamma})^n} \qquad (12\cdot 9)$$

クリーガー(Kreiger)式：　$$\eta(\sigma) = \eta(\infty) + \frac{\eta(0) - \eta(\infty)}{1 + (\alpha\sigma)^m} \qquad (12\cdot10)$$

ここで，α, β, m および n は定数である．せん断速度が高いとき，あるいは低いときの測定が常に可能とは限らないが，べき法則にデータを適合することはできる．

オストワルド–デワール(Ostwald–De Waele)式：　$$\sigma = A\dot{\gamma}^{-n+1} \qquad (12\cdot11)$$

せん断速度，または せん断応力が非常に高いときの粘性スラリーでは停滞効果が生じ粘度増加をひき起こすので，定常状態の性質を確認することはきわめて難しい．

12・3　流動測定と粘弾性

物質の“真の状態”が固体なのか液体であるかは非常に重要な問題である．次節でこの問題を詳しく議論し，貯蔵不安定性の一因である沈降との関連について考察する．

12・3・1　物質の粘弾性とデボラ数

応力をかけて固体試料にひずみが生じると仮定しよう．応力の大きさはせん断弾性率(12・1 式)によって決まる．固体に若干の流動性があり，物質を構成する分子が再配列し分子同士が互いに移動するものとする．この構造に蓄えられるエネルギーは流動によって散逸し，応力は減少しはじめる．試料の緩和速度は弾性過程と粘性過程のバランスで決まり，緩和時間 τ を粘度 η とせん断弾性率 G の比として定義する．

$$\tau = \frac{\eta}{G} \qquad (12\cdot12)$$

この時間は(12・5)式に定義された時間に関係づけられる．(12・5)式の時間は粒子の局所秩序が持続する時間の目安である．緩和時間よりかなり短い時間で実験観測を行う場合は試料の弾性が現れ，逆に緩和時間よりかなり長い時間で実験観測を行うならば物質の粘性的な特性が強く現れる．以下のように，実験観察時間 t に対する緩和時間の比を定義できる．

$$De = \frac{\tau}{t} \qquad (12\cdot13)$$

この比は**デボラ数**(Deborah number) De といい，物質が粘性か弾性かを示す指標である．デボラ数を用いて物質の挙動を三つのクラスに分類できる．

$De \gg 1$	$De \approx 1$	$De \ll 1$
固体的	粘弾性	液体的

したがって，物質の観測時間が緩和時間に近づくと物質は弾性と粘性の両方を示すようになり，物質は**粘弾性**(viscoelastic)を示すといわれる．

12・3・2　振動と線形性

粘弾性物質の特性評価には非常に精細なテストが要求される[5),7),8)]．せん断応力とせん断ひずみまたはせん断速度が互いに比例する線形領域では，せん断弾性率とせん断粘度がひずみ，および測定に用いた引っ張りや応力に依存せず，時間および振動数のみに依存するので評価するのが最も簡単である．線形領域で測定を行う大きな理由は，小さな力を加えても試料の構造に大きな影響を与えないからである．この結果，データの解釈が簡単になる．

通常の測定における最初の実験は，線形性が成り立つ範囲を確認するテストである[3)]．実験によって試料の構造が回復不能な損傷を受けないことを保証するためにこのテストを行うが，その後にジオメトリー中の試料を交換する必要がある．典型的なテストでは一定の振動数で試料に応力を加え，ある範囲で掃引する．これに対する物質の応答は振動ひずみの発生である．もし，物質が純粋に弾性的な場合は，ひずみと応力は一致する．これは振動する応力のピークは振動するひずみのピークを伴うことを意味する．この場合，二つの振動は位相を同じくする．ここで，試料に粘性を導入するとエネルギーが散逸するために応力とひずみが同期しなくなり，二つの振動波形に位相差が現れる．この位相差を用いて系を二つの項に分解できる．

- 応力と同位相のひずみ：　弾性エネルギー貯蔵成分
- 応力と 90° 位相の異なるひずみ：　粘性エネルギー散逸成分

ひずみピークに対する応力ピークの比は同位相成分に対しては貯蔵弾性率 G' であり，位相の異なる成分に対しては損失弾性率 G'' を表す．

測定に用いるプロトコルにおいては，まず振動数を選択し(たとえば 1 Hz)，この振動数で応力を試料に加える．次に応力を高くして測定し，次々にこの方法を繰返す．このとき，ひずみと応力が，それぞれの臨界値に到達するまでは貯蔵弾性率と損失弾性率は一定である(実際的な意味ではほとんど一定である)．この型の挙動を図 12・9 に示した．これはクリーム状の濃厚エマルションに対するものである．この図が示すように，応力が臨界応力を超えると貯蔵弾性率が変化する．理想的には線形領域内の応力における測定が望ましく，図 12・9 の例では 5～10 Pa の値がよい選択である．どのくらい小さい応力を用いるべきかということは厄介な問題である．線形領域の大きいほうの端に近い値を用いると問題が生じる．なぜなら，“線形”の領域における応力をかなり長時間加えるとゆっくりと構造破壊が起こることが多いからである．一方，非常に小さい応力を選択するとひずみが小さくなり，変位が小さく信号が高レベルの“雑音”を含むことになる．

限界応力を考え，この量を線形性が成り立たなくなる点における貯蔵弾性率で割ると，0.05 %から 5 %のひずみが得られる（すなわち，$G' = 200$ Pa および $\sigma = 10$ Pa）．この値は分散系およびエマルションに対する典型的な値である．系が強く凝集している場合，ひずみが小さく線形性が失われることが予想されるが，多くの高分子ははるかに大きいひずみを保持することができる．

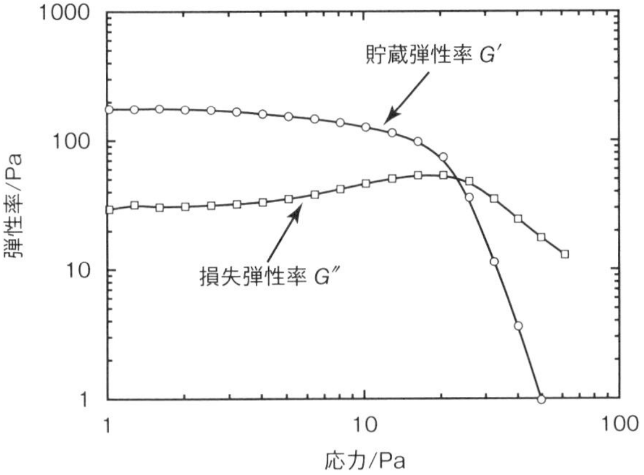

図 12・9 クリームの弾性率のせん断応力依存性．

ここまで粘弾性実験のためのジオメトリーの選択について詳細には考慮してこなかったが，前節で述べたすべての側面について考えることは重要である．加えてジオメトリーのもつ慣性の問題がある．ジオメトリーは有限の質量をもつので，ジオメトリーの運動のためにはエネルギーが必要になる．測定装置メーカーはジオメトリーの運動に伴う散逸エネルギーを考慮した設計をする必要があるが，軽量のジオメトリーを選択することによって測定装置の設計がうまくいく．低い応力での測定の場合，大きな検出面あるいは塗布面が必要になる．また，ジオメトリーの質量を減らすために，チタンのような“低密度だが剛体の物質”を用いることができる．この結果，低い応力とひずみデータの質が改善される．

12・3・3 クリープコンプライアンス

ヒトの感覚検査によれば，人間は物質の粘性に対して優れた直観的感覚をもち，二つの物質を比較することができる．もし，二つの物質の粘度が十分異なり，かつ物質が適度な厚さをもつ場合，われわれは感覚によってどちらの粘度が高いか区別することができる．粘弾性物質のもう一つの重要な性質である塑性に関しては，われわれはこのようなよい“感覚”はもっていない．たとえば，金属とゼリーを比較する場合，ゼリーのほうが“より弾性的である”と言う傾向がある．一般社会におけるこの単語の使い方は，科学的な使い方と正反対である．ゲルのせん断弾性率が，たとえば 100 Pa であるのに対して，金属塊のせん断弾性率は 100 GPa になる(1 000 000 000 倍大きい！)．実際，(12・14)式に示した**コンプライアンス**(compliance)の大きさを考えるほうがよい．せん断コンプライアンスは記号 J によって表される．J はせん断ひずみ γ のせん断応力 σ に対する比である．

$$J = \frac{\gamma}{\sigma} \qquad (12 \cdot 14)$$

J はせん断弾性率の逆数である．クリープコンプライアンス実験では，試料にせん断応力を加えてコンプライアンスの時間変化 $J(t)$ を追跡する．この実験は，物質が本質的に粘性か弾性かどうか確認するための非常によい方法である．

12・3・4 液体および固体の挙動

物質へ階段状に応力を加えるとジオメトリーの可動部が動きはじめる．最初に，瞬間コンプライアンス $J(0)$ が記録される．次に，ひずみが成長しコンプライアンスが時間とともに変化する．実際には瞬間的応答の観測は難しく，実験では信号をどのように選び出すかということと，装置によってひずみが直ちに生じるかに依存する．この試験は**クリープ**(creep)**試験**といい[5)]，流体に対する典型的な曲線を図 12・10 に示す．粘弾性

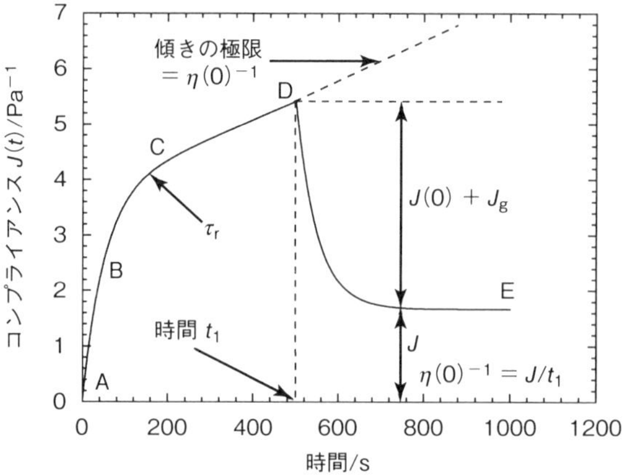

図 12・10 粘弾性液体に対するクリープコンプライアンス曲線．

物質に対するクリープ曲線の最初の立ち上がりの AB 部分に続く残りの部分は二つの過程から成る．まず，BC 部分では物体の変形を表す曲線であるがこれは物質の構成成分が再配列し，そのために時間を要する過程である．応答は瞬間的でなく遅い過程なので遅延応答である．これは固有の遅延時間 τ_r と弾性成分，すなわち弾性コンプライアンス J_g をもつ．一般に，長時間後では図 12・10 と図 12・11 に与えた二つの過程のうちの一つが観測される．

擬塑性で低せん断粘度 $\eta(0)$ をもつ物質の場合，図 12・10 が示すように応力が加えられている間はひずみとコンプライアンスは増加し続ける．時間が十分経過したのちは，ひずみは時間に比例して増加する（図の CD 部分）．物質は物体内で一定のせん断速度をもち，ひずみを時間で割った量はせん断速度 $\dot{\gamma}$ である．

$$\dot{\gamma}_{t\to\infty} = \frac{\gamma}{t} \tag{12・15}$$

粘度はせん断応力 σ をせん断速度 $\dot{\gamma}$ で割った量であるが，さらに(12・14)式よりひずみを用いて粘度を表すこともできる．

$$\eta(0) = \frac{\sigma}{\dot{\gamma}_{t\to\infty}} = \frac{\sigma t_{t\to\infty}}{\gamma} \qquad \eta(0) = \frac{t}{J(t)_{t\to\infty}} \tag{12・16}$$

このように，ひずみを応力で割った量をコンプライアンスで置き換えることができる．この式が示すように，コンプライアンスの勾配を時間に対してプロットした曲線は粘度の逆数を与える．ここで重要なことは，適当な時間クリープ試験を行い，上記の曲線の傾きを求めると，粘度を求めることができる点である．

さて，図 12・10 で時間 t_1 の後に応力を取り除くものとする．応力を取り除くまでに物質を構成する化学種の再配列がすべて起こるならば，ジオメトリーの運動は止んでひずみは一定になる．もし，時間 t_1 が遅延時間 τ_r よりかなり短いならば，化学種の再配列がすべて起こるのではなく，物質は若干の弾性的性質を保持する．応力を取り除くと物質は元の形をある程度回復する．最初の変位のある部分は元に戻り，コンプライアンスは減少する．曲線のこの部分 DE はクリープ回復として知られている．

物質が粘弾性液体ならば，すべてのひずみを回復することはできず，流動過程を通じて失われるひずみもある．物質が粘弾性固体の場合，物質はゼロせん断粘度をもたないが降伏応力をもつ．この物質は降伏応力を超えていなければ，試料に加わったひずみをすべて回復する．このような応答を図 12・11 に示す．

粘性の強い物質の場合，粘性と弾性の二つの状態の識別は難しくなるが，曲線を数学的に解析すると区別できるようになる．プロットからは粘性応答と弾性応答を得るいくつかの方法が示される．重力の作用下で膜が水平になることと，階段状せん断応力のもとでの物質の応答との間には類似点がある．すなわち，一方における異常挙動が他方に反映されるので重力はクリープ試験と同様の手段になりうる．この法則は大量の高分子物質の測定には十分に適用できない．重力を用いる方法の別の使い方については次節で述べる．

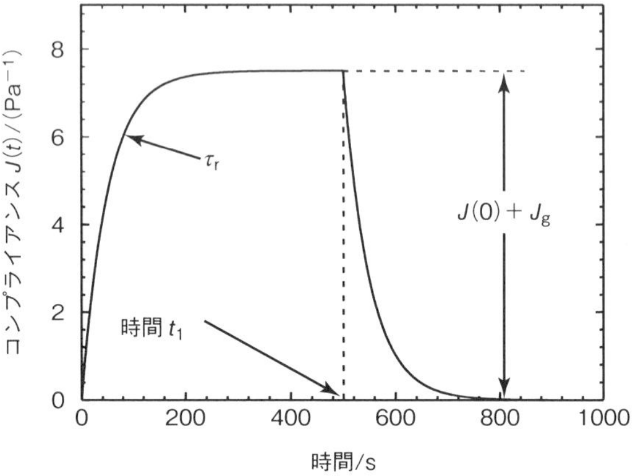

図 12・11 粘弾性固体に対するクリープコンプライアンス曲線．

12・3・5 沈降と貯蔵安定性

レオロジーは物質の状態の識別にとって非常に重要な分野である．前述のクリープ試験で見たように，粘弾性物質が低せん断応力において，粘性または弾性の特性をもつかを確認することができる．これは，物質が固体状態を保つ能力に対する非常に有用な指標になる[3]．粒子分散系を考え，粒子が媒質より高密度であると仮定する．重力 g が半径 a の粒子の沈殿をひき起こした場合，孤立粒子は媒質の摩擦抵抗，および粒子と媒質間の質量密度差 $\Delta\rho$ に比例した沈降速度 v で下降する．

$$v = \frac{2}{9}\frac{\Delta\rho g a^2}{\eta_0} \qquad (12 \cdot 17)$$

この式の粘度は溶媒粘度 η_0 である．(12・17)式は浮上現象にも適用できる．そこでは粒子密度は媒質密度より低く，粒子は流体表面へ移動する．

もし，沈殿する系で粒子濃度を増加させると，粒子同士の相互作用の結果，沈降速度が遅くなる．ゼロせん断速度粘度，すなわち低せん断粘度 $\eta(0)$ をもつ擬塑性物質では，重力は小さすぎてずり減粘は起こらないと仮定できる．この結果，溶媒粘度の代わりに低せん断粘度で表した式が得られる．

$$v = \frac{2}{9}\frac{\Delta\rho g a^2}{\eta(0)} \qquad (12 \cdot 18)$$

この式から，低せん断粘度 $\eta(0)$ が高くなるほど粒子はゆっくり沈降することがわかる．したがって，貯蔵安定性は低せん断粘度が高いほど増加する．この予測をもとに貯蔵安定性の判定基準を設定できる．たとえば，粒子が1カ月で1 mm 以上沈降する場合（速度は約 4×10^{-10} m s^{-1}）この製品は不合格になる．この安定性を達成するために必要な粘度を(12・18)式を用いて決定することができる．図12・12は x 軸に粒子半径をプロットし，y 軸には目的の貯蔵安定性を達成するために必要な粘度をプロットしたものである．このプロットが示すように，微粒子であるナノ粒子は大きな化学種に比べてはるかに低い粘度で十分な貯蔵安定性が得られる．粒子の直径が 2 μm で粒子と媒質の密度差がわずかに 0.2 g cm^{-3} である場合，系の安定化に必要な粘度は 1 Pa s に達する．この値は水の粘度の1000倍あり，過程によってはとても実現できる粘度ではない．この困難を解決するためには，降伏応力をもつように系を設計し直すことである．

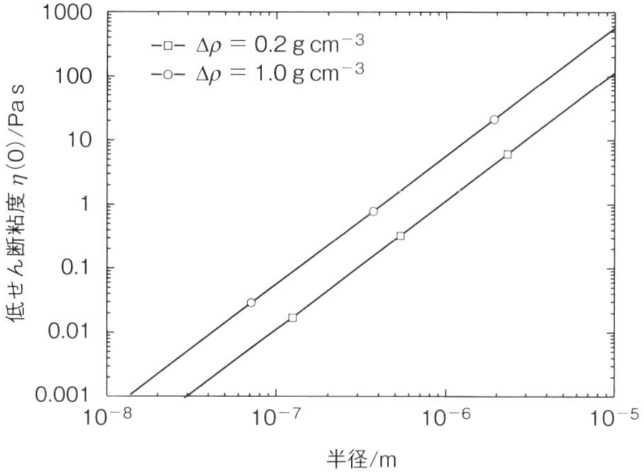

図12・12 1カ月間安定であるために必要な低せん断粘度．粒子半径と密度の関数として示す．

塑性物質には降伏応力が存在する．これは，おそらく相互に連結する化学種の網目構造に由来する．重力によって系内の粒子が沈降することがわかっているとすると，粒子にはたらく重力由来の応力を計算できる．これは，粒子と媒質の密度差および重力が作用している面積に依存する．以上の因子をすべて考慮すると次式が得られる．

$$\sigma_y > \frac{\Delta\rho g a}{3} \qquad (12 \cdot 19)$$

したがって，試料が(12・19)式の右辺の計算値より大きな降伏応力 σ_y をもつ場合，ある程度安定性を期待できる．しかし，この計算結果は厳密解に基づくものではないので，貯蔵安定性に必要な降伏応力として目安程度に利用できる．

このアプローチには限界があり，重要である．装置感度の典型的な限界は 0.01 Pa である．これは 0.01 Pa 以下の降伏応力を測定することができないことを意味する．密度 1.1 g cm^{-3} の水中における直径 2 μm の粒子を考えると，この粒子を安定にする降伏応力は 0.0003 Pa 以上である．この値は測定可能な値の 1/33 である．たとえ粒子と水の密度差が 10 倍になっても，降伏応力の値は測定可能な値よりなお小さく 1/3.3 である．ここでわれわれが学ぶべきことは，単一の測定からは系の安定性についてきちんと言及することは難しいということである．多くの場合，試料が十分に貯蔵されるかどうかという手掛かりを得るのは，応力が小さいときの粘弾性研究との兼ね合いである．ここでは，沈降制御のために降伏応力を測定する場合に流動曲線は不適当だということである．流動曲線ではたとえば 100 Pa ないし 1000 Pa の応力が用いられるが，これを 0.1 Pa 以下の応力まで外挿することは困難であり誤差を伴う．

複合体ペーストではシネレシス(離漿，ペーストからの液体の分離)という別の形式の“相分離”が生じることが多い．これは分離した流体がペースト上面に生じるのでわかりやすく，洋からし でこの現象が見られることがある．保存容器中では沈降が起こるが，通常沈降の原因になる過程はペースト中の化学種間の網目構造の再編成である．沈降に続いて試料内では緩和が始まり，再編成が起こって新しい網目構造が形成される．網目構造は元の混合物より小さな体積になり，網目構造の形成とともに液体を絞り出す．ペーストが容器をぬらさず容器と固体ペースト間に潤滑層ができる点で，この現象は視覚的に沈降とは異なる．

不透明な系では別の困難がある．大粒子は小粒子に比べ分離しやすいので，サイズ多分散性から粒子の不均一分布が生じる．これは目による観測が難しい．なぜなら，不透明度が系全体にわたって変化しないように見えるからである．この結果，粘着性の大きな沈殿物が生じ成長するが，検出されない場合がある．したがって，系内のすべての化学種に対して(12・18)式と(12・19)式を考慮するべきである．

最後に注意すべきことであるが，系が沈降すると化学種の濃度が容器下方に向かって増加する．この濃度増加とともにレオロジー特性の寄与が増大する．この結果，沈降が止み，数日間は透明層が形成される．透明層はさらに少し大きくなりやがて静止することが観測され，系は平衡に達する．ここでよく用いられる手法は，沈降層中の新しい濃度をサンプリングし再現することである．ほとんどの場合，この新しい濃度に基づくレオロジーが安定性を維持するための正しい選択であることがわかる．

12・4　ソフトマテリアルの例

実際研究対象となる系の多くは複雑な混合物質である．これらの物質のもつ有効成分が目的のレオロジー特性を示すことが要求されることがある．あるいは，レオロジー特性がペンキの場合のように応用そのものになっている場合もある．これらの複雑な混合物質が“正確に”“正しい”特性をもつとしよう．ポリアクリル酸塩分散系と界面活性剤溶液の混合物を考えよう．この分散系の粘度が100 mPa s であり，界面活性剤溶液の粘度が3 mPa s であることがわかっているとき，混合物の粘度が103 mPa s または51.5 mPa s であるか，あるいはある単純な結合則が得られれば好都合であるが，あいにくこのような関係が成り立つことはほとんどなく，混合物質の粘度を予測することは困難である．そのおもな理由は簡単で，コロイド物質は界面活性を示す傾向があり，ある物質にほかの物質を加えると成分間に新しい関係が生まれる．これは単に元の成分を単純に混合したものではない．この結果，物質のレオロジー的な指紋（特徴）に複雑な変化が生じる．重要なことは，物質を構成する成分間の相互作用を理解することである．その結果，必要とするものを得るための調製設計をすることができる．

系のレオロジーを制御する主要な因子は何であろうか．詳細な回答は，議論の対象が高分子か粒子かあるいは界面活性剤であるかなどによる．系の特性の大きさはある規則によるが，この規則を支配するおもな因子を特定できる．これらは以下の通りである[3)〜6)]．

- 単位体積当たりの化学種間相互作用の数（数密度．たとえば，1 mL 当たりの分子数）
- それぞれの化学種のサイズ
- 相互作用の強度（たとえば，高分子と界面活性剤の混合系における界面活性剤と高分子間の付着強度）
- 化学種の空間的配置

これらの情報のすべてを詳細に得ることは難しい．一般に，レオロジーの設計・制御に対するアプローチは何が必要であるかを理解し，レオロジーを決定するコロイド相互作用の型を把握することである．

12・4・1 単純な粒子および高分子

調製設計のレオロジー特性は，増粘剤の添加によって調節されることが多い．粒子と高分子の二つの場合がある．これらの化学種の流動に対する単純なモデルから始めよう．化学種が媒質中を動くときに流線ができるが，この流線および化学種の再配列によってのみ化学種が相互作用するような系を考える．このような化学種を非相互作用化学種という．なぜなら，この相互作用は他の型の相互作用力の影響をほとんど受けないからである．このような性質をもつ粒子を剛体球，高分子を**理想高分子**という．

高分子鎖のコンホメーションは内部的にも変化し，また他の高分子との間のコンホメーションも変化する．非機能性(官能基をもたない)高分子において流動が観察されるおもな原因は，鎖の絡み合いである[5),6)]．系の濃度が上がると高分子の絡み合いも増加する．絡み合いが増加すると臨界モル質量，すなわち臨界サイズが存在する．粘度は濃度とともにゆっくりとほぼ直線的に変化する．高濃度では指数 3～4 の べき法則が観測される．さらに高濃度では系の粘度が高すぎて通常の方法では測定できない．指数 4 のべき法則挙動が始まる臨界濃度では高分子の絡み合いが高分子の配列をおもに決める．これらの濃度挙動を図 12・13 に示す．

ここで考えている粒子は剛体球なので内部的な再配列は不可能であり，再配列は空間

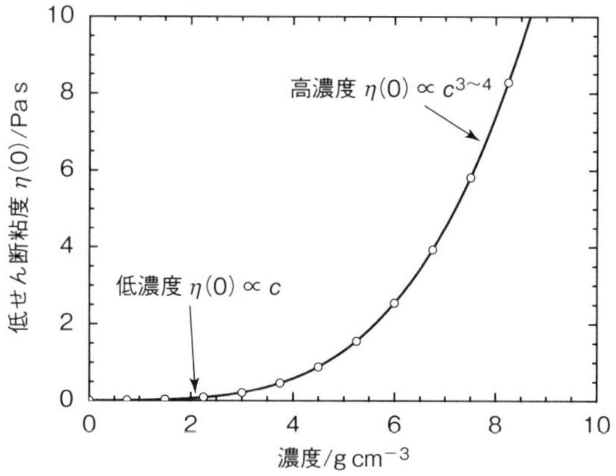

図 12・13 高分子溶液(濃度 c)の低せん断粘度の濃度依存性．

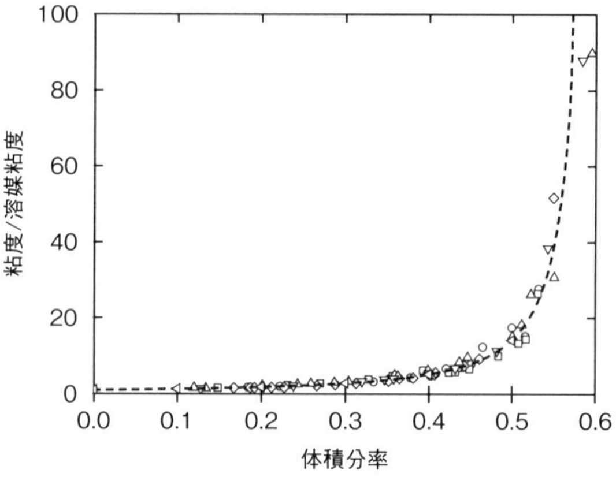

図 12・14 高いせん断速度における粒子分散系の粘度の体積分率依存性．

的な分布に限られる[3),4)]．化学種の濃度は任意の点における粘度を決定する．濃度による粘度の変化は粒子の場合と高分子の場合で類似点がある．通常は体積分率を用いて濃度プロファイルを表す．典型的な曲線を図 12・14 に示す．

濃度増加とともに粘度は増加するが，高分子溶液の場合より水中の剛体球の分散系の場合のほうが粘度増加は著しい．分散系はある体積分率の近傍で急激な粘度増加を示す．この体積分率は粒子が空間を充塡する体積分率であり，最大充塡分率 ϕ_m となる（$\phi_m = 0.5$〜0.7）．これは高いせん断速度の極限の粘度（高せん断粘度）にも低いせん断

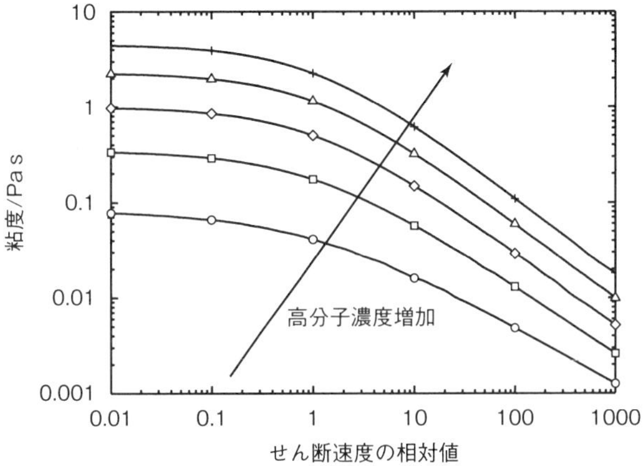

図 12・15　単純な絡み合い高分子溶液の流動曲線．高分子濃度の関数として表す．

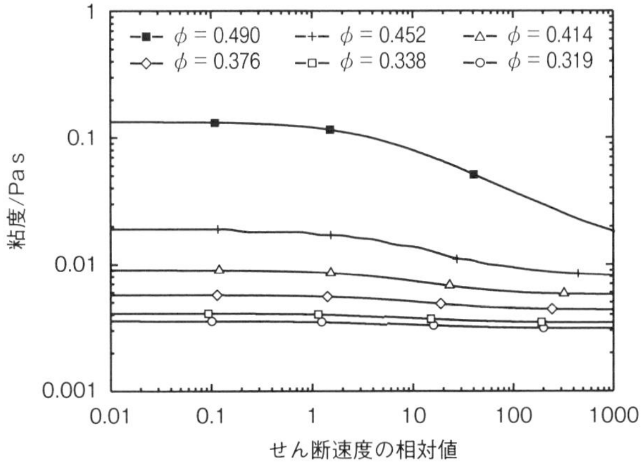

図 12・16　粒子分散系の流動曲線．体積分率 ϕ ごとに表した．

速度の極限における粘度(低せん断粘度)にも両方の場合に適用できる．高いせん断速度の極限における充塡率より低いせん断速度の極限における充塡率のほうが常に小さい．

一般に種々の系の ずり減粘プロファイル の形状は図 12・15 と図 12・16 に示したように似ている．

これらの流動プロファイルが示す重要な点は以下の通りである．

- 高分子溶液の場合より粒子分散系の場合のほうが，高いせん断速度における極限粘度 $\eta(\infty)$ が実現しやすい．
- 高分子溶液の場合より粒子分散系の場合のほうがせん断速度による粘度の変化率が大きい．
- 低せん断粘度および ずり減粘の度合い は高分子溶液の場合は互いに関係する．すなわち，低せん断粘度が増加すると ずり減粘の度合い は増加する．
- 粒子分散系の場合は高濃度のときのみ顕著な ずり減粘 が見られる．このときの粒子濃度は濃度がわずかに変化しても粘度が大きく変化するような濃度に近いことが多い．

最後の条件は系の調製設計の際に必ずしも好条件ではない．濃度のわずかな変化が粘性の大きな変化をひき起こすからである．要約すると，特定の相互作用を導入しない限り，どちらの系もふつう理想的な流動プロファイルを示すことはないので，高度に機能化された系の利用が必要になる．

12・4・2　網目構造と機能化

高分子系および微粒子系の機能化は優れたレオロジー調整剤を得るために非常に重要である[3),4)]．メーカーは環境への影響が少なくレオロジー調整が可能な添加剤を開発するために絶えず努力をしている．物質の機能化の背後にある基本概念は次の二つである．

- 特定の種類の物質あるいは工業製品に対する添加物の適合性を改良する
- 粒子間相互作用または高分子間相互作用によるレオロジーを改善する

図 12・17 に示すように，これは普遍的に見られることであるが，レオロジー特性を制御するには高分子および粒子あるいはこれ以外に用いる可能性のある化学種間の連結を制御することである．粘性および弾性が大きい構造を得るためには強固な網目構造が必要になる．機能化はこの網目構造がどのように組立てられるかを制御することである．その強度とはどのような条件のもとで網目構造が崩壊するかによる．

この機能化の範囲は広く，一つの添加剤が調製設計に関する問題をその単一成分で解決することはまれである．機能化の最も典型的な方法は化学種間に電荷相互作用を導入することである．これは水溶液系に限るわけではない．

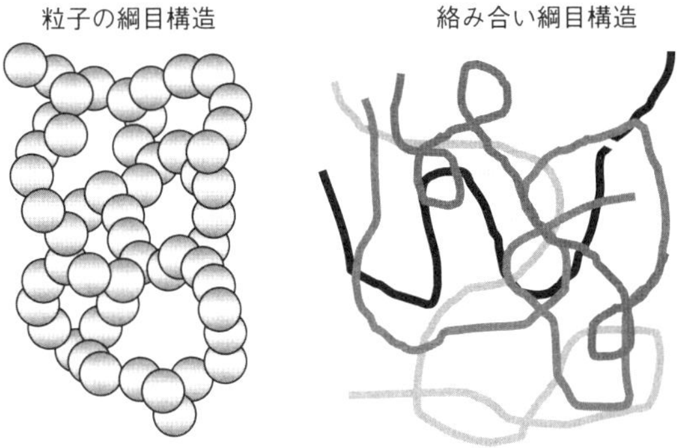

図 12・17　連結し網目構造を形成する二つの方法の模式図.

12・4・3　高分子添加剤

高分子の共重合によって骨格に沿って帯電基をもつブロック共重合体をつくることができる. たとえば, アクリル酸を導入すると, 高分子骨格に沿ってカルボン酸基を生成する. この結果, 鎖の要素が互いに退けあい, 鎖は膨潤する. この高分子は対応する修飾していない高分子に比べて低濃度で高い粘性を示すようになる. もちろん, この高分子は pH と電解質に対する感受性も上昇する. これは有利にはたらくことも不利になることもあり, 鎖の膨潤と絡み合いをある程度調整できるようになる. 低い pH ではカルボン酸基の解離が比較的弱く, 系の粘性が下がる. このような物質を用いる欠点の一つは調製設計にこれらの物質を用いる場合に注意が必要になることである. それは, 製品加工の際にこれらの物質を間違った環境に置くと沈殿が起こり, 多くの機能を失うことがある. これは, 製品加工の経路において後で最適条件に合わせても, 沈殿した物質がいつまでも沈殿状態にい続け不可逆な状況になることがある.

多価カチオンを用いると網目構造を構築できる. たとえば, カルボン酸基が豊富な高分子へカルシウムカチオンを導入するとイオン架橋が起こる. 2 価イオンは同じ鎖上または隣接する鎖上の帯電基同士を結合する. この結果, 鎖の相対濃度や構造によっては高分子が沈殿したり網目構造が形成されることがある. アラビアゴムとゼラチンのように反対符号の電荷をもつ天然高分子の混合物がよい例であり, 網目構造が形成されレオロジーが変化する. しかし, 適切な混合比と適切な pH では沈殿してコアセルベート, すなわち固体の沈殿物を形成する. また, アイオノマー(金属イオンで分子間結合した高分子樹脂)の生成が可能である. そこではほとんど非水性の骨格に帯電基がグラフトしている. このサイトを用いると, 低誘電率媒質中において鎖同士が結合できる. それは, 鎖の帯電基があまり解離していない低誘電率媒質中では鎖の電荷を接触させるより，鎖同士が会合したほうがよいからである．

高分子中で再現するのが難しい粒子の特性の一つは，粒子の ずり減粘 の性質である．しかし，これは疎水性相互作用を用いて実現できる．水溶性高分子を疎水基で修飾できる．たとえば，ポリエチレンオキシド鎖の一端に末端基として，あるいはヒドロキシセルロース骨格の側鎖として短鎖長アルキル基を導入できる．これらの基は溶媒または鎖よりも基同士で会合することを好む．図 12・18 にこの型の相互作用を模式的に示した．ここでは，ミセルは網目構造のサイトおよび鎖の疎水性分枝と結合している．

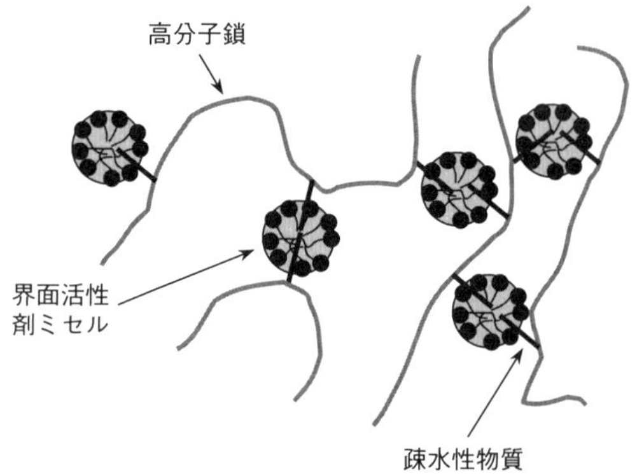

図 12・18　高分子の網目構造形成における疎水性物質の役割．この系に存在する界面活性剤も示してある．

これらのサイト同士を結びつける力は比較的弱い．アルキル鎖は弱いファンデルワールス相互作用によって引力を受け，水分子は周囲に水素結合によるかご構造を形成する．このような網目構造をせん断場に置くと簡単に破壊されて“粒子的”な ずり減粘 が起こる．疎水性修飾は分枝状ポリアクリルアミドのようなきわめて複雑な分子でも実現でき，調整可能な流動挙動が得られる．アルキル尾部は界面活性剤とアルコールに対する感受性が強いので基間会合の強さを調整できる．これは興味深く，広範囲の応用の可能性を与える．

12・4・4　粒子添加剤

多くの場合粒子に官能基を付ける必要がある．一般に，互いに引力も斥力も及ぼさない粒子の分散系をつくるときは細心の注意が必要である．高分子ラテックス系では開始剤の断片によって粒子表面が帯電基をもつようになる．この結果，粒子間相互作用は増大し，流体力学的相互作用のみの系に比べて低濃度で粘性が高い系になる．

コロイド粒子は静止条件(外力および粒子間相互作用のない条件)では絶えずブラウン

運動を行っている．擬塑性分散系では粒子のブラウン運動に打ち勝つようなせん断場が加えられると，ずり減粘 が生じる．粒子はジオメトリーの可動部の運動によって生じた流線上を移動しなければならない．ずり減粘 がいつ生じるかを予測できれば，制御された速度で流動する物質を設計できるようになる．12・2・4 節で構造を特徴づける緩和時間を定義したが，この時間とせん断速度の関係を考察しよう．せん断速度の次元は s^{-1} であるので，せん断速度の逆数はせん断過程に対する固有時間とみなせる．もし，せん断速度 $\dot{\gamma}$ と緩和時間 τ の積が 1 以上である場合，対流の力はブラウン運動の力より強くなる．逆に，この値が 1 未満の場合はブラウン運動の力が強くなる．この比率を**ペクレ数**(Peclet number) Pe といい，次式で与えられる[3]．

$$Pe = \dot{\gamma}\tau = \frac{6\pi\eta(0)\dot{\gamma}a^3}{kT} = \frac{6\pi\sigma a^3}{kT} \qquad (12 \cdot 20)$$

ペクレ数によって ずり減粘 が始まる応力が示される．ペクレ数を 1 とおくと，ずり減粘 が起こる臨界応力 σ_c ($Pe = 1$ のときに相当)を粒子半径 a と温度を用いて次式のように定義できる．

$$\sigma_c = \frac{kT}{6\pi a^3} \qquad (12 \cdot 21)$$

この式から，粒子が小さいほど，ずり減粘 をひき起こすのに必要な応力が大きくなることがわかる．この関係を成り立たなくするためには，粒子にはたらく別の力が必要になる．

粒子間引力を制御することによって，弱い相互作用と弱い凝集にすることができる．この結果，貯蔵安定性を改善できる．一見すると，凝集を利用してこの型の安定性を制御することは直観に反するように見える．粒子が凝集するとサイズが大きくなるため分離傾向があると考えるかもしれないが，粒子濃度が十分に高い場合，非常に安定した網目構造ができる．実際，粒子濃度が質量パーセント濃度 60 % よりはるかに低い濃度で空間が満たされる．この構造は沈降作用に対抗し，高度な ずり減粘 を生じる独立した網目構造になる．12・3・5 節で見たように，重力の影響に対抗するためには単に弱い降伏応力を必要とすることが多い．これは，粒子間の比較的弱い引力で達成することができるので，小さなせん断応力を加えてもこの網目構造は簡単に壊れ，大きな流動(したがって，ずり減粘)が起こる．したがって，弱く凝集する系を用いると沈降に対しては安定であるが，大きなせん断応力に対しては不安定な網目構造をつくることができる．

ここまでは球状コロイド粒子のみを扱ってきた．ずり減粘 が最も劇的に起こるのは強い形状異方性をもつ粒子の場合である．棒状あるいは円板状の粒子は大きなレオロジー変化を示す．たとえば，合成ヘクトライト粘土のラポナイト(Laponite)は小さな円板状粒子であり，端面と表面の電荷は溶液の pH とイオン強度に応じてさまざまに変化する．この粒子はクラスターを形成し，クラスター同士は互いに反発するが，おそらく図 12・19 に示すような表面–端面結合による“カードハウス”状構造を形成する．

高い pH では表面と端面が互いに同符号の電荷をもつので，低イオン強度では斥力相互作用が生じる．この結果，高粒子濃度ではゲル状物質が形成され，低粒子濃度では擬塑性流体が形成される．電解質が増加すると，系は凝集しはじめ降伏応力が下がる．この物質は適切な調製設計において高度に調整可能である．図 12・20 は高い pH における転移を示す状態図である．

ラポナイトは粘土全体の中の一例にすぎないが，薬品やパーソナルケア製品のような

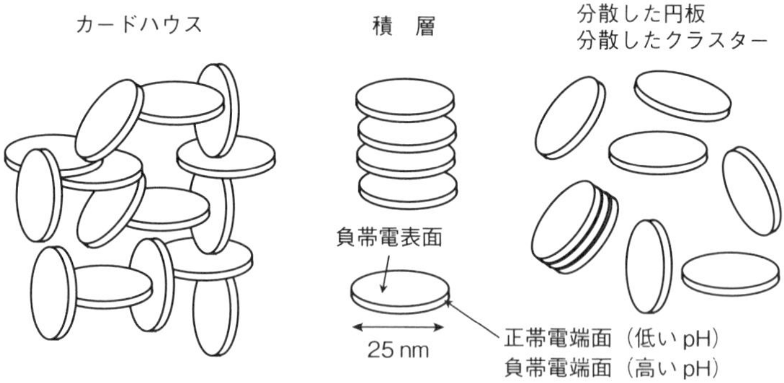

図 12・19　ラポナイト円板の会合の例.

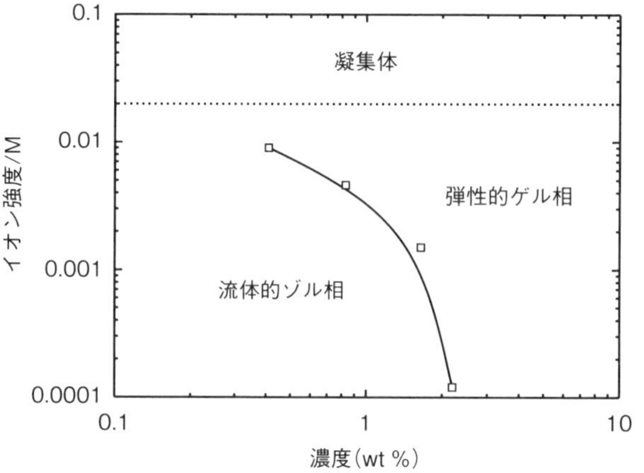

図 12・20　高い pH におけるラポナイト分散系の相図.

“衛生用商品”への応用に特に有用である．また，親油性粘土は水とある程度なじむ．

微粒子系でできる一つの簡単な技法は空隙率の増加である．ただし，“簡単な”という単語には慎重に用いるべきである．多孔性粒子，特にシリカ粒子は調製設計のために分散させると，空間充塡率の高い構造を形成する傾向がある．非常に低い質量濃度で充塡分率が最大になり，少量の添加物でレオロジーに変化を起こすことができる．しかし，これらの系は大きな表面積をもつという欠点がある．多孔性粒子は化学種を吸着しかつイオンを放出できるので，調製設計を間違うとその性質が時間とともに変化する．しかし，選択すべきさまざまな物質があるので，必要な挙動を得るため調整できることが多い．

12・5　ま　と　め

本章では実験計画，実験法およびコロイド系のレオロジー特性に関する化学的影響の重要な特徴を検討した．また，人為的誤差の多いデータを避けるために測定上注意すべき問題を指摘した．どのような実験をすべきかを選択するときは，それが“合目的的”であり，問題とする過程に関連している必要があり，あるいは系の構造上の性質を理解するためのものでなければならない．最後に，高分子と粒子の挙動とそれらの特性がどのようにレオロジーに関係するかについて述べた．しかし，本章で実験的なレオロジーの分野すべてを十分に扱うことは難しい．本章のテーマに関して細部にわたる理解を深めるために参考文献にある教科書を読むことを勧める．

文　献

1) Macosko, C. W., “Principles, Measurements and Applications”, Wiley-VCH, New York (1994).
2) Bird, R. B., Stewart, W. E., Lightfoot, E. N., “Transport Phenomena”, John Wiley & Sons, Ltd., New York (1960).
3) Goodwin, J. W., Hughes, R. W., “Rheology for Chemists, An Introduction”, 2nd ed., The Royal Society of Chemistry, Cambridge (2008).
4) Larson, R. G., “The Structure and Rheology of Complex Fluids”, Oxford University Press, USA (1999).
5) Ferry, J. D., “Viscoelastic Properties of Polymers”, John Wiley & Sons, Ltd., New York (1989).
6) Doi, M., Edwards, S. F., “The Theory of Polymer Dynamics”, Oxford University Press, Oxford (1986).
7) Gross, B., “Mathematical Structures of the Theories of Viscoelasticity”, Hermann, Paris (1968).
8) Tschoegl, N. W., “The Phenomenological Theory of Linear Viscoelastic Behaviour”, Springer-Verlag, Berlin (1989).

13

散乱法と反射法

13・1　はじめに

放射線の散乱はコロイド科学者にとって必要不可欠な測定手段である．本章ではコロイド科学における散乱法による測定について紹介する．特定の電磁波に関する詳細な情報については，それぞれの分野の文献[1)〜3)]を参照されたい．また，結晶とガラスの構造決定について記述した文献もある．そこでは，コロイド科学者に関心のある大きなスケールの構造よりも原子配列に焦点が置かれているが，それでもなお，コロイド系に関連した有用な情報源[4)]である．この分野を必要とするコロイド科学者にとって最も有用な文献は，コロイドと高分子への散乱法の適用について記述したもの[5)]である．

コロイドは一般に 1 nm から 1 μm の粒径の粒子の分散系である．この粒径範囲の粒子を評価するための多くの実験法がある．これらの実験法の感度の大まかな範囲を図 13・1 に示した．種々の実験法の長所と短所について以下に述べる．

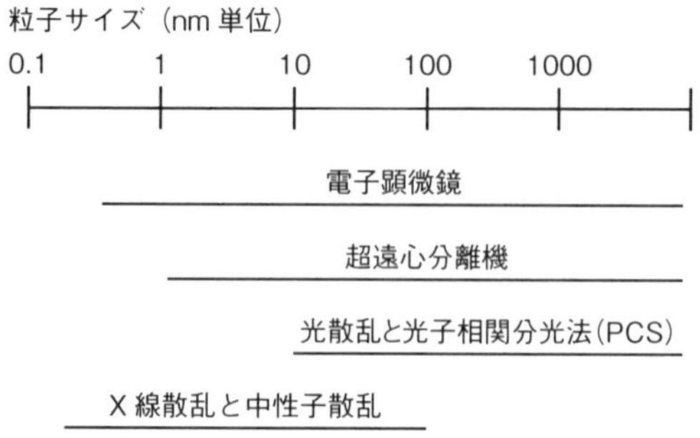

図 13・1　種々の粒径測定法の対象となるサイズの範囲．

［13 章執筆］ Robert Richardson, Department of Physics, University of Bristol, UK

電子顕微鏡法(第15章で議論する)は粒径の全領域を対象にすることができ，詳細な結果が得られる．ただ一つの制限は，一般に試料がその自然な平衡状態にないということである．電子顕微鏡測定では真空が要求され，その結果，コロイド分散系は“凍結される”あるいは分散系の粒子は溶媒が蒸発して“*ex situ*(その場状態でない)”で乾燥状態にある．これらの制限を克服するために，この分野ではなお開発が続いている．環境制御型走査電子顕微鏡法は液体蒸気中における動作が可能であり，クライオ透過型電子顕微鏡法では急冷によって平衡構造における凍結を目指している．

沈降作用に基づく粒子の大きさの測定法がいくつかある．これらの方法では，平衡状態にある粒子について有用であるが，得られる情報は制限される．一例は広範囲の粒径を測定できる超遠心分離機であるが，実験上の要求がきわめて厳しい．溶液の粘性の単純な測定も粒径評価のために用いられる．

分散系の粒子による光散乱，X線小角散乱および中性子散乱が，本章の主題である．これらの散乱技術は調べたい粒径範囲全体を対象とし，“*in situ*(その場)”で粒子の粒径を測定できる．これらの方法からは，さらに粒子の内部構造および分散系における粒子間相互作用に関する多くの詳細な情報が得られる．散乱法がコロイド界面科学において重要である理由は，内部を壊さないようなプローブを用いてコロイドと表面の平衡構造を詳細に測定する能力をもつからである．

13・2 散乱実験の原理

基本的な散乱実験は非常に単純である．図13・2に示すように，単色(すなわち，単一波長)のビームを試料に照射する．散乱放射線の強度を散乱角θの関数として測定するが，他の表現法もある．しかし，重要な変数は散乱ベクトル$\boldsymbol{Q}$であり，その大きさは散乱角と波長で表される．

$$Q = \frac{4\pi \sin \theta/2}{\lambda} \qquad (13\cdot1)$$

原理的には，二つの異なる波長で散乱を測定し，得られた散乱強度をQに対してプロッ

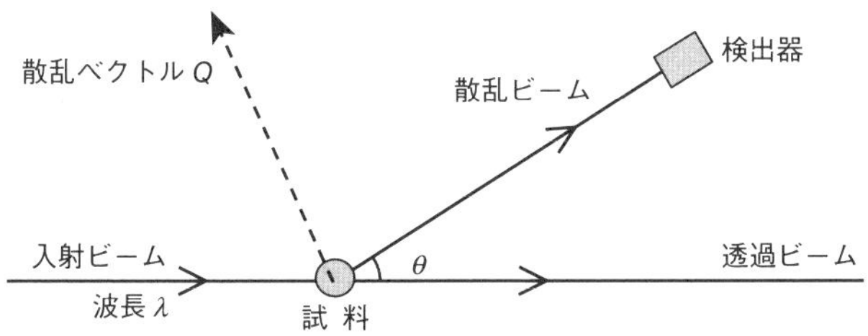

図13・2 散乱実験の模式的な略図.

トすると，同じ Q 値において 2 曲線は同じ特徴を示す．実験における検出距離は Q に反比例するので(すなわち，距離 $\propto 2\pi/Q$)，大きな構造(たとえば 10 nm)には小さな Q が対応する(すなわち，$Q \approx 0.6\ \mathrm{nm}^{-1}$)．散乱実験において小さな Q を得るために，長い波長と小さな散乱角の適切な組合わせが必要である．光散乱の場合，散乱粒子のサイズと同程度またはそれ以上の波長が一般に用いられる．X 線散乱および中性子散乱については，小さな散乱角が一般に用いられる．

13・3 散乱実験のための放射線

表 13・1 にコロイド分散系からの散乱実験に対する可視光線，X 線および中性子の特性を要約した．

表 13・1 散乱実験における放射線の性質

放射線	可視光	X 線	中性子
型	電磁波	電磁波	粒子/波
波 長 λ	400～600 nm	0.01～0.2 nm	0.01～2.0 nm
検出長さ	> 0.01 μm	nm から μm	nm から μm
散乱の要因	屈折率差	電子密度差	核散乱特性差

可視光線は 400 nm から 600 nm の波長をもつので 10 nm 以上の粒子サイズに適している．ただし，より小さな粒子を検知することも可能である．可視光線は周囲の媒質と異なる屈折率をもつ粒子によって散乱される．

X 線は(可視光線のように)電磁放射である．長波長 X 線は強く吸収される傾向があるので，有用な波長帯は約 0.2 nm より短い．X 線小角散乱は，1 nm から 1 μm の範囲における距離の検出に適している．X 線の場合，放射線を散乱するのは粒子と媒質間の電子密度差であるから，この方法は低原子番号の媒質中における高原子番号の物質の分散系(たとえば，水中の金属や酸化物)に優れている．一方，水性媒質中の有機物質の分散では，二つの物質の電子密度が類似しているので，これはそれほどよい方法ではない．

中性子は粒子であるが，対応する波長をもち，有用な波長帯は約 0.1 nm から 2 nm である．これより長い波長で十分な強度の中性子線をつくることは難しい．小角中性子散乱は，1 nm から 1 μm の範囲における長さの検出に適している．中性子は一般に原子中の電子と相互作用しないが，核との相互作用によって散乱される．中性子散乱は同程度の原子量の核の違いを識別できるので，ある物質が原子番号が同程度の別の物質中に分散しているとき，この分散系による中性子散乱は X 線散乱より優れた測定法になることが多い．

さらに，同位体を用いると同種の元素から異なる散乱が得られる．水素/重水素置換はコロイド科学に特に有用の測定法である．たとえば，重水(D_2O)中に分散した有機化合物は中性子を強く散乱する．

最初に，古典的な光散乱実験において強度を決定する因子について考察する．

13・4 光 散 乱

光散乱は粒径を決定するために数十年間にわたって用いられてきた．“小さな”粒子(すなわち，粒子直径≪波長)の分散系による散乱光の強度は次式で与えられる．

$$I(Q) = kcM(1+\cos^2\theta) \tag{13・2}$$

ここで，4 個の因子は濃度 c，粒子のモル質量 M，定数 k および分極因子 $(1+\cos^2\theta)$ である．分極因子は散乱過程の物理的側面に由来し，実験による補正によって通常取除かれるが，試料に関する重要な情報は含まない．この式は 1871 年にレイリー卿(Lord Rayleigh)によって導かれた．定数 k は波長の 4 乗に反比例し興味深い．これは短波長の光は長波長の光より強く散乱されることを意味する．したがって，空は青く，太陽は黄色または赤に見える．

波長 500 nm の光が小さな粒子(半径 20 nm)に入射する場合，散乱異方性は単に分極因子に起因する．したがって，図 13・3 における散乱強度の極座標プロットで示されるように，前方散乱強度と後方散乱強度は等しい．定数 k と濃度 c がわかると，粒子質量が求まる．

しかし，大きな粒子(40 nm)の場合は前方散乱強度と後方散乱強度は異なる．これは粒径効果であり，散乱による粒径の決定の根拠になる．この効果の起源を図 13・4 に示

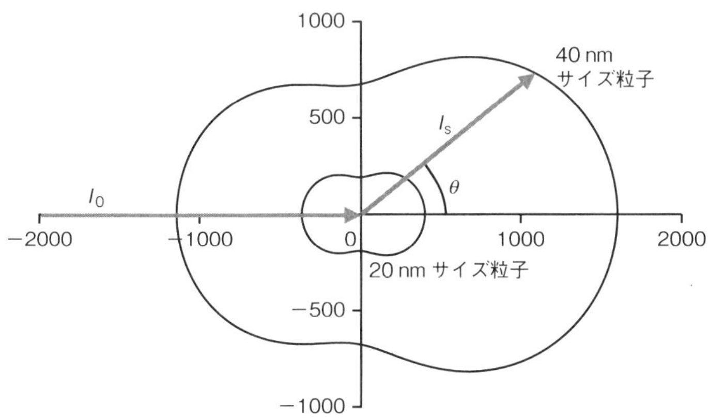

図 13・3　前方散乱強度と後方散乱強度の極座標プロット．

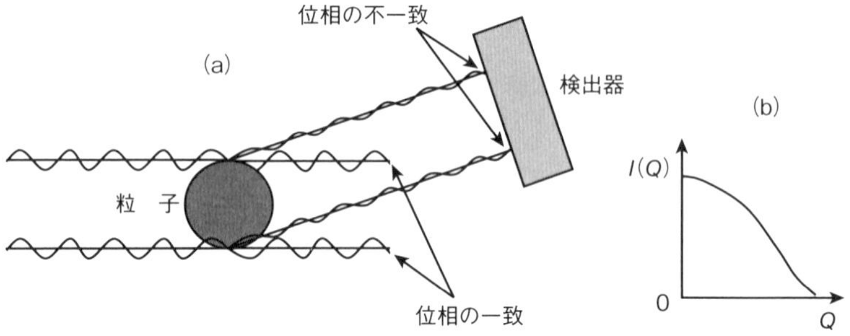

図 13・4　散乱における粒子サイズの効果の起源.

す. 粒子上で散乱される場所が異なると光源から検出器までの光路の長さが異なる. 粒子上で互いに反対側にある二つの位置から散乱される二つの光線を考えよう. これら二つの光線の光源から検出器までの距離は異なる. もし, 粒子半径が光の波長と同程度であるならば, 光路差のために二つの光線が検出器に到達したとき位相が若干ずれる. このため二つの光線は弱めあうように干渉し, 検出される強度は低下する. 実際, 弱めあう干渉の度合いは, 散乱角の増加とともに増加する傾向がある. したがって, 強度は散乱角あるいは Q の増加ともに減少する傾向がある.

強度が角度(あるいは散乱レベル Q)とともに変化する割合は粒子のサイズに依存する. しかし, "粒子の大きさ"はあいまいな概念である. より正確には, 強度は粒子の回転半径(radius of gyration) R_G に依存する. なぜなら, それが力学的な量にほぼ等価であるからである.

回転半径 R_G は, 粒子の大きさおよび形状に依存する. 一般に, それは単一粒子の体積にわたる積分によって任意の形に対して計算することができる.

$$R_G = \left\langle \sqrt{\frac{1}{V}\int_V r_{/\!/}{}^2\,\mathrm{d}V} \right\rangle \qquad (13\cdot3)$$

ここで, $r_{/\!/}$ は試料の質量中心からの距離の $\boldsymbol{Q}$ に対する投影(図 13・2 を見よ), V は粒子体積であり, 〈　〉は $\boldsymbol{Q}$ に関して粒子のすべての配向に対する平均を表す. いくつかの単純な形状に対する R_G と半径 a および長さ l の関係を図 13・5 に示す.

大きな粒子については, 散乱強度を与える式は以下のように因子が加わる.

$$I(Q) = kcM(1+\cos^2\theta)\,(1-(QR_G)^2/3+\cdots) \qquad (13\cdot4)$$

この新しい因子は回転半径に依存し, 近似的に $1-(QR_G)^2/3$ で与えられる. したがって, 散乱角または Q への散乱強度の依存性により希薄分散系における粒子の回転半径

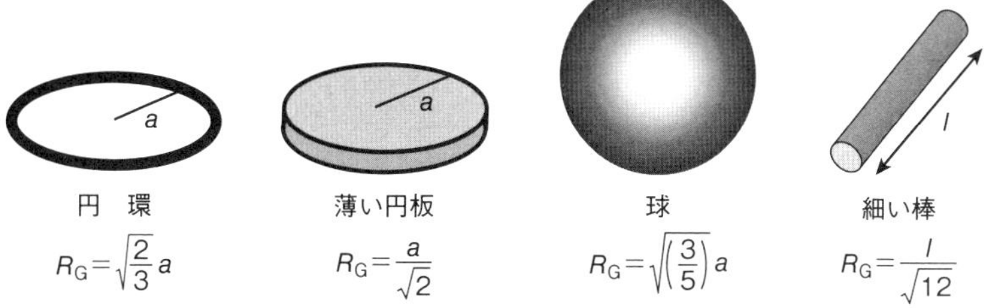

図 13・5 単純な粒子形状と回転半径.

を決定することができる．この理論〔レイリー－ガンズ－デバイ理論(Rayleigh–Gans–Debye theory)として知られる〕は粒径が波長未満の場合に適用できる．大きな粒子については散乱パターンはきわめて複雑になり，ミー理論(Mie theory)が適用される．これについては詳細な文献[3]にある．

13・5 動的光散乱

分散系における粒子が拡散によって運動するという事実に基づいた別の光散乱法がある．粒子が入射光の光子を散乱すると，光子と粒子の間でわずかなエネルギー交換が起こる．粒子が光子からエネルギーを得る場合もあれば，光子にエネルギーが移動する場合もある．この結果，光子のエネルギーは変化する．これは，スピード違反探知機で用いられる過程と同じ過程であって(振動数のドップラーシフト)，レーダーの振動数は動いている自動車からの反射によって変化する．

散乱光のスペクトルは**光子相関分光法**(photon correlation spectroscopy, PCS)の優れた技術を用いて測定される．入射スペクトルが振動数 ω_0 の単色光の場合，コロイド

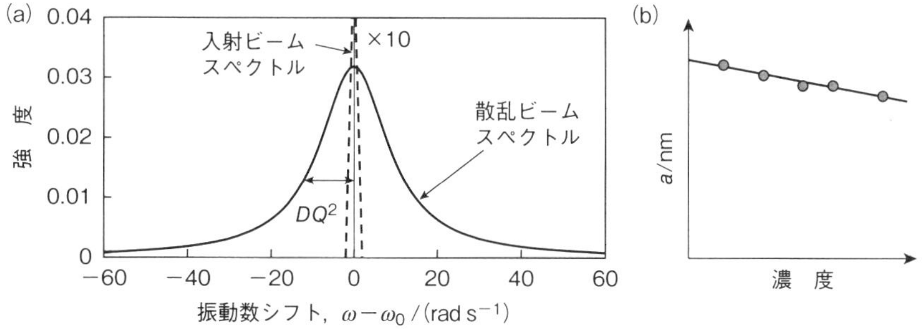

図 13・6 (a) 動的光散乱の入射スペクトルと散乱スペクトル.
(b) 流体力学的半径の濃度ゼロへの外挿.

粒子からのスペクトル $I(\omega)$ は一般にローレンツ型になり，図13・6(a)に示すようにピーク幅は粒子の拡散係数 D に Q^2 を掛けた量で決まる．(一般に，スペクトル $I(\omega)$ が $I(\omega) \propto \gamma/[(\omega-\omega_0)^2+\gamma^2]$ で表されるとき，ピーク幅は γ で与えられる．)

$$I(\omega) \propto \frac{DQ^2}{(\omega-\omega_0)^2+(DQ^2)^2} \qquad (13 \cdot 5)$$

したがって，ピーク幅から拡散係数 D が求められ，溶媒粘度 η が既知であれば以下のストークス-アインシュタインの式(Stokes–Einstein equation)を用いて，流体力学的半径 a を拡散係数 D から計算できる．詳細については文献[6)]を参照されたい．

$$a = \frac{kT}{6\pi\eta D} \qquad (13 \cdot 6)$$

拡散係数は粘性抵抗だけでなく粒子間相互作用にも影響を受けるので，図13・6(b)に示すように流体力学的半径を濃度ゼロに外挿することが通常必要である．注意すべきことであるが，粒子表面に溶媒層が吸着する場合があるので，流体力学的半径は“静的”光散乱によって測定された半径より大きくなることが多い．

13・6 小角散乱

X線小角散乱(small angle X-ray scattering, SAXS)および中性子小角散乱(small angle neutron scattering, SANS)の技術を紹介しよう．散乱角と波長の正確な組合わせは重要ではないので，よりよい用語は“小 Q 散乱”であろう．

たとえば，金コロイドの試料からの散乱を図13・7に模式的に示す．小さな Q では，散乱は(光散乱の場合のように) 粒子のサイズと形状に敏感である．一方，大きな Q では，散乱は粒子の内部構造を反映する．結晶粒子の場合，内部構造からブラッグのピーク(Bragg peak)を得る．コロイド粒子からのブラッグのピークは，バルク状態の同じ試料からのブラッグのピークに比べて広がることが多い．これは多くの場合，回折に対する内部無秩序性と有限のサイズ効果のためである．しかし，コロイド科学において一般に測定され解釈されるのは小 Q 散乱のほうである．

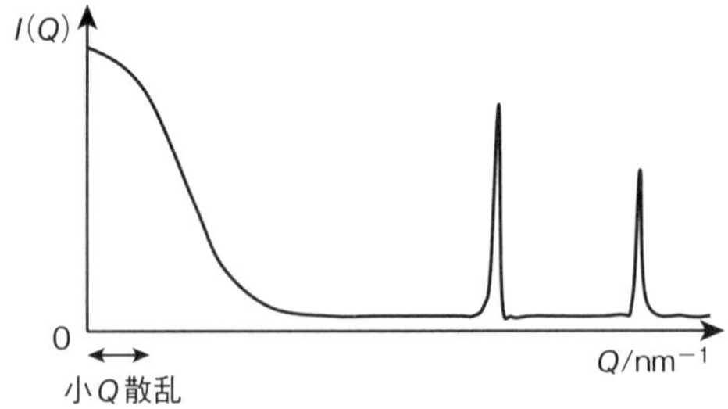

図13・7 金結晶粒子のコロイドからの散乱．

13・7 放射線源

X 線は密閉管型発生装置を用いて研究室内で生成できる．また，SAXS の完全キットを購入することができる．非常に小さい粒子を対象とする場合，きわめて波長が短い放射線が必要になる．シンクロトロン放射線源からの強度は SAXS より何桁も大きい．高エネルギー電子線が磁場によって偏向されると，シンクロトロン放射が接線方向に生成される．このための実験施設はフランスのグルノーブルの ESRF(European Synchrotron Radiation Facility)および英国オックスフォードシャーのラザフォード・アップルトン研究所にある Diamond である．その詳細は施設のウェブサイトで見ることができる[7),8)]．十分な量の中性子は以下に述べる欧州各地の拠点研究施設においてのみ利用可能である*．英国ではグルノーブルの ESRF[9)]にある原子炉およびラザフォード・アップルトン研究所の ISIS[10)]にあるパルス線源にアクセスできる．二つ目の線源(Target Station 2)は ISIS で最近構築された．その詳細と世界の中性子源へのリンクは施設のウェブサイトで見ることができる．欧州中性子散乱協会はヨーロッパの施設へのアクセスに関する情報を提供して，将来の線源の計画を活発に行っている[11)]．

原子炉内の核分裂反応過程で生成された中性子は莫大なエネルギー ($E \approx 1$ MeV)をもつので，ドブローイの関係式(de Broglie relationship)，

$$\lambda/\text{nm} = 0.94/\sqrt{E/\text{meV}} \qquad (13\cdot 7)$$

から非常に短い波長をもつ($\lambda \approx 0.000\,03$ nm)．これは大きなサイズの構造には役に立たない．幸い，中性子のエネルギーは物質を通過すると減衰して熱運動のエネルギーに変換する．すなわち，中性子は減速材物質の熱エネルギーを得る．減速材の温度が低い場合は中性子のエネルギーは低くなり，波長は長くなる．ラウエ・ランジュバン研究所(Institute Laue Langevin；ILL)で用いられる低温減速材は 25 K の液体重水素である．この 25 K の液体重水素の減速材は 0.6 nm にピークをもつ“マクスウェル”波長分布を示すことがわかる．このような低温減速材は SANS に理想的である．図 13・8 は減速材の模式図と波長分布であり，室温および高温減速材からの波長分布も示す．パルス中性子源も減速材を用いて有用な波長領域の中性子を生成する．

13・8 小角散乱装置

中性子小角散乱装置の主要部分を図 13・9 に示す(試料の後の部分は SAXS と同様である)．原子炉心周囲の D_2O は中性子を反射し，中性子束を最大にする．冷中性子源は，

* ［訳注］ 日本では，シンクロトロンについては，高エネルギー加速器研究機構のフォトンファクトリー（茨城県)や Spring-8（兵庫県)がある．また，中性子源については，茨城県東海村の原子力科学研究所に JRR-3 がある．

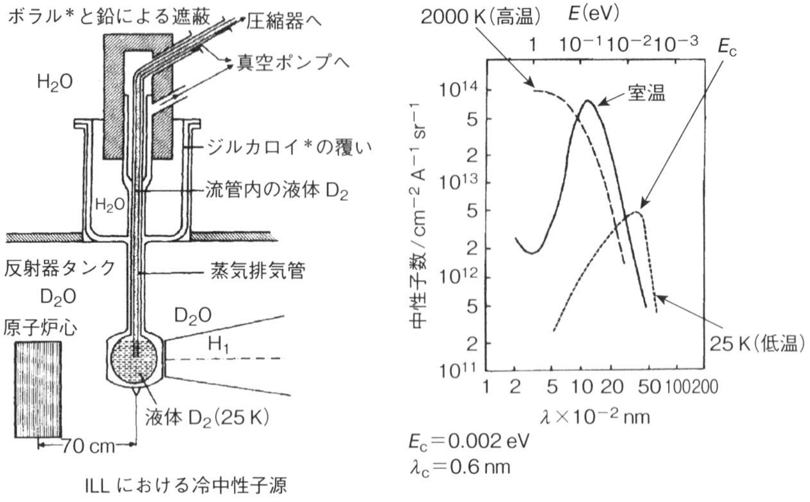

図 13・8 ILL で用いられる減速材と波長分布. M. Bee, "Quasielastic Neutron Scattering" より許可を得て転載. Copyright (1988) Institute of Physics Publishing Ltd.

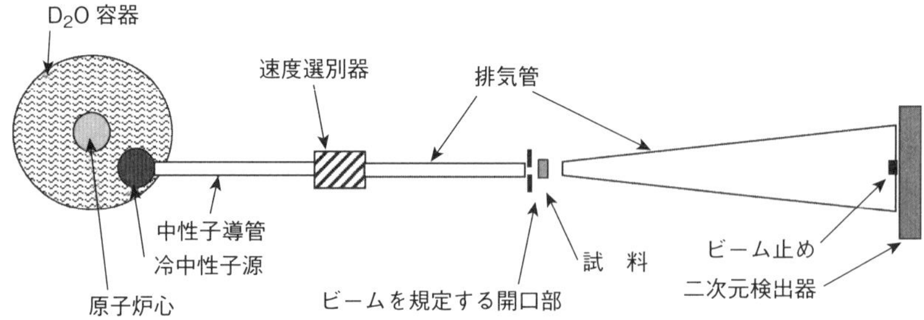

図 13・9 SANS 装置の模式図.

利用可能な幅約 0.6 nm の中性子束を最大にするために用いる. 速度選別器は, 速度がある狭い幅にある中性子のみを通過させる. 速度 v と波長 λ は反比例する.

$$\lambda(\text{nm 単位}) = \frac{395.6}{v(\text{m s}^{-1}\text{ 単位})} \qquad (13 \cdot 8)$$

したがって, ある狭い波長帯の中性子のみが通過する. よって, 試料上の入射放射線はほぼ単色である. 一般に, 試料は一辺 1 cm の正方形で厚さ 1 mm である. 位置に敏感

＊［訳注］ ボラル: 炭化ホウ素とアルミニウムを混合焼結したもの. ジルカロイ: ジルコニウム合金.

な二次元検出器によって散乱強度のデータを集められるが，ソフトウェアを用いて Q に対する強度としてデータを再編成することが多い．また，排気管によって空気による散乱のバックグラウンドが縮小される．

ISIS のようなパルス中性子源においては，中性子の飛行時間あるいは速度を測定できるので，速度選別器は不要である．これから速度および波長を計算できる．また，白色光(選別していない光)を用いるので，単色化に伴う大きな強度損失が回避される．パルス源は本質的に弱い出力であるが，中性子を効率的に利用することができる．

図 13・10 は NIST 中性子研究センター（米国メリーランド州ゲイサーズバーグ市）にある NG3 SANS 装置である．前景には入射ビーム周囲の遮蔽装置，背景には試料位置，検知器を含む大きな真空タンクが見える．ILL の SANS 装置である D11 と D22 は同様の配置である．他の原子炉関連の設備は同様の機器を用いている．ISIS における現在の SANS 装置は LOQ といい，Target Station 2 に建造された新しい装置 SANS-2D が現在利用可能である．

図 13・10　NIST 中性子研究センターにある NG3 SANS 装置．

13・9　原子による散乱と吸収

原子による散乱振幅はその散乱長 b によって特徴づけられる．X 線散乱の場合，散乱長 b は原子番号 z に比例する．(実際，$b=z\times a_e$ であり，$a_e=2.85\times10^{-15}$ m は一つの電子に対する散乱長である.）中性子の場合は散乱長は一つの核特性で，原子番号とともに不規則に変化し，さらに同位体元素にも依存する．表 13・2 には，いくつかの原子の散乱長と吸収断面積を示すが，水素と重水素の散乱長は非常に異なることがわかる．物理的には正または負の散乱長は，散乱中における波の位相シフトに関係するが，この符号の起源について考える必要はなく，単に用いればよい．

表 13・2　散乱長と吸収断面積

化学種	$\dfrac{b_N}{10^{-15}\,\mathrm{m}}$	$\dfrac{b_X(Q=0\text{ における値})}{10^{-15}\,\mathrm{m}}$	$\dfrac{\sigma_N(\text{絶対値})}{10^{-28}\,\mathrm{m}^2}$	$\dfrac{\sigma_X(\text{絶対値})}{10^{-28}\,\mathrm{m}^2}$
H	−3.74	2.85	0.28	0.73
D	6.67	2.85	0.0	0.73
C	6.65	17.1	0.003	92
O	5.83	22.8	0.0	306
Cd^{2+}	3.7	131.1	$>10^3$	9400

文献[12)]より許可を得て転載．Copyright (2003) 米国商務省．下付添字 N は中性子散乱，X は X 線散乱を表す．

吸収断面積は元素がどのくらい強く放射線を吸収するかを示す．X 線の吸収は原子番号とともに非常に大きく増加するので，X 線実験用セルは原子番号 z の小さい物質で作られている．また，試料封じ込めが問題とならないように，中性子の吸収を抑制する傾向がある．ただし，遮蔽およびビームを規定する開口部（図 13・9）に用いられるカドミウムのような有用な例外がある．

13・10　散乱長密度

“小角”実験（すなわち低い散乱ベクトル Q）では，一般に検出距離は原子間隔よりはるかに大きいので，測定技術は個々の原子による散乱よりも約 100 nm までの距離にわたる“散乱長密度”の変化を感知できる．したがって，散乱長密度 ρ は非常に有用である．なぜなら，個々の原子の位置を特定せずに，散乱長密度を用いて（粒子のような）大きな体積からの散乱を記述できるからである．物質の散乱長密度 ρ を求めるには各型の原子の数密度 N_j とその散乱長 b_j の積を計算した後にすべての原子の型について総和をとる．

中性子の場合は，

$$\rho_N = \sum N_j b_j \tag{13・9}$$

ここで b_j は中性子に対する原子の散乱長である．

X 線の場合は，

$$\rho_X = a_e \sum N_j z_j \qquad (13 \cdot 10)$$

ここで，a_e はX線に対する電子の散乱長（$a_e = 2.85 \times 10^{-6}$ nm）であり，z_j は原子番号である．

いくつかの物質の散乱長密度を表13・3に示す．それは，中性子の場合は散乱長密度が同位体核種に依存することに注意する．これは実験者に重要な方法を与える．なぜなら，溶媒をたとえば H_2O から D_2O に変えることによって試料の同位体含量を変えることができるからである．この結果，試料の化学的性質を大きく変化させずに，散乱のある側面を強調できる．

表13・3 物質の散乱長密度

物　質	$\rho_N/(10^{-3}\ \mathrm{nm}^{-2})$	$\rho_X/(10^{-3}\ \mathrm{nm}^{-2})$
H_2O	−0.05	0.94
D_2O	0.64	0.94
$-(CH_2)_n-$	−0.06	0.65
$-(CD_2)_n-$	0.61	0.65

13・11 分散系の小角散乱

分散系に対する単純なイメージは，図13・11で示すようにマトリックス（媒質）中に懸濁した多数の同一粒子である．希薄分散系では，粒子間距離がほぼ任意の値をとることができるので，粒子間干渉効果を除くことができる．したがって，観察される散乱強度 $I(Q)$ は以下の式における四つの因子のみに依存する．

$$I(Q) = (\rho_P - \rho_M)^2 \ N_P V_P^2 P(Q) \qquad (13 \cdot 11)$$

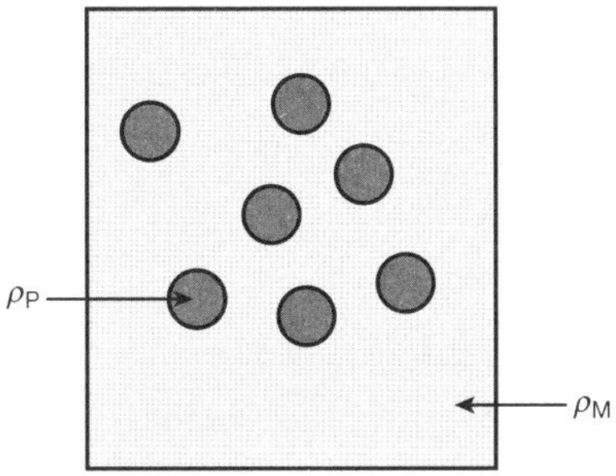

図13・11 マトリックス中の同種粒子の分散．

ここで，$(\rho_P - \rho_M)$は粒子とマトリックスの散乱長密度の差(一定)，N_Pは試料中の粒子数，V_Pは粒子体積，$P(Q)$は粒子の形状因子であり，粒子の大きさと形状によって決まる．

13・12 球状粒子の形状因子

形状因子Pは任意の形状をもつ粒子の体積にわたる積分によって計算される．球状の粒子の場合は，以下の式が用いられる[13]．

$$P(Q) = \left\{ \frac{3(\sin QR_S - QR_S \cos QR_S)}{(QR_S)^3} \right\}^2 \qquad (13 \cdot 12)$$

ここで，Qは散乱ベクトル，R_Sは球の半径である．

二つの球の半径の値に対して図13・12にこの形状因子$P(Q)$をプロットしたが，形状因子のもつ重要な一般的特徴のいくつかが示されている(対数尺度に注意)．

- $Q=0$では$P(Q)$の値は1である．
- 小さいQに対しては，Qの増加とともに$P(Q)$は減少する．
- 小さい粒子ほど，$P(Q)$は引き伸ばされるが，実際に$P(Q)$はQR_Sの関数である．
- Qが大きくなると$P(Q)$に極大と極小が現れる．

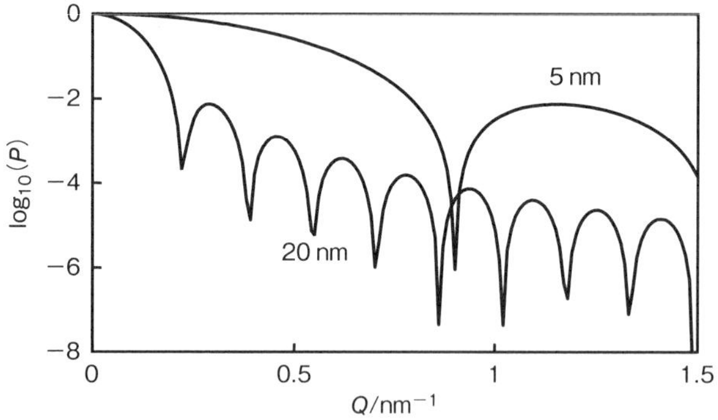

図13・12 球状粒子の形状因子．

13・13 SANSとSAXSによる粒径測定

希薄分散系における粒径測定に対しては二つの相補的なアプローチがある．

まず，試行錯誤法では，粒子形状を仮定(たとえば，球体)して散乱を計算し，SANSとSAXSによる測定データとモデルがよく一致するまでパラメーター（たとえば，半径や粒子数)を変えて計算を繰返す．もし一致しない場合は，別の形状を仮定して曲線当てはめを繰返す．ここでは通常，最小二乗法に基づく曲線当てはめプログラムを用いる．これは有用な方法であるが，適合するモデルが必ずしも一つではないので，解釈には十分な注意が必要である．

ギニエ則(Guinier's law)は粒子の低い Q における散乱強度の傾きと粒子の回転半径を関連づけるものであり，粒子形状に関する仮定を要しない．

13・14 回転半径を決定するギニエプロット

低い Q ($Q < 1/R_G$ のとき)では，希薄分散系からの散乱は粒子の形状にによらないことがわかる．**ギニエ則**[14]として知られる下記の近似式で示されるように，散乱強度 $I(Q)$ はコントラスト，粒子数，粒子体積および回転半径にのみ依存する．

$$I(Q) = \Delta\rho^2 N_P V_P^2 \exp(-Q^2 R_G^2/3) \qquad (13・13)$$

回転半径は光散乱に関する 13・4 節で説明したが，粒子サイズを特徴づける非常に便利な量である．図 13・13 は Q^2 に対する散乱強度の自然対数のギニエプロットを示す．このプロットは $-R_G^2/3$ の傾きなので，粒子形状を仮定せずに R_G の決定が可能である．

ただし，この近似は $Q < 1/R_G^{-1}$ に対してのみ有効であることに注意が必要である．

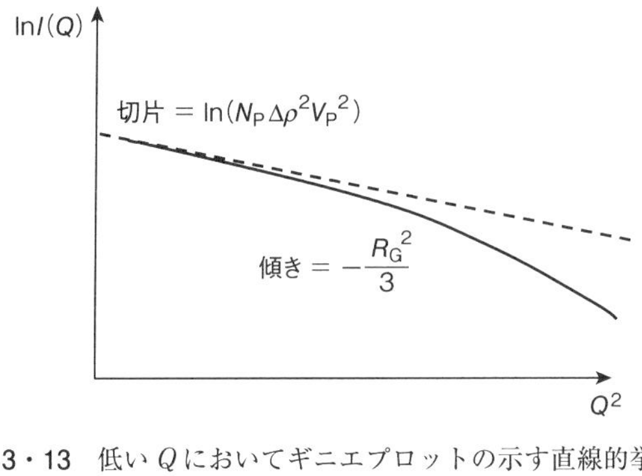

図 13・13 低い Q においてギニエプロットの示す直線的挙動．

以下の数節でこの測定の基本形の変形と拡張について述べる．さらに詳細については専門書[15),16)]を参照されたい．

13・15 粒子形状の決定

$Q < 1/R_G$ では，粒子の形状は粒子形状因子(したがって希薄分散系からの散乱の形)

に大きな影響を及ぼさない．これは図 13・14 に示すように球，薄い円板(厚さ 0.5 nm)，細い棒(半径 0.5 nm)体に対する粒子形状因子の log/log プロットから明らかである．図 13・14 は棒の場合は傾き −1，円板の場合は傾き −2 のそれぞれ特徴的な領域を示す．$Q \gg 1/$(粒子サイズ)では(後に説明する)ポロド則(Porod's law)が適用される．なお，この例における 3 種類の形状に対する粒径は同じ回転半径(10 nm)をもつように選んである．その結果，散乱がギニエ則に従う $Q \approx 1/R_G$ 以下の領域では形状因子 $P(Q)$ は三つの形状のすべてに対して同一になる．

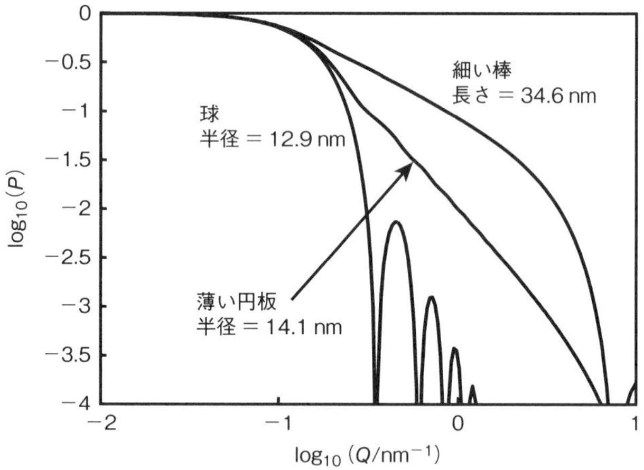

図 13・14 回転半径が等しく，形状の異なる粒子の形状因子 P を散乱ベクトル Q に対してプロットした．

13・16 多 分 散

図 13・15 に示すように，多分散は Q が低いときの勾配には大きな影響は及ぼさないが，Q が高くなると極大値と極小値の差が小さくなり平坦化される傾向がある．これは，球半径 R_S の値がわずかに異なる形状因子を平均化することにより理解できる．また，試行錯誤(曲線当てはめ)によって多分散度を推定することができる．

13・17 粒径分布の決定

粒径分布を導くためのコンピューターによる別の方法がある．たとえば，最大エントロピー法に基づく方法である(与えられた条件のもとでエントロピーが最大になるような粒径分布を求める)．そこでは，散乱曲線と一致する最も滑らかな粒径分布が求められる[17]．

図 13・16(a)に示した例は部分的に加水分解し，溶液中で多核イオンを形成する塩化

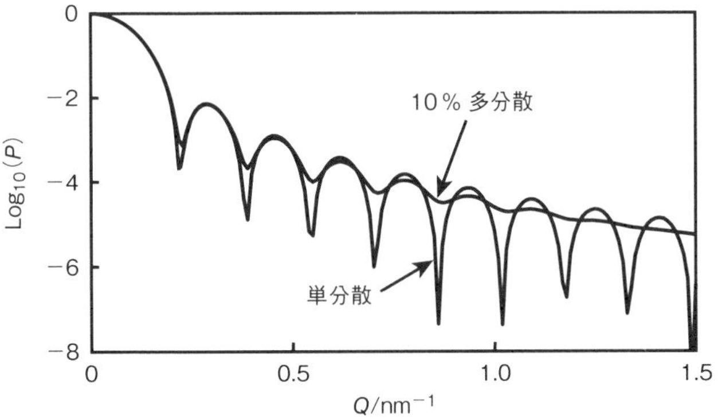

図 13・15　形状因子 P に対する多分散性の効果．散乱ベクトル Q に対してプロットした．

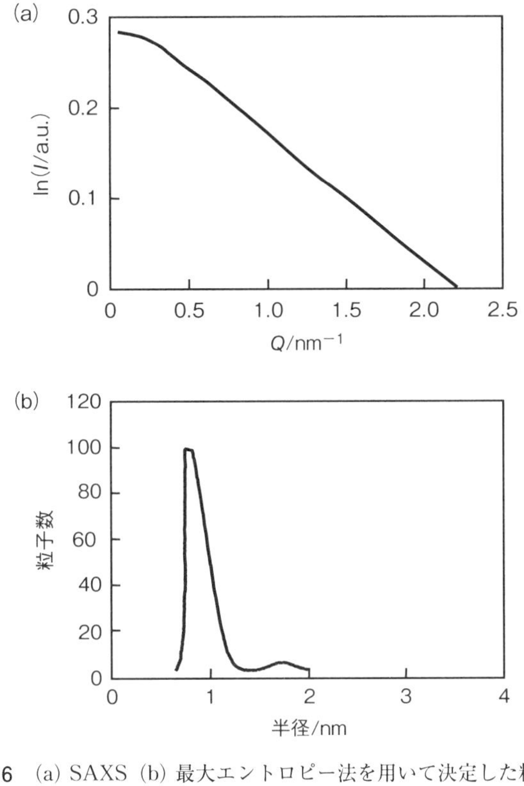

図 13・16　(a) SAXS (b) 最大エントロピー法を用いて決定した粒径分布．a.u. は原子質量単位．

ジルコニウムからのSAXSである．最大エントロピー法に基づく粒径分布は図13・16(b)に示す．粒子の半径は1 nmで，これより大きな粒子(おそらく二量体)がわずかに存在することがわかる．

13・18 異方性粒子の整列

非球状粒子の場合，小角散乱測定に対しては粒子を配列させることが有利である．粒子を配列させると，垂直な2方向(二次元)における散乱を検知器で分析することによって粒子の大きさを決定できる(図13・17)．たとえば，ひも状ミセルはキュベット中でせん断により配列する場合がある[18]．キュベットは通常，中性子透過性のシリカで作られ，外部回転子と内部固定子の間には1 mm以下の間隙がある．ネマチック液晶は磁場中に置くことにより配列する場合がある．

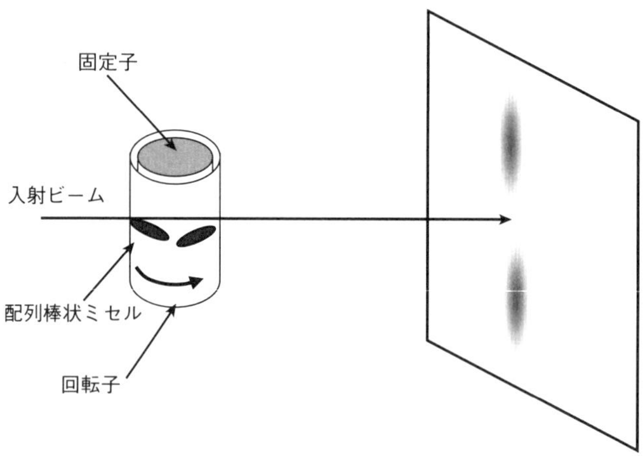

図13・17 せん断配列試料からの散乱．

13・19 濃厚分散系

濃厚分散系の場合は，異なる粒子による散乱光が干渉する．この粒子間干渉は構造因子とよばれる項$S(Q)$によって評価される．

$$I(Q) = (\rho_P - \rho_M)^2 N_P V_P^2 P(Q) S(Q) \tag{13・14}$$

希薄分散系では$S(Q)=1$である．濃厚分散系の場合は$S(Q)$は振動関数であり，粒子がどのように充填されているかを決定するのに用いられる[19]．散乱強度の形状$I(Q)$は粒子形状因子$P(Q)$と図13・18に示すような構造因子$S(Q)$の積に依存する．最小二乗法に基づくモデルを当てはめて，2個の粒子の最近接距離(剛体球斥力半径)を求めることができる．帯電粒子(たとえば，ミセル)の場合，表面電荷と遮蔽長はモデルを当てはめることによって求まる[20]．

回転半径を決定するためにギニエ則を用いる際に注意すべき点は，$S(Q)=1$ の場合にのみプロットの傾きが $-R_G{}^2/3$ になる点である．希薄でない試料の場合，プロットの傾きは $-R_G{}^2/3$ にならない場合があり，ギニエ則を用いた解析からは誤った R_G の値が得られる．

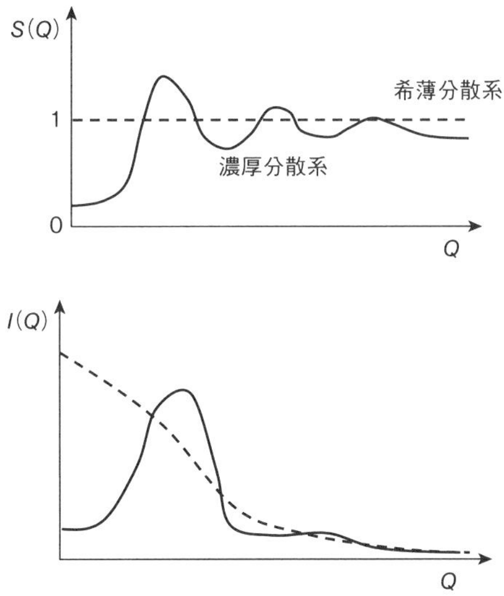

図 13・18 濃厚分散系(実線)と希薄分散系(破線)の構造因子 $S(Q)$ と散乱強度 $I(Q)$．散乱ベクトル Q に対してのモデルプロット．

図 13・19 は油中に分散した強塩基性洗浄剤からの SAXS である．これはエンジンオイル添加物として用いられ，界面活性剤で安定化した炭酸カルシウム粒子である．界面活性剤と油の電子密度の値は互いに非常に近く，コア粒子である炭酸カルシウム粒子の電子密度とは異なるので，散乱は電子密度の高いコア粒子に支配される．濃厚系の場合は，ピークの位置と形状を解析すると剛体球半径が得られる．希釈すると，ピークは消え〔$S(Q)$ は 1 に近づく〕，ギニエプロットを用いてコア半径を決定できる．

13・20 コントラスト変調SANS

SANS にコントラスト変調を用いるとさらに詳細な構造に関する情報が得られ，特に複合粒子に対して有用である．図 13・20 で示すようなコアと比較的薄い被覆膜から成る粒子を考えると，三つの寄与がある．すなわち，コアによる散乱，被覆膜による散

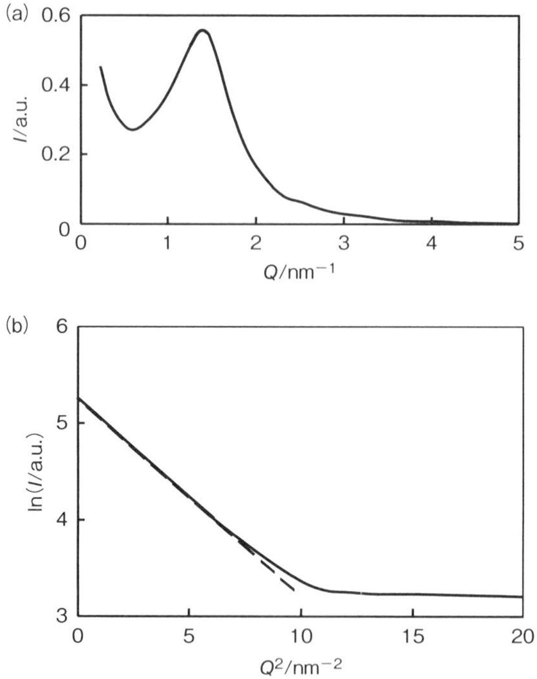

図 13・19 炭酸カルシウム粒子の(a)濃厚分散系および(b)希薄分散系からの SAXS.

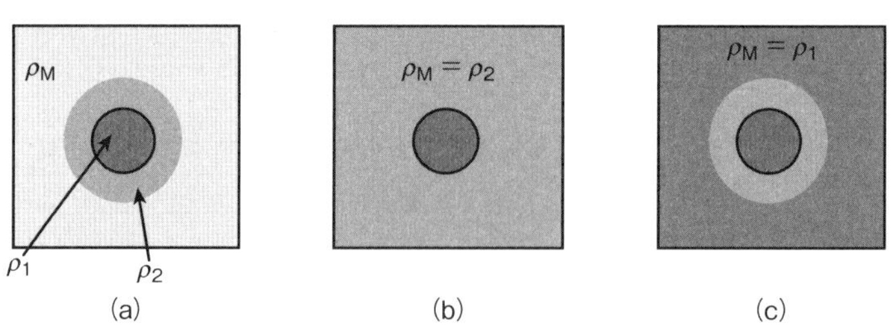

図 13・20 複合粒子のコントラスト変調.

乱，および両方による散乱である．このモデル化は可能であるが複雑である．コア散乱が支配的であるため(コアが被覆膜より体積が大きいので)，被覆膜構造を推定することは難しい．

コントラスト変調を用いるために，最初に図 13・20(b)のように溶媒が被覆膜と同じ散乱長密度をもつように設定する．水性媒質の場合は，H_2O と D_2O の適当な比率を選べばよい．その結果，被覆膜は溶媒と“コントラストマッチング”をして，散乱はコアからのみとなり，コアの回転半径 R_G をギニエプロットから決定できるようになる．

次に図 13・20(c)のように溶媒がコアと同じ散乱長密度をもつように設定する．その結果，コアは溶媒と“コントラストマッチング”をして，散乱は被覆膜からのみとなり，被覆膜の厚さ R_T をギニエプロットから決定できるようになる．ただし，このギニエプロットは $Q > 1/R_G$ において非等方性の板状物体による散乱に適用できるように修正される[21]．

$$I(Q) \propto \frac{1}{Q^2} \exp(-Q^2 R_T{}^2) \qquad (13 \cdot 15)$$

Q^2 に対する $\ln(Q^2 I)$ のプロットの傾きは $-R_T{}^2$ である．$R_T =$ 厚さ$/\sqrt{12}$ を用いて被覆厚を決めることができる．

13・21　高い Q の極限: ポロド則

ギニエ領域より十分高い Q における散乱形式を考えよう．検出距離は Q に反比例するので，非常に高い Q は短距離を意味し，図 13・21 に模式的に示されるように，散乱は分散系の粒子表面における散乱長密度のステップからのみ生じる．

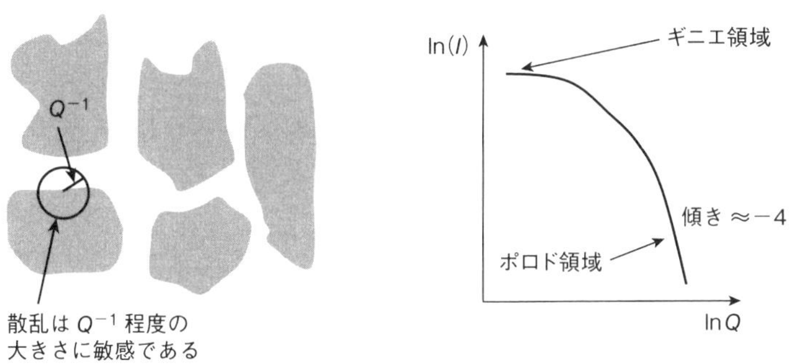

図 13・21　高い散乱ベクトル Q による検出距離，および散乱曲線(散乱強度 I の散乱ベクトル Q に対する曲線，両軸とも対数)において対応するポロド領域．

検出距離が粒子間距離より非常に短いので粒子間効果はない．このような高い Q における散乱は Q^{-4} に従って減衰し，その強度は試料におけるコントラスト $\Delta\rho^2$ および表面積 S の量のみに依存する．

$$I(Q) \approx 2\pi S \Delta\rho^2 Q^{-4} \qquad (13 \cdot 16)$$

これは**ポロド則**(Porod's law)として知られている[22]. したがって, 散乱強度は粉体, 分散系などにおける表面積を測定するために用いられる.

表面が滑らかでない場合, ポロド則は修正される. 表面の性質はその表面のフラクタル次元 D_S で特徴づけることができる. この概念は以下のように理解される. 滑らかな表面上にある半径 R の球を考えよう. 球の半径が増加すると, 球の表面積は半径の 2 乗に比例して増加する. したがって, 滑らかな表面では $D_S = 2$ である. 非常に粗い多孔性の表面の場合, 半径の 3 乗に比例して球内部の表面積が増大する. したがって, 粗い面では $D_S = 3$ である. 一般に, 表面の**フラクタル次元**(fractal dimension)はこれらの極限の間に位置する($2 < D_S < 3$). 図 13・22 に二つの極限の場合を模式的に示す.

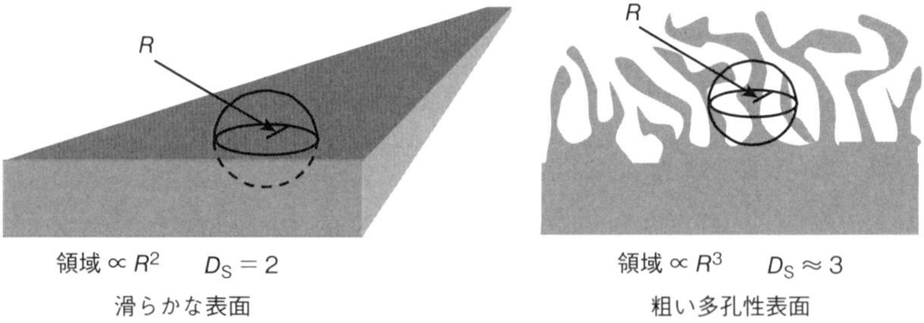

図 13・22 フラクタル表面.

フラクタル表面に対してポロド則を適用するには, 式中のべきを 4 から($6 - D_S$)に変更する. この結果, (13・17)式を用いて, 高い Q における散乱の ln/ln プロットの傾きからフラクタル次元を推定できる. 滑らかな表面については, 元のポロド則に戻ることに注意する必要がある.

$$\ln(I(Q)) = A - (6 - D_S)\ln(Q) \qquad (13 \cdot 17)$$

ここで, A は定数である.

図 13・23 は多孔質ガラス(バイコール)試料からの高い Q の散乱を示す. 試料が乾燥している場合, 両対数グラフの傾きは −3.3 であり, 表面フラクタル次元が 2.7 である(すなわち, きわめて粗い)ことを示す. しかし, 試料を蒸気(ガラスと同様の散乱長密度をもつハロゲン化された溶媒)に接触させると傾きは −3.9 になる. このとき表面フラクタル次元は 2.1 (すなわち, ほとんど完全に滑らか)になる. 結論としては, 細孔がガラスと同じ散在長密度をもつ毛管凝縮蒸気で満たされたために, 表面は滑らかになったのである.

フラクタルの概念には多くの応用がある. たとえば, 吸着高分子層と粒子の凝集体は

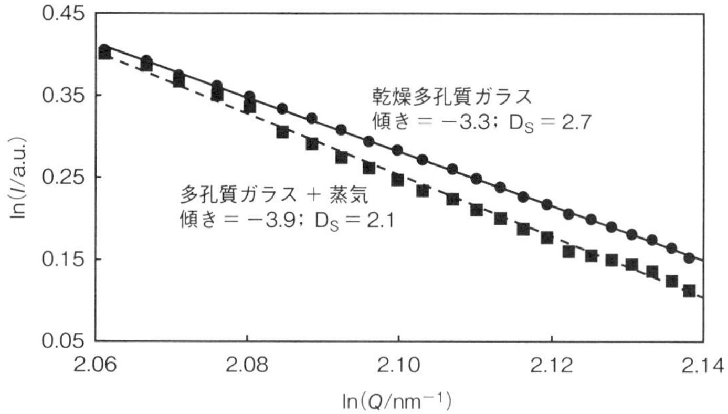

図 13・23 水蒸気に接する乾燥状態の多孔質ガラスからの SAXS.

フラクタル次元によって特性評価できる場合がある．表面フラクタルと質量フラクタルからの散乱に関する詳細な議論については他の文献[23)~25)]を見よ．

13・22 X 線反射と中性子反射

反射率法は巨視的表面の構造を研究するために最近開発された方法である[26)]．13・20 節で見たように，小角散乱を用いて粒子コアと溶媒のコントラストを整合させることにより粒子表面の特性評価が可能になる．巨視的表面からの反射は，分散系の粒子表面の場合に比べて下記のような利点がある．

- 反射は安定分散系に制限されない．
- 反射はコアのコントラスト整合条件に制限されない．
- 散乱への表面の寄与を鏡面反射として実験的に切り離すことがきるので，より正確である．
- 滑らかな表面からの反射率を厳密に計算することは比較的簡単である．

大きな欠点は，数平方センチメートルの平面を必要とする点である．これは気/液界面の場合は簡単であるが，気/固界面，固/液界面，液/液界面では困難である．

13・23 反 射 実 験

反射率法は図 13・24 に模式的に示すように原則的には非常に単純である．すなわち，十分に平行な X 線または中性子の単色光を表面上に照射させて反射ビームの強度を測定する．ここで，入射角の走査によって散乱ベクトル Q を変化させる．パルス源の場合は，一定の角度で飛行時間を測定することによって Q を波長 λ の範囲で変化させる．反射率 R は Q の関数で表され，表層構造に関して解析する．ESRF，ISIS などの研究拠点施設で X 線反射率計の測定が可能であり，また X 線反射率計と中性子反射率計を利用できる．

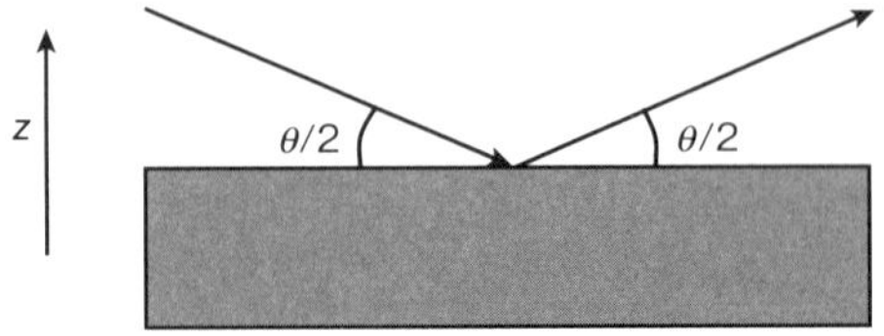

図 13・24 反射実験の原理．

表面からの反射率 $R(Q)$ は，本来は多重層光学で発展した方法を用いて厳密に計算ができる[27]．しかし，反射率法の結果を理解するためには運動学に基づく近似が非常に有用である[28]．

この近似では二つの因子がある〔(13・18)式〕．第一の因子は理想的に滑らかで鋭い界面で観測される反射率である．ここで二つの媒質間の散乱長密度差は $\Delta\rho$ である．この因子は Q^{-4} に従って減衰する．第二の因子は界面の吸着層または拡散の度合いのような表層構造に起因し，表面に垂直な(すなわち，z 方向の)散乱長密度勾配のフーリエ変換の 2 乗で与えられる．

$$R(Q) = \frac{16\pi^2\Delta\rho^2}{Q^4}\left|\frac{1}{\Delta\rho}\int_{-\infty}^{\infty}\frac{\partial\rho(z)}{\partial z}\mathrm{e}^{\mathrm{i}Qz}\mathrm{d}z\right|^2 = \frac{16\pi^2}{Q^4}\left|\int_{-\infty}^{\infty}\frac{\partial\rho(z)}{\partial z}\mathrm{e}^{\mathrm{i}Qz}\mathrm{d}z\right|^2 \qquad (13\cdot18)$$

ここで i は虚数単位である．

13・24 反射測定の簡単な例

中性子反射率の例として，図 13・25 に模式的に示したような水の表面に吸着した重水素化界面活性剤の単分子層を考えよう．8 vol % の重水を用いると中性子にとって水は見えなくなる．つまり散乱長密度はゼロになり，コントラストは空気と一致する．

したがって，散乱長密度プロファイルは単純な長方形になり，標準フーリエ変換の結果[29]から示されるように，表面構造因子は余弦関数を用いた式で与えられる．

$$R(Q) \approx \frac{16\pi^2}{Q^4}\rho_{\mathrm{F}}{}^2\ 2(1-\cos Qd) \qquad (13\cdot19)$$

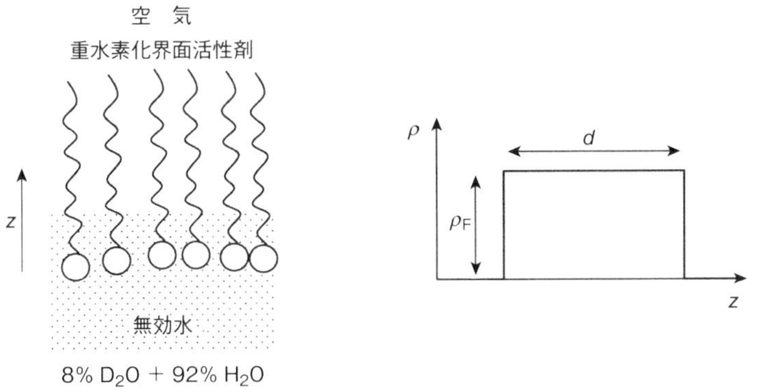

図 13・25　"無効(null)"（中性子から見えない）水の表面に吸着した重水素化界面活性剤，および対応する散乱長密度プロファイル．

ここで，ρ_F と d はそれぞれ界面活性剤膜の散乱長密度と厚さである．

このような系からの反射率を RQ^4 とみなしてプロットすると，急速な減衰はデータから取除かれる．余弦関数の最初の極大位置は容易に測定されるので，層厚 d を決定できる．

$$d = \pi/Q_{\max} \tag{13・20}$$

余弦振動の振幅は膜の散乱長密度で決まり，次式で与えられる．

$$\rho_F = \sqrt{\frac{(RQ^4)_{\max}}{64\pi^2}} \tag{13・21}$$

散乱長密度は界面活性剤分子の全散乱長，$\sum_{分子} b$，および分子が占める体積に依存するので，分子当たりの面積 A は膜の散乱長密度から以下のように計算される．

$$A = \frac{\sum_{分子} b}{\rho_F d} \tag{13・22}$$

ここで，一つの分子中におけるすべての原子の散乱長に関して和をとる．

図 13・26 は水上に広がった d-ドコサン酸の反射率 RQ^4 をプロットした．データは ISIS 中性子源実験施設における CRISP 反射率計*を用いて得た[30]．

極大値の位置は，層の厚さが 2.4 nm であることを示している．また，分子の全散乱

＊［訳注］ISIS のみにある固有の装置．

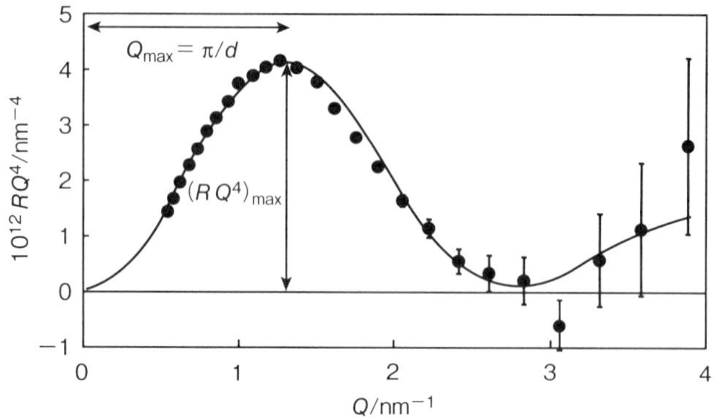

図13・26 水上に広がったd-ドコサン酸からの中性子反射率.

長が 441×10^{-6} nm であるので，1分子当たりの面積の値として 0.23 nm^2 が得られる．この単純な例は，界面活性剤層のもつこれら二つの重要な特性(層の厚さと1分子当たりの面積)がどのように測定されるかを示す．さらに，この方法を拡張して複雑な界面に対処しかつ詳しい構造情報が決定できる．

13・25 まとめ

光散乱，X線散乱，また，特に中性子散乱がコロイドと表面の構造に関する有用な情報をどのように与えるかについて議論してきた．技術は“実際の空間”のイメージを与えないが，構造に基づいて散乱と反射のデータを解釈することは十分に直接的である．また，データは一般に平衡状態にある試料から得るので，試料調製またはプローブによる試料の破損に起因する人為的誤差がなく，ここで概説した方法はコロイドと表面の科学において広く用いられている．これらの方法の利用者は引用文献にある書籍の中の詳細な入門書を読むことを勧める．各拠点研究施設のウェブページも詳しい情報や測定機器に関する有用な情報源になる．

文献

1) “Neutron Scattering; Treatise on Materials Science and Technology”, Vol. 15, ed. by Kostorz G., Academic Press, New York (1979).
2) Als-Nielsen, J., McMorrow, D., “Elements of Modern X-ray Physics”, John Wiley & Sons, Ltd., Chichester (2001).
3) Kerker, M., “The Scattering of Light and other Electromagnetic Radiation”, Academic Press, New York (1969).

4) Guinier, A., "X-ray Diffraction in Crystals, Imperfect Crystals and Amorphous Bodies", Dover, New York (1994).
5) "Neutron, X-ray and Light Scattering Methods Applied to Soft Condensed Matter", ed. by Lindner, P., Zemb, Th., North-Holland, Amsterdam (2002).
6) Pusey, P. N., Taugh, R. J. A., "Dynamic Light Scattering and Velocimetry: Applications of PCS", ed. by Pecora, R., Plenum Press (1982).
7) European Synchrotron Radiation Facility　http://www.esrf.fr/
8) Diamond Light Source　http://www.diamond.ac.uk/
9) Insitut Laue Langevin　http://www.ill.fr/
10) ISIS Pulsed Neutron and Muon Source　http://www.isis.rl.ac.uk/
11) The European Neutron Scattering Association　http://neutron.neutron-eu.net/n_ensa/
12) Sears, V. F., *Neutron News*, **3**, 26 (1992)　http://www.ncnr.nist.gov/resources/n-lengths/
13) Lord Rayleigh, *Proc. Roy. Soc.* (*London*), **A-84**, 25 (1910).
14) Guinier, A., *Ann. Phys.*, **12**, 161 (1939).
15) Feigin, L. A., Svergun, D. I., "Structure Analysis by Small Angle X-ray and Neutron Scattering", Plenum Press (1987).
16) Glatter, O., Kratky, O., "Small Angle X-ray Scattering", Academic Press, London (1982).
17) Potton, J. A., Daniell, G. J., Rainford, B. D., "Neutron Scattering Data Analysis; *Inst. Phys. Conf. Ser. no 81*", Ch. 3, p. 81, IOP Publishing (1986).
18) Hayter, J. B., Penfold, J., *J. Phys. Chem.*, **88**, 4589 (1984).
19) Ottewill, R. H., "Colloidal Dispersions", ed. by Goodwin, J. W., p. 143, Royal Society of Chemistry, London (1982).
20) Hayter, J. B., Penfold, J., *Colloid Polym. Sci.*, **261**, 1022 (1983).
21) Kratky, O., Porod, G., *Acta Physica Austriaca*, **2**, 133 (1948).
22) Porod, G., *Kolloid-Z.*, **124**, 83 (1951).
23) "Surface Properties of Silica", ed. by Legrand, A. P., John Wiley & Sons, Ltd., Chichester (1998).
24) Bale, H. D., Schmidt, P. W., *Phys. Rev. Lett.*, **53**, 596 (1984).
25) Allen, A. J., Schofield, P., "Neutron Scattering Data Analysis; *Inst. Phys. Conf. Ser. no 81*", Ch. 3, p. 97, IOP Publishing (1986).
26) Bucknall, D. G., "Modern Techniques for Polymer Characterisation", ed. by Pethrick, R. A., Dawkins, J. V., John Wiley & Sons, Ltd., Chichester (1999).
27) Penfold, J., Thomas, R. K., *J. Phys. Conden. Matter*, **2**, 1369 (1990).
28) Als-Nielsen, J., *Z. Phys.*, **B61**, 411 (1885).
29) Champeney, D. C., "Fourier Transforms and Their Physical Applications", Academic Press (1973).
30) Grundy, M. J., Richardson, R. M., Roser, S. J., Penfold, J., Ward, R. C., *This Solid Films*, **159**, 43 (1988).

14

光学的操作

14・1 はじめに

物質のメゾスコピック構造*を操作，解析，組織することはソフトマターの科学の最先端の課題である．ソフトマテリアルには高分子，コロイド，マイクロエマルション，ミセル系およびそれらの集合体が含まれるが，ソフトマテリアルを特徴づける長さのスケールは数十ナノメートルから数十マイクロメートルまで，力のスケールはフェムトニュートンからナノニュートンまで，時間のスケールはマイクロ秒から時間に至るまで広範囲にわたる．これらのスケールで物質を組織することは，従来は相互作用と動力学の巧妙な化学的制御によってのみ可能であった．しかし，この20年間で，新しい世代の光学技術が出現した．その結果，ソフトマターの科学者は物理的に微視的世界に達することが可能になり，ナノメートルの精度で誘電物体をつかみ，移動させ，変形させることが可能になった．本章は，これらの新しい強力な光学的操作技術の背後にある考えを要約し，ソフトマターの科学における最近のいくつかの応用を紹介する．この分野における詳細な研究がGrier[1)]およびMolloyとPadgett[2)]による文献にある．一方，光学的操作技術の最近の進展はDholokiaらによってまとめられている[3)]．

14・2 光による物質の操作

光で物体を移動させることは，ちょっと考えると空想科学小説の題材のように思える．実際，“トラクタービーム”（物体を引っ張る光線）は「スタートレック」のような古典的SF小説で重要な役割を演じている．そこでは，U.S.S.エンタープライズ（米海軍原子力空母と同名の架空の宇宙船）のレーザービームを用いて小型宇宙船団を率いたり，ほかの宇宙船を曳航したり，敵の宇宙船の脱出を阻止したりする[4)]．この物語は少

［14章執筆］ Paul Bartlett, School of Chemistry, University of Bristol, UK

＊ ［訳注］ 巨視的（マクロ）な構造と微視的（ミクロ）な構造の中間の構造．

し空想的かもしれないが，科学的には理にかなっている．光子が運動量をもつので，物体を移動させることができる．波長 λ の光子は運動量 $p=h/\lambda$ をもつ．ここで，h はプランク定数である．物体に光が当たると屈折，反射および回析の結果，光の方向が変化する．光子ビームの入射運動量が変化すると，ニュートンの運動法則から物体にも力がはたらくことになる．もちろん，この力は宇宙船を動かすほど大きくはない(ビームが驚異的に強力でない限り！)．しかし，μm サイズの粒子のような小さな物体に対しては，この力によって物体を随意に動かすことができる．

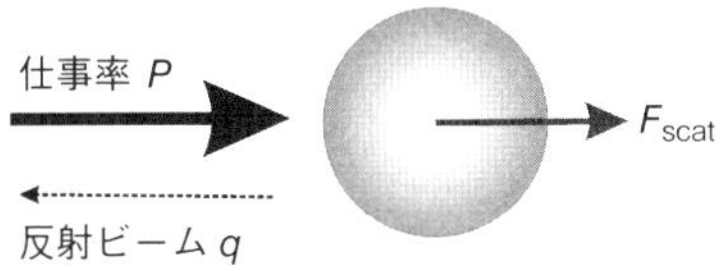

図 14・1 球にはたらく光散乱力．

図 14・1 に示した非常に単純な計算から光学的な力の大きさを見積もることできる．仕事率 P の光ビームが微視的な球状粒子に入射するものとする．各光子がエネルギー $h\nu$ を運ぶので，毎秒粒子に入射する光子数は $P/h\nu$ である．粒子に運動量が伝達されるので，反射されるビームの割合を q とすると粒子にはたらく力，すなわち散乱力は以下のようになる．

$$F_{\text{scat}} = 2\left(\frac{P}{h\nu}\right) \times \left(\frac{h}{\lambda}\right) \times q = \frac{2qnP}{c} \tag{14・1}$$

ここで c は光の速さ，n は媒質の屈折率である．典型的な値を代入すると光学的な力の強さを大ざっぱに見積もることができる．たとえば，半径 λ の誘電体球に 100 mW のレーザービームが集光すると仮定する場合，約 40 pN の光学的力を生じる．ただし，反射の割合 q は 0.05 とする[5)]．この力は宇宙船の大きさのものを動かすには明らかに小さすぎるが，微視的なレベルではこのような pN レベルの力がきわめて大きな効果を及ぼす．これを調べるためには，コロイド系で見いだされる力の典型的な大きさを考察する必要がある．

図 14・2 はソフトマターの科学で出会う典型的な力の範囲を示す．共有結合を 1 つ切断するには 1～2 nN のオーダーの力が必要である．一方，高分子鎖をほどいたり，二重らせんの DNA を一本鎖にする，あるいはほとんどのファンデルワールス相互作用を壊すには 1 分子当たり約 20～50 pN の力で十分である．コロイドの力は典型的には μm サイズの粒子間相互作用力より 1 桁小さく，数十～数百 fN の大きさである．おそらく関連する力の中で最も弱い力は重力に起因する力であり，コロイド粒子にはたらく沈降力は典型的には数 fN である．以下に見るように，光学的な技術は～10 fN から～

100 pN の範囲にある力を測定するために用いられ，ソフトマターを研究し操作するのに最適である．

最初の三次元光ピンセットは 1970 年代初めにベル研究所の Arthur Ashkin によってつくられた[6]．図 14・3 に模式的に示したように，向かい合って伝搬する二つの弱く発散するレーザービームから成る．二つのビームからの光子散乱で軸方向の力 F_{scat} が生じるが，平衡点ではこれらの力が釣り合って粒子は安定に捕捉される．軸に沿うどんな運動からも正味の散乱力が生じ，平衡点に向かって粒子を動かす(図 14・3a)．この観測は上記の議論から予測されるが，驚くべきことに軸に垂直な方向に関しても粒子が拘

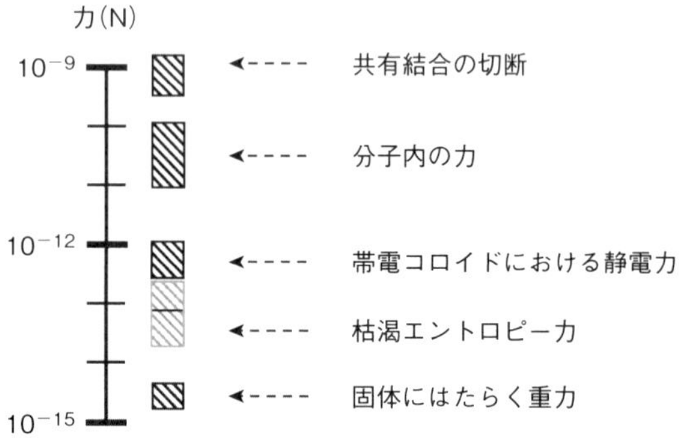

図 14・2 ソフトマターの科学における種々の力の強さ．

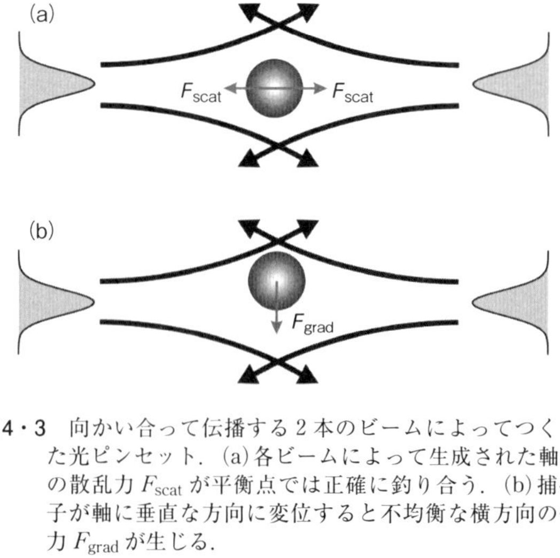

図 14・3 向かい合って伝播する 2 本のビームによってつくられた光ピンセット．(a)各ビームによって生成された軸方向の散乱力 F_{scat} が平衡点では正確に釣り合う．(b)捕捉粒子が軸に垂直な方向に変位すると不均衡な横方向の勾配力 F_{grad} が生じる．

束されることを Ashkin は観測した(図 14・3b). この観察は, 光ピンセット技術の開発が成功した鍵である. こうして放射圧に横方向の力の成分も存在することが初めて示された. この成分はビーム方向に垂直にはたらく. 横方向の力(図 14・3 で, 手前, 奥方向にはたらく力)すなわち勾配力 F_{grad} はレーザー場が最大になるところへ粒子を動かす. したがって, 向かい合う伝播ビームによる捕捉の場合, 粒子がビーム軸に垂直な方向に変位しても二つのビームで生成される勾配力によって逆方向に押し戻される. 粒子は三次元のすべての方向におけるランダムな変位に対して安定になる. こうして“光ピンセット”が実験室に生まれたのである.

このように向かい合って伝播する光による粒子の捕捉は可能になったが, 一列に並べるのは時間がかかり, 両側からレーザーを照射する必要があるため適用対象が制限された. ここにおいて, Ashkin[7] が 1986 年に示したことは飛躍的な進歩であった. すなわち, 彼は強く集光した単一レーザービームの焦点近傍に勾配力が生じ, 透明な粒子を三次元空間で捕捉できることを示した. 最近の 20 年間でこの技術はナノテクノロジーと生物学の主流な測定技術になり, 広く“光ピンセット”とよばれている.

14・3　光ピンセットにおける力の生成

強く集光した単一のレーザーによる捕捉作用については図 14・4 に示す.

図 14・4 は屈折率の大きい透明な球状粒子を通過する光線を示す. スネルの法則(Snell's law)に従って球表面で光が屈折するが, 光が球に入るときは法線方向に近づく方向に曲がり, 出るときは法線方向から離れる方向に曲がる. 光線が屈折するたびに光子の運動量が変化するが, ニュートンの第三法則から粒子には大きさが同じで逆向きの力がはたらく. 図 14・4(a)は粒子がビームの中心から左にずれようとする場合を示す. 光が右方より左方へ強く屈折する結果, 粒子は右方へ正味の力を受けてビームの中心に引き戻される. 図 14・4(b)のように粒子がビームの焦点から外れて上方へ動こうとす

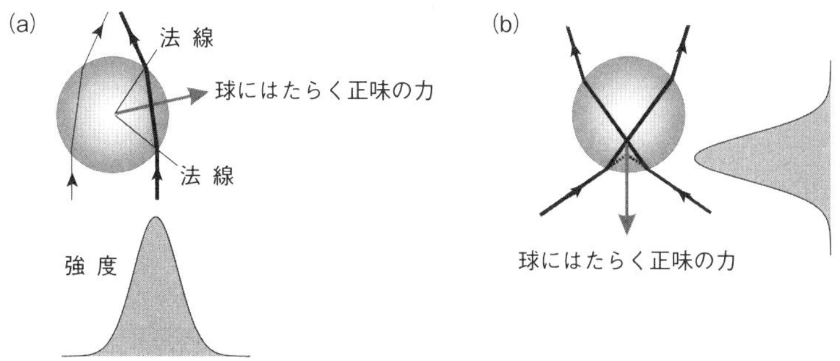

図 14・4　単一ビーム光勾配捕捉ではたらく力.

ると光線が上方へ屈折する結果，粒子にはたらく反作用の力はビームの焦点へ粒子を引き戻す．正味の効果として粒子を三方向のすべてに対して拘束する力がはたらく．

もし，球がレーザー波長より十分大きい場合，この光学アプローチは光ピンセットの強度に対して驚くほど正確な見積もりを与える[8)]．小さい粒子については，捕捉粒子にはたらく電場強度に基づいて議論する方が適している[9)]．図 14・5 に模式的に示したように，レーザービームを集中させるとビーム焦点に強い電場が生じる．電場の効果は捕捉した球状粒子を分極させ，時間に依存する誘起双極子 $\mu=\alpha E$ を生成することである．誘起双極子の大きさは球の分極率 α に依存する．第一近似では半径 r の球の分極率 α は $\alpha \approx (n_p - n_m) r^3$ のように変化する．ここで，n_p と n_m はそれぞれ粒子と媒質の屈折率である．したがって，媒質の屈折率より大きな屈折率をもつ球の分極率は正である．

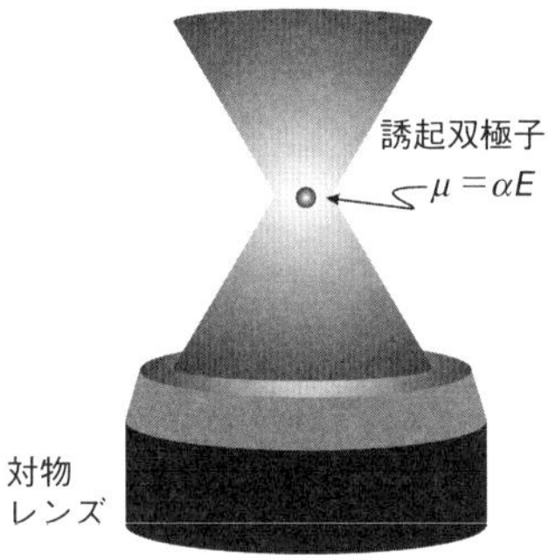

図 14・5　単一ビームの焦点における強い電場によって捕捉された球.

振動誘起双極子は二つの効果を及ぼす．第一の効果は，振動誘起双極子が光を発生し散乱力が粒子にはたらくことである．散乱光強度は誘起双極子モーメントの 2 乗に比例するので，散乱力は分極率の 2 乗に比例する．すなわち，$F_{scat} \approx \alpha^2 E^2 \approx (n_p - n_m)^2 r^6 I$ になる．ただし，I はレーザー強度である．この式からは明らかではないが，F_{scat} は光の伝搬方向に平行である．したがって，粒子は散乱力によってビームに沿って導かれる．第二の効果は，ビーム焦点近傍に存在する電場勾配に起因する．双極子は分離した正電荷の中心と負電荷の中心から成るので，一様な電場内に平行に置かれた双極子には正味の力ははたらかない．しかし，電場が空間的に変化する場合は正電荷の中心と負電荷の中心で電場は異なり，双極子に正味の力がはたらくようになる．この勾配力の強さは $F_{grad} \approx \mu \nabla E$ である（∇ は微分演算子）．誘起双極子モーメントに対する前述の式（$\mu=\alpha E$）を用いると，上式は $F_{grad} \approx (\alpha/2) \nabla E^2$ と等価になることが容易にわかる．勾配力は分極率に比例するので，$\alpha>0$ の場合，勾配力は最も光の強い領域に向かう．安定な三次元の捕捉を得るためには勾配力を増加させ，散乱力より大きくする必要がある．これは単にレーザー強度を調節するだけでは実現できない．なぜなら，散乱力と勾配力の両方がレーザー強度に比例して変化するからである．したがって，ビーム焦点近傍の強度勾配を最大にする必要がある．そのためには，広い円錐角から出た光が鮮明な焦点を結ぶように高開口数顕微鏡対物レンズを用いるのが最もよい．最後になるが，強調すべきこととして捕捉粒子の屈折率が周囲の媒質の屈折率より大きく，レーザー強度が最も大きい領域に勾配力が向かうようにする必要がある．気泡や低屈折率の粒子の場合は，勾配力が逆向きに作用するので粒子はビーム焦点から遠ざけられる．

14・4 ナノ加工

光ピンセットはソフトマター系を操作する，高度に制御された方法を提供する．系との直接の物理的接触がないので，試料が汚染される可能性はない．さらに，遠く離れたところからコロイドを空間的に移動できるので，今や新しい種類の物質をつくることができる．光ピンセット技術で最も画期的な発展の一つは，光ピンセットの三次元配列の構築である．これらの多重捕捉系はコンピューター制御の液晶空間光変調器を用いてつくられ，高度に制御された位相変調器を構築する．単一の可干渉性（コヒーレントな）レーザービームで照射すると，外向きの反射ビームは正確に同位相に変調される．その結果，光ピンセット面内に光を集めしぼったとき，反射ビームの種々の部分と多数のピンセットの間に強め合う干渉が生じる．この技術〔ホログラフィック光ピンセット

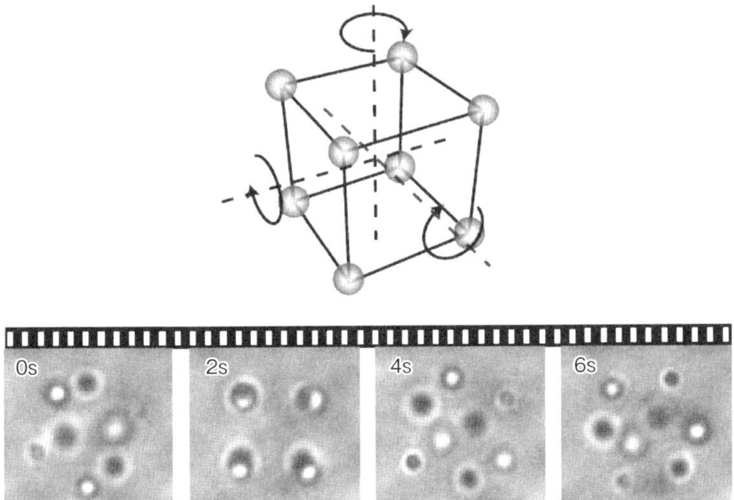

図14・6　回転する単純立方格子の頂点に捕捉された8個のシリカ粒子（直径2 μm）．（文献[11]より許可を得て転載．Copyright（2004）アメリカ光学会．）

(HOT)として知られている〕を用いて，平面内でほぼ2000以上の光ピンセットがつくられている[10]．

ホログラフィック光ピンセットではコンピューター制御により再構成が迅速に行われるが，光ピンセットの空間的配列が調節され，構造は直ちに回転し修正される．たとえば，図14・6は8個の球の連続ビデオ画像である．これらの球は“回転する”立方体の頂点に対応する位置に捕捉されている．この頂点では，空間光変調器の分解能によって単位胞サイズを4〜20 μmの範囲で任意に設定することができる．

このような制御可能な三次元のパターン化は，フォトニックバンドギャップをもつ物質(ある特定の波長の光が内部を伝播しない物質)へのナノ粒子の組織法として現在活発に研究が行われている．

14・5 単一粒子の力学

ここ数十年の間にソフトマターの動力学に関して明らかになったことの多くは，可視光，X線，中性子の散乱のようにバルクの性質を測定するものであった．これらの方法では統計的に非常に大きな粒子集団(典型的には10^{12}個以上)の特性を測定するので，測定に固有の“平均化”によって粒子の性質の分布の全体を測ることはできなくなる．

単一粒子技術からは個々の性質に関する多くの新しいデータが得られるので，種々の仮説に対してはるかに厳格なテストが可能になり，また不均一分布の系に対して平均化された結果からは区別できない，全く新しい挙動の解明も可能になる．この節では，光ピンセット法によって，いかにして個々のコロイド粒子の動力学をnmの空間分解能とmsの時間分解能で測定できるかを示し，コロイドゲルの不均一動力学の研究に対してこの方法が有効であることを説明する．

14・5・1 nmオーダーの変位の測定

光ピンセットに捕捉された球の三次元の位置は以下に述べる四分円光検出器を用いると数nmの分解能で測定することができる．センサーは粒子による前方散乱光と透過レーザー間の干渉を用いる[12]．光ピンセット内の粒子の運動によって散乱光の方向が変化する．このため干渉縞(しま)も変化し，その干渉像は四分円光検出器に投影される．さらに，結果として生じる光電流は増幅されて互いに結合し，電圧信号が発生する．この電圧信号は捕捉された球のX, Y, Z座標に比例する．レーザー照度が高いため分解能は非常に高い．また，低雑音エレクトロニクスを用いて，約1 Hzから10 kHzまでの帯域幅にわたってnmオーダーの分解能を達成することが可能である．図14・7は球が10 nmのステップで前後に往復する場合の検出器の応答を示す．明らかに雑音レベルはnmレベルである．

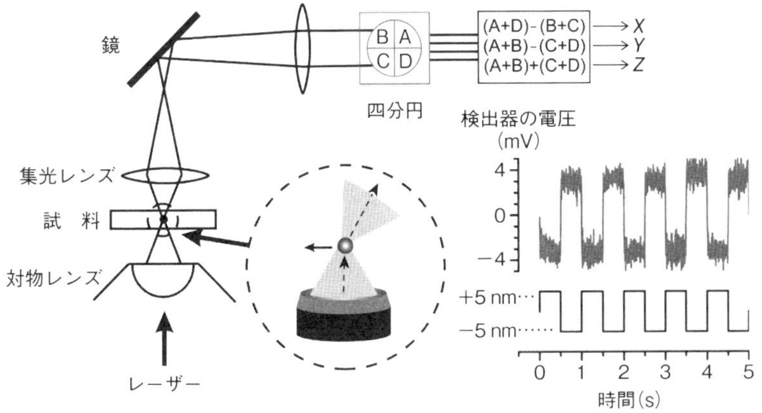

図 14・7　粒子変位の四分円光検出器による測定．右の波形から 10 nm を往復運動していることがわかる．

14・5・2 光ピンセット中のブラウン運動

光ピンセットに捕捉された粒子は実際には固定されておらず，位置は変動する．これは熱的なブラウン運動の力，光学的な勾配力および散乱力の間のバランスの結果である．四分円光検出器は，これらの熱ゆらぎに対して非常に正確な画像を提供する．図

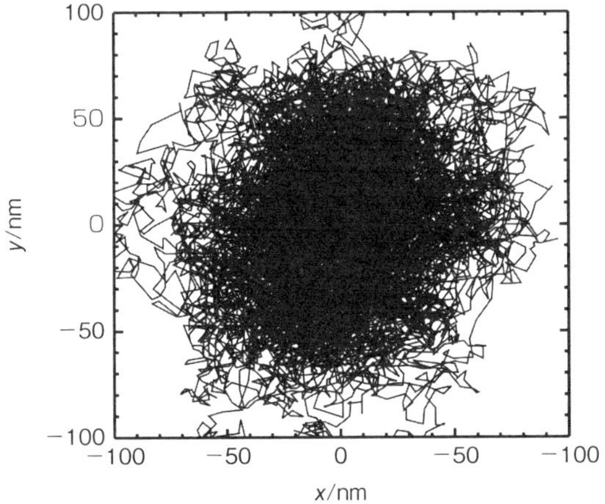

図 14・8　光ピンセットで捕捉された PMMA ミクロスフェア（直径 0.8 μm）のブラウン運動の軌跡（0.8 s 間測定）．

14・8 は光ピンセット内に捕捉された粒子に対して測定された無秩序で混沌とした軌跡の例を示す．ここで，粒子は光軸のまわりに約 50 nm 変動することができる．

捕捉粒子の時間的なゆらぎの分析は，光ピンセットの強度を評価する迅速で正確な方法である．勾配力が復元力になるが，この力は数百 nm の距離にわたって x の一次関数，つまり $F_{\mathrm{grad}} = -kx$ である．ただし，x はビーム焦点の中心からの粒子の変位であり，k は光ピンセットの剛性つまりばね定数である．捕捉粒子は弱いばねによって光ピンセットの中心に結びつけられている．しかし，粒子の運動が周囲の粘性媒質によって極

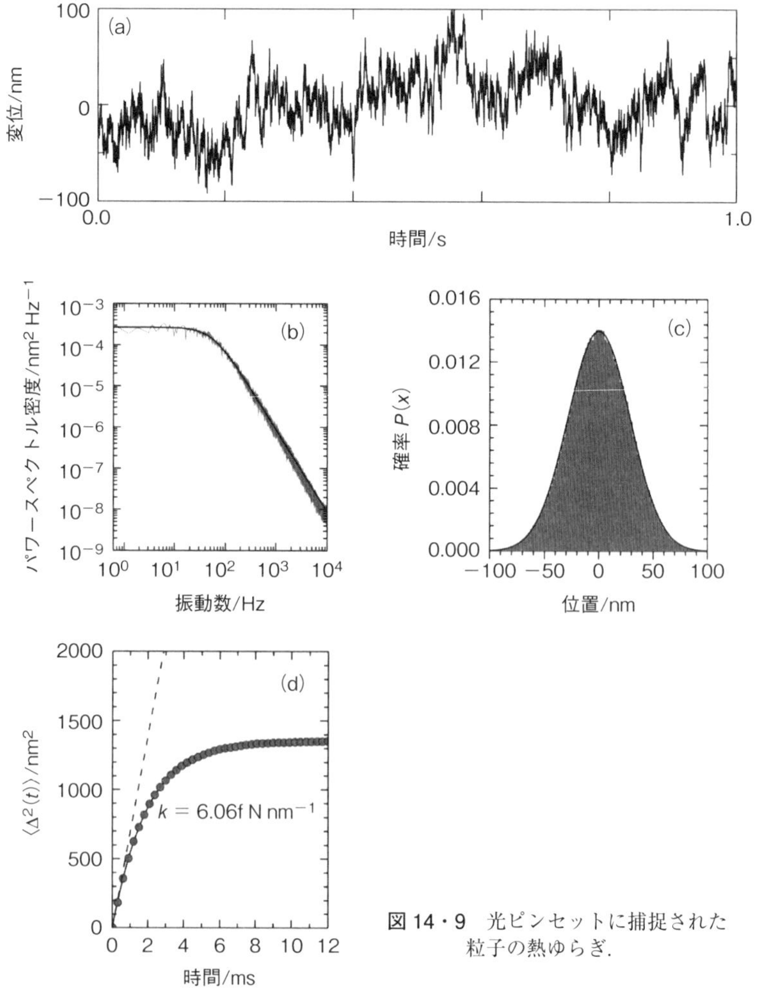

図 14・9 光ピンセットに捕捉された粒子の熱ゆらぎ．

度に減衰するので，（空気中または真空中の場合と異なり）粒子は振動しない．図14・9(a)は10 msオーダーの時間スケールで粒子が変動するが，溶媒とのランダムな衝突の結果として運動は非常に不規則なことを示す．しかし，熱ゆらぎの統計から粒子と光ピンセット間の相互作用が明らかになる．この運動のスペクトル解析（各フーリエ成分の強さを明らかにする）は図14・9(b)で示すように低振動数では平らなプラトーを示し，高振動数ではローレンツ型の減衰（ω^{-2}に比例．ωは振動数）を示す．これは調和ポテンシャル中における熱ゆらぎの特徴である．実線は測定されたゆらぎが理論的によく記述されることを示す．同様の情報は粒子がビーム中心から距離xに粒子を見いだす確率$P(x)$から得られる．この確率は測定された軌跡から容易に計算される．その一例を図14・9(c)に示す．ボルツマンの法則から$P(x)=A\exp(-kx^2/2k_\mathrm{B}T)$であるから，この分布から直接光ピンセットの ばね定数kが得られる．最後に，図14・9(d)は時間の関数として粒子の平均二乗変位(MSD)$\langle\Delta x^2(t)\rangle=\langle|x(t)-x(0)|^2\rangle$を表す．測定したMSDの曲線当てはめから，光ピンセットの ばね定数の値として接線（点線）の傾きから6 fN nm^{-1}が得られる．したがって，典型的な位置分解能1 nmは約6 fNの力分解能に対応する．

14・5・3 コロイドゲルにおける動的な複雑さ

安定なコロイド懸濁液に非吸着性高分子を加えると粒子状ゲルができる．これは産業界において大きな役割を果たしている．ゲルは複雑で柔軟な多相系であり，内部の組織または微細構造はゲルの長さスケールにわたって変化する．この構造上の複雑さこそが，ゲルのバルクの性質と個々の粒子のサイズスケールで起こっていることの性質が結びつかない要因である．この局所的な微視的環境を理解することは，これらの物質の加工および長期安定性の研究にとって重要である．短距離引力で相互作用する粒子の動力学は，体積分率が増加すると急激な変化を示す．拘束（アレスト）遷移では，系は粘性液体からせん断応力に耐えられる詰まった無秩序構造の固体に変形する．食品，殺虫剤，コーティング剤および化粧品のような，多くのなじみのある物質がコロイドゲルまたはタンパク質ゲルから成るので，拘束遷移の分子機構は興味をひく科学的討論のテーマである．タンパク質とコロイドゲルで見られる多様な拘束状態について説明することが課題であるが，光ピンセット法はゲル内に存在する非常に異なる微視的環境を研究するための独特な方法である．

図14・10はゲル内に捕捉された単一粒子の球状酸化チタン(Ⅳ)の軌跡を示す．このゲルはサイズが等しく(1.3 μm)，密度と屈折率が一致したポリメタクリル酸メチルの球（まわりの薄い色の一つ一つが球で，ゲルになっている）から成る．これよりゲル試料内に存在する異なる微視的環境は，細孔内と粒子鎖の末端にあるプローブ粒子の位置を観

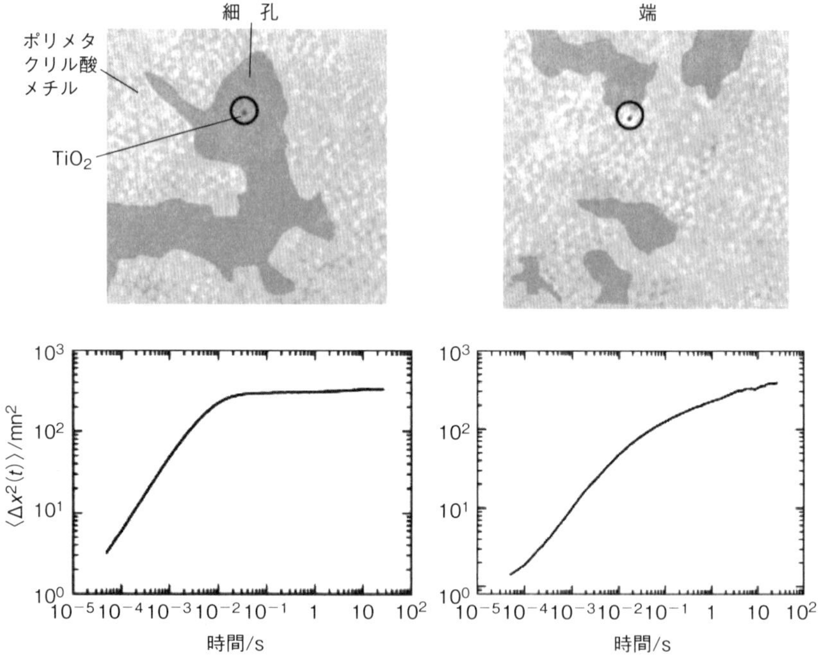

図 14・10 細孔空間内および粒子鎖の端にある単一のコロイド粒子の平均二乗変位*．二つの環境の著しい違いに注意．

察することによってわかる．図 14・10 から明らかなように，微視的な環境が異なると粒子の動力学も異なるものになる．たとえば散乱測定では，これらのさまざまな動力学が平均化されてしまうために，系のもつ真の不均一性が明らかにされない．

14・6 ま と め

本章は光ピンセットの物理学に対する短い入門であり，ソフトマターの科学に対するこの測定法の簡単な応用について述べた．光ピンセットは今や多数の粒子を捕捉し，所定の位置に置き，高精度でそれらの特性を測定することができる．光学的ツールキットはすでに整っている．今後数年の間にこの技術は急速に発展して測定法の主流になり，研究者は微視的な世界を正確に制御する能力を身につけるであろう．

* 〔訳注〕 自由な粒子では MSD = $\langle \Delta x^2(t) \rangle = 2Dt$（$D$ = 拡散定数）となり，t に比例する．図 14・10 の左図では t が小さいときは，MSD は t に比例する（傾きが D の 2 倍）．t が大きくなると細孔内に粒子が拘束されているので MSD = 一定 になる．右図では粒子鎖の影響で動きが制限される分 D が小さくなり，MSD の傾きが小さくなる．

文　献

1) Grier, D. G., 'A revolution in optical manipulation', *Nature*, **424**(6950), 810–816 (2003).
2) Molloy, J. E., Padgett, M. J., 'Lights, action: optical tweezers', *Contemp. Phys.*, **43**(4), 241–258 (2002).
3) Dholakia, K., Spalding, G. C., MacDonald, M. P., 'Optical tweezers: the next generation', *Phys. World*, **15**(10), 31–35 (2002).
4) Krauss, L. M., "The Physics of Star Trek", Harper Collins, London (1997).
5) van de Hulst, H. C., "Light Scattering by Small Particles", Dover, New York (1981).
6) Ashkin, A., 'History of optical trapping and manipulation of small-neutral particles, atoms, and molecules', *IEEE J. Selected Topics Quantum Electronics*, **6**(6), 841–856 (2000).
7) Ashkin, A., Dziedzic, J. M., Bjorkholm, J. E., Chu, S., 'Observation of a single-beam gradient force optical trap for dielectric particles', *Optics Lett.*, **11**, 288–290 (1986).
8) Ashkin, A., 'Forces of a single-beam gradient laser trap on a dielectric sphere in the ray optics regime', *Biophys. J.*, **61**(2), 569–582 (1992).
9) Harada, Y., Asakura, T., 'Radiation forces on a dielectric sphere in the Rayleigh scattering regime', *Optics Commun.*, **124**, 529–541 (1996).
10) Curtis, J. E., Koss, B. A., Grier, D. G., 'Dynamic holographic optical tweezers', *Optics Commun.*, **207**(1–6), 169–175 (2002).
11) Leach, J., Sinclair, G., Jordan, P., Courtial, J., Padgett, M. J., Cooper, J., *et al.*, '3D manipulation of particles into crystal structures using holographic optical tweezers', *Optics Express*, **12**(1), 220–226 (2004).
12) Gittes, F., Schmidt, C. F., 'Interference model for back-focal-plane displacement detection in optical tweezers', *Optics Lett.*, **23**(1), 7–9 (1998).

15

電子顕微鏡法

15・1 電子光学的画像システム

画像システムの目的は物体の画像をつくることである．一般には画像の拡大も関係するが，最大有効倍率の限界はおもに分解能で決まる．分解能は“分離しているとみなすことができる二つの隣接点間の最小距離”として定義される．人間の目は，約 0.2 mm 離れているものを識別することができる．光学顕微鏡の分解能の限界 r は回折限界(15・1)式で与えられる．

$$r = \frac{0.61\lambda}{\mu \sin\alpha} \qquad (15 \cdot 1)$$

ここで，λ は放射線の波長，μ は試料周囲の媒質の屈折率，α は試料から対物レンズを見込む角(開き角)である．

これは約 200 nm の分解能，つまり約 1000 倍の最大有効倍率に対応する．電子顕微鏡法では電子の波長が可視光の波長より短いので分解能が上がる．電子が試料と相互作用すると多くのさまざまな信号がつくられる．代表的な信号を図 15・1 に示す．

歴史的には最初の電子顕微鏡は 1931 年の透過型電子顕微鏡(transmission electron microscope, TEM)である．この電子光学系は光学顕微鏡の概念に非常に似ている(表 15・1)．画像に加えて TEM では電子回折によって試料の結晶学的情報が得られる．最初の工業用の走査型電子顕微鏡(scanning electron microscope, SEM)は 1965 年に生産された．SEM において画像化に用いる二つの主要な信号は低エネルギー二次電子(secondary electron, SE)と弾性散乱した後方散乱電子(back-scattered electron, BSE)である(図 15・2)．TEM と比較すると，画像形成の機構は大きく異なるが，画像の解釈は容易であり，装置の多くの部品(電子銃，真空系，電磁レンズ)が共通である．

[15 章執筆] Sean Davis, School of Chemistry, University of Bristol, UK

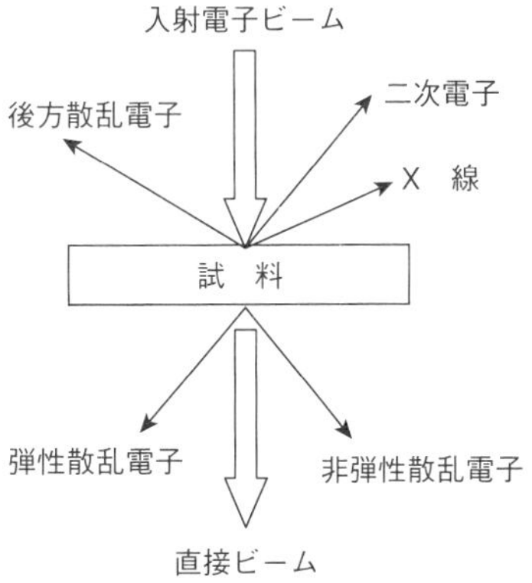

図 15・1 試料と電子の相互作用.

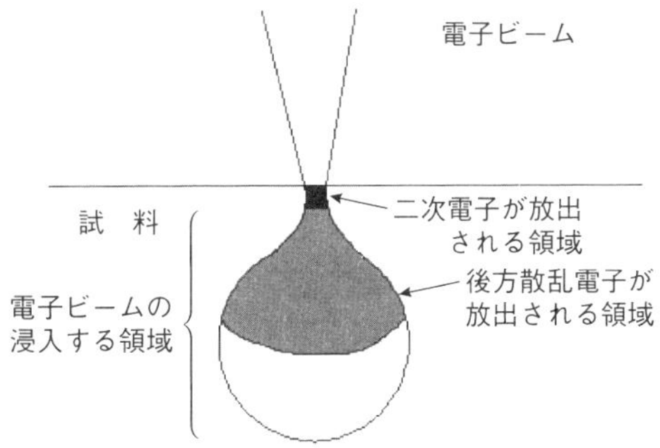

図 15・2 試料と電子ビームの相互作用の体積.

表 15・1 光学顕微鏡と電子顕微鏡の比較

照 射	電子ビーム	光
波 長	0.0086 nm (20 keV) 0.0025 nm (200 keV)	400〜750 nm 可視
環 境	真空中	大気中
レンズ	電磁レンズ	ガラスレンズ
開き角	35 分	70°
分解能	0.2 nm	〜200 nm
倍 率	10〜1×10^6；可変	10〜200；固定レンズ
焦点合わせ	電 子	機械的
コントラスト	散乱，吸収，回折，位相	吸収，反射，位相，分極

従来の電子顕微鏡の構造では画像化する試料の性質に関して多くの制限がある．明らかな制限としては，従来の電子顕微鏡法(SEM, TEM)では試料が真空に対して安定である必要がある(室温・室圧において電子の経路長は数 mm になる)．さらに，試料は電子ビームに対して安定でなければならない(つまり，熱と光に対して敏感でない必要がある)．コロイド系を画像化する場合にこれらの制限は特に重要になるが，次節でさらに議論する．

15・2 透過型電子顕微鏡

15・2・1 背 景

透過型電子顕微鏡(TEM)では，電子線は薄い試料を透過し，その画像は拡大され集束する．電磁レンズが薄いレンズとして作用するので，電子顕微鏡を光学顕微鏡と同様に扱うことができる．しかし，電子顕微鏡レンズの場合，$\mu=1$ であり，また電子の偏向角は非常に小さいので $\sin\alpha=\alpha$ とおける．したがって，$r=0.61\,\lambda/\alpha$ である．

波長の減少(加速電圧の増加)とともに分解能は増加し，また対物レンズのしぼりが増加すると分解能は上がる．加速電圧 50 keV（$\lambda=0.0055$ nm)で操作する電子顕微鏡の場合は理論分解能は $r=0.003$ nm になり，原子サイズより小さい．

実際に可能な分解能は一般的に 0.2～0.3 nm のオーダーである．レンズ収差のために理論分解能に到達することはない．電子光学系ではレンズ収差を完全に補正することはできない．分解能の限界はおもに**色収差**(chromatic aberration)と**球面収差**(spherical aberration)によって生じる．これらのレンズ収差すなわち電子エネルギーの違い(色収差)および経路長の違い(球面収差)によって電子ビームは“光学”軸に沿うさまざまな位置に焦点を結ぶ．単色光源を用いて色収差を減少させることができるが，非弾性散乱では試料から放出される電子のエネルギーが広がりをもつ．試料が薄くなり加速電圧が高くなると，非弾性散乱の事象の回数が減り，高分解能の画像化が可能になる．小さな対物しぼりを用いると，すなわち“光学”軸に近い電子を選択することによって球面収差を小さくすることができる．この結果，コントラストも増加する．なぜなら，大きな角度で散乱される電子は最終的に画像には寄与しないからである．しかし，小さい対物しぼりを用いると(小さい α)，理論分解能が低下する．

TEM における画像のコントラストは質量すなわち厚さ，回析，位相の影響を受ける．対物しぼりの中心は光軸近くに位置し，画像に寄与する散乱電子の数は対物しぼりのサイズで決まる．厚く高密度の領域ほど多数の電子を散乱するので画像においてこの領域は暗く見える．試料が結晶性の場合は電子は回折されることがあり，コントラストは結晶方向に依存し，強く回折する領域は暗く見える．種々の位相の電子が対物しぼりを通り結像に寄与する場合は，位相コントラストが生じる．ほとんどの散乱が位相を変化させるので，多くの画像に位相コントラストがある．なぜなら，全散乱電子を除外できるほど十分小さい対物しぼりを選ぶことは不可能であるからである．回折電子ビームがこのしぼりを通過し干渉する場合，格子画像がつくられ，結晶物質の格子面間隔が画像から直接測定できるようになる．

15・2・2 TEM の利用

TEM の運転では操作する際，加速電圧と対物しぼりサイズが選べる．

加速電圧上昇による効果は以下の通りである．

(i) 試料に対する電子ビームの浸入が深くなる

(ii) 電子の波長が短くなる(分解能の上昇)

（iii） 画像コントラストが弱くなる

（iv） 試料損傷の低減(短時間ですむので)

対物しぼりサイズの増加による効果は以下の通りである.

（i） 理論分解能が高くなる

（ii） コントラストが弱くなる

（iii） 球面収差が大きくなる

実際に条件を選択する場合には妥協が必要であり, 試料の性質と要求される情報(コントラストと分解能の対比)で決まる.

TEM はコロイド系に関する情報を提供する非常に強力な技術であり, 粒径, 形状, 分散度および凝集度に関する情報を得るために, よく用いられる. さらに, TEM によって内部構造, 化学組成および結晶学的情報の分析が可能になる. コロイド系の分析における最も重要な段階は試料調製であることが多い. 前述のように, 装置設計上, 多くの一般的な制限(真空, 熱, 光に対する安定性)が試料に課せられる. TEM 分析の場合はさらに試料の大きさに関する制限が加わる. 通常, 直径 3 mm の銅網格子を炭素薄膜あるいは炭素被覆高分子膜で覆い, この上に試料を固定する. このような支持膜を選ぶ理由は, 低原子量で無定形であり, 画像における情報損失が最小になるからである. 加えて, 試料はできる限り薄く(< 1 μm)することによって, 電子の透過が可能になりビーム損傷を最小限にできる.

TEM 分析の試料調製では広範囲にわたる技術の利用が可能である(表 15・2). しかし, 試料処理段階のすべてにおいて画像化に関して人為的誤差が生じる可能性がある.

表 15・2 TEM のための試料調製の方法

微粒子
・蒸発(分散系の場合)
・粉状化(乾燥粉末の場合)
・静電沈着(静電場を用いて微粒子をメッシュに沈着させる)
・凍結食刻(フリーズエッチング)
バルク物質
・超ミクロトーム(超薄切片作製装置)を用いる
・イオンビーム薄膜化, 化学的薄膜化, 電気化学的薄膜化
一般的な物質
・染色法
・装飾法
・表面の複製

以下では，コロイド粒子に関するTEM研究の中から選んだ例に基づいて，簡単なコロイド粒子分散系から得られるさまざまな情報と，コントラストを得るための間接的な試料調製法で得られる付加的な情報に焦点を当てる．

15・2・3　高分子ラテックス粒子

小粒子の懸濁液はTEMの検査用グリッド〔金網(メッシュ)の試料台〕上でそのまま乾燥させることができる．粒径測定については，TEMはたとえば散乱法に対する相補的手段として用いられることが多い．画像解析ソフトウェアを用いると粒子に対してさまざまな測定が可能になる(図15・3)．

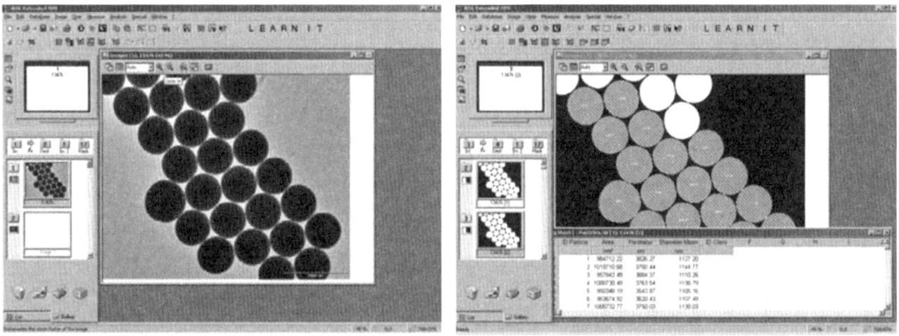

図15・3　高分子ラテックス粒子の自動粒径測定．左図の黒丸がラテックス粒子のTEM画像．その中からいくつかの粒子を選択しクリックしたのが右図．選択した(灰色)各粒子のサイズが下の表に示される．

粒子凝集が(たとえば，懸濁液の希釈によって)制限されると仮定すると，個々の粒子は容易に識別でき，統計的に有意な多くの粒子の測定を比較的迅速に行うことができる．凝集以外に考えられる人為的誤差は真空中における乾燥による測定の際の粒子の収縮，およびビームによる損傷である．図15・3に示した粒子は比較的大きい(～1100 nm)ので，投影画像のコントラストが吸収性散乱または非弾性散乱から生じる．これらの比較的安定な粒子の外径と形状の分析にTEMは適する．熱感受性粒子の場合は電子ビームを照射したときに“融ける”場合がある．

15・2・4　コアとシェルから成る複合粒子

TEMは不均一粒子を直接画像化するのに特に役立ち，外径以外の情報が得られる．たとえば，図15・4は高分子ラテックス粒子上に集積したナノ構造の被覆を示す[1]．

シェル(shell)はコア(core)に比べて低密度であるため，投影画像における識別が容易

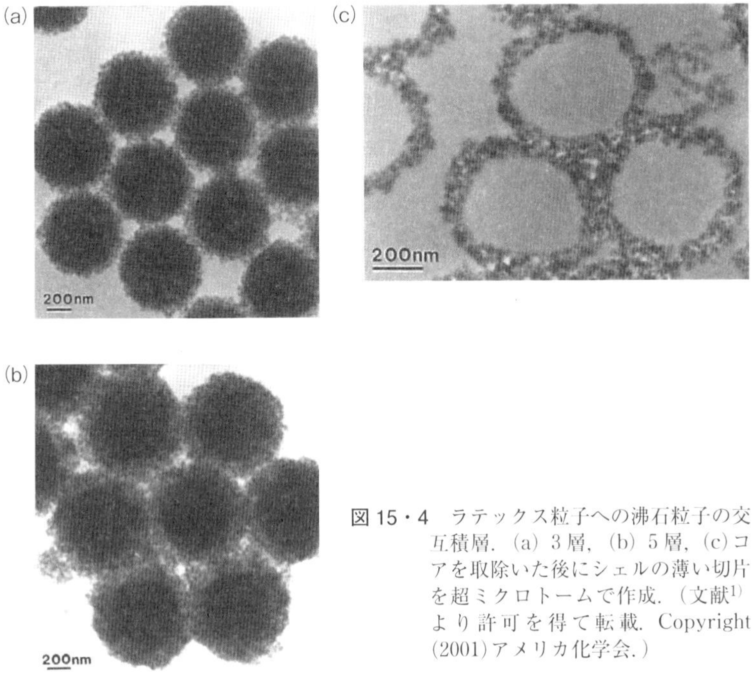

図 15・4 ラテックス粒子への沸石粒子の交互積層．(a) 3 層，(b) 5 層，(c) コアを取除いた後にシェルの薄い切片を超ミクロトームで作成．(文献[1]より許可を得て転載．Copyright (2001) アメリカ化学会．)

である．コア直径とシェルの厚さを測定できるので，この例では連続的に新しいシェル物質の層を加えたときのシェル厚の増加を測定できる．しかし，コアを取除いた後はシェルの画像化は可能ではあるが，シェル厚を直接測定することは難しい．TEM 分析のためのシェル断面は超ミクロトームを用いて調製される．**超ミクロトーム** (ultramicrotomy) とは TEM 用にバルク物質を薄くするための代表的な装置である．乾燥したシェル物質をモールド (包埋皿) 中の高分子樹脂に埋め込み，この試料の非常に薄い切片 (50〜100 nm) を超ミクロトームを用いてダイヤモンドナイフを用いて作成する．切片はグリッドに集められ，断面におけるシェルの画像は TEM で記録される．

TEM 分析のための薄膜化に加えて，直接画像化できない試料のコントラストを上げる方法が必要になることが多い．最も一般的な方法は染色剤の使用であり，TEM における生体物質のコントラストを改善するために開発された．基本原理はコントラストを上げるために TEM 試料に重金属 (高いコントラストをもつ) の塩溶液を加えることである．**ポジティブ染色法** (positive staining) では特定の官能基との相互作用を用いる (たとえば，四酸化オスミウムは試料の —C=C— に付加する)．**ネガティブ染色法** (negative staining) は間接的な方法であり，染色液はグリッド上で乾燥する．重金属塩類はグリッド上の低コントラスト物質の周囲に蓄積して“ネガ”画像が得られるようになる．図15・5に鉄貯蔵タンパク質フェリチンの画像を示す．通常，TEMでは酸化鉄(フェリヒドライト)コアだけが観測される．試料を酢酸ウラニルでネガティブ染色すると，高密度のコアの周囲に光輪(halo)が検出され，タンパク質シェルに一致する．この間接画像によって，コアとシェルの直径についての情報が得られる．

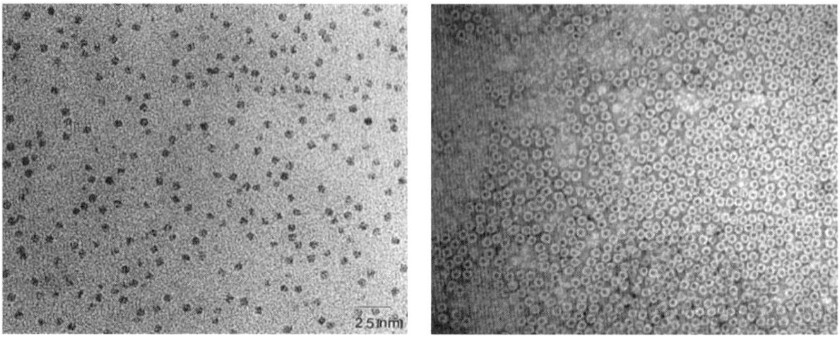

(a)　(b)

図15・5　鉄貯蔵タンパク質フェリチンのTEM画像．(a)酸化鉄コアの画像，(b)タンパク質シェルの間接的画像化を可能にしたネガティブ染色試料．画像はMei Li（ブリストル大学化学科）からの提供．許可を得て転載．Copyright(2005) Mei Li.

しかし，ここで再度注意すべきことであるが，試料調製の間に物理化学的条件(pH，濃度，温度，イオン強度)が少しでも変化すると，コロイド系の性質も変化する可能性がある．たとえば，界面活性剤と脂質の超分子集合体構造は，試料処理中の物理化学的条件の変化に特に敏感である．このような不安定な系に最適な測定法は，クライオTEM（cryo TEM)である．この測定法では，薄膜試料を液体エタンまたはプロパン中で急速凍結し，薄いガラス状氷膜がクライオTEMホルダーを用いて低温(液体窒素)で画像化される．

15・2・5　内部構造

上述のように，TEMのおもな利点の一つは物質の内部構造の画像化を可能にしたことである．多孔性物質に対する表面積測定や結晶性物質に対するX線回折(X-ray diffraction，XRD)のような他の測定法に対して，TEMを用いて補足の情報を得ることができる．しかし，TEMでは少量の試料で十分なので，比較のためのバルク分析が不可能な場合にはTEM分析のみで特性評価ができる．

ここ10年の間，テンプレートに界面活性剤集合体構造を用いて調製したメソ構造の無機物質に大きな関心が寄せられてきた．このような物質の TEM 分析によって，細孔径，壁厚，細孔の規則性などが直接測定可能になった．図 15・6 はシリカ MCM−41 粒子のコロイド分散系に対する TEM 画像である．

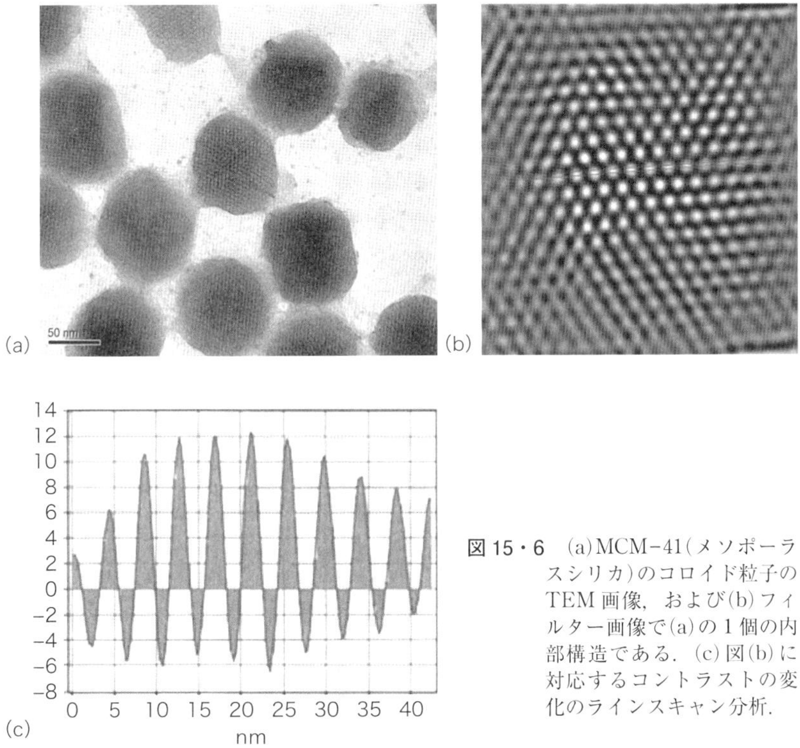

図 15・6 (a) MCM−41（メソポーラスシリカ）のコロイド粒子の TEM 画像，および (b) フィルター画像で (a) の 1 個の内部構造である．(c) 図 (b) に対応するコントラストの変化のラインスキャン分析．

画像処理と画像分析を用いて細孔間距離を正確に測定できる．セラミックコロイド粒子に対する一般的な人為的誤差の一つは，シリカ粒子上における表面シラノール基の縮合反応などの凝集粒子の焼結である．これに関連した結晶性細孔沸石物質は多くの場合，ビームに非常に敏感で長時間照射されると結晶度を失う傾向がある．これらの物質や他の熱感受性物質の場合，クライオ TEM ホルダーを用いて低温で画像化するとビーム安定性が容易に改善される．

結晶性コロイド物質の特性評価は，通常 TEM により多くの個々の粒子の大きさ，形を測定し，その分散度，組成，結晶度の分析により行われる（図 15・7）．

TEM の分解能で高倍率にすると，最終的に個々の結晶粒子の格子の画像化が可能に

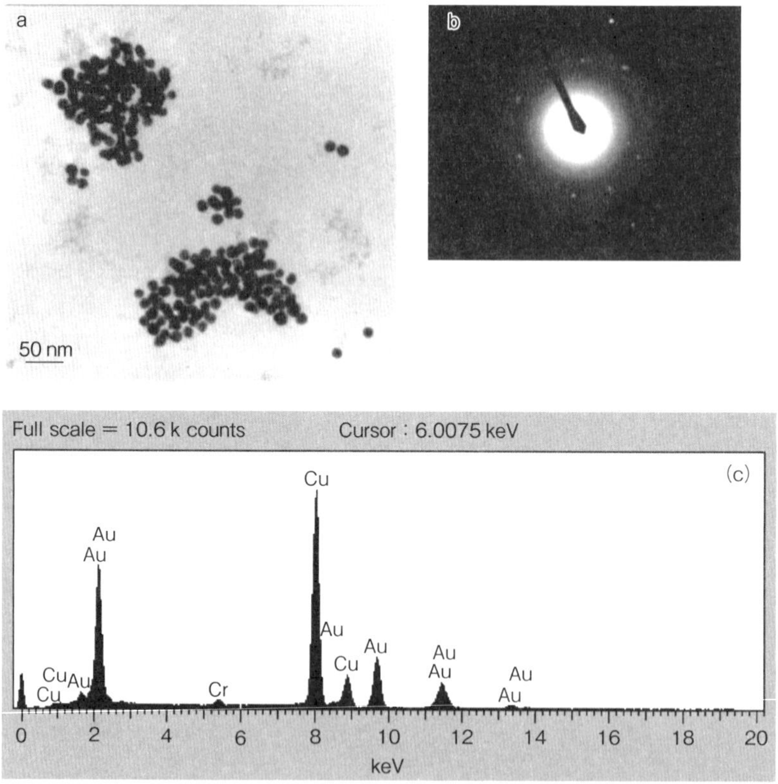

図 15・7　(a)金コロイド懸濁液の TEM による特性評価と(b)対応する電子回折像，(c)エネルギー分散型 X 線分析スペクトル．ピークは K 殻または L 殻の電子をはじき出す励起 X 線エネルギー(Cu ピークは支持グリッドによる)．(文献[4]より許可を得て転載．Copyright(2003) Macmillan Publishing Ltd.)

なる．高分解能 TEM に対する需要が増加しているが，その理由の一つはナノ構造物質の合成と特性評価に対する関心が急激に高まったことである．電界放射電子銃(field emission gun，FEG)(固体に高い電圧をかけて電子ビームをつくる装置)，高加速電圧，収差補正レンズ，高分解能デジタルカメラのような装置の改良によって，高分解能 TEM はふつうに用いられる特性評価技術になった．

図 15・8 は金ナノ粒子(～3 nm)の高分解能画像を示す．画像の縞は金の{200}格子面(間隔＝0.2039 nm)に対応する．さらに個々の粒子の高分解能画像に加えて，10 nm 未満の直径の電子ビームを用いると，孤立粒子の X 線回折分析が可能になる．この方法は大きさ，形，組成が変化する粒子の特性評価に特に有用である．たとえば，図 15・9

は金の棒の高分解能 TEM 画像を示す．この金の棒は図 15・8 に示した粒子から種結晶成長法を用いて調製した[2]．このような画像から，棒が単結晶粒子ではなく実際には多重双晶粒子であることが示された．このような理解が進むと，最終的には目的とする異方性棒状粒子の合成法を改良し，最適化を行って収率を改善することができる．

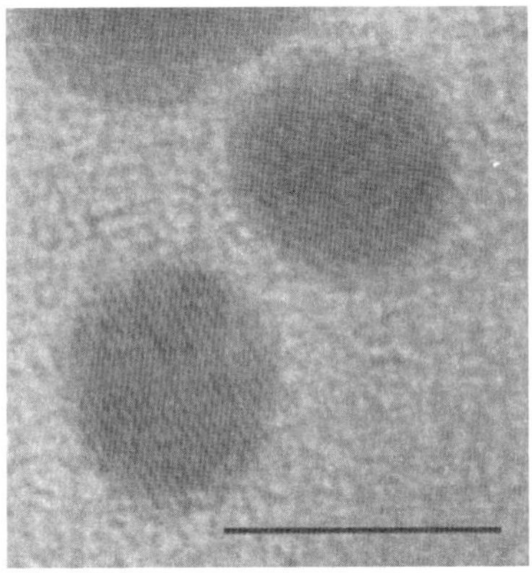

図 15・8　金粒子の高分解能 TEM 画像（スケールバー：5 nm）．

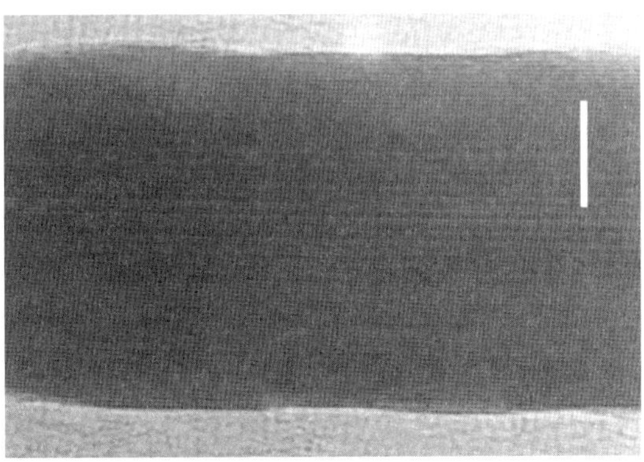

図 15・9　⟨112⟩/⟨100⟩帯に沿って下方に向かう金ナノ棒の高分解能 TEM 画像．延長方向に平行な連続 {111} 縞（$d = 0.236$ nm）を示す．縞は双晶中央部において変調され，幅広い縞模様になる．これは異なる帯（スケールバー：5 nm）に沿って配列した双晶領域の重ね合わせによって生じる二重回折による．（文献[2]より許可を得て転載．Copyright (2002) 英国王立化学会．）

15・3 走査型電子顕微鏡

15・3・1 背　景

走査型電子顕微鏡(SEM)では，電子ビームは試料表面を横切って1点ずつ走査する．各点から集められる信号を用いて表示部に画像をつくる．ここで，陰極線管(ブラウン管)ビームをカラムビームの走査パターンに同期させる．したがって，カラムビームが試料を横切って走査するときに検出される反射信号強度の変化が画像として表示される．SEMの最終的な性能はビーム直径で決まる．SEMのレンズは画像を拡大するにはビーム直径を小さくするが，コンデンサーレンズによってビーム直径は50 μmから～5 nmまで小さくなる．ビーム直径が試料表面で最小になるように対物レンズを調節して画像を集光する．倍率は表示された画像の幅と試料の幅の間の関係により自動で決まる．

15・3・2 信号の型

弱く結合した伝導電子に入射ビーム電子が衝突すると二次電子が発生する．二次電子のエネルギーは低いので(50 eV 以下)，表面から～10 nm 以内にあるときのみ脱出できる(図15・2)．また，検出される信号強度はビームと試料の間の角度に依存する，これら二つの因子が関与するので，二次電子信号から高解像度の形状に関する情報が得られる．

一方，後方散乱信号は弾性散乱電子によって生じ，試料中の原子によって0°と180°の間の角度に偏向される．90°以上の角度に散乱される電子は高いエネルギーをもって表面から再び飛び出す．動作条件が同じ場合，信号は二次電子信号の場合に比べて大きな体積から生じるので，低解像度の形状の情報が得られる．しかし，散乱は原子量の大きい原子で起こるので(入射電子のエネルギーが低い場合)，不均一試料の組成に関する定性的な情報が得られる．

15・3・3 SEMの利用

SEMを用いると物質の表面を2 nm未満の分解能で見ることができるので，特性X線の信号から化学組成や分布を測定できるだけでなく，粒子サイズ，形状，分散度を測定できる(図15・10)．

TEMとは異なりSEMにおいては，測定できる試料サイズはレンズやしぼりのサイズではなく純粋に鏡筒(カラム)サイズによって制限される．一般に，試料ホルダーの直径は10～40 mmで，試料は厚くなる場合でも，薄膜や分散系と同様にバルク試料の観測が容易である．試料の画像化を可能にする一般的な安定性の条件を満たすほかに，非導電性試料を導電性薄膜(C, Au, Pt/Pd)で被覆する必要がある．この結果，試料上の電荷の蓄積および画像の変形を防ぐことができる(図15・11)．

測定装置は加速電圧，走査速度，スポット径/ビーム電流，口径，動作距離および傾きを変えることができる.

SEMで使用される加速電圧はTEMの場合よりも低く，典型的には1kVから30kVである．電圧の選択は試料物質の性質，倍率限界および必要な画像分解能による．一般に，高分解能の電子顕微鏡撮影には小さなビーム直径が必要である．したがって，高い加速電圧を用いて結像に適した信号を発生させるが，SEMにおいて加速電圧を高くすると，入射電子が試料の深くまで浸入し(たとえば，Al 5keVのとき1nm，30keVのとき10nm)，画像情報が試料の深い部分から生じてしまうので，表面の詳細な情報が

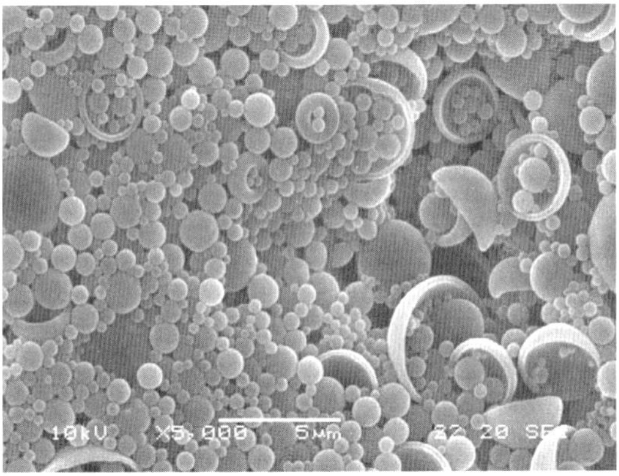

図15・10 多分散ラテックス試料のSEM画像.

図15・11 導電性薄膜で被覆していない粉体試料．試料が帯電し，画像の質に影響を及ぼすので，画像が乱れる.

失われてしまう．さらに試料の損傷の機会も増加する．

光学顕微鏡法に比べてSEMのおもな利点の一つは，被写界深度(対象物の位置が焦点からずれても像のぼやけを検知できない位置の範囲)が大きいことである．たとえば，画像倍率100倍でSEMの被写界深度は約1 mmであり，光学顕微鏡の場合の1 μmに比べてかなり大きい．しぼりが小さくなると，分解能が上がるだけでなく被写界深度が大きくなる．動作距離を短くすると分解能は上がるが被写界深度は減少する．後方散乱電子の画像化とX線分析については，大きなしぼりとビーム直径を用いてビーム電流と信号収率を増加させる．しかし，この場合も増加したビーム電流で試料が損傷することがある(図15・12)[3]．

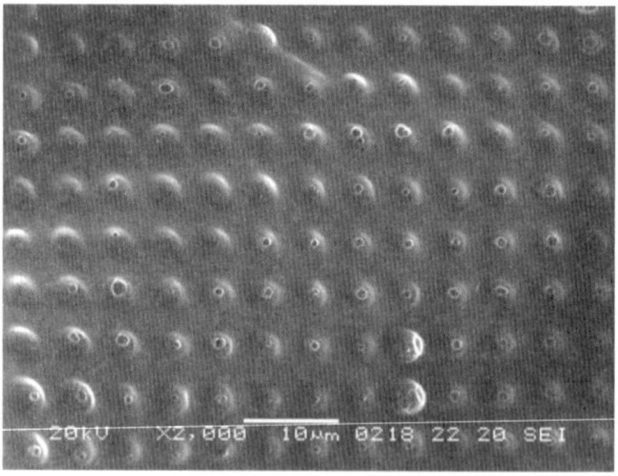

図15・12 高エネルギービーム電流によるデンプンゲルの表面の損傷．(画像はSean Davisのご厚意による．文献[3]より許可を得て転載．Copyright(2005) Sean Davis)

画像を記録し集束するときの信号 対 雑音比(S/N比)を改善するために走査速度を，増加させる．画像中に観察の対象である領域を見つけるために，速い垂直走査周波数*(リフレッシュレート)を用いる〔25フレーム(画像枚数)/秒〕．検出される二次電子の収率は試料を傾けることによって改善できるが(図15・13)，これは画像のゆがみが生じる(しかし，粒径は画像から決定できる)．

SEMのほかの利点は，検出される特性X線の元素成分ごとの画像処理ができる点である(図15・14)．試料内部からX線が発生するとき，発生する部分の体積が大きいので，この部分に対する元素マップの解像度は対応する元のSEM画像より低い．しかし，これらは試料の均一性を調べるのには役立つ．

* 〔訳注〕 水平走査周波数は1秒間に描ける走査線の数．垂直走査周波数(リフレッシュレート)は1秒間に描ける画像の枚数．

図 15・13 信号改善のために球状高分子ラテックス試料を傾けて生じた画像のゆがみ(右).

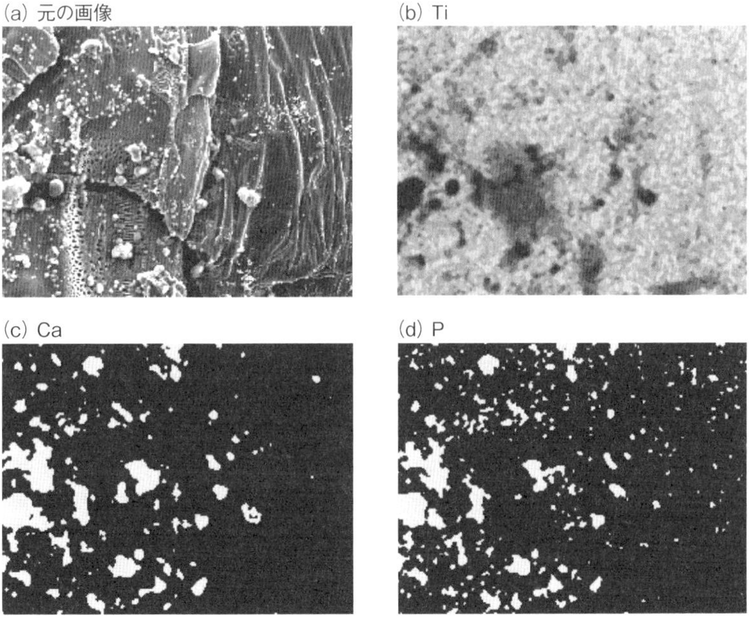

図 15・14 酸化チタン(Ⅳ)基板上で成長したリン酸カルシウム沈殿物. (a) 元の画像, (b) チタンの画像, (c) カルシウムの画像, (d) リンの画像.

SEM では電界放射電子銃(FEG)の使用によって分解能が改善された(図 15・15). 数 nm のオーダーの分解能で凝集体構造内の個々の粒子を画像化することが常に可能である. (タングステンフィラメントの熱電子銃では分解能は 10 nm 以下であった.)たとえば, 固体基板をナノ構造の薄膜で被覆する場合に, 被覆の均一性の確認を行う際, TEM 分析に必要な試料調製の必要がない. この 10 年間で機器設計に多くの改良がなされてきたが，これらは従来型でない装置への改良であり，試料が本来の自然な状態にある．電子顕微鏡分析のための水和試料を調製する従来の方法には真空凍結乾燥と臨界点乾燥がある．この乾燥方法を用いると，含水試料を空気乾燥する際に表面張力の結果ひき起こされる構造損傷を減少させることができるが，両方とも限界がある．たとえば，臨界点乾燥の前の試料を脱水するための溶媒交換段階(さらに切片化のために試料を包埋する)では，構造損傷やある成分の可溶化が起こる場合がある．クライオ SEM では試料処理中の人為的誤差や構造損傷を最小化できる．クライオ TEM の場合のように第一段階は試料の急速凍結であり，その後に試料を冷却しては冷却試料室に移しスパッタ被覆(試料表面の帯電を防ぐため導電性皮膜で被覆)して画像化される．

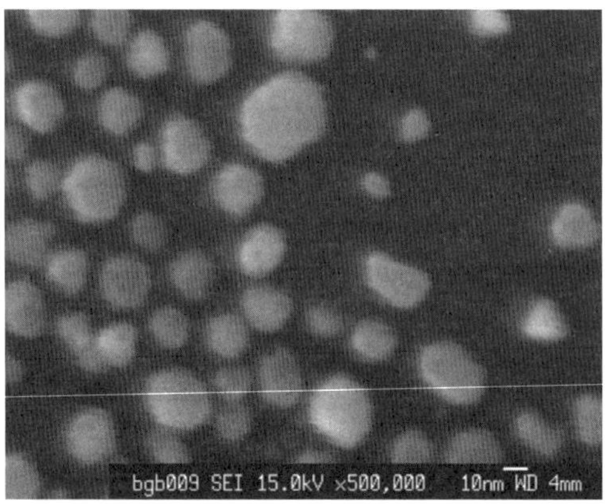

図 15・15　分解能テストのための試料(金蒸着カーボン)のFEG–SEM 画像．粒径数 nm までわかる．

試料室内の環境を制御できる環境制御型 SEM の開発によって試料から得ることができる情報の範囲がさらに拡大した[4]．電子銃は高真空に保たれるが，差圧排気系によってシステムの気体の圧力を低くできる．二次電子は結像に用いられ，これらの装置の分解能は約 5 nm である．環境制御型試料室の利点は絶縁体に対して導電性被覆の必要がないということである．さらに，気体が水蒸気である場合は，水和試料を画像化できるならば温度制御によって水和状態を変えられるので，凝集や膜形成のような動的過程を調べることができる(図 15・16)．

また，新型の標本ホルダーが開発され，水和状態にある試料の画像化が可能になった[5]．試料カプセルの膜は耐真空性の電子透明(電子が透過する)な膜になり，エネルギー分散型 X 線分光法(energy dispersive X-ray spectroscopy, EDX)による組成分析も可能である．少量の懸濁液を膜に塗布してホルダーを密閉する．高エネルギーの後方散乱電子によって画像化される(試料から発生した二次電子は膜に吸収される)．検出される信号は膜近傍の粒子または膜に吸着した粒子から発生している．溶媒耐性と膜付着に関して制約があるが，細胞，エマルション，懸濁液，クリームなどの画像化が可能である．一例を図 15・17 に示す．

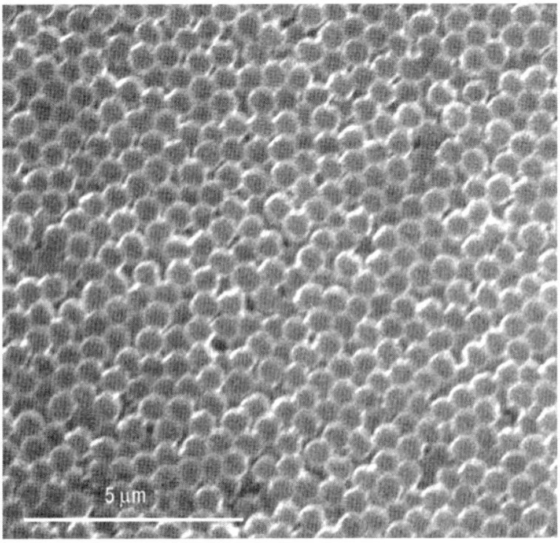

図 15・16 部分的に脱水したラテックス粒子の環境制御型 SEM 画像．粒子のまわりの薄い水の膜(白い部分)が粒子の合一を妨げる(文献[4]より許可を得て転載．Copyright (2003) Macmillan Publishing Ltd.)

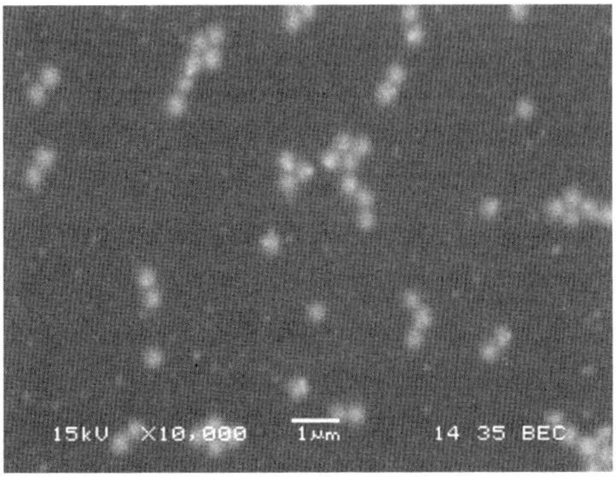

図 15・17 200 nm のシリカおよび 30 nm の金粒子の水性懸濁液の後方散乱電子画像(Quantomix カプセル)．

15・4 まとめ

従来のSEMおよびTEMは確立した技術ではあるが，顕微鏡の設計と新しい技術に関する改良は続いている．現在，これらの改良の多くがバイオテクノロジーとナノテクノロジー分野の技術者からのさまざまな電子顕微鏡に対する要請によって進められている．これによって，ソフトマターや微粒子の画像化に利用できる技術の範囲が広がるとともに，コロイド科学者はこれらの改良から恩恵を得ている．

以下の文献は一般的な教科書として有用である．

- P. J. Goodhew, "Electron Microscopy and Analysis". 邦訳: "電子顕微鏡使用法(モダンサイエンスシリーズ)", 菊田惺志 訳, 共立出版(1981).
- D. Chescoe, P. J. Goodhew, "The Operation of Transmission and Scanning Electron Microscopes".
- "Environmental Scanning Electron Microscopy", Philips.
- "The Principles and Practice of X-ray Microanalysis", Oxford Instruments.
- "A Guide to Scanning Microscope Observation", Jeol.
- http://www.matter.org.uk

文献

1) Davis, S. A., Breulmann, M., Rhodes, K. H., Zhang, B., Mann, S., *Chem. Mater.*, **13**, 3218–3226 (2001).
2) Johnson, C. J., Dujardin, E., Davis, S. A., Murphy, C. J., Mann, S., *J. Mater. Chem.*, **12**, 1765–1770 (2002).
3) Zhang, B., Davis, S. A., Mann, S., 未発表.
4) Donald, A. M., *Nature Materials*, **2**, 511 (2003).
5) http://www.quantomix.com

16

表　面　力

16・1 はじめに

コロイドは工業過程や製品および自然界における生物系(表1・2)などあらゆるところに見いだされ，かつコロイド粒子は互いに近接して存在している．製品の特性，工業過程の有効性，および多くの生命現象はコロイド粒子間にはたらく**表面力**(surface force)という近距離相互作用が関係している．

本書の初めの章で示したように，多くの異なる型の表面力がコロイド粒子間に作用する．その中にはファンデルワールス力と電気二重層力(第3章)，および高分子が介在する表面力(第8章，第9章)が含まれる．さらに，疎水性相互作用，構造力，水和力，付着，毛管力などが登場する．このような分類は多少任意であり，それらを識別するわれわれの便利さのためのものである．巨視的物体間にはたらくこれらの表面力は，すべて原子あるいは分子レベルの力に由来する．

16・1・1 分子間力

自然界には四つの基本的な力がある．すなわち，素粒子間の強い力と弱い力および普遍的に存在する重力と電磁気力である．分子間力は電磁気力であり，さらに，その作用範囲に従って三つのカテゴリーに大きく分けることができる．

1. クーロン力は永久電荷および永久双極子間の静電相互作用であり，長距離力である．

2. 分極力はファンデルワールス力をひき起こし，原子や分子の近くにある電荷や永久双極子によって誘起された双極子間の相互作用から生じる．ファンデルワールス

［16章執筆］ Wuge Briscoe, School of Chemistry, University of Bristol, UK

力は分子スケールでは長距離力であるが，コロイドスケールでは短距離力である．

3. 至近距離ではたらく量子力学的な短距離力には化学結合およびパウリの排他原理による立体斥力(steric repulsion)すなわちボルン斥力(Born repulsion)が含まれる．

これらの分子間力に対する正確な表現は複雑であり[1),2)]，以下のレナード-ジョーンズ(L-J)ポテンシャルを用いて，距離 r 離れた2分子間の相互作用エネルギー，すなわち“対(つい)ポテンシャル”$W(r)$ で記述することが多い．

$$W(r) = -\frac{C}{r^6} + \frac{B}{r^{12}} \tag{16・1}$$

ここで，C と B はそれぞれ(負の)ファンデルワールス引力と(正の)ボルン斥力に関する定数である．L-J ポテンシャルは半経験的であるが，2個の中性分子の間にはたらく(化学結合過程に無関係の)相互作用をよく説明できる．たとえば，定数 C を以下の三つの項に分解する．

$$C = C_{\mathrm{Keesom}} + C_{\mathrm{Debye}} + C_{\mathrm{London}} \tag{16・2}$$

三つのファンデルワールス成分，すなわち，ケーソムエネルギー (Keesom energy，2個の永久双極子間の相互作用)，デバイエネルギー (Debye energy，回転双極子とそれが誘起する瞬間双極子間の相互作用)，およびロンドン分散エネルギー (London dispersion energy，2個の瞬間双極子間の相互作用)を説明することができる．

物質がもつよく知られた多くの巨視的な物理的性質を上記の分子間力によって理解することができる．たとえば，(非水素結合)液体の沸点は分子が分子間ファンデルワールス引力〔(16・1)式のL-J ポテンシャルの第1項〕に打ち勝つのに必要なエネルギーに依存する．一方，その融点は格子に充塡される分子の能力を反映し，分子の大きさと形状に大きく依存する．これは短距離性の分子間斥力〔(16・1)式のL-J ポテンシャルの第2項〕による．同じ斥力が7・6・4節で議論した高分子単量体の排除体積効果をひき起こす．

16・1・2 分子間力から表面力へ

理論的には，コロイド粒子間の表面力は，コロイド粒子間の媒質を含む系内すべての構成分子間にはたらく分子間力の総和をとることによって得られる．しかし，すでに確立した実験による考察からわかるように，分子間力と表面力は多くの点で異なるので，以下では表面力のもつ三つの顕著な特徴，すなわち作用範囲，表面の重要性，介在する媒質に対する閉じ込め効果に重点を置いて議論する．

16・1・2・1 分子間力よりはるかに長距離に及ぶ表面力

まず第一に，表面力の作用範囲は，その起原である分子間力の作用範囲よりもはるかに長距離に及ぶ．これを説明するために，L-J ポテンシャル(16・1 式)の中のファンデルワールス相互作用エネルギーの項のみ考えよう．

$$W(r) = -\frac{C}{r^6} \tag{16・3}$$

もし，距離 σ（分子の大きさの程度）離れた2個の原子または分子間の引力が $W(\sigma) = -1/\sigma^6$ であるならば，距離 2σ において力の大きさは $W(2\sigma) = -1/(2\sigma)^6$，すなわち，$2^6 = 64$ 分の1まで減衰する．一般に，分子間のファンデルワールス力は約 0.2 nm から数 nm の範囲で“感知”される．

図 16・1(b)に示すような表面間距離が D の距離にある半径 R_1 と R_2 の二つの球状コロイド粒子間(中心間距離は $c = R_1 + R_2 + D$)の相互作用を比較しよう．二つの球が非常に接近している場合，すなわち，$R_1, R_2 \gg D$ の場合が最も重要である．全ファンデルワールス相互作用エネルギーは，次式のように二つのコロイド粒子の体積にわたって，すべての分子間相互作用を積分することによって求められる．

$$W(D) = \int_{v_1} \mathrm{d}v_1 \int_{v_2} \mathrm{d}v_2\, \rho_1\, \rho_2 \left(\frac{-C}{r^6}\right) \tag{16・4}$$

ここで，ρ_i と v_i は球 i における分子の数密度と球 i の体積である．この積分を実行するには，ハマカーの方法[3]に従って，まず，距離 D 離れた点状の分子 P と半径 R_1 の球の間の相互作用を計算する(図 16・1a)．

中心が P にある半径 r の球によって切り取られる厚さ dr の薄い殻（図 16・1 の斜線

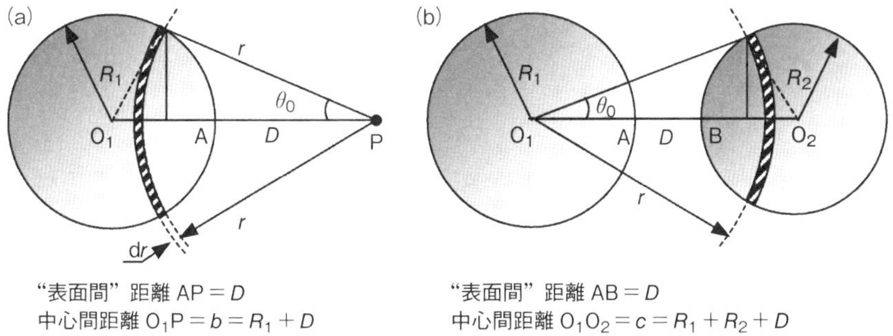

図 16・1 (a)中心 O_1，半径 R_1 の球と相互作用する分子 P．(b)相互作用する半径 R_1 と R_2 の2球．

部分)を考える．切り取る角度 θ_0 より次式が与えられる．

$$R_1{}^2 = b^2 + r^2 - 2R_1 r\cos\theta_0 \qquad (16\cdot5)$$

P とこの薄い殻の体積の相互作用エネルギーは(16・3)式より次式で与えられる．

$$\mathrm{d}W(r) = -\rho_1 \mathrm{d}v_1 \frac{C}{r^6} \qquad (16\cdot6)$$

斜線で表した殻の部分の体積 $\mathrm{d}v_1$ は(16・5)式を用いると次のようになる．

$$\begin{aligned}\mathrm{d}v_1 &= \text{殻の表面積} \times \text{殻の厚さ} \\ &= \left\{2\int_0^{\theta_0} \pi r^2 \sin\theta_0\,\mathrm{d}\theta\right\}\mathrm{d}r \\ &= \left\{\frac{\pi r}{b}\left[R_1^2 - b(b-r)^2\right]\right\}\mathrm{d}r\end{aligned} \qquad (16\cdot7)$$

したがって，P と半径 R_1 の球の相互作用エネルギーは次式で与えられる．

$$\begin{aligned}W_1(D) &= \int \mathrm{d}W(r) = \int_D^{D+2R_1}\left(-\rho_1 \mathrm{d}v_1 \frac{C}{r^6}\right) \\ &= -\int_D^{D+2R_1} \frac{\rho_1 C}{r^6}\frac{\pi r}{b}\left[R_1^2 - (b-r)^2\right]\mathrm{d}r\end{aligned} \qquad (16\cdot8)$$

この積分を実行すると，中心 O_1 から距離 r にあって半径 R_2 の球から切り取った薄い殻と半径 R_1 の球の間の相互作用を考え，(16・4)式と同様な方法で図 16・1(b)における二つの球状粒子間の相互作用エネルギーを求めることができる．

$$\begin{aligned}W(D) &= \int_{v_1} \mathrm{d}v_1 \int_{v_2} \mathrm{d}v_2\,\rho_1\rho_2\left(\frac{-C}{r^6}\right) \\ &= \int_{v_2} W_1(D)\rho_2\,\mathrm{d}v_2 \\ &= \int_{c-R_2}^{c+R_2} W_1(D)\frac{\pi r}{c}\left[R_2^2 - (c-r)^2\right]\mathrm{d}r\end{aligned} \qquad (16\cdot9)$$

こうして最後に次式が得られる．

$$W(D) = -\frac{\pi^2\rho_1\rho_2 C}{6}\left[\frac{2R_1R_2}{c^2-(R_1+R_2)^2} + \frac{2R_1R_2}{c^2-(R_1-R_2)^2} + \ln\frac{c^2-(R_1+R_2)^2}{c^2-(R_1-R_2)^2}\right] \qquad (16\cdot10)$$

等しい半径をもつ二つの球の場合，(16・10)式は第3章で導いた(3・1)式に帰着する(ただし，$x = D/2R$)．さらに，互いに非常に接近した二つのコロイド粒子，すなわち，$D \ll R$ の場合，(16・10)式は等しい半径 R をもつ2球の間のファンデルワールス相互作用エネルギーに対するよく知られた次式に簡単化される．

$$W(D) = -\frac{AR}{12}\frac{1}{D} \qquad (16 \cdot 11)$$

ここで，A はハマカー定数であり，次式で定義される．

$$A = \pi^2 \rho_1 \rho_2 C \qquad (16 \cdot 12)$$

(16・3)式と(16・11)式を比較するとわかるように，相互作用する二つのコロイド粒子では殻の体積にわたって総和をとるので，表面間のファンデルワールス相互作用エネルギーは $1/D$ に従って減衰する．これは2分子間の相互作用エネルギーが $1/r^6$ に従って減衰することと比較するとずっと遅い．この結果は表面間相互作用に対して一般に成り立ち，経験則として，表面力の作用範囲は直接接触から約100 nmに及ぶ．さらに，(16・11)式の相互作用が粒子の大きさ(および実際の形状)に依存する点にも注意しよう．これは表面力を測定するときに関係する問題であり，以下で扱う．

16・1・2・2 "表面"に支配されるコロイド粒子間の力

(16・11)式からわかるように，二つのコロイド粒子間距離が小さい極限では，ファンデルワールス相互作用は二つの粒子の中心間距離ではなく，表面間距離の関数になる．電気二重層の重なりによる力の場合(第3章)，帯電種の吸着，またはイオン性表面基の解離のいずれかによる表面電荷によって相互作用が生じる(第2章)．実際，表面力は表面分子に支配される．したがって，界面活性剤や高分子を系に加えて表面力を調節することは偶然の一致ではない．なぜなら，界面活性剤や高分子は容易にコロイド粒子表面に吸着し，表面層を形成してコロイド粒子表面の性質，したがってコロイド粒子間相互作用を変えるからである．

この表面効果は表面に直接接触する媒質の分子にも及ぼされ，ファンデルワールス力場によって媒質分子の表面密度が高まる傾向がある．水性媒質中のコロイド粒子にはふつう表面電荷が存在するが，この表面電荷によって水分子は配向し，硬いがなお流動性のある水和層を形成する．また，疎水コロイド粒子の表面にはナノ気泡の核形成が誘起される．これらすべての表面誘起効果によって表面力が直接的で重大な影響を受ける．

以上を考慮すると，コロイド粒子間力を"表面力"とよぶことは適切であろう．

16・1・2・3　接近した表面による表面間媒質分子の閉じ込め

コロイド粒子は分子に比べて大きいため，コロイド粒子が互いに分子直径の 2, 3 倍程度の表面間距離まで接近したとき，粒子表面間にナノサイズの空洞ができる．この条件下では，表面間の媒質中に閉じ込められた分子はもはや連続体とはみなされない．なぜなら，分子を閉じ込める壁に挟まれた空間の大きさは分子サイズと同程度になるからである．この距離における表面力は長距離における表面力と大きく異なる．

16・1・3　表面力を測定する理由

16・1・2・1 節で，2 粒子間のファンデルワールス相互作用を求めるために分子間ファンデルワールス相互作用の総和を計算した．しかし，実際には系に関する十分な知識が欠如していることや，数も種類も莫大な分子が関与しており，分子間ファンデルワールス相互作用の総和をとる計算は容易ではない．表面力の測定は表面相互作用について実験的に情報を得る直接の方法であり，コロイドの安定性について研究するのに最適である．コロイドの安定性は，コロイド状態が関与するすべての工業過程の中で考慮すべき問題である．完全に接触している二つの表面を分離するのに必要な力を測定すると，表面間の付着エネルギーが得られる．さらに，表面力は表面状態，特に表面上の界面活性剤や高分子の構造に非常に敏感であるから，表面力の研究から表層構造に関して多くを学ぶことができる．たとえば，わずかな体積分率(数パーセント)の高分子が表面上に吸着したときに，現在の光散乱技術では高分子を“見る”ことはかなり難しい問題であるが(8・4・1 節)，高分子が吸着した二つの表面が互いに接近し，それぞれの高分子層が相互作用を始めると表面力が検出できるようになる．さらに，表面間における媒質閉じ込めが媒質に対して及ぼす効果についても表面力を測定して研究できる．実際，このような効果は表面力測定によってのみ研究が可能である．ナノテクノロジーの発展によって，ますます小さい要素に対する研究が進んでいる．体積が小さくなるにつれ体積に対する表面積の比は増加し，関与する表面相互作用の重要性も増大する．

16・2　力とエネルギーおよび大きさと形

ここまでは，表面力 F，相互作用および相互作用エネルギー W という用語を用いるとき，これらの用語は相互に交換可能であった．これらの用語は実際には互いに異なるが，相互に関係づけられる．実験的には，距離 D 離れた二つの物体間の力 $F(D)$ を表面間距離 D の関数として測定することが多い．ここで，$F(D)$ は物体の大きさと形状に依存する．理論的には，二つの平行平面間の単位面積当たりの相互作用(自由)エネルギー $W_a(D)$ を計算するのが最も便利である．この節では，これらの用語の相互の関係を明確にし，物体の形状に依存する相互作用エネルギーおよび力について述べる．

16・2・1　圧力，力，エネルギー

まず第一に，距離 D 離れた二つのコロイド粒子間にはたらく表面力 $F(D)$ には，対応する“相互作用エネルギー” $W(D)$ が存在する．ここで，“相互作用”とは距離に依存するエネルギーである．したがって，$W(D)$ は二つのコロイド粒子を互いに無限に離れた位置(ここでは力はゼロ)から距離 D まで運ぶのに必要な仕事であり，表面力を無限遠から D まで積分すると得られる．すなわち，

$$W(D) = \int_{\infty}^{D} F(D)\,\mathrm{d}D \qquad (16\cdot13)$$

逆に，表面力は $W(D)$ の距離に対する導関数(傾き)に負号を付けたものである．

$$F(D) = -\frac{\mathrm{d}W(D)}{\mathrm{d}D} \qquad (16\cdot14)$$

同様に上記の関係を対応する一対の量，すなわち圧力 $P(D)$（単位面積当たりの力）と単位面積当たりの相互作用エネルギー $W_\mathrm{a}(D)$ に適用できる．（下付き a で単位面積当たりを表す.）

$$W_\mathrm{a}(D) = \int_{\infty}^{D} P(D)\,\mathrm{d}D \qquad (16\cdot15)$$

および

$$P(D) = -\frac{\mathrm{d}W_\mathrm{a}(D)}{\mathrm{d}D} \qquad (16\cdot16)$$

16・2・2　デルヤーギン近似

上記の $F(D)$ - $W(D)$ の関係および $P(D)$ - $W_\mathrm{a}(D)$ の関係は一般的であり，相互作用するコロイド粒子の大きさおよび形状に依存しない．しかし，実際には 2 個の球(あるいは，球と平面，または 2 個の交差した円柱)の間で測定される $F(D)$ を，理論的に計算することの多い 2 平面間の $W_\mathrm{a}(D)$ に関連づけたい．交差する物体間の力とエネルギーの重要な関係 $F(D)$ - $W_\mathrm{a}(D)$ の導出は**デルヤーギン近似**(Derjaguin approximation)によって可能になった．以下では，Horn[4)] によるアプローチを解説する．

16・2・2・1　デルヤーギン近似における四つの近似

図 16・2 のように表面間距離 D にある半径 R_1 と R_2 の二つの球状コロイド粒子を考えよう．これら二つの粒子間の全表面力 $F(D)$ を得るために，上側の表面と下側の表面

における面積 $2\pi y\ \mathrm{d}y$ の円環素片間にはたらく力を積分する．

$$F(D) = \int_{Z=D}^{Z=D+R_1} (2\pi y\ \mathrm{d}y) f(Z) \tag{16・17}$$

ここで $f(Z)$ は単位面積当たりの力である．デルヤーギン近似で $F(D) - W_a(D)$ を導く際に，四つの近似がある．

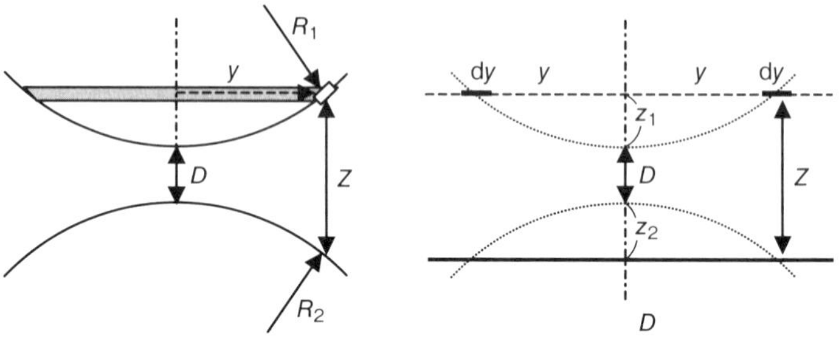

図 16・2　デルヤーギン近似．

最初の近似は“曲面を平面で置き換える”近似で，次の 3 段階から成る．

1. 曲面円環領域を曲面面積素に分割する．
2. これらの曲面面積素を平面面積素で置き換える．ただし，平面面積素は 2 曲面の最近接点に接する平面に平行である．この結果，円環素片は幅 dy の平らな環になる．
3. 第二の面 (R_2) を半無限平面で置き換える．ただし，この半無限平面は距離 D で平らな面積素にちょうど向かい合う．これは，$R_1, R_2 \gg D$ に対してはよい近似である．

第二の近似は“放物面”近似あるいは弦の定理(円の 2 つの弦 AB と CD が円内の点 P で交わるとき，AP・BP ＝ CP・DP が成り立つ)の近似であり，以下のように，表面の曲率を放物線で近似する．

$$R_1{}^2 = (R_1 - z_1)^2 + y^2 \tag{16・18}$$

$R_1 \gg D$（したがって，$R_1 \gg z_1$）に対しては，

$$z_1 \approx \frac{y^2}{2R_1} \tag{16・19}$$

が得られる．同様に，

$$z_2 \approx \frac{y^2}{2R_2} \tag{16・20}$$

が得られる．したがって，

$$Z = D + z_1 + z_2 \approx D + \frac{y^2}{2R_1} + \frac{y^2}{2R_2} \tag{16・21}$$

この式から次式が得られる．

$$\mathrm{d}z = \frac{y}{R}\,\mathrm{d}y \tag{16・22}$$

ここで，

$$R = \frac{R_1 R_2}{R_1 + R_2} \tag{16・23}$$

(16・22)式と(16・23)式を(16・17)式に代入すると次式が得られる．

$$F(D) = 2\pi R \int_{Z=D}^{Z=D+R_1} f(Z)\,\mathrm{d}Z \tag{16・24}$$

第三の近似は“作用範囲”近似で，表面力の作用範囲は 2 球の半径 R_1, R_2 より小さいと仮定する．したがって，(16・24)式の積分の上限を ∞ に置き換えることができる．ここで，$f(Z)$ は上側の表面の単位面積と下側の面全体(ここでは半無限平面と仮定)の間の力である．したがって，(16・24)式より次式が得られる．

$$F(D) = 2\pi R \int_{D}^{\infty} f(Z)\,\mathrm{d}Z = 2\pi R W_{\mathrm{A}}(D) \tag{16・25}$$

ここで，$W_{\mathrm{A}}(D)$ は互いに D の距離にある単位面積の表面と半無限表面の間の相互作用エネルギーである．

第四の近似は“単位面積”近似である．この近似では，二つの単位面積の表面間の相互作用エネルギー $W_{\mathrm{a}}(D)$ が $W_{\mathrm{A}}(D)$ にほとんど等しいと仮定する．すなわち，

$$W_{\mathrm{a}}(D) \approx W_{\mathrm{A}}(D) \tag{16・26}$$

これは近接した表面に対しては非常によい近似である．こうして，次のデルヤーギン近似が得られる．

$$F(D) = 2\pi R W_{\mathrm{a}}(D) \tag{16・27}$$

16・2・2・2　種々の形状に対するデルヤーギン近似

(16・27)式は異なる 2 球に対して導かれたが，他の形状に対しても容易に適用できる．等しい半径($R_1 = R_2 = R$)の 2 球の場合は，(16・27)式は次式になる．

$$F(D) = \pi R W_{\mathrm{a}}(D) \qquad \text{(等しい半径 } R \text{ の 2 球の場合)} \tag{16・28}$$

半径 $R_1 = R$ の球と平面の場合〔コロイド原子間力顕微鏡法(AFM)の場合の配置〕，(16・23)式で $R_2 \gg R_1$ とおくと次式が得られる．

$$F(D) = 2\pi R W_{\mathrm{a}}(D) \qquad \text{(半径 } R \text{ の球と平面の場合)} \tag{16・29}$$

半径 R_1 と R_2 の二つの円柱が互いに(最近接)距離 D にあり，円柱軸が互いに角度 θ で交差するとき，以下の式が成り立つことが容易に示される．

$$F(D) = 2\pi \frac{\sqrt{R_1 R_2}}{\sin\theta} W_{\mathrm{a}}(D) = 2\pi R_{\mathrm{c}} W_{\mathrm{a}}(D) \qquad \text{(角度 } \theta \text{ で交差する 2 円柱の場合)} \tag{16・30}$$

ここで，R_{c} は次式で与えられる実効半径である．

$$R_{\mathrm{c}} = \frac{\sqrt{R_1 R_2}}{\sin\theta} \tag{16・31}$$

ここで特別な場合 $R_1 = R_2 = R$ で $\theta = 90°$ を考えよう．これは図 16・3(a)のように，2 円柱が等しい半径をもち，直角に交差する場合であり，表面力測定装置(SFA)で用いられる配置である．(16・30)式のパラメーターをこの形状と配置に従うように設定すると，この場合のデルヤーギン近似の式は，球と平面の場合の式(16・29 式)と同一になることがわかる．

上記の幾何学的な同等性を証明するために，以下のことを確認する必要がある．すなわち，2 円柱の表面上にあって互いにちょうど向かい合うすべての点の対の中で(たとえば，図 16・3 の A と B)，上から見たときに $r^2 = x^2 + y^2$ を満たす半径 r の円上にあるような対の場合(図 16・3c)，2 点間の距離 Z は一定である．これは球と平面の場合と同じである(図 16・3d)．(16・21)式と同様に，Z は以下のように定義される(図 16・3b の側面図)．

$$Z = D + z_1 + z_2 \approx D + \frac{x^2}{2R} + \frac{y^2}{2R} = D + \frac{1}{2R}(x^2 + y^2) = D + \frac{1}{2R} r^2 \tag{16・32}$$

Z は距離 D における特定の r に対して一定であり，図 16・3(d)に示すように，この配置は平面から距離 D にある半径 R の球に等価である．

$$F(D) = 2\pi R W_{\mathrm{a}}(D) \qquad \text{(等しい半径 } R \text{ をもち直角に交差する 2 円柱)} \tag{16・33}$$

したがって，コロイド AFM (平面に対する球)と SFA (交差した 2 円柱)から得られる結果を示す場合，二つの方法で得られた結果が直接比較できるように，F/R 対 D,

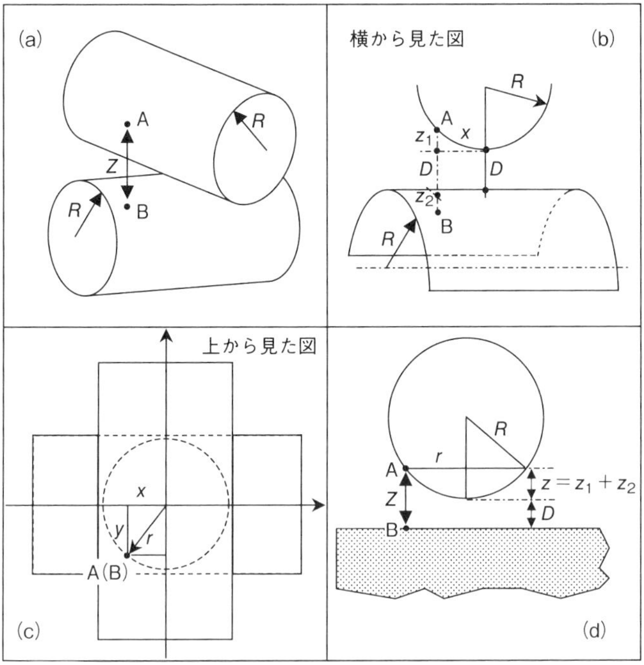

図 16・3 (a)～(c)表面力測定装置(SFA)における直角に交差する2円柱.これは(d)球と平面の関係に等価である.

すなわち 力-距離曲線のプロットをする.

16・2・2・3 デルヤーギン近似の限界

デルヤーギン近似は近距離にあるコロイド粒子に対してきわめてよく成り立ち，四つの近次のうちの一つか二つがあてはまらなくてもよい近似である．しかし，実験条件によっては，前もって注意が必要である．たとえば，非極性媒質中における小さなコロイド粒子間の電気二重層相互作用の場合がそうである(下記参照)．ここでは，表面力の作用範囲は非常に長距離に及び，コロイド粒子のサイズと同程度になる．もう一つの状況は，鋭いチップを用いた表面力測定の解釈である．そこでは，$R \gg D$ の近似が無効になり，その結果，上記の“曲面を平面で置き換える”近似および“放物面”近似が悪くなる.

16・3 表面力測定法

直接的な表面力測定を注意深く行い解析すると，固/液界面に関する有益な情報を得ることができる[1),5)]．絶対値が約 10^{-12} N という小さな力を現在の微量天秤技術を用い通常の方法で高精度で検出できる．しかし，コロイド科学では，測定された 2 表面間の力が“意味のある話”を語るのは，表面力を検出する表面間距離，したがって距離による表面力の変化の両方が定まるときのみである．この達成のために相当な努力がこれまでなされ，また，さまざまな技術が開発されてきた．これについての包括的な総説は文献(たとえば，Claesson らの総説[6])にある．ここでは簡単に基本原理を説明する．

16・3・1　光ピンセット

原理的には，既知の力を尺度(ゲージ)にして力を測定する．さまざまな技術においてさまざまな尺度を選択し測定することが可能であるが，力の測定の感度，適応性さらに適用可能性は尺度による．光ピンセット法(第 14 章)を力測定に用いる場合[7),8)]は，熱ゆらぎエネルギー kT で測る．これは純水中におけるコロイドの大きさの粒子間にはたらく相互作用を検出する場合に適している．この場合，強く集束した二方向からのレーザービームを 2 つの誘電性コロイド粒子に作用させて捕捉し互いに接近させる．まず，レーザービームによって粒子内に誘電双極子が誘起される．この双極子はビームの電磁場強度の勾配を感じて，最も明るい領域(つまりビームの中心軸)に引きつけられる．こうして粒子が捕捉される[9)~11)]．レーザービームを切ると粒子は光捕捉から解放され平衡点のまわりでゆらぐ．2 粒子が中心間距離 D に存在する確率 $p_n(D)$ は，kT を尺度にして測った粒子間全相互作用エネルギー $W_{\text{total}}(D)$ で表される．

$$p_n(D) = \Omega \exp\left[-\frac{W_{\text{total}}(D)}{kT}\right] \qquad (16 \cdot 34)$$

ここで Ω は定数である．確率関数 $p_n(D)$ はレーザービームのオン・オフ(点滅)を何度も繰返して求める．ここで，粒子間距離の初期値をさまざまに変えて粒子の軌跡のスナップ写真を撮り，正確な画像処理アルゴリズムを備えたデジタルビデオ顕微鏡を用いる[12)]．この方法での粒子間距離の限界分解能は現在 ±50 nm であるが，これはデジタルビデオ顕微鏡に依存する．しかし，光ピンセット法は現在でも(数百 nm から数 μm の間の直径をもつ)コロイド粒子間の力を直接測定する数少ない技術の一つである．

16・3・2　全内部反射顕微鏡法

距離測定における限界は Prieve らによって開発された全内部反射顕微鏡法(total internal reflection microscopy，TIRM)によって克服された[13)]．この方法では水性媒質中のコロイド粒子と平板間の相互作用エネルギーを測定するが，このエネルギーに対する尺度として kT を用いる．コロイド粒子(直径が 3～30 μm)は重力によって沈降し，透明板上に付着した後，その平衡位置のまわりにゆらぐ．エバネッセント波で照射する場合，粒子が観測される瞬間的な位置は，粒子による散乱光強度をもとに分解能 1 nm でサンプリングできる．エバネッセント波はレーザービームが臨界角より大きな入射角で 平板/液体 界面に入射する場合に生じる．粒子と平板間全相互作用エネルギーはこの場合も(16・34)式に従うが，重力成分が加わる．これは相互作用エネルギープロファイルの直線部分から容易に決定できる．十分な回数の観測を行う場合，$p_n(D)$ は種々の光度に対する観測確率から求まる．TIRM は検出できる力の大きさに対する感度と距離測定に対して比較的高い分解能をもつので優れている．このため，弱い相互作用における長い尾部の検出に最適である．しかし，この方法には測定できる相互作用の距離範囲が，重力によって粒子がどこまで平板に接近できるかということで制約されるという短所がある．これは，さまざまな光学的な力(14・2 節)を粒子に付加的に作用させることによってある程度回避され，測定できる相互作用の範囲を拡張できる場合がある．

16・3・3 原子間力顕微鏡

コロイド粒子間にはたらく力の測定の分野における TIRM の競争相手はコロイドプローブ(コロイド粒子を先端に接着させた探針)を用いる原子間力顕微鏡(atomic force microscope, AFM)である[14]．この場合，AFM ではカンチレバーの先端に取付けたコロイド粒子と平面状の基板との間の相互作用をカンチレバーばねのたわみによって測る．ばねのたわみを測定する方法は多くあるが，最も一般的な方法はレーザー光を用いる方法で，0.1 nm 以下の分解能をもつ．距離 D における全相互作用エネルギーと表面力の関係は以下のようになる．

$$
\begin{aligned}
2\pi R W_{\mathrm{total}}(D) &= F(D) \\
&= 2\pi R[W(D) - W(\infty)] \\
&= k[\Delta x(D) - \Delta x(\infty)] \\
&= k\,\Delta d(D) \qquad (16\cdot 35)
\end{aligned}
$$

ここで，k はばね定数，R はコロイド粒子の半径，Δx は AFM カンチレバーばねのたわみ，$\Delta d(D)$ は表面力がはたらく場合とはたらいていない場合のばねのたわみの差である．実際上，表面相互作用をゼロとみなせるほど十分に大きい距離を無限遠とする．AFM のばね定数 k は弱く，0.5 N m^{-1} 程度である．したがって，10^{-12} N 程度の小さい力を検出できる．しかし，コロイドプローブの半径 R は通常非常に小さく μm 程度なので，$W_{\mathrm{total}}(D)$ の検出限界は 10^{-6} J m^{-2} 程度になる．TIRM に比べ AFM が優れている点は，すべての距離において相互作用エネルギーを測定できることであり，表面がほとんど接触する場合の強い力も検出できる．しかし，AFM も前述のすべての測定法がそうであるように，表面間の真の接触を達成できない．

16・3・4 表面力測定装置

さらに，干渉法による表面力測定装置(surface force apparatus, SFA)は本来[15),16)]長さを測る道具としてカンチレバーばねのたわみを用いて，二つの巨視的物体間の表面力を測定する装置である．物体の一方は力を測定するカンチレバーばねの上につるされる．等色次数干渉縞法(fringes of equal chromatic order, FECO)[17),18)]という干渉法を用いると 0.2 nm の分解能で表面間距離を測定できる．モデル基板として薄く滑らかな透明物質が必要であり，雲母が最もよく用いられるが，他の代替物質も検討されている[19)~22)]．このような制約があるため，SFA の改良型が開発され，広範囲にわたる物質の研究が可能になった[6),23)~27)]．ただし，表面間距離は他の方法で監視する．しかし，SFA における干渉法技術の能力と有効性は評価されるべきである．利用可能なすべての測定法の中で，この方法によってのみ二つの表面が真に直接接触することを確認でき，かつ測定の間に表面状態を直接監視することが可能であり，さらに基板間に閉じ込められた媒質の光学的性質を調べることができる[28),29)]．加えて，この測定法から接触力[30)]および表面の形態(トポロジー)[31),32)]について価値のある情報が得られる．SFA で用いられるばね定数 k は何桁ものオーダー，すなわち 10^2～10^5 N m^{-1} にわたって変

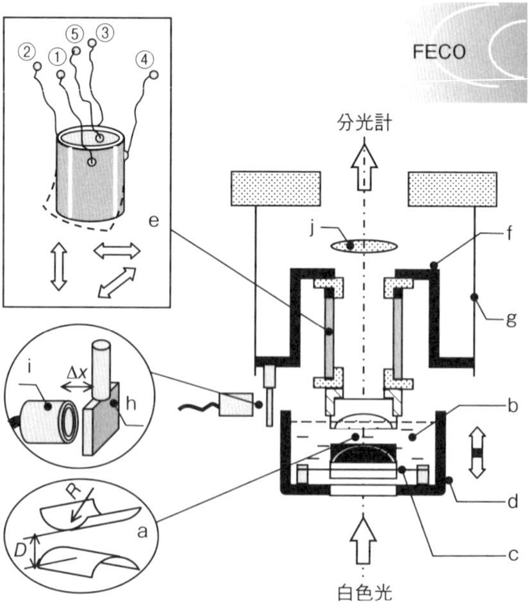

図 16・4　摩擦力に対して高感度な測定性能をもつ表面力装置の略図．この装置は表面力天秤とよばれることがある．本文参照．

化するが，典型的な値は約 150 N m^{-1} である．この値は上記の範囲の最小値に近い．曲率半径 R が典型的な値である 1 cm の場合，上記のばね定数の値から力と相互作用エネルギーの検出限界がそれぞれ 10^{-7} N と 10^5 J m^{-2} であることがわかる．

Tabor と Winterton[33] および Israelachvili と Tabor[34] が最初に開発した SFA に加えて現在多くの改良型が世界中にある．図 16・4 は Klein[35] が開発した高感度摩擦測定能をもつ改良型〔クラインの表面力天秤(surface force balance, SFB)〕のおもな構成要素を図 16・4 に示す．この改良型 SFA では厚さ μm の雲母表面(a)間で測定する．ここで，雲母表面は容器(d)に満たされた液体(b)に浸され，二つの円筒(a の雲母表面)が交差した配置にある．垂直力 F は底面を支える二つのカンチレバーばね(c)のたわみから求められる．上面は扇形の圧電性セラミック管(e)に取付けられる．この管は一対の垂直ばね(g)によって支えられた剛体の受け台(f)からつるされる．磨いたステンレス鋼フラグ(h)の変位を容量検出器(i)で測定し，これから垂直ばね(g)のたわみを求める．この鉛直ばねのたわみから水平方向の力すなわち摩擦力 F_s が得られる．表面間距離 D と表面形状は干渉法で観測する．すなわち，平行な白色光ビームを照射し表面を通過させ，対物レンズ(j)によって走査型分光計(図示せず)へ集光し，FECO 縞を観察する．

16・3・5 他の測定法

さまざまな他の測定法が存在する．たとえば，エバネッセント波光散乱顕微鏡法(evanescent wave light scattering microscopy, EVLSM)[26]，光てこ方式力評価装置(light lever instrument for force evaluation, LLIFE)[41]，表面相互作用力測定分析(measurement and analysis of surface interaction forces, MASIF)[27] などである．これらの測定法の操作原理はほとんど前述した測定法に従う．ただし，実際の測定に当たってはそれぞれ固有の特徴がある．これらの測定技術の性能は表面力の検出限界または相互作用エネルギーの点から相互に比較されることがあった[13),42]．しかし，この比較は端的で，さまざまな系に対してそれぞれふさわしい測定法があり，互いに相補的な情報が得られることを認識すべきである．

Derjaguin ら[36)~40] は天秤を用いて，空気中と真空中において巨視的物体間のファンデルワールス力を初めて測定した．しかし，この天秤を他の媒質中へ適用したり，他の相互作用の検出に応用することは文献に報告されていないので，この方法の長所を他の方法と比較することは難しい．

16・4 種々の表面力

16・1 節で議論したように，表面力はすべて分子間力に起因するが，種々の要素に分類されてきた．目的のコロイド間相互作用を得るために制御ができるほど十分な理解が得られている表面力もあれば，完全には理解されていない表面力もある．表面力に関する包括的な総説[1),4),5)]があるので，関心のある読者は参照されたい．ファンデルワールス力と電気二重層相互作用による力のある側面については第3章で，高分子が介在する表面力については第9章で議論した．ここでは，コロイド懸濁液を扱う際に一般に出会う種々の型の表面力についてのみ簡単に紹介する．

16・4・1 ファンデルワールス力

二つのコロイド粒子間のファンデルワールス力を得るには，一方の粒子中の原子・分子と他方の粒子中の原子・分子の間にはたらくすべての双極子間相互作用を合計する．この総和法には二つのアプローチがある．第一のアプローチはハマカーの方法[43)]である．16・1節で導いたように，構成原子・分子からの寄与をすべて単純に加算する方法で，対(つい)総和法(pair-wise addition)という．この総和をとると，2平面間が距離 D 離れているとき，単位面積当たりの平面間のファンデルワールス相互作用エネルギー $W_\mathrm{a}(D)$ が次式で与えられる．

$$W_\mathrm{a}(D) = -\frac{A}{12\pi}\frac{1}{D^2} \qquad (16\cdot36)$$

また，半径 R の二つの球状コロイド間にはたらく粒子間力は，デルヤーギン近似(16・17式)を用いて以下のように与えられる．

$$F(D) = -\frac{AR}{12}\frac{1}{D^2} \qquad (16\cdot37)$$

(16・37)式は $F(D)$ と $W(D)$ の間の関係(16・14式)からも得られることことに注目しよう．すなわち，(16・11)式で与えられる2球間ファンデルワールス相互作用エネルギーを D について微分し負号を付けても(16・37)式が得られる．上式におけるハマカー定数 A は(16・12)式で与えられるが，これは分子間対ポテンシャル係数 C に依存し，C はさらに相互作用する分子の分極率，永久双極子モーメントおよびイオン化エネルギーに依存する．

しかし，ハマカーの対総和法は多体効果を考慮していない．ここで，多体効果とは一つの分子の双極子場が近隣の分子から影響を受ける効果である．2番目の方法であるLifshitzのアプローチでは，この問題に対処するために，相互作用する各物体(コロイド)を誘電連続体とみなして，振動数/波長に依存する誘電率 ε（または，屈折率 n）で表す．この方法における総和は二つの表面が互いに接近したときの電磁場のゆらぎモードの和である．この総和に伴うエネルギーがファンデルワールス相互作用エネルギーである．この方法の詳細は本章の目的の範囲外にあるが，Lifshitz のアプローチからも(16・37)式が有効であることが示される．ただし，方程式(16・12)式は成り立たず，その代わりに，ハマカー定数 A は相互作用する表面と，表面間に存在する媒質のもつ波長に依存する屈折率から計算される．

実際は，種々の媒質中の種々の物質に対するハマカー定数の値は成書に与えられており，そのオーダーは $(0.4\sim40)\times10^{-20}$ J である(たとえば，文献[1),2)])．相互作用するコロイド粒子間のファンデルワールス力を計算するために，これらのデータを用いることができる．ファンデルワールス力の特徴を知ることは有用である．この力は常に存在し，介在する媒質にかかわらず同一溶媒中にある同種の化学種のコロイド粒子間に対しては引力になる．すなわちハマカー定数は正である．しかし，同一溶媒中にある異種の化学種の粒子のファンデルワールス力は次の場合は斥力になる．すなわち，媒質 3 の屈折率の値が物質 1 と物質 2 の屈折率の間にある，すなわち，$n_1 < n_3 < n_2$ の場合である．このような正のファンデルワールス力の例は，シクロヘキサン中の金とポリテトラフルオロエチレン(PTFE)の間の相互作用である．

16・4・2 極性液体中の電気二重層の重なりによる力

ほとんどのコロイド粒子は極性液体中で表面電荷をもち，多くの場合，表面電荷は負である．第 2 章で説明したように，帯電の機構は数多くある．この表面電荷が存在するための必要な条件は，極性媒質のもつ高い比誘電率 ε_r である．この結果，反対符号の帯電イオン間にはたらくクーロンエネルギーが減少する．クーロンエネルギーによって表面電荷とその反対符号の電荷(対(たい)イオン)が結合し，電荷を中和させようとする．一方，熱運動によって対イオンは一様に分布した方がエントロピー的に有利である．これら二つの効果のバランスにより電気二重層が形成される．すなわち，表面電荷とその反対符号の電荷をもつ拡散層から成る電気二重層が形成される．ヘルムホルツ-グイ-チャップマンモデル(Helmholtz-Gouy-Chapman model)の詳細な記述は第 2 章に示したが，ここでは，表面力に関して，おもに拡散層(すなわち，外部グイ-チャップマン層)について述べる．

この二重層の厚さはデバイ長さ κ^{-1} で与えられる．

$$\kappa^{-1} = \left(\frac{e^2 \sum \rho_i z_i^2}{\varepsilon_0 \varepsilon_r kT}\right)^{-1/2} \qquad (16・38)$$

ここで，$e=-1.609\times10^{-19}$ C は電子の電荷，ρ_i と z_i はイオン種 i の数密度と価数，$\varepsilon_0=8.854\times10^{-12}\,\mathrm{C^2\,J^{-1}\,m^{-1}}$ は真空の誘電率，ε_r は媒質の比誘電率，$k=1.381\times10^{-23}\,\mathrm{J\,K^{-1}}$ はボルツマン定数，T は単位 K の熱力学温度である．たとえば，1 mM NaCl 溶液

では $\kappa^{-1} = 9.6$ nm（表2・1）であり，pH＝7の純水では κ^{-1} は1 μmに達する．ただし，水は CO_2 の溶解のため pH≈5.5になり，純粋ではない．

定量的には，表面電荷と対イオンの間の相互作用はポアソンの式によって記述される．この式によって，表面から任意の距離 z において表面電荷に起因する電位 $\psi(z)$ とその位置における電荷密度 $\rho(z)$ が関係づけられる．同時に，表面近傍のイオンの分布はボルツマン分布によって記述される．この分布によって，表面近傍における $\rho(z)$ はバルク液体の電荷密度に関係づけられる．ポアソンの式とボルツマンの式における電位が等しいとすると，**ポアソン–ボルツマン方程式**（Poisson – Boltzmann equation）が得られる．この式の解からわかるように，電位 $\psi(z)$ は表面からの距離 z に関して指数関数的に減衰し，その減衰長さ（1/e まで減衰する距離）は κ^{-1} で与えられる．

2個の同種帯電コロイド粒子が互いに接近すると，粒子周囲の電気二重層の拡散層が重なり，粒子間の領域におけるイオン種の濃度が上昇し，エントロピー起源の斥力が発生する．この斥力に対する完全解を得るにはポアソン–ボルツマン方程式を数値的に解く必要があるが，粒子間距離が大きい場合（$D > \kappa^{-1}$）は，弱い重なりの近似を用いてポアソン–ボルツマン方程式を線形化し，問題を簡単にできる．2平面に対する単位面積当たりの線形化した相互作用エネルギーは対称型 $z:z$ 電解質の場合，以下のようになる．

$$W_{\mathrm{a}}(D) = \left(64kT\kappa^{-1}\sum \rho_i\right)\left[\tanh\left(\frac{ze\psi_0}{4kT}\right)\right]^2 \exp(-\kappa D) \qquad (16\cdot 39)$$

ここで，ψ_0 は表面電位で，次式によって表面電荷密度 σ_{s} に結びつけられる．

$$\sigma_{\mathrm{s}} = \left(4ze\kappa^{-1}\sum \rho_i\right)\sinh\left(\frac{ze\psi_0}{2kT}\right) \qquad (16\cdot 40)$$

ψ_0 の値が低い場合，（16・39）式はさらに次のように簡単化される．

$$W_{\mathrm{a}}(D) \approx 2\varepsilon_0\varepsilon_{\mathrm{r}}\kappa^2\psi_0{}^2\exp(-\kappa D) = \frac{2\sigma_{\mathrm{s}}{}^2}{\kappa\varepsilon_0\varepsilon_{\mathrm{r}}}\exp(-\kappa D) \qquad (16\cdot 41)$$

この式は価数にかかわらず，すべての電解質に適用可能である．続いて，2個の球状粒子間の電気二重層の重なりによる力 $F(D)$ をデルヤーギン近似によって得ることができる．

グイ–チャップマンの理論において上記の式を導く際には多くの仮定がなされている．おもなものは以下の通りである．

- イオンは点電荷であって，つまり物理的なサイズをもたない．
- 介在する媒質は構造のない連続体で，誘電率のみで表される．
- 表面電荷は一様に分布する．

これらの仮定がすべて実際のコロイド相互作用において満たされていないことは明らかであるが，大きな表面間距離 $D > \kappa^{-1}$ ではよく成り立つ．しかし，D が小さくなるにつれて上記の仮定は成り立たなくなり，相互作用を正確に記述するためには，ポアソン－ボルツマン方程式の数値解が必要になる．

関連する特別な問題として小さな D における表面への対イオンの吸着がある．このような吸着がない場合，粒子表面の境界条件は一定表面電荷密度の境界条件となる．あるいは，一定表面電位境界条件を維持するために，対イオンが表面に吸着する場合がある．この場合は，常に一定表面電荷密度境界条件より弱い粒子間斥力が生じる．実際の電気二重層相互作用はこれら二つの極限の間にあると考えられる．

16・4・3 DLVO 理論

コロイドの安定性に関する **DLVO 理論**は，1940 年代にこの理論を発展させた 2 人のロシアの科学者(Derjaguin と Landau) と 2 人のオランダの科学者(Verwey と Overbeek)の名にちなんだコロイド科学の基礎理論である．この理論は“ファンデルワールス力と電気二重層の重なりによる力を加え合わせると，コロイド粒子間にはたらく全体の力が得られる”という仮定に基づいている．第 3 章ではこの理論について解説し，コロイドの安定性を考える際に，この理論がどのように用いられるかについて述べた．ここでは，それを繰返すことはしないが，多くの非 DLVO 力がコロイド粒子間にはたらいているにもかかわらず，粒子の挙動を正しく予想する際に DLVO 理論が非常に便利であることを指摘しておく．純水中の雲母表面間で測定された **DLVO 力**の一例を図 16・5 の挿入図に示す．また非 DLVO 力のうちのいくつかについて以下に述べる．

16・4・4 非 DLVO 力

コロイド粒子間に非 DLVO 性の表面力がはたらくことがまれではなく一般的であることが今や明らかになっている．16・1・2・2 節と 16・1・2・3 節で説明したように，表面は表面間に介在する媒質の分子と相互作用し，多くの方法で表面に隣接する分子の分布を変えることができる．一般に，非 DLVO 力の作用範囲は疎水性力以外は数分子程度の表面間距離に及ぶ．**非 DLVO 力**は斥力，引力，振動力のいずれにもなりえて，その大きさは DLVO 力をはるかに超えることもあり，その場合には，全体的な表面力を考慮する際に重要な役割を果たす．これらの非 DLVO 力に対する統一的な名称はまだない．Israelachvili[1] は溶媒和力と総称し，三つの異なるサブグループ(振動力，水和力および疎水性力)から成ると考えた．また，Derjaguin[44] は水和力を**構造力**(structual force)と名づけた．一方，Horn[5] はそれらをさらに分けることを提案しているので，以下ではそれに従う．

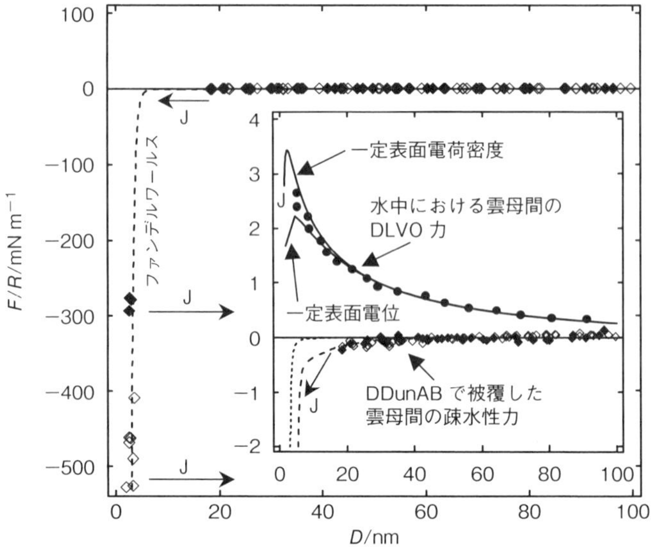

図16・5 純水中においてDDunAB（N,N-dimethyl-N,N-diundecylammonium bromide）界面活性剤で被覆した雲母表面間の疎水性力（◆および◇）．2表面を接近させたときの表面力 F を半径 R で割った量 F/R を表面間距離 D の関数として与える．内挿の拡大図では，純水中の裸の雲母間のDLVO相互作用（●）を比較のために示す．上側の実線では一定表面電荷密度，下側の実線では一定表面電位をそれぞれ仮定してある．点線はファンデルワールス相互作用で，水を挟む炭化水素に対するハマカー定数の値 4×10^{-20} J を用いている．破線はグラフを見やすくするために実験値に対して経験的な二つの指数関数を用いた当てはめを行った結果である．文字Jは引力勾配がSFA（表面力測定装置，16・3・4節）のばね定数の引力勾配を超えるときに生じる“ジャンプ”を示す．

16・4・4・1 振動する構造力

構造力には幾何学的な起源がある．媒質分子が分子の大きさ σ（次元は長さ）の数倍程度の表面間距離 D の空間内に閉じ込められると，分子は秩序化された準離散的な層を形成する．表面間距離が分子サイズの整数倍になると，つまり $D=m\sigma$（m は整数）になると，分子は表面間間隙をぴったり充填する．ここで，各 m はそれぞれ一つのエネルギー極小，したがって引力に対応する．この引力の大きさは m の減少とともに増加する．分子層が押し出されると，すなわち，媒質分子が σ の整数倍の分子層へ充填できないような D になると，対応するエネルギーの極大は表面間に斥力を生じ，m の減少とともに斥力の大きさは増大する．以上より振動する構造力が生じる．すなわち，引力に対応する極小と斥力に対応する極大が繰返され，振動波長は σ の程度であり，表

面間距離 D が σ の数倍程度になると振動の振幅は減少する．

この振動する構造力に対する近似の理論式[45]は，距離 D にある表面間にはたらく圧力 $P(D)$ を用いて次式のように表される．

$$P(D) \approx -kT\rho_s(\infty)\cos\left(2\pi\frac{D}{\sigma}\right)\exp\left(-\frac{D}{\sigma}\right) \qquad (16\cdot42)$$

ここで，$\rho_s(\infty)$ は表面間に存在する媒質の分子密度であり，(最密充塡に対して)近似的に次式で与えられる．

$$\rho_s(\infty) \approx \frac{\sqrt{2}}{\sigma^3} \qquad (16\cdot43)$$

上記の式より振動波長は σ の程度であり，振動の振幅は D とともに指数関数的に減衰し，減衰定数も σ の程度であることがわかる．$P(D)-W_a(D)$ の関係(16・15 式)を用いて，(16・42)式を積分すると，2 平面間の単位面積当たりの相互作用エネルギーが得られる．

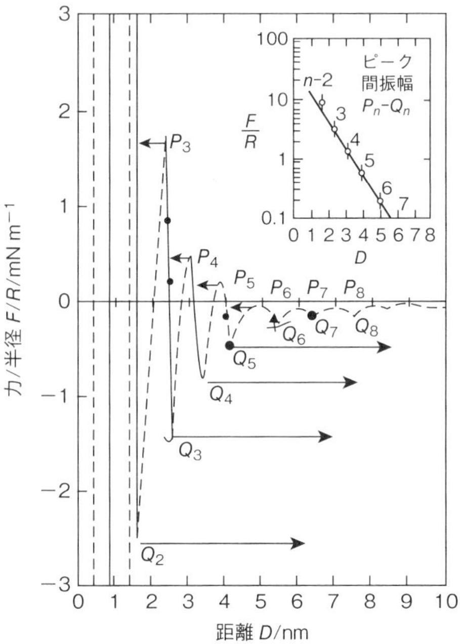

図 16・6 SFA で測定された雲母表面間の OMCTS 粒子の表面を層状に修飾した振動する構造力．振動波長は約 1.0 nm で OMCTS 分子の直径に相当する．挿入図はピーク間振幅で，減衰長さは 1.0 nm である．$P_1, P_2\cdots$ は振動波形の山，$Q_1, Q_2\cdots$ は谷を示す．〔図は J. N. Israelachvili (UCSB)により提供された.〕

$$W_a(D) \approx \frac{\sigma k T \rho_s(\infty)}{1+4\pi^2}\left[\cos\left(2\pi\frac{D}{\sigma}\right)-2\pi\sin\left(2\pi\frac{D}{\sigma}\right)\right]\exp\left(-\frac{D}{\sigma}\right) \qquad (16\cdot 44)$$

Horn と Israelachvili[46] の最初の報告にあるように(図 16・6)，このような構造力は極性液体(たとえば，水)や閉じ込められたさまざまな単純液体(単原子分子から成る液体)の実験で観測されている．その中には SFA を用いた球状分子(オクタメチルシクロテトラシロキサン，OMCTS)および直鎖分子(アルカン)の実験も含まれる．構造力が観測される範囲は 5～10σ 以内であり，この距離におけるファンデルワールス力より十分大きい．構造力が出現するかどうかは表面間に閉じ込められる分子の形と表面の滑らかさに強く依存する．たとえば，対称性と規則性をもたない分枝アルカンは規則的な層構造に充塡することは難しく，閉じ込められても構造力は生じない．さらに，表面に 10^{-1} nm ほどの粗さがあっても，充塡秩序は破壊され，振動は平坦になる．

実際には相互作用する表面が分子的に滑らかである場合はめったになく，振動力は実際の応用には無関係であるというかもしれない．しかし，圧力が加わると，柔らかな表面の場合には特に表面の凹凸は常に変形して局所的に平らになり，表面同士が密着するようになる．このような場合，振動する構造力が重要になる．さらに，表面間に閉じ込められた分子が同一面内にない層を形成することは，構造力がはたらくことでわかる．単純液体では液体から固体のような状態へ準相転移を起こすことがあるからである．これは振動しているときの引力の極小に対応し，液体の実効粘度が何桁も劇的に増加する．工業用潤滑油の性質はこの現象に関係がある．興味深くかつ意外なことに，水分子を表面間に閉じ込めても上記の“固体化”過程が起こらないようである．これは水は凍ると体積が増加するからであり，水の密度を高くしてもは水の固化は起こらない．水のこの特異的性質と水分子の流動性の問題に対しては多くの研究が行われ，熱心な議論が続いている．次節の中でこの問題を考える．

16・4・4・2 水　和　力

上記の構造力の場合には，表面のおもな役割は介在する媒質を閉じ込める不活性な境界になることであった．しかし，表面自体も溶媒和する．水が溶媒の場合には，水分子が表面基に強く結合すると，水和斥力が 2 表面間に生じる．これらの表面基としてはイオン基または水素結合基があり，表面基周囲の水分子が配向し水和層を形成する．水和力の強さはこれらの親水基を脱水するのに必要なエネルギーに大きく依存する．

多くの親水コロイド粒子と粘土の場合には，1 価カチオンまたは多価カチオンが通常負に荷電した表面に結合し，表面上に完全水和殻が形成される．この結果，二つの表面が接近してそれぞれの水和鞘が接触すると水和斥力が生じる．1 価カチオンの場合，

Cs^+ から Li^+ までイオン半径が減少すると水分子とのクーロン相互作用が強くなるために，水和数 n_H（イオンと強く結合して第一水和層を形成する水分子の数）が 1, 2 個から 5, 6 個まで増加する．この結果，どのイオンの水和半径も同程度の大きさ 0.33 nm 程度から 0.38 nm になる．（しかし，測定法が異なると得られる水和数が異なる．たとえば，Li^+ の n_H は 2 から 6 の範囲で変化する．）2 価カチオン（Be^{2+}，Mg^{2+}，Ca^{2+} など）の場合は，1 価カチオンに比べ正電荷が倍のため電子を 1 個多く失うので，裸のイオン半径は小さくなる．電子数が少ない結果，周囲の水分子との水素結合が強くなる．このために，1 価カチオンに比べて水和半径は（0.1 nm 程度）大きくなり，水和数の大きな状態（$n_H = 4 \sim 6$）になる．経験的に，水和斥力エネルギー（単位面積当たり）$W_a{}^H$ は指数関数的に減衰する．

$$W_a^H(D) = W_0 \exp(-D/\lambda_0) \qquad (16 \cdot 45)$$

ここで W_0 は定数で 1 : 1 電解質に対する典型的な値は $W_0 = 3 \sim 30\ \mathrm{mJ\ m^{-2}}$ であり，減衰長さ λ_0 は 0.6〜1.1 nm である．水和力の実効作用範囲は実験的に測定されているように 3 nm 程度であり，上記の振動する構造力の作用範囲のおよそ 2 倍である．図 16・7 は

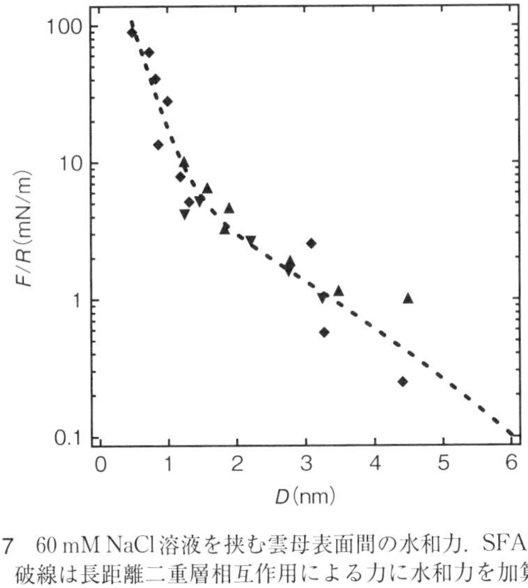

図 16・7 60 mM NaCl 溶液を挟む雲母表面間の水和力．SFA で測定．破線は長距離二重層相互作用による力に水和力を加算した．（16・45）式に $W_0 = 100\ \mathrm{mJ\ m^{-2}}$ と $\lambda_0 = 0.25$ nm を用いて曲線を当てはめることによって得た〔S. Perkin (UCL) のデータより〕．雲母表面間にはたらく力は D の大きい遠方では二重層相互作用による力が主要であるが，D が小さくなると水和力が主要になり力の曲線の傾きが変わる．

雲母表面間の水和力の例であり，60 mM NaCl 溶液中においてSFA で測定した．斥力のうち水和力成分(二重層相互作用による力に加えられる)は，この場合(16・45)式に定数 $W_0 = 100\ \mathrm{mJ\ m^{-2}}$ 程度，減衰長さ $\lambda_0 = 0.25\ \mathrm{nm}$ を用いて曲線の当てはめが可能である．

吸着されたカチオンに加えて，ヒドロキシ基，四級アンモニウム基，ショ糖および両性イオン基(たとえば，細胞膜に存在する)のような表面親水基が水和斥力を促進する．水和力の存在は広範囲にわたる現象を説明することができる．たとえば，ある種の粘土や界面活性剤セッケン膜の膨潤，生体膜間の斥力および高塩濃度におけるシリカ分散系のコロイドの安定性を説明できる．しかし，水和力の性質と起源はまだ完全には理解されていない．特に，理論的なレベルでの理解はされていない．

水和力に関連したもう一つのトピックは表面親水基の第一水和殻内における水分子の流動性である．これらの水分子を取除くことは困難であるが，バルク水分子と交換速度が速いために，強く圧縮された条件下でも流動性を保つことが確認されている．この交換速度，すなわち第一水和分子の寿命はカチオンの価数に強く依存し，1 価カチオンの場合 10^{-9}〜10^{-8} s の範囲，Al^{3+} の場合は 10^{-1}〜1 s の範囲にある．Cr^{3+} のようなイオンの場合はさらに何桁も遅くなる．水和斥力および多価カチオンに関係する第一層の水和分子の流動性は，実験的にも理論的にもほとんど未解明のままである．

16・4・4・3 疎 水 性 力

水中のカチオン界面活性剤単分子層で覆われた二つの雲母表面間に対する最初の疎水性力測定はSFA により行われたが，今では種々の方法で調製されたさまざまな疎水性表面間で疎水性力が測定されている．疎水性表面には水素化またはフッ素化した界面活性剤単分子層で覆われた表面が含まれる．これは吸着，すなわちラングミュア-ブロジェット膜(Langmuir–Blodgett deposition)，シラン層による化学修飾，表面における蒸気相からのプラズマ重合あるいは固体上の疎水性高分子膜のスピンコート(高速回転する基板上に遠心力を用いて薄膜を塗布)によってつくられる．実験的に観測された疎水性力の作用範囲と大きさは広範囲にわたるが，疎水性力が非常に長距離性の力であることは広く理解されており，10 nm くらいから 250 nm の表面間距離で測定されている．また，ファンデルワールス引力よりはるかに強い．2 平面間にはたらく単位面積当たりの**疎水性相互作用エネルギー**は，二つの指数関数項を用いて経験的に記述できる．

$$W_{\mathrm{a}}^{\mathrm{Hph}}(D) = -2C_1 \exp(-D/\lambda_1) - 2C_2 \exp(-D/\lambda_2) \qquad (16 \cdot 46)$$

ここで右辺第 1 項における前指数因子の典型的な値は $C_1 = 10〜50\ \mathrm{mJ\ m^{-2}}$ であり，減衰長さ λ_1 は 1〜3 nm 程度である．多くの実験で得られている疎水性力の短距離成分がこれらの値によって説明できる．一方，第 2 項における前指数因子 C_2 および減衰長さ

λ_2 に対する値は大きく変わり，疎水性力の長距離成分が表面による変動性をもつことを示している．水中で二本鎖カチオン界面活性剤 $[(CH_3(CH_2)_{10})_2N^+(CH_3)_2Br^-]$(DDunDAB)の単分子層が吸着した雲母表面間の疎水性力の測定例を図 16・5 に示してある．水中における裸の雲母間の DLVO 力との差が見られる．この場合，疎水性力は文献の報告値ほど長距離まで及ばないが，ファンデルワールス力(挿入図における点線の曲線)よりはかなり長距離まで及び，$D = 30$ nm 近くまで届く．

疎水性力の起源はまだ解明されていない．以前には斑状の可動表面電荷による電荷相関効果やバルクまで伸びた水の網目構造の伝搬などの提案があった．また，ナノ泡の存在を示唆する実験観測もある[47]．最近，電荷相関効果の考えが再び盛り上がる兆しがある[48]．種々の実験条件の中で多くの機構が互いに関連しながら作用しているようである．

16・4・4・4 接触した物体間の表面力: 付着力と毛管力

蒸気中で二つの表面が互いに接近して接触すると($D = D_0$)，たとえば，図 16・8 に示したように等しい半径 R の 2 球の場合，(16・28)式の単位面積当たりの相互作用エネルギーは下記のようになる．

$$F(D_0) = \pi R W_a(D_0) = 2\pi R \gamma_s \qquad (16 \cdot 47)$$

ここで，$\gamma_s = \frac{1}{2} W_a(D_0)$ は真空中の固体の界面エネルギーであり，$D_0 \approx \sigma/2.5$ は接触したときの表面間距離で，分子の大きさ σ の数分の一である．$F(D_0)$ とは，表面が接近したときの表面力，すなわち**付着力**である．一般にこのような付着が起こると，固体表面は弾性的に変形する．これは接触力学の理論で扱われる問題であるので，ここでは詳細な議論は行わない．

蒸気が存在する場合，および界面エネルギー γ_l のその凝縮液体が表面をぬらすならば(つまり，接触角 $\theta < 90°$)，液体のメニスカスが接触領域における環帯(アニュラス)のまわりに生じる．このメニスカスは図 16・8 に示すように次式で与えられるケルビン半径 r_k で表される．

$$r_k = \frac{\gamma_l V}{N_A kT \log(p/p_s)} \qquad (16 \cdot 48)$$

ここで，V は凝縮する液体のモル体積，$N_A = 6.022 \times 10^{23}\ \mathrm{mol^{-1}}$ はアボガドロ数，p/p_s(すなわち，温度 T における分圧と飽和圧力の比)は液体の相対蒸気圧である．20 °C の水では，$\gamma V/N_A kT = 0.54$ nm である．$p/p_s < 1$ であるから，(16・48)式より $r_k < 0$，すなわちメニスカスは凹面である．たとえば $p/p_s = 0.5$ の場合，$r_k \approx -1.6$ nm である．

負の r_k はさらにメニスカスの曲率による液体のラプラス圧 Δp も負になることを意味する．すなわち，

$$\Delta p = \frac{\gamma_l}{r_k} < 0 \qquad (16\cdot 49)$$

この式は凝縮液体のメニスカスによって表面間に引力がはたらくことを意味する．この引力 F_k を計算し，それを(16・47)式の付着力と比較しよう．まず，ラプラス圧は $\pi x^2 \approx 2\pi Rz$ の面積にはたらく．さらに，メニスカスの形状より $2z \approx 2r_k\cos\theta$ が得られるから，γ_L を液体の界面エネルギーとするとラプラス圧による引力，すなわち**毛管力** F_k は次のようになる．

$$F_k = \pi x^2 \Delta P = 2\pi R\gamma_l\cos\theta \qquad (16\cdot 50)$$

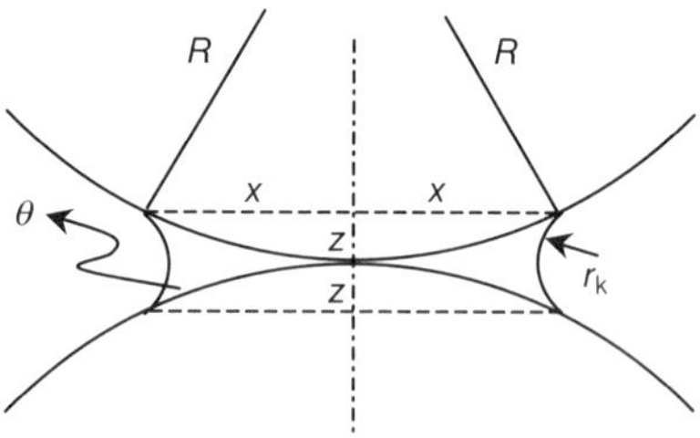

図 16・8　2つのコロイド粒子間に形成されたケルビン半径 r_k の毛管．2個の粒子は互いに接触し等しい半径 R をもつ．ここで，蒸気から凝縮した液体は表面をぬらす．すなわち，$\theta < 90°$．

さらに，毛管凝縮により(16・47)式中の γ_s を γ_{sl}（固/液界面エネルギー）で置き換える．したがって，メニスカスが存在するときの全付着力は次式で与えられる．

$$F_{ad} = F_k + F(D_0, \gamma_{sl}) = 2\pi R(\gamma_l\cos\theta + \gamma_{sl}) = 2\pi R\gamma_{sv} \qquad (16\cdot 51)$$

$\gamma_l\cos\theta > \gamma_{sl}$ になる場合が多いが，これは付着力がほとんど毛管力によって決まり，したがって凝縮液体の表面エネルギーによって決定されることを意味する．

液体(1)に他の混じり合わない液体(2)を微量加える．たとえば，油に少量の水を加える．そこに二つの球を浸すときも毛管凝縮が生じることがある．この場合，(16・48)式は次のようになる．

$$r_k = \frac{\gamma_{12}V}{N_A kT\log(c/c_s)} \qquad (16\cdot 52)$$

ここで，c/c_s は凝縮液体の濃度とその飽和濃度(あるいは，溶解度)の比で，γ_{12} は二つの液体間の界面張力である．この場合の接着力は毛管力 $F_k = 2\pi R\gamma_{12}\cos\theta$ にほぼ等しくなる．

このような毛管力は非極性媒質におけるコロイドの安定性，粉体処理，そしてもちろん砂で城を作るときにも関連している．

16・4・5 中性高分子を介した表面力

ここまで見たように，一般にコロイド相互作用が重要になる粒子表面間距離は0～100 nm の範囲にある．これは良溶媒中にある典型的な高分子の回転半径 R_g の大きさと同程度である．高分子をコロイド系に加えると，高分子の介在する相互作用は通常ほかの型の表面力を圧倒する．第9章ではコロイド系に加えた高分子がどのように表面力とコロイドの安定性を調節し影響するかについて考察した．そこで考慮すべき重要なパラメーターは，高分子がコロイドに吸着することが有利か不利かということであった．もし高い面密度または被覆率で高分子の吸着が有利である場合，高分子が被覆したコロイド間に斥力がはたらく．他方，表面被覆率が低い場合は高分子鎖が複数のコロイド粒子に吸着することによって架橋引力が生じることもある．高分子がコロイド表面上に吸着しない場合は，表面間距離が R_g と同程度になるとコロイド粒子間間隙の内部と外部の浸透圧差により枯渇引力が生じる場合がある．

高分子を高密度でコロイド粒子表面上に吸着させる有効な方法は，高分子鎖の末端を吸着させてブラシを形成することである．このような高分子ブラシの介する表面力を測定するために，多くの実験的および理論的研究がなされた．ここでそれを簡潔に述べる．ブラシが形成されるためには溶媒は良溶媒でなければならない．その結果，鎖が表面に吸着したり表面でつぶれることなく表面から伸びるようになる．さらに，高分子鎖間の間隔 s が R_g より小さくなるように，高分子鎖密度は高くなければならない．

図16・9にこのような高分子ブラシを模式的に示す．一様なブラシの平衡厚は L_0 で各鎖はサイズが a で N 個の(中性の)単量体から成る．末端付着エネルギーは鎖当たり αkT である．(8・6節ではブラシの厚さを δ_H で表していることに注意．) したがって，ブラシ鎖当たりの体積はブラシ厚 L に対して $V_{chain} = s^2L$ になる．また，ブラシ中の単量体の体積分率は $\phi = Na^3/Ls^2$ である．単量体の体積分率は準希薄領域，すなわち $\phi^* \ll \phi \ll 1$ にある．ここで $\phi^* \approx N^{-4/5}$ は体積分率の しきい値であり，高分子鎖が重なり始める体積分率である．まず，浸透圧の斥力エネルギーと伸びの弾性エネルギーの間のエネルギーバランスを考慮して，単一表面上の平衡ブラシ厚 L_0 およびブラシに関連する平衡エネルギーを求めよう．第二に，このようなブラシで覆われた二つの平面を距離 D まで接近させ，ブラシを領域 $D < 2L_0$ に閉じ込める．このための自由エネルギー

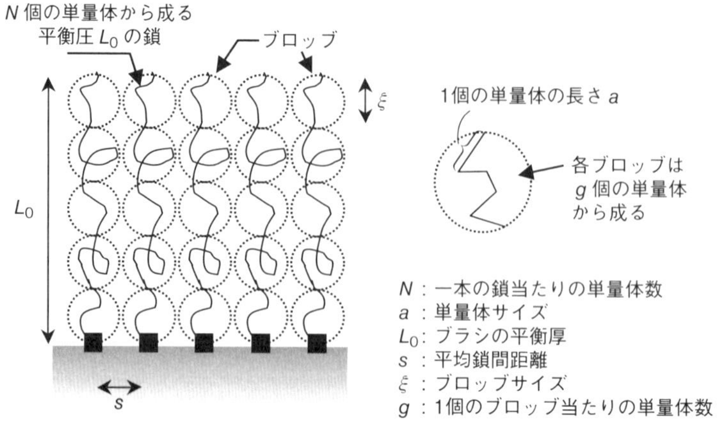

図 16・9　高分子ブラシ．

が D に依存することから，単位面積当たりの相互作用エネルギー $W_{\mathrm{a}}(D)$ が得られる．この計算は Alexander[49] と de Gennes[50] の方法で行われる．

以下の計算では鎖当たりのエネルギー W^{chain} を用いる．鎖当たりの面積は s^2 であるから単位面積当たりのエネルギーは $W_{\mathrm{a}}(D) = W^{\mathrm{chain}}/s^2$ である．W^{chain} は二つの成分をもつ．一つは浸透圧斥力に由来し，他は鎖の伸び弾性に起因する．すなわち，

$$W^{\mathrm{chain}} = W^{\mathrm{chain}}_{\mathrm{osm}} + W^{\mathrm{chain}}_{\mathrm{stretch}} \qquad (16 \cdot 53)$$

16・4・5・1　高分子ブラシにおける浸透圧

まず第一に，高分子ブラシにおける単量体間の浸透圧斥力は鎖が鎖の中で混み合うのを嫌うために生じるので，浸透圧項は鎖が表面から伸びることを促進する．準希薄領域では単量体の浸透圧は $\Pi_{\mathrm{osm}} \approx kT\phi^{9/4}/a^3$ のように表されるので，鎖当たりの浸透圧斥力のエネルギー(伸び弾性エネルギー)は以下のようになる．

$$W^{\mathrm{chain}}_{\mathrm{osm}} = kTV_{\mathrm{chain}}\Pi_{\mathrm{osm}} \approx kT(s^2L)\left(\frac{kT}{a^3}\phi^{9/4}\right) \approx kTN\left(\frac{Na^3}{s^2L}\right)^{5/4} \qquad (16 \cdot 54)$$

16・4・5・2　ブラシ鎖の伸び弾性エネルギー

第二にブラシ中の高分子鎖は大きく伸びるので，関連する弾性エネルギーは鎖が元の自然な配置に戻ることを促進する．これは準希薄領域では末端間距離 $R(\phi)$ で表される．

このような鎖の有効ばね定数はほぼ$kT/R^2(\phi)$であるから，ブラシ厚がLのときの弾性復元エネルギー（伸び弾性エネルギー）は次式で与えられる．

$$W_{\mathrm{stretch}}^{\mathrm{chain}} \approx \frac{kT}{R^2(\phi)} L^2 \qquad (16 \cdot 55)$$

末端までの距離$R(\phi)$を得るために高分子鎖はサイズξの独立な球（ブロッブ）からできていると考える．図16・9ではブロッブを点線の円で表してある（8・3・4節）．各ブロッブはg個の単量体から成り，一つのブロッブ内部ではg個の単量体がフローリー鎖（Flory chain，7・6節）のように振舞う．したがって，標準スケーリング理論から$\xi = ag^{3/5} = a\phi^{-3/4}$が得られ，各ブラシ鎖中に$N/g$個のブロッブが存在する．しかし，準希薄領域ではこれらのブロッブ同士は互いに相互作用しないので，鎖はN/g個の“ブロッブ単量体”から成る末端間距離$R(\phi)$の理想鎖として振舞う．したがって，理想鎖の場合のように次式が成り立つ．

$$R^2(\phi) = \frac{N}{g}\xi^2 \approx N a^2 \phi^{-1/4} \qquad (\phi^* \ll \phi \ll 1) \qquad (16 \cdot 56)$$

この式を（16・55）式に代入すると次式が得られる．

$$W_{\mathrm{stretch}}^{\mathrm{chain}} \approx kT \frac{L^2}{N a^2} \phi^{1/4} = kT L^{7/4} N^{-3/4} a^{-5/4} s^{-1/2} \qquad (16 \cdot 57)$$

16・4・5・3 ブラシの平衡厚と鎖当たりの自由エネルギー

（16・54）式と（16・57）式中の浸透圧項と伸び弾性項を加えると，鎖当たりの全エネルギーが得られる．

$$\begin{aligned} W^{\mathrm{chain}} &= W_{\mathrm{osm}}^{\mathrm{chain}} + W_{\mathrm{stretch}}^{\mathrm{chain}} \\ &\approx kT\left(N\left(\frac{N a^3}{s^2 L}\right)^{5/4} + [\, L^{7/4} N^{-3/4} a^{-5/4} s^{-1/2} \,]\right) \end{aligned} \qquad (16 \cdot 58)$$

Lに関して全エネルギーを最小にすると，ブラシの平衡厚L_0が得られる．

$$L_0 = N a \left(\frac{a}{s}\right)^{2/3} \qquad (16 \cdot 59)$$

（sは8・6節に登場したグラフト密度σと$\sigma = 1/s^2$によって関係づけられる．したがって，（16・59）式より$L_0 \approx N\sigma^{1/3}$が得られ，図8・36に示した結果と一致することに注目．）

これからわかるように，ブラシ厚はNに比例するが，良溶媒中における自由鎖の場合は$N^{0.6}$に比例することと対照的である．これは高分子鎖がブラシ中で非常に伸びたコンホメーションをとることを意味する．鎖当たりの平衡自由エネルギーW_0^{chain}は

(16・59)式の L_0 を(16・58)式に代入すると得られる.

$$W_0^{\text{chain}} = kTN\left(\frac{a}{s}\right)^{5/3} \tag{16・60}$$

16・4・5・4 ブラシ間の単位面積当たりの相互作用エネルギー：アレキサンダー–ドジャンの理論

二つのブラシ(距離 D にある2平面上)を互いに圧縮する場合，$D < 2L_0$ になり，ブラシは弱く嵌合(かんごう)する(interdigitate，はめ合う)．嵌合の深さ d_p は次式で与えられる.

$$d_\text{p} \approx \left(\frac{2L_0}{D}\right)^{1/3} s \tag{16・61}$$

この式からブラシが高密度(小さい s)になると，嵌合の度合いは低下することがわかる．したがって，二つの鎖の圧縮による相互作用エネルギーは $D/2$ に圧縮された一つの鎖の自由エネルギーの2倍に近似的に等しい．圧縮されたブラシの単量体体積分率は,

$$\phi(D) = \frac{2Na^3}{s^2 D} \tag{16・62}$$

である．(16・55)式と(16・57)式に $\phi(D)$ と L_0 を代入すると1本の鎖当たりの相互作用エネルギーが得られる．その結果を一つの鎖当たりの面積 s^2 で割ると D まで圧縮された2平面からの二つの高分子鎖間の単位面積当たりの相互作用エネルギーが得られる.

$$W_\text{a}(D) = \frac{2kTL_0}{s^3}\left[\frac{4c_1}{5}\left(\frac{2L_0}{D}\right)^{5/4} + \frac{4c_2}{7}\left(\frac{D}{2L_0}\right)^{7/4} - \left(\frac{4c_1}{5} + \frac{4c_2}{7}\right)\right] \tag{16・63}$$

ここで，L_0 は平衡時の高分子鎖の厚さ，s は鎖の間隔，c_1 と c_2 は1桁の定数である．(16・63)式およびこの式の導出は，高分子ブラシ相互作用に関する**アレキサンダー–ドジャンの理論**(Alexander – de Gennes theory)という．(16・63)式の[　]内の第1項は浸透圧斥力で，高い圧縮のとき影響が大である．第2項は鎖がその伸ばされたコンホメーションから元の自然な長さに押し戻されるときのエントロピー利得である．また，最後の項は $D \geq 2L_0$ で $W_\text{a}(D) = 0$ となるように加える．このような二つのブラシ間の圧力に対する表現は第9章の(9・3)式に(前置因子を除いて)与えてある．$P(D)$ – $W_\text{a}(D)$ の関係式(16・15式)を用いて(9・3)式を積分しても(16・63)式が得られる.

実験的には，上述の高分子ブラシ間相互作用はSFAを用いて確認されている[51]．図16・10の例はトルエン中の雲母上に末端吸着した二つの厚さ50 nmのポリスチレンブ

ラシ間に対して実験的に得られた力(各プロット)である[52]. (16・63)式から得た理論曲線(図 16・10 の実線)とよく一致する.

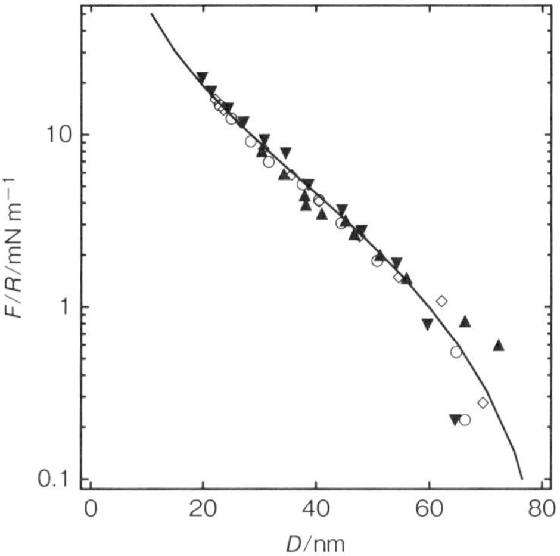

図 16・10 トルエン中で両性イオン基によって雲母に末端結合した二つのポリスチレンブラシ間の表面力(記号). ブラシ鎖の分子質量は 65 kDa である. 実線はアレキサンダー–ドジャンの理論(16・63 式)で $L_0 = 43$ nm と $s = 7.5$ nm とおいた理論曲線である.

16・4・6 界面活性剤溶液中の表面力

界面活性剤分子は容易に固体表面に吸着し, その結果として生じる表層構造, すなわち, 形態, 厚さ, 密度は界面活性剤の頭部基と分子構造に依存し, さらに pH や電解質濃度のような多くの溶液パラメーターにも依存する. たとえば, 非常に希薄な界面活性剤濃度では, 親水性表面または帯電表面上に単分子層または部分的な単分子層が形成され, これらの表面が疎水性になる. 界面活性剤濃度が増加するとともに, 部分的な二分子層あるいは円筒状ミセルや半ミセルのような二分子層状の表面凝集体が生じる. 界面活性剤濃度が臨界表面ミセル化濃度(固体表面でミセルが形成される界面活性剤濃度)に達すると, 吸着率は飽和する. 臨界表面ミセル化濃度はバルクの CMC より一般的にかなり低い.

界面活性剤が存在すると, 固体表面間の表面力は劇的に変化する. 上記の過程が起こると, 表面力は多様な挙動を示す. もし表面が帯電しているならば, 界面活性剤濃度が変化すると頭部基密度, したがって表面電荷密度が変化し, 長距離性の電気二重層相互作用に影響する. バルクに界面活性剤分子が存在するときも電気二重層相互作用のデバイ減衰長さ(Debye decay length)が変化する．界面活性剤の頭部基は強く水和する傾向があり，このために短距離性の付加的な水和斥力が生じる．界面活性剤溶液において多くの関連する表面力測定が行われている．たとえば，疎水性相互作用についての最初の測定は図16・5に示した疎水性力の場合のように，界面活性剤単分子膜間でSFAを用いて行われた．しかし，界面活性剤溶液中における表面力の全体像はまだ明らかになっていないと言うべきである．

16・5 表面力測定の最近の例

SFAを用いた表面力の直接測定によって分子間相互作用および表面間相互作用に関する理解は大きく深まり，表面力測定は今や研究の最前線にある．将来の課題については16・6節で概説するが，ここでは，SFAを用いて得られた最近の結果について述べる．

16・5・1 非極性液体における対イオンのみの電気二重層相互作用

非極性液体中では誘電率が非常に低いため(約2～4)，電解質のカチオンとアニオン間のクーロン引力は，水中のクーロン引力に比べて20倍から40倍強くなる．したがって，電解質の解離は小さく，イオン濃度も低い．また，帯電機構は水系では正しいが非極性液体中では疑わしい．このために，非極性液体中で固体が表面電荷をもつことができるか，また，電気二重層相互作用はコロイドの安定性を決める要因になるのかについては議論の余地がある[53),54)]．非極性液体中に電気二重層相互作用が存在するかどうかに対しても議論があった．これまで検出不能と思われてきたこのような力を非極性液体中で直接測定することは難しい．その理由は非極性液体中では電気二重層相互作用の減衰長さがきわめて長く力も弱いからである．

最近の研究では[55),56)]，SFAが改良されて測定対象が広がり，デカン中で二つの雲母表面間の電気二重層相互作用を測定することに成功した．ここで，添加界面活性剤としてmM濃度のジ-2-エチルヘキシルスルホコハク酸ナトリウム(AOT)を加えた(図16・11)．相互作用は長距離に及び水中のときより1桁小さい．この測定結果および光散乱とFT-IR実験の観測結果から，固体と非極性液体の界面における帯電機構が提案されている．すなわち，界面活性剤分子によって形成された逆ミセルの水のコアへ表面のイオンが移動し，表面から運び去られると帯電が起こる．

DLVO理論を用いて非極性媒質におけるそのような力を記述できるだろうか．関連する研究から非極性媒質中の二重層相互作用について記述するためには，異なる理論解析が必要であることがわかった．この場合の二重層は，ほとんどすべてのイオン種が固体に由来するので，対イオンのみ(counter-ion only，CIO)の二重層という．対イオンのみの二重層理論は拘束された全エントロピーアプローチ(constrained total entropy approach)[57]に基づいて展開され，実験データともよく一致する(図 16・10)[55]．水中の二重層相互作用の指数関数的な減衰と対照的に，対イオンのみ相互作用は漸近的にべきに従って減衰する．したがって，DLVO 理論は水系で広く用いられているが，このDLVO 理論を非極性液体中の二重層相互作用に対して適用するのは疑問が残る．

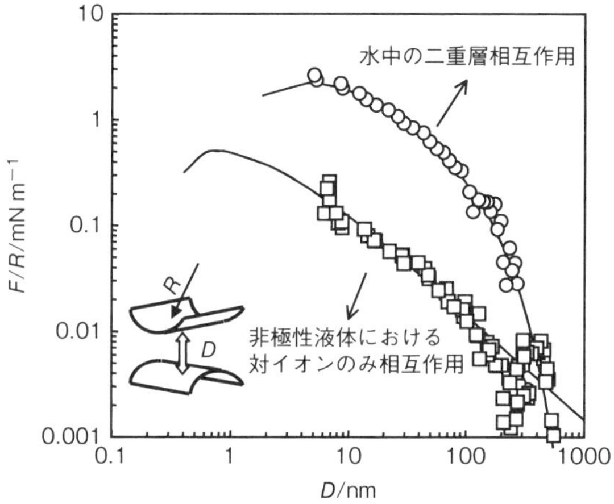

図 16・11 非極性液体中(□)および純水中(○)で測定された二重層相互作用の測定値と理論値(二つの曲線)との比較．下の曲線: 対イオンのみの系に対する理論(べきで減衰)．上の曲線: DLVO 理論(指数関数的減衰)．非極性液体中での測定値に対する理論曲線の当てはめによって得られた雲母-デカン界面の電荷密度は 10^{-3} C m^{-2} である．測定された相互作用は非極性液体中における対イオンのみ相互作用であるが，水中の相互作用よりはかなり弱い．このような対イオンのみ相互作用が非極性液体中で測定された初めての例である．

16・5・2 水性媒質中において表面成長した生体模倣高分子ブラシ間の相互作用

従来，表面へのグラフト法(grafting-to approach)で高分子ブラシをつくる場合，非吸着高分子鎖の一端を官能基によって表面に付着させる．物理吸着の場合の末端付着エネルギーはふつう鎖当たり数 kT であり，このような比較的低い付着エネルギーによって実現可能なブラシの密度と厚さが制限される．また，形成されたブラシが表面から引き離されるとき，その構造は強く圧縮したときブラシ状態を維持できるほど強くない．表面へグラフト法で高分子鎖を化学的に吸着する場合もある(8・6 節)．このようなブラシ形成は，先に吸着した鎖によって後から到着する鎖が立体的に妨害されるために速度論的に遅くなることがある．代わりの方法として表面開始グラフト法（表面からのグラフト法，grafting-from approach）がある．この方法では高分子ブラシが活性化した表面サイトから直接成長し，強い末端吸着と化学的に調整可能なブラシ密度が得られる．特に表面開始型原子移動ラジカル重合（surface-initiated atom transfer radical polymerization，SI-ATRP）を用いて調製した特有の構造と分子量をもつ，表面成長した高分子ブラシが得られている．しかし，このような SI-ATRP ブラシに対する直接測定は以前には行われていなかった．そのおもな理由は SFA のための厳密な測定条件に適するようなブラシをつくることが実験的に困難であったからである．

ごく最近，雲母表面上で生体模倣ポリ両性イオン性の高分子ブラシ，ポリ［(2-メタクリロイルオキシ)エチルホスホリルコリン］（pMPC）を表面から成長させることに成功した．純水中におけるこのようなブラシ間の表面力を図 16・12 に示した[58),59)]．これらのブラシの構造安定性のために，非常に強く圧縮したときの表面力の測定が可能であったが，アレキサンダー-ドジャンの理論（曲線当てはめで得られた曲線の破線部分）との顕著な不一致が見られる．この理由はおそらく強く圧縮した場合，すなわち，単量体の体積分率が高い場合，浸透圧項の高次の項が大きくなるためである．

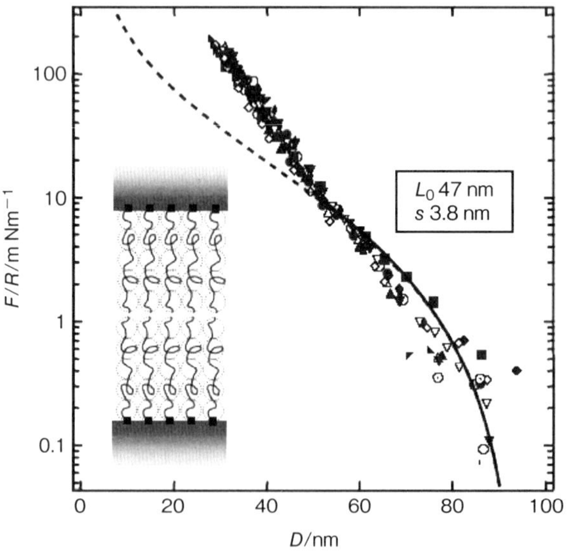

図 16・12　水中における二つの表面上の表面開始グラフト法でつくった高分子ブラシ pMPC 間の表面力．破線と実線から成る曲線はアレキサンダー-ドジャン理論（16・63 式）を用いて，曲線当てはめの結果得られた曲線．D < ~50 nm で理論曲線（破線）と実験結果（記号）のずれは著しい．この領域では高分子ブラシは強く圧縮されている．

16・5・3　水中における境界潤滑

本章では表面に垂直にはたらく表面力に焦点を当てたが，接触表面間の摩擦力も多くの技術的および工業的な応用ではきわめて重要である．摩擦に関する過去の研究はダ・ヴィンチ(1452－1519)までさかのぼることができるが，摩擦は今日でもなお力を入れて研究が行われているテーマである．一例として図16・4に示したSFAの改良型を用いた水の境界潤滑に関する最近の実験がある．

空気中または油性媒質中の古典的な境界潤滑においては，界面活性剤の単分子層は固体の摩擦表面に末端付着し，摩擦と摩耗を低下させるが，その分子機構は次のように十分に理解されている．活性剤尾部間のファンデルワールス結合はせん断に対して最も弱い結合であるので，活性剤が付着している基板間の摩擦力は，吸着界面活性剤境界層の炭化水素尾部間の摩擦力にほとんど置き換えられる．さらに界面活性剤分子は水性溶媒中のいたるところに存在する．このため，界面活性剤分子は固体表面上に容易に吸着してさまざまな表面凝集体を形成することができるが，どのように水性溶媒中の摩擦過程に関与するだろうか．

最近，二本鎖カチオン界面活性剤［$(CH_3(CH_2)_{10})_2N^+(CH_3)_2Br^-$］の単分子層で覆われた二つの雲母表面間の摩擦力が測定された[60),61)]．図16・13には，2表面を水中で強

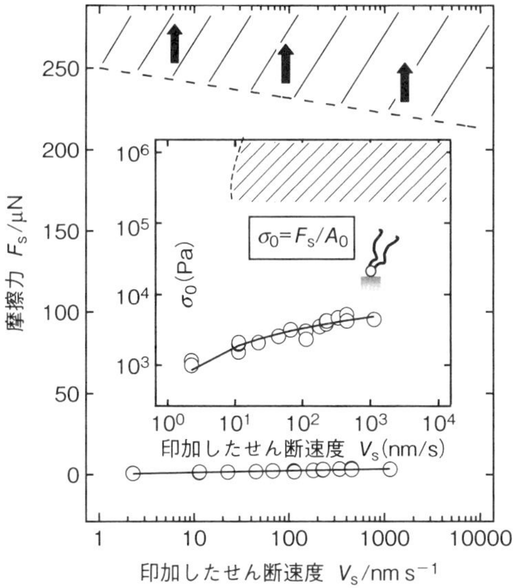

図16・13　2枚の雲母表面間の摩擦力 F_s とせん断応力 σ_0（挿入図）．表面は水中で界面活性剤単分子層で覆われる．印加したせん断速度 V_s の関数として示す．上部の説明は本文参照．

く付着接触させ，互いに滑らすときの動摩擦力 F_{S} をせん断速度 V_{S} の関数として表す．ここで付着エネルギーは約 40 mJ m^{-2} である．なお，挿入図は対応するせん断応力 $\sigma_0 = F_{\mathrm{S}}/A_0$ を示す．ここで，A_0 はほぼ 1000 μm^2 で表面間の接触面積である．水中で測定された摩擦力とせん断応力(○)は乾燥空気中で以前に得られた値(斜線領域)よりもかなり小さく 1/100 程度である．この摩擦力の減少についての観察を説明するために，水中の境界潤滑機構には異なる分子的起源があることが提案されている．

水は単分子層に浸入して界面活性剤頭部基を水和し，表面において“分子状の水たまり”をつくる．この水和によって，表面における界面活性剤分子の側方への移動度が増加し，界面活性剤層中の構造が変化する．この機構が示すように，空気中または油性媒質中と異なり，水中での潤滑は帯電した界面活性剤頭部周囲の強く吸着した水分子によって促進される．したがって，滑りは炭化水素尾部間の界面ではなく，ほとんど水和層のある雲母表面で起こる．

16・6 将来の課題

DLVO 力がしっかり理解される間に十分な実験データが蓄積され，系に高分子と界面活性剤を加えて表面力を調節できるようになった．表面力測定の視点からほとんどの平衡力(合力が 0 になっているときの各力)が測定され，適切な理論が発展し実験データを解析できるようになった．しかし，いくつかの型の力についてはなお考察が必要である．その力の中には，まず第一に疎水性力がある．特にナノ気泡とパッチ(斑状)電荷に対する仮想機構における疎水性力である．さらに，本章で強調した非極性液体中の電気二重層相互作用に関する実験についても表面力はほとんど測定されていないので，非極性媒質中における固体の帯電に関連するパラメーターを完全に理解するためにはさらに実験が必要である．実験データの不足している他の分野としては高分子電解質ブラシ間の表面力測定がある[62),63)]．この相互作用の SFA 測定のために必要な表面を得ることは難しい．帯電した高分子電解質ブラシはこれまでに研究された中性のブラシとは異なる挙動を示すことが予想される．特に，添加多価イオンに対しては異なる応答をすると考えられる．同様に，疎水性力および種々の界面活性剤溶液中における表面力に対して系統だった研究を行うことにより表面力に対する理解が深まる．

力を入れて研究する価値のある新しい分野は，**イオン液体**中ではたらく表面力である．イオン液体は“グリーンケミストリー”の条件を満たすために最近注目を集めている．イオン液体[64)]（現在のように有名になる前は“溶融塩”とよばれていた)における初期の包括的な表面力研究にもかかわらず，表面力の測定はきわめて少ない．イオン液体が特有な性質をもち，多数の分子構造が容易に実現できるので，この分野に関する将来の研究から有益な結果が得られることが期待される．

平衡力と対照的に，非平衡のときに関与する表面力はよく研究されておらず十分に理解されていない．表面力には，水性溶媒においては高分子や界面活性剤の表面構造によって生じる摩擦力，および変形可能な表面の関与する流体力学的力が含まれる[65]．

文　献

1) Israelachvili, J. N., "Intermolecular and Surface Forces", Academic Press, London (1991). 邦訳: "分子間力と表面張力", 第2版, 近藤 保, 大島広行 訳, 朝倉書店(1996). 同, 第3版 大島広行 訳, 朝倉書店(2013).

2) Mahanty, J., Ninham, B. W., "Dispersion Forces", Academic Press, New York (1976).

3) Hamaker, H. C., *Physica*, **4**, 1058–1072 (1937).

4) Horn, R. G., "Ceramic Processing", ed. by Terpstra, R. A., Pex, P. P. A. C., de Vries, A. H., vol. 3, pp. 58–101, Chapman & Hall, London (1995).

5) Horn, R. G., *J. Am. Ceramic Soc.*, **73**, 1117–1135 (1990).

6) Claesson, P. M., Ederth, T., Bergeron, V., Rutland, M. W., *Adv. Colloid Interface Sci.*, **67**, 119–183 (1996).

7) Crocker, J. C., Grier, D. G., *Phys. Rev. Lett.*, **73**, 352–355 (1994).

8) Grier, D. G., *Nature*, **393**, 621–623 (1998).

9) Ashkin, A., *Phys. Rev. Lett.*, **24**, 156–159 (1970).

10) Ashkin, A., *Science*, **210**, 1081–1088 (1980).

11) Grier, D. G., *Curr. Opin. Colloid Interface Sci.*, **2**, 264–270 (1997).

12) Crocker, J. C., Grier, D. G., *Phys. Rev. Lett.*, **73**, 352–355 (1994).

13) Prieve, D. C., *Adv. Colloid Interface Sci.*, **82**, 93–125 (1999).

14) Ducker, W. A., Senden, T. J., Pashley, R. M., *Nature*, **353**, 239–241 (1991).

15) Tabor, D., Winterton, R. H. S., *Proc. R. Soc. Lond. A*, **312**, 435–450 (1969).

16) Israelachvili, J. N., Adams, G. E., *Nature*, **262**, 774–776 (1976).

17) Tolansky, S., "An Introduction to Interferometry", vol. 14, pp. 173–196, Longmans, London (1966).

18) Tolansky, S., "Multiple-beam Interference Microscopy of Metals", Academic Press, London and New York (1970).

19) Horn, R. G., Clarke, D. R., Clarkson, M. T., *J. Mater. Res.*, **3**, 413–416 (1988).

20) Horn, R. G., Smith, D. T., Haller, W., *Chem. Phys. Lett.*, **162**, 404–408 (1989).

21) Parker, J. L., Cho, D. L., Claesson, P. M., *J. Phys. Chem.*, **93**, 6121–6125 (1989).

22) Horn, R. G., Smith, D. T., *Science*, **256**, 362–364 (1992).

23) Tonck, A., Georges, J. M., Loubet, J. L., *J. Colloid Interface Sci.*, **126**, 150–163 (1988).

24) Crassous, J., Charlaix, E., Gayvallet, H., Loube, J.-L., *Langmuir*, **9**, 1995–1998 (1993).

25) Belouschek, P., Maier, S., *Prog. Colloid Polym. Sci.*, **72**, 43–50 (1986).

26) Tanimoto, S., Matsuoka, H., Yamauchi, H., Yamaoka, H., *Colloid Polym. Sci.*, **277**, 130–135 (1999).

27) Parker, J. L., *Langmuir*, **8**, 551–556 (1992).

28) Mächtle, P., Muller, C., Helm, C. A., *J. Phys. II Fr.*, **4**, 481–500 (1994).

29) Kékicheff, P., Spalla, O., *Langmuir*, **10**, 1584–1591 (1994).

30) Horn, R. G., Israelachvili, J. N., Pribac, F., *J. Colloid Interface Sci.*, **115**, 480–492 (1987).

31) Levins, J. M., Vanderlick, T. K., *J. Colloid Interface Sci.*, **158**, 223–227 (1993).

32) Heuberger, M., Luengo, G., Israelachvili, J. N., *Langmuir*, **13**, 3839–3848 (1997).
33) Tabor, D., Winterton, R. H., *Nature*, **219**, 1120–1121 (1968).
34) Israelachvili, J. N., Tabor, D., *Proc. R. Soc. Lond. A*, **331**, 19–38 (1972).
35) Klein, J., Kumacheva, E., *J. Chem. Phys.*, **108**, 6996–7009 (1998).
36) Abrikossova, I. I., Derjaguin, B. V., "Electrical Phenomena and Solid/Liquid Interface", ed. by Schulman, J. H., pp. 398–405, Butterworths Scientific Publications, London (1957).
37) Derjaguin, B. V., Titijevskaia, A. S., Abrikossova, I. I., Malkina, A. D., *Disc. Faraday Soc.*, **18**, 24–41 (1954).
38) Derjaguin, B. V., Abrikossova, I. I., Lifshitz, E. M., *Quart. Rev., Chem. Soc.*, **10**, 295–329 (1956).
39) Gauthier-Manuel, B., Gallinet, J.-P., *J. Colloid Interface Sci.*, **175**, 476–483 (1995).
40) Klein, J., *J. Chem. Soc., Faraday Trans. 1*, **79**, 99–118 (1983).
41) Pashley, R. M., Karaman, M. E., Craig, V. S. J., Kohonen, M. M., *Colloids Surf. A*, **144**, 1–8 (1998).
42) Cappella, B., Dietler, G., *Surf. Sci. Rep.*, **34**, 1–104 (1999).
43) Hamaker, H. C., *Physica*, **4**, 1058–1072 (1937).
44) Derjaguin, B. V., Churaev, N. V., *J. Colloid Interface Sci.*, **49**, 249–255 (1974).
45) Tarazona, P., Vicente, L., *Mol. Phys.*, **56**, 557–572 (1985).
46) Horn, R. G., Israelachvili, J. N., *J. Chem. Phys.*, **75**, 1400–1411 (1981).
47) Tyrrell, J. W. G., Attard, P., *Langmuir*, **18**, 160–167 (2002).
48) Perkin, S., Kampf, N., Klein, J., *Phys. Rev. Lett.*, **96** (2006).
49) Alexander, S., *J. Phys.*, **38**, 983–987 (1977).
50) de Gennes, P.-G., *Adv. Colloid Interface Sci.*, **27**, 189 (1987).
51) Taunton, H. J., Toprakcioglu, C., Fetters, L., Klein, J., *Macromolecules*, **23**, 571–580 (1990).
52) Dunlop, I. E., Briscoe, W. H., Titmuss, S., Sakellariou, G., Hadjichristidis, N., Klein, J., *Macromol. Chem. Phys.*, **205**, 2443–2450 (2004).
53) Osmond, D. W. J., *Disc. Faraday Soc.*, **42**, 247 (1966).
54) Albers, W., Overbeek, J. Th. G., *J. Colloid Sci.*, **14**, 510–518 (1959).
55) Briscoe, W. H., Horn, R. G., *Langmuir*, **18**, 3945–3956 (2002).
56) Briscoe, W. H., Horn, R. G., *Prog. Colloid Polym. Sci.*, **123**, 147–151 (2004).
57) Briscoe, W. H., Attard, P., *J. Chem. Phys.*, **117**, 5452–5464 (2002).
58) Chen, M., Briscoe, W. H., Armes, S. P., Cohen, H., Klein, J., *Chem. Phys. Chem.*, **8**, 1303–1306 (2007).
59) Chen, M., Briscoe, W. H., Armes, S. P., Klein, J., *Science*, **323**, 1698–1701 (2009).
60) Briscoe, W. H., Titmuss, S., Tiberg, F., Thomas, R. K., McGillivray, D. J., Klein, J., *Nature*, **444**, 191–194 (2006).
61) Briscoe, W. H., Klein, J., *J. Adhesion*, **83**, 705–722 (2007).
62) Dunlop, I. E., Briscoe, W. H., Titmuss, S., Jacobs, R. M. J., Osborne, V. L., Edmondson, S., Huck, W. T. S., Klein, J., *J. Phys. Chem. B*, **113**, 3947–3956 (2009).
63) Liberelle, B., Giasson, S., *Langmuir*, **24**, 1550–1559 (2008).
64) Horn, R. G., Evans, D. F., Ninham, B. W., *J. Phys. Chem.*, **92**, 3531–3537 (1988).
65) Connor, J. N., Horn, R. G., *Langmuir*, **17**, 7194–7197 (2001).

索　　引

あ

IHP　26, 34
アイオノマー　279
圧縮空気噴霧器　232
アニオン界面活性剤　25, 62
アファイン変換　256
アファイン変形　259
油/水型　91, 120
網目構造　278
RH　230, 245
RH 依存成長因子　246
RTIL　115
R 比　98
アレキサンダー-ドジャンのスケーリング理論　194
アレキサンダー-ドジャンの理論　368
アレスト遷移　319
泡立ち　60
安定性　15, 130
安定度比　56, 58

い，う

ESR　179
イオン液体　115
イオン吸着　24, 25
イオン重合　140
イオン性界面活性剤　25, 72, 105
イオン雰囲気　13, 47
イオン分布　13
移行の自由エネルギー　76
位相解析光散乱　40
一定電荷密度境界条件　357
一定表面電位　47
一定表面電位境界条件　357
一定表面電荷　47
色収差　324

ウィルヘルミー板　103
ウィンザーⅠ型　96, 102
ウィンザーⅡ型　96, 102
ウィンザーⅢ型　96, 102

え

エアロゾル　228
エアロゾル変質の速度論　249
AFM　35
エイトケン核　229
AO モデル　200
液晶相　60, 83, 86
液晶メソ相　83
SEM　322
SAXS　290, 296
SANS　290, 296
SFA　191, 352, 370
SF モデル　175
SF 理論　182, 185
SGC モデル　27, 34
X 線回折　328
X 線光電子分光法　240
X 線散乱　284, 286
X 線小角散乱　107, 285, 290
X 線反射　305
X 線反射率　107
HFC　116
HLB　100, 102, 127
NMR　179
エネルギー分散型 X 線分光法　336
エネルギー分散分光法　241
エバネッセント波光散乱顕微鏡法　353
FECO　352
FT-IR　179
エマルションの型　120
MALDI TOF　150
LCST　154
LDE　40
円錐-平板ジオメトリー　261
円柱状ミセル　82

お

OHP　26
オストワルド成長　134
オストワルド-デワール式　267
O/W 型　91, 120
オフライン分析　240
オームの法則　38
温度転移型液晶　84

か

会合コロイド　59
回折限界　322
回転液滴型表面張力計　103

回転半径 145, 288, 297
χパラメーター 153
外部グイ-チャップマン層 355
外部混合粒子 230
外部ヘルムホルツ面 26, 36
界 面 59
——の面積 10
界面活性剤 59
——の効率 71
——の有効性 71
界面活性剤二重層 85
界面活性剤の溶解度 73
界面ギブズエネルギー 18
界面張力 69, 93, 102
開 裂 243
化学形態別分析 242
架橋相互作用 190, 202
核形成 128
核形成モード粒子 228
拡散係数 3, 290
拡散層 23, 26, 355
拡散律速 55, 57
核磁気共鳴 179
拡張係数 212, 218
核の成長 128
カスケード衝撃装置 234
カタニオニック界面活性剤 62
カチオン界面活性剤 62
活性化エネルギー 95
活性直径 248
カッソンの式 266
カップ-ボブジオメトリー 261
カードハウス状構造 282
下部臨界共溶温度 154
可溶化限界 107
絡み合い 143
環境制御型 SEM 241, 336
環境制御型走査電子顕微鏡法 241, 336
干渉法 352
完全なぬれ 209, 210
完全な非ぬれ 210
緩慢凝集 57
緩和時間 267

き

擬塑性 266
気体吸着 11
気体-粒子転換 228
ギニアプロット 297
ギニエ則 297
ギニエ領域 303
擬2成分系相図 114
揮発性有機化合物 115
ギブズの吸着式 66, 68, 70
ギブズの式 125
ギブズの分割面 67, 207
ギブズ-マランゴニの効果 19
逆二重相 113
逆2相連続相 85
逆ミセル 82
逆ミセル相 85
逆六方晶相 85
吸湿成長 248
吸湿特性測定用 DMA 248
吸収断面積 294
球状ミセル 82
急速凝集 55, 57
吸 着 60
吸着高分子層 157
吸着層 158
吸着等温線 175, 195
吸着分率 178
吸着有効性 72
球面収差 324
境界潤滑 373
凝 集 131, 212
凝集エネルギー 99
共重合体 140, 155, 182
凝集仕事 213
凝集速度 56
凝縮粒子計数器 235, 248
共有結合 312
極性成分 220
極性相互作用 99
極性物質 221

く

グイ-チャップマン層 27
空気力学的直径 233, 237
空気力学的粒子径測定器 237
クエンチング 142
鎖
——のコンホメーション 170
クヌーセン数 250, 252
曇り点 74, 80
クライオ TEM 328
クラフト温度 73
グラフト共重合体 195
クラフト点 73, 80
グラフト法 371
クリーガー式 267
クリープ回復 271
クリープコンプライアンス 269
クリープコンプライアンス曲線 270, 272
クリープ試験 264, 270
クリーミング 17, 130
クリーム 2
グリーン溶媒 115
クレベンスの式 79
クロス式 266
クロロフルオロカーボン 116
クーロン相互作用 99
クーロン力 339

け

蛍光X線分析 240
形状因子 296
ケーソムエネルギー 340
結合ハマカー定数 46
ケーラー理論 245
ゲ ル 1
ケルビン効果 248
ケルビン半径 363
限界顕微鏡 4
限界溶媒 196
原子間力顕微鏡 35, 351
原子吸光分光法 240
原子発光分光法 240
原子論的モデル 162
弦の定理 346

こ

コアギュラム 15
コアギュレーション 15, 54
コア-シェル 123
コアセルベート 203, 279
コアとシェルから成る複合粒子 326

コアレッセンス　19
合　一　132
光学顕微鏡　322
高機能界面活性剤　88
光散乱　284, 286
光散乱式粒子計数器　236
光散乱法　11, 42
光散乱力　311
光子相関分光法　284, 289
光子相関法　187
高せん断粘度　266, 277
構造力　339, 357
高速液体クロマトグラフィー　241
拘束された全エントロピーアプローチ　370
拘束遷移　319
高内相エマルション　136
降伏応力　266, 271, 273
高分子　275
高分子界面活性剤　62
高分子吸着　158
　——のシミュレーション　162
高分子電解質　149, 160
高分子添加剤　279
高分子ブラシ　186, 366
高分子溶液　151
高分子溶融体　155
高分子ラテックス粒子　326
後方散乱強度　287
後方散乱電子　322, 337
効率因子　71
枯渇引力　133, 195, 365
枯渇エントロピー力　312
枯渇凝集　204
枯渇層　199
枯渇相互作用　132, 190, 198
固有時間　262
コロイド　1
　——に対する時間スケール　4
　——の安定性　28, 130
　——の大きさ　3
　——の不安定性　18
コロイドガラス　2
コロイドゲル　319
コロイド限界　202
コロイド分散系　158
コロイド粒子
　——の濃度　6
コロイド領域　1, 3
　——にある物質　2
コンダクタンス　253
コントラスト変調 SANS　301
コンプライアンス　270
コンホメーション
　高分子の——　164

さ

最大充塡率　277
最大平均コア半径　107
最大泡圧法　225
最大有効倍率　322
最頻値　8
ザウター平均直径　8
遮　り　235
サーモトロピック液晶　84
3 成分系相図　111
3 成分系相プリズム　110
3 成分マイクロエマルション系　112
散乱強度　285, 288, 295
散乱曲線　303
散乱振幅　293
散乱長　294
散乱長密度　294
散乱ベクトル　285
散乱法　284
散乱力　244, 311

し

CFC　116
ジェミニ型界面活性剤　62
CMC　65, 79
　——に対する温度効果　80
CMC 曲線　73
CMT　80
ジオメトリー　259, 261
軸対称液滴形状解析　225
自己回避ウォーク　167
自己集合　60, 81
ccc　52, 57
シシュコフスキーの式　71
ジスマンプロット　220
持続長　107, 149
実効活性化エネルギー　49
実効体積分率　12
実効濃度　11
質量/質量濃度　7
質量/体積濃度　7
質量中央径　231
質量濃度　236
質量分析計　241
質量分率　7
シネレシス　200, 274
自発曲率　103, 105
四分円光検出器　317
重　合　140
重合可能な界面活性剤　62
充塡パラメーター　100, 127, 136
重力送り　232
縮合重合　140
Staudinger　5
シュテルン-グイ-チャップマンモデル　26, 34
シュテルン-グイ-チャップマン理論　23
シュテルン層　47, 52
シュテルン電位　47, 52
シュルツ多分散性の幅　108
シュルツの多分散性パラメーター　108
シュルツ-ハーディの規則　52
瞬間コンプライアンス　270
ショイチェンス-フレア理論　168, 193
常温イオン液体　115
小角散乱　290, 295
衝撃法　237
上部臨界共溶温度　154
親液コロイド　59
親水基　80
親水-親油バランス　100, 127
浸透圧　366
振動オリフィスエアロゾル発生器　232
振動波　133
振動力　357

す

水素炎イオン化検出器　241
水素結合　99
水中油マイクロエマルション　83
水中油滴型　91

垂直走査周波数　334
水溶性ミセル　83
水和した凝集体
　——における水の架橋　20
水和斥力　360
水和斥力エネルギー　361
水和力　339, 357, 360
数密度　6
スケーリング則　182
スケーリングモデル　167
スケーリング理論　148, 173
ストークス-アインシュタインの式　290
ストークス直径　237
ストークス抵抗　3
スネルの法則　313
スパッタ被覆　336
スパン　163
スピニングドロップ型表面張力計　103, 107
スピニングドロップ法　225
すべり　260
すべり面　36
スモルコウスキーの式　42
ずり応力　256
ずり減粘　265, 278, 280
ずり増粘　265
ずり速度　257
ずり弾性率　256
ずり粘度　257
ずりひずみ　256

せ

正確な数え上げ　164
正常二重相　113
正常2相連続相　85
正常ミセル相　85
正常六方晶相　85
生体模倣高分子　371
静電斥力　46, 132
静電安定化　159
静電-立体安定化　132
静電力　312
製品の貯蔵　2
赤外分光法　241
ゼータ電位　37, 47, 53
接触角　208
接触力学　363
SEM　322
ゼロせん断速度粘度　272
ゼロ電荷電位　31
洗浄力　60
せん断応力　256
せん断速度　257
せん断弾性率　256, 267, 270
せん断粘度　257
せん断ひずみ　256
せん断流　18, 255
せん断履歴　265
全内部反射顕微鏡法　350
前方散乱強度　287
全ポテンシャル　49

そ

相　2
走査型移動度粒径測定器　238
走査型電子顕微鏡　35, 241, 322, 332
相　図　87, 129
相対湿度　230, 245
相プリズム　113
相　律　110
測定ジオメトリー　259
速度論的不安定性　95
疎水基　79
疎水性効果　60, 76
疎水性相互作用　65, 339
疎水性力　357, 362
塑　性　266
塑性粘度　266
塑性物質　273
塑性モデル　266
粗大モード粒子　229
ソフトマター　310
ソフトマテリアル　274, 310
粗粒子　250
ゾ　ル　1
損失弾性率　268

た

対イオン　48, 52, 80
対イオンのみの二重層　370
第一水和層　361
体心立方　14
体積加重平均直径　10
体積分率　6
対物しぼり　324
楕円体状ミセル　82
楕円偏光解析　107
楕円偏光解析法　182
多重吸着層　160
W/O 型　92, 120
多分散　298
多分散性　7
多峰性　8
単一粒子の力学　316
弾　性　258
弾性エネルギー貯蔵成分　268
弾性コンプライアンス　271
弾性復元エネルギー　367
単独重合体　129, 140
タンパク質限界　202
単分子吸着層　65
単分子相　113
単峰性　8
単量体　140

ち，つ

チキソトロピー　264
蓄積モード粒子　229, 250
秩序構造　14
中間相マイクロエマルション　96
中性高分子
　——を介した表面力　365
中性子散乱　284, 286
中性子小角散乱　104, 174, 187, 290
中性子反射　305
超遠心分離機　284
潮　解　245
潮解 RH　245
長距離引力　16
超ミクロトーム　325, 327
超臨界二酸化炭素　115
貯蔵安定性　2, 255, 272
貯蔵弾性率　268
沈　降　17, 130, 272
沈降速度　272
沈降力　311
沈　殿　15

対相互作用ポテンシャル　21
対総和法　354
対ポテンシャル　44, 340

て

TIRM　350
TEM　322
低エネルギー二次電子　322
DLVO 力　374
DLVO 理論　5, 357
低せん断粘度　266, 273, 278
テイラー不安定性　124
テイル　158
滴下水銀電極　32
滴容法　103
デジタルビデオ顕微鏡　350
デバイエネルギー　340
デバイ減衰長さ　370
デバイ長さ　28, 47
デバイ-ヒュッケル近似　28
デボラ数　267
TEM　322
デュヌイの輪環　103, 225
デュプレの式　213
テーラー数　262
デルヤーギン近似　191, 345, 347
電位決定イオン　25
電界放射電子銃　330, 334
電荷相関効果　363
電気泳動　36, 39
電気泳動移動度　238
電気音響法　36, 42
電気浸透　36, 39
電気二重層　13, 26, 47
——の重なりによる力　343, 355, 357
電気二重層間
——の斥力作用　58
電気二重層相互作用　349, 369
電気容量　27
電子顕微鏡　284
電子スピン共鳴　179
転　相　105, 136
転相温度　101, 138
転相領域　138
電場勾配力　244

と

透過型電子顕微鏡　241, 322, 323
同形イオン置換　23
等色次数干渉縞法　352
透　析　1
動的光散乱　180, 289
動的表面張力　66
動電学　36
動電実験　23
頭部基　60
——の面積　100
特異吸着　34
特性比　159
ドップラーシフト　40, 289
ドブローイの関係式　291
トラウベの規則　72
トレイン　158
どんぐり型　123
曇　点──→曇り点

な　行

内部混合粒子　230
内部電位　26
内部ヘルムホルツ面　26, 34
ナノ加工　315
ナノ粒子　117
ナノ粒子乳化剤　126

二次極小　51
二重エマルション　123
二重層の厚さ　47
2 成分系相図　112
2 相連続相　101, 137
2 相連続立方相　86, 106
二本鎖イオン性界面活性剤　92
二本鎖界面活性剤　63
乳　化　60
乳化重合　140
ニュートン流体　257

ぬ　れ　21, 206, 209
ぬれ性の境界線　222

ネガティブ染色法　327
熱エネルギー　3
ネマチック液晶　300
粘　性　258
粘性エネルギー散逸成分　268
粘性スラリー　267
粘性流　258
粘弾性　267

濃厚分散系　300
濃度転移型液晶　85
伸び弾性エネルギー　366

は

排除体積　147, 198
排除体積効果　159
排除体積鎖　148
配置エントロピー　161
パーコレーション　17, 182
ハーシェル-バークレー式　266
バッチ乳化法　124
Hamaker　4
ハマカー定数　46, 211, 343
バンクロフトの規則　96, 215
パンケーキ型　167
半減期　55
反射法　284
ハンセンの溶解パラメーター　224
反転ミセル　82
反応律速　57

ひ

PIT　101
非イオン性界面活性剤　62, 97
非イオン性高分子　132
BET 法　11
PALS　40, 41
光音響煤センサー　242
光界面活性剤　88
光てこ方式力評価装置　353
光ピンセット　313
光ピンセット法　350
非極性液体　370
飛行時間型質量分析法　242

PCS 187
微小熱量測定 179
微小流体技術 128
ひずみ速度 257
pzc 34
ピッカリングエマルション 12, 126, 215
非 DLVO 力 357
ヒドロフルオロカーボン 116
非ぬれ 210
比粘度 151
比表面積 11
尾 部 60, 79
尾部基 60
——の面積 100
微分形移動度粒径測定器 238
微分電気容量 27
ヒュッケルの式 41
標準スケーリング理論 367
表 面 59
表面圧 65
表面エネルギー 207
表面開始型原子移動ラジカル重合 372
表面過剰量 66, 72, 94
表面活性 65
表面光散乱 103, 107
表面構造因子 306
表面相互作用力測定分析 353
表面張力 33, 65, 207
表面電荷 24, 158, 355
表面力 191, 339, 344, 353
表面力測定装置 191, 347, 352
表面力天秤 353
ヒルデブラントの溶解パラメーター 224
ビンガム式 266
貧溶媒 148, 155, 198

ふ

ファンデルワールス引力 23, 45, 354
ファンデルワールス結合 373
ファンデルワールス相互作用 58, 311, 341
ファントホフの式 155
フィッシャー理論 194
風 解 245
フォトニックバンドギャップ 316
不均一反応 230, 245, 251
浮 上 17, 130
付 着 212, 339
付着仕事 213
付着力 363
フック固体 256
物質取り込み係数 251
物理吸着鎖 168
部分ぬれ 210
ブラウン運動 3, 280, 317
フラクタル凝集体 15
フラクタル次元 304
フラクタル表面 304
フラグメンテーション 243
ブラシ 167, 187
ブラッグのピーク 290
フリーラジカル重合 140
フルムキンの吸着式 71
フロキュレーション 15, 54
ブロック共重合体 159, 183, 195
ブロッブ 148, 366
フローリー鎖 367
フローリーのパラメーター 172
フローリーの表面に関する相互作用用パラメーター 161
フローリー–ハギンズ相互作用パラメーター 161
フローリー–ハギンズの格子モデル 152
フローリー–ハギンズのパラメーター 153, 159, 194
フローリー–ハギンズ理論 151, 168
分極力 339
粉 砕 124, 127
分 散 60
分散安定性 157
分散系 157, 284
分散剤 25
分散成分 220
分子充塡 81
分子動力学法 166

へ

平 均 8
平均二乗変位 319
平均粒子間距離 13
平均力のポテンシャル 45
平面状拡張二重層 82
べき法則 276
ペクレ数 18, 281
ベシクル 82
BET の吸着等温線 160
BET 法 11
ベルヌーイ効果 231
ヘルムホルツ–グイ–チャップマンモデル 355
ヘルムホルツ層 26
変動係数 10

ほ

ポアソンの式 28, 356
ポアソン–ボルツマン方程式 356
放射線源 291
膨潤鎖 148
膨潤ミセル 93
棒状ミセル 82
飽和水蒸気圧 245
ポジティブ染色法 327
補助界面活性剤 92
ボラ型界面活性剤 62
ボルツマンの式 356
ボルン斥力 340
ホログラフィック光ピンセット 316
ポロド則 303

ま

マイクロエマルション 91, 120, 129
膜の曲げ弾性率 105
マーク–ホーウィンクパラメーター 151
マクロ単量体 143
マクロなエマルション 120, 129
摩擦抵抗 3
マッシュルーム型 167
マトリックス支援レーザー脱離イオン化法 150
MALDI TOF 150

み

ミー散乱　239
水/油型　92, 120
水の網目構造　363
ミセル　75
ミセルエマルション　93
ミセル化　65, 75
ミセル相　85
ミセル立方晶相　86
ミニエマルション　120
みみず鎖　146
ミー理論　289

む～も

ムーニー-エワート型ジオメトリー　259

メゾスコピック構造　310
面心立方　14

毛管作用　21
毛管力　339, 363
モード　8
モンテカルロ法　166

や　行

ヤヌス型高分子粒子　123
ヤングの式　209, 212
ヤング-ラプラスの式　21

UCST　154
油中水滴型　92
油中水マイクロエマルション　83
油溶性ミセル　83

溶解度曲線　73
溶媒 NMR 緩和　179
溶媒和力　357
弱い重なりの近似　356

ら

ラウールの式　225, 247
ラテックス粒子　18
ラプラス圧　19, 364
ラプラスの式　224
ラマン分光法　241
ラメラ相　85
ラングミュアの吸着等温線 160
ラングミュアの式　71
ラングミュア-ブロジェット膜　362
ランダムウォーク　145
ランダムウォーク拡散過程 145
ランダムウォークモデル　147
ランダム共重合体　183, 195
ランダム最密充塡　14
ランダムな運動　3

り

リアルタイム分析　241
リオトロピック液晶　60, 85
理想鎖　148
立体安定化　190
立体安定化剤　180, 195
立体安定性　158
立体斥力　132, 340
立体相互作用　203
リップマンの式　32
立方晶相　85
粒　径　7
粒径測定法　284
粒径分布　7
粒子間相互作用ポテンシャル　190
粒子間対ポテンシャル　5
粒子間力　36
粒子飛行時間　237
流体力学的半径　289
流動曲線　266, 274, 277
流動性二重層構造　82
流動点　258
流動電位　36, 38
流動電流　36, 38
両イオン性界面活性剤　62
両親媒性物質　59, 96
良溶媒　159, 193
両連続立方晶相　86
臨界応力　281
臨界過飽和度　248
臨界凝集濃度　52, 57
臨界充塡パラメーター　82
臨界表面ミセル化濃度　369
臨界ミセル温度　80
臨界ミセル濃度　65, 75
輪郭長　149

る，れ

累積体積　9
ループ　158

レイノルズ数　20, 37, 262
レイリー-ガンズ-デバイ理論　289
レオメーター　259
レオロジー　255
レーザー顕微質量分析法　241
レーザードップラー電気泳動　40
レーザー誘起絶縁破壊分光法　241
連結三角形　110
連結線　110
連続乳化法　127

ろ

六方最密充塡　14
六方晶相　85
ローレンツ型　290
　――の減衰　319
ロンドン分散エネルギー　340
ロンドン分散相互作用　45
ロンドン分散力　99

大島広行（おおしま ひろゆき）
1944年 静岡県に生まれる
1968年 東京大学理学部物理学科 卒
1974年 東京大学大学院理学系研究科博士課程 修了
現 東京理科大学 薬学部 嘱託教授
東京理科大学名誉教授
専攻 コロイド・界面科学，生物物理学
理学博士

第1版 第1刷 2014年4月1日 発行

コロイド科学 ─基礎と応用─
原著第2版

訳者 大島広行
発行者 小澤美奈子
発行 株式会社東京化学同人
東京都文京区千石 3-36-7（〒112-0011）
電話 03-3946-5311・FAX 03-3946-5316
URL: http://www.tkd-pbl.com/

印刷 美研プリンティング株式会社
製本 株式会社松岳社

ISBN978-4-8079-0844-8
Printed in Japan